Julius Dufner, Uwe Jensen, Erich Schumacher

Statistik mit SAS

2., völlig überarbeitete Auflage

B. G. Teubner Stuttgart · Leipzig · Wiesbaden

Die Deutsche Bibliothek – CIP-Einheitsaufnahme
Ein Titeldatensatz für diese Publikation ist bei
der Deutschen Bibliothek erhältlich.

Prof. Dr. rer. nat. Julius Dufner
Geboren 1941 in Freiburg i. Br. Von 1960 bis 1967 Studium der Mathematik und Physik an der Universität Freiburg. Von 1967 bis 1971 Wissenschaftlicher Assistent am Mathematischen Institut der Universität Freiburg, 1971 Promotion. Von 1972 bis 1974 Wissenschaftlicher Assistent an der Pädagogischen Hochschule Freiburg, zweites Staatsexamen. Dozent an der FH Darmstadt von 1974 bis 1976, danach an der Berufspädagogischen Hochschule Esslingen, 1979 Professor. Seit Sommersemester 1988 Professor an der Universität Hohenheim.

Prof. Dr. rer. nat. Uwe Jensen
Geboren 1950 in Bremen. Von 1971 bis 1976 Studium der Mathematik, Physik und Betriebswirtschaft an der Technischen Universität Braunschweig. 1976 Diplom an der TU Braunschweig, 1979 Promotion, 1987 Habilitation im Fach Mathematik und 1993 apl. Professor an der Universität Stuttgart-Hohenheim. 1976/77 Industrietätigkeit in Frankfurt. Von 1977 bis 1980 Wissenschaftlicher Angestellter, dann Akademischer Rat/Oberrat am Institut für Angewandte Mathematik und Statistik der Universität Hohenheim. 1993/94 Vertretung des Lehrstuhls für Mathematische Statistik an der TU München. Seit Wintersemester 1995/96 Vertretung einer Professur an der Universität Ulm.

Dr. rer. nat. Erich Schumacher
Geboren 1945 in Bonlanden bei Stuttgart. Von 1964 bis 1969 Studium der Mathematik an der Universität Stuttgart. Diplom 1969 an der Universität Stuttgart, Promotion 1979 an der Universität Hohenheim. Von 1970 bis 1974 Wissenschaftlicher Assistent, seit 1975 Wissenschaftlicher Angestellter am Institut für Angewandte Mathematik und Statistik der Universität Hohenheim. Seit 1973 Lehrbeauftragter für Mathematische Statistik an der Hochschule für Technik (HfT) Stuttgart.

1. Auflage 1992
2., völlig überarbeitete Auflage Februar 2002

Alle Rechte vorbehalten
© B. G. Teubner GmbH, Stuttgart/Leipzig/Wiesbaden, 2002

Der Verlag Teubner ist ein Unternehmen der Fachverlagsgruppe BertelsmannSpringer.
www.teubner.de

Das Werk einschließlich aller seiner Teile ist urheberrechtlich geschützt. Jede Verwertung außerhalb der engen Grenzen des Urheberrechtsgesetzes ist ohne Zustimmung des Verlags unzulässig und strafbar. Das gilt insbesondere für Vervielfältigungen, Übersetzungen, Mikroverfilmungen und die Einspeicherung und Verarbeitung in elektronischen Systemen.

Die Wiedergabe von Gebrauchsnamen, Handelsnamen, Warenbezeichnungen usw. in diesem Werk berechtigt auch ohne besondere Kennzeichnung nicht zu der Annahme, dass solche Namen im Sinne der Warenzeichen- und Markenschutz-Gesetzgebung als frei zu betrachten wären und daher von jedermann benutzt werden dürften.

Umschlaggestaltung: Ulrike Weigel, www.CorporateDesignGroup.de
Druck und buchbinderische Verarbeitung: Druckhaus Beltz, Hemsbach
Gedruckt auf säurefreiem und chlorfrei gebleichtem Papier.
Printed in Germany

ISBN 3-519-12088-7

Vorwort

Aufgrund einer in den letzten Jahren sprunghaft gewachsenen Verfügbarkeit über Rechnerkapazitäten, insbesondere im Bereich der Personal Computer (PC), lassen sich heute auch umfangreiche und aufwendige statistische Datenanalysen innerhalb kürzester Zeit ausführen. Die zunehmende Bedeutung der Statistik in nahezu allen Wissenschaftsdisziplinen geht nicht zuletzt zurück auf diese gewachsenen Möglichkeiten, eine statistische Datenanalyse praktisch durchzuführen. Dafür ist ein geeignetes Statistik-Softwarepaket erforderlich. SAS (Statistical Analysis System) zählt zu den am weitesten verbreiteten und leistungsfähigsten Software-Systemen dieser Art.

Das Buch richtet sich an den Anwender statistischer Verfahren. Damit ist einerseits der Nichtmathematiker gemeint, der durch Beobachtungen oder aufgrund von Experimenten Daten gesammelt hat und diese für eine geordnete Darstellung aufbereiten möchte und Schlußfolgerungen aus den gewonnenen Daten ziehen will. Dazu werden Verfahren der beschreibenden und der beurteilenden Statistik herangezogen. Diese Verfahren sollen dann mit Hilfe einer leistungsfähigen Statistik-Software auf einem Rechner umgesetzt werden.

Andererseits richtet sich dieses Buch auch an den Mathematik-Studenten (Dozenten) mit Interesse an der angewandten Stochastik, der die in den Statistikvorlesungen vermittelten Verfahren mit Hilfe eines Computers realisieren möchte. Auch der erfahrene Statistiker kann, so hoffen wir, an der einen oder anderen Stelle Nutzen aus diesem Buch ziehen.

Vorausgesetzt wird in jedem Fall ein Grundkurs in Statistik oder mathematischer Stochastik, wie er eigentlich in allen natur- und sozialwissenschaftlichen Disziplinen im Grundstudium angeboten wird. Die benötigten Begriffe und Resultate werden zwar alle noch einmal zusammengestellt und knapp erläutert, nicht jedoch in der Form, wie es für ein Lehrbuch der Statistik angebracht wäre.

In der Bereitstellung und Verfügbarkeit einer großen Vielfalt von statistischen Verfahren durch Statistik-Software-Systeme, die in immer kürzeren Abständen um neue Module mit immer komplexeren Methoden bereichert wird, liegt auch eine gewisse Gefahr. Das Wissen des Anwenders um die Hintergründe dieser Verfahren hält oft nicht

Schritt mit dieser rasanten Entwicklung. Ein solches Hintergrundwissen erscheint unserer Meinung nach, zumindest zu einem gewissen Grad, auch für den Anwender erforderlich zu sein, damit er das seinem Problem angemessene Modell auswählen kann, die Modellvoraussetzungen versteht, aus den Resultaten der Rechnung die richtigen Schlüsse ziehen kann und nicht zu Fehlinterpretationen geführt wird.

Im vorliegenden Buch werden deswegen zu allen statistischen Verfahren die Modelle erläutert und die Voraussetzungen zur Anwendung des jeweiligen Verfahrens genannt. Dann wird, zumeist anhand eines Beispiels, die Durchführung mit Hilfe von SAS beschrieben durch Angabe des Programm-Textes und dessen Erläuterung. Ein solches Programm führt zu graphischen Darstellungen und/oder zu Ausgabedateien, die im Text kurz Output genannt werden. Daher schließt sich an die Durchführung mit Hilfe von SAS eine ausführliche Erläuterung und Interpretation des Output an.

Der Leser soll dadurch in die Lage versetzt werden, sein statistisches Problem mit Hilfe von SAS zu lösen, weitgehend ohne auf die für den Anfänger abschreckend umfangreichen SAS-Handbücher zurückgreifen zu müssen. Das Buch geht insbesondere auf die Anwendung von SAS auf dem PC ein. Hierzu sind Grundkenntnisse des Betriebssystems DOS von Vorteil. Obwohl sich das Buch auf die PC-Version von SAS bezieht, ist es mit wenigen Einschränkungen auch für den Benutzer der Großrechner-Version geeignet.

Das vorliegende Buch ist weder ein Lehrbuch der Statistik noch eine systematische Einführung in SAS. Schwerpunkt der Darstellungen sind die Konzepte der Statistik, SAS dient als Werkzeug zur Realisierung dieser Konzepte. Daher ist das Buch auch gegliedert nach methodischen Gesichtspunkten der Statistik. SAS wird nur soweit vorgestellt, wie es zur Umsetzung der einzelnen statistischen Methoden notwendig ist. Deshalb kann dieses Buch auch kein Ersatz für die äußerst umfangreichen SAS-Handbücher sein, die immer dann herangezogen werden sollten, wenn man zusätzliche Möglichkeiten ausschöpfen möchte. Auf einige dieser zusätzlichen Möglichkeiten wird im Text durch Verweise auf die entsprechenden SAS-Dokumentationen hingewiesen.

Nach einer Einführung in SAS in den ersten beiden Kapiteln wird die beschreibende Statistik in Kapitel 3 an Hand einer Reihe von Beispielen behandelt. In Kapitel 4 werden die Grundlagen der Wahrscheinlichkeitstheorie und Statistik in knapper Form zusammengestellt und soweit beschrieben, wie es im weiteren benötigt wird. In Kapitel 5 werden einige grundlegende Verfahren der Statistik vorgestellt. Dazu zählen neben den Ein- und Zweistichprobentests unter Normalverteilungsannahme auch Anpassungstests und die nichtparametrischen bzw. verteilungsfreien Verfahren. Die letzten beiden Kapitel 6 und 7 beinhalten eine Reihe von Verfahren der Varianzanalyse und Regressionsrechnung, die unter dem Begriff lineare Modelle zusammengefaßt werden können. Darin werden auch einige Probleme angeschnitten, die mehr den fortgeschrittenen Statistiker ansprechen, wie z.b. spezielle Randomisationsstrukturen, unbalancierte Daten bei Mehrfachklassifikation, Kovarianzanalyse. Das abschließende Literaturverzeichnis haben wir zur besseren Orientierung um einige Hinweise zu Lehrbüchern und weiterführender Literatur ergänzt.

Bei der erforderlichen Auswahl der Themen haben wir uns von dem Prinzip leiten lassen, einerseits möglichst einfache und grundlegende Verfahren der Statistik vorzustellen und andererseits einige komplexere Methoden zu behandeln, die unserer Erfahrung nach häufig in der Praxis verwandt werden. Gerade in diesem letzten Punkt stützt sich die subjektive Auswahl auf unsere mehrjährige Beratungspraxis und die Zusammenarbeit mit "Anwendern" in Hohenheim. Natürlich konnten dabei einige für die Anwendung interessante Gebiete, wie z.B. multivariate Methoden und Zeitreihenanalyse, nicht in dieses Buch aufgenommen werden.

Wir haben uns bemüht, Computer-Englisch und Abkürzungen weitgehend zu vermeiden. Allerdings erschien es uns sinnvoll, einige Wörter wie z. B. Output im Text wie ein deutsches Wort zu verwenden, da eine direkte Übersetzung, etwa Ausstoß, umständlich und sinnentstellend erscheint. Zu den übernommenen Anglizismen zählt auch, daß im gesamten Text ein Dezimalpunkt statt des im Deutschen üblichen Kommas verwendet wird. Von SAS reservierte Schlüsselwörter (DATA, PROC, UNIVARIATE,...) werden in Großbuchstaben wiedergegeben. Programmtexte und Ausgabedateien sind durch einen Rahmen hervorgehoben. Da die Ausgabedateien der einheitlichen Darstellung wegen ebenfalls in Proportionalschrift gesetzt wurden, können kleine Abweichungen in der Form gegenüber der Bildschirmausgabe auftreten. Disketten mit allen Beispiel-Programmtexten können von uns gegen eine Schutzgebühr bezogen werden.

Schließlich ist es uns eine angenehme Pflicht denen zu danken, die am Zustandekommen dieses Buches beteiligt waren. Dazu zählen eine Reihe von Studenten und uns verbundene Kollegen, die durch fortwährende Diskussionen und Anregungen direkt oder indirekt an der Gestaltung des Buches mitgewirkt haben. Unser Dank gilt Herrn Heinz Becker, der bei der Überprüfung der Programmtexte behilflich war. Ganz herzlich möchten wir uns auch bei unserer EXPertin Frau Regina Schulze bedanken, die uns bei der Erstellung des Textes im Textverarbeitungssystem EXP unterstützt hat. Gerne erwähnen wir auch dankend die angenehme Zusammenarbeit mit Herrn Dr. Spuhler vom Teubner Verlag.

Den Benutzern dieses Buches empfehlen wir, die Beispiele auch als Übungsaufgaben anzusehen und diese durch Variieren, Umstellen und Ergänzungen zu einer eigenen kleinen Programmsammlung auszubauen. Dabei wünschen wir viel Erfolg und möglichst wenige rote Fehlermeldungen.

Stuttgart-Hohenheim, im Sommer 1992

Julius Dufner, Uwe Jensen, Erich Schumacher

Vorwort zur zweiten Auflage

In der vorliegenden zweiten Auflage haben wir unser Buch vollständig überarbeitet, ohne dabei sein bewährtes Konzept zu verändern.

Wir haben eine Reihe von Druckfehlern und einige kleinere inhaltliche Fehler beseitigt. Weiter haben wir der Entwicklung von SAS in den letzten zehn Jahren Rechnung getragen: Es wurden neue SAS-Anweisungen und Prozeduren mit aufgenommen, soweit diese in den bisherigen inhaltlichen Rahmen passen, beispielsweise die EXACT-Anweisung der Prozedur NPAR1WAY, mit der unter anderem der Wilcoxon-Rangsummentest und der Kruskal-Wallis Test nunmehr auch exakt durchgeführt werden können. Und es wurde die Weiterentwicklung der SAS-Benutzerschnittstelle von der DOS-Oberfläche der Version 6 zur komfortablen Windows-Oberfläche der Version 8 berücksichtigt.

Stuttgart-Hohenheim, im Herbst 2001

Julius Dufner, Uwe Jensen, Erich Schumacher

Inhaltsverzeichnis

Kapitel 1 Einführung in SAS

1.1 Das SAS-Softwaresystem 13
1.2 Die SAS-Benutzeroberfläche 15
1.2.1 SAS-Fenstersystem 16
1.2.2 Arbeiten in Fenstern 18
1.3 Statistik-Komponenten 21

Kapitel 2 Das SAS-Programmsystem

2.1 Ein einführendes Beispiel 23
2.1.1 DATA step und PROC step 24
2.1.2 SAS-Programm 25
2.1.3 Realisierung 27

2.2 Ergänzungen 32
2.2.1 SAS-Programm 32
2.2.2 Realisierung 33
2.2.3 Permanente SAS-Dateien 36
2.2.4 Regeln zur Programmgestaltung 37

2.3 Externe Daten 37
2.3.1 ASCII-Dateien 37
2.3.2 Dateien anderer Softwaresysteme 39

2.4 Die Programmiersprache SAS 40
2.4.1 SAS-Anweisungen 40
2.4.2 SAS-Programme 41
2.4.3 Beschreibung der benutzten Anweisungen 41
2.4.3.1 DATA step 42
2.4.3.2 PROC step 45
2.4.3.3 Anweisungen an beliebiger Stelle eines SAS-Programms 46

Kapitel 3 Beschreibende Statistik

3.1 Eindimensionale Stichproben ... 49
3.1.1 Graphische Darstellungen ... 50
3.1.1.1 Histogramme ... 50
3.1.1.2 Ausgabe und Export von SAS-Graphiken ... 55
3.1.1.3 Stabdiagramme ... 56
3.1.1.4 Kreisdiagramme ... 60
3.1.2 Statistische Maßzahlen ... 61
3.1.2.1 Lagemaße ... 62
3.1.2.2 Streuungsmaße ... 62
3.1.2.3 Formmaße ... 63
3.1.2.4 Statistische Maßzahlen mit SAS ... 64

3.2 Zwei- und mehrdimensionale Stichproben ... 69
3.2.1 Punktediagramme ... 69
3.2.2 Zusammenhangsmaße ... 70
3.2.3 Anpassung von Regressionsfunktionen ... 74
3.2.3.1 Prinzip der kleinsten Quadrate ... 74
3.2.3.2 Lineare Anpassung ... 77
3.2.3.3 Nichtlineare Anpassung ... 86
3.2.3.4 Ergänzungen zum DATA step ... 102

Kapitel 4 Grundlagen der Wahrscheinlichkeitstheorie und Statistik

4.1 Wahrscheinlichkeitstheorie ... 105
4.1.1 Ereignisse, Stichprobenraum ... 106
4.1.2 Wahrscheinlichkeiten ... 106
4.1.3 Zufallsvariable ... 107
4.1.4 Einige spezielle Wahrscheinlichkeitsverteilungen ... 112
4.1.4.1 Diskrete Verteilungen ... 112
4.1.4.2 Stetige Verteilungen ... 115
4.1.5 Grenzwertsätze ... 119
4.1.6 Testverteilungen ... 121
4.1.6.1 Die Chi-Quadrat (χ^2)-Verteilung ... 121
4.1.6.2 Die Student'sche t-Verteilung ... 122
4.1.6.3 Die F(isher)-Verteilung ... 123

4.2 Grundlagen der beurteilenden Statistik ... 124
4.2.1 Parameterschätzung ... 124
4.2.1.1 Punktschätzungen ... 124
4.2.1.2 Intervallschätzungen - Vertrauensintervalle ... 128
4.2.2 Tests ... 129

Kapitel 5 Beurteilende Statistik - Grundlegende Verfahren

5.1 Tests bei Normalverteilungsannahme ... 132
5.1.1 Einstichproben-Tests ... 132
5.1.1.1 Test des Erwartungswertes — Einstichproben t-Test ... 132
5.1.1.2 Test der Varianz ... 138
5.1.2 Zweistichproben-Tests ... 141
5.1.2.1 Vergleich verbundener (gepaarter) Stichproben ... 141
5.1.2.2 Vergleich unabhängiger Stichproben — Der t-Test ... 142

5.2 Anpassungstests ... 148
5.2.1 Übersicht über einige Anpassungstests ... 148
5.2.2 Der Shapiro-Wilk Test ... 155

5.3 Verteilungsfreie Verfahren - Nichtparametrische Methoden ... 159
5.3.1 Einstichproben-Tests ... 159
5.3.1.1 Der Binomialtest ... 159
5.3.1.2 Test auf Zufälligkeit ... 162
5.3.2 Zwei- und k-Stichprobentests ... 165
5.3.2.1 Vergleich zweier verbundener Stichproben ... 165
5.3.2.2 Vergleich zweier unverbundener Stichproben ... 169
5.3.2.3 Vergleich mehrerer unabhängiger Stichproben - Der Kruskal-Wallis Test ... 173
5.3.2.4 Vergleich mehrerer verbundener Stichproben - Der Friedman Test ... 176
5.3.3 Kontingenztafeln — Unabhängigkeits- und Homogenitätstests ... 179
5.3.3.1 Der Unabhängigkeitstest ... 180
5.3.3.2 Der exakte Test von Fisher ... 184
5.3.3.3 Der Homogenitätstest ... 188

Kapitel 6 Varianzanalyse

6.1 Einfaktorielle Varianzanalyse - fixe Effekte 191
6.1.1 Varianzanalysemodell und F-Test 192
6.1.2 Gütefunktion und Wahl des Stichprobenumfangs 196
6.1.3 Durchführung in SAS – Beispiel 6_1 198
6.1.4 Abweichungen von den Modellvoraussetzungen 201
6.1.5 Überprüfung von Modellvoraussetzungen 203
6.1.5.1 Test der Normalverteilungsannahme 203
6.1.5.2 Der modifizierte Levene-Test 205
6.1.6 Überparametrisierung des Modells 208

6.2 Multiple Mittelwertsvergleiche 209
6.2.1 Schätzung der Modellparameter 210
6.2.2 Vertrauensintervall und Test für eine Paardifferenz 211
6.2.3 Multiple Tests und simultane Vertrauensintervalle 212
6.2.3.1 Bonferroni- und Sidak-Test 212
6.2.3.2 Scheffe-Test 213
6.2.3.3 Tukey-Test und Tukey-Kramer-Test 214
6.2.3.4 Dunnett-Test für Vergleiche mit einer Kontrolle 215
6.2.4 Sidak-, Scheffe-Tests und lineare Kontraste in SAS 216
6.2.4.1 Sidak- und Scheffe-Tests in SAS 216
6.2.4.2 Lineare Kontraste in SAS 218
6.2.5 Wachstumsversuch, Tukey- und Dunnett-Tests in SAS 220
6.2.5.1 Vollständig zufällige Zuteilung mittels PROC PLAN 221
6.2.5.2 Auswertung in SAS 222
6.2.6 Vergleich simultaner Testprozeduren 227
6.2.6.1 Die Tests nach Bonferroni, Sidak, Scheffe, Tukey 227
6.2.6.2 Lineare Kontraste 228
6.2.6.3 Sequentielle Testprozeduren 229
6.2.6.4 Zusammenfassung 232

6.3 Einfaktorielle Varianzanalyse - zufällige Effekte 232

6.4 Zweifaktorielle Varianzanalyse - Kreuzklassifikation 235
6.4.1 Zweifaktorielle Varianzanalyse, fixe Effekte 236
6.4.1.1 Modell, F-Tests und paarweise Vergleiche 237
6.4.1.2 Durchführung in SAS – Beispiel 6_4 240
6.4.2 Zweifaktorielle Varianzanalyse, zufällige Effekte 244
6.4.2.1 Modell und F-Tests 244
6.4.2.2 Durchführung in SAS 246

Inhaltsverzeichnis 11

6.4.3	Zweifaktorielles gemischtes Modell	248
6.4.3.1	Gemischtes Modell und F-Tests	248
6.4.3.2	Durchführung in SAS	250
6.4.4	Eine Beobachtung pro Zelle	251
6.4.4.1	Modell und F-Tests	252
6.4.4.2	Durchführung in SAS	254
6.4.5	Höherfaktorielle kreuzklassifizierte Versuche	255
6.4.5.1	Dreifaktorielle kreuzklassifizierte Varianzanalyse	255
6.4.5.2	Durchführung in SAS	256
6.4.5.3	r-faktorielle kreuzklassifizierte Varianzanalyse	256
6.5	**Zweifaktorielle hierarchische Varianzanalyse**	**257**
6.5.1	Modell und F-Tests	258
6.5.2	Durchführung in SAS – Beispiel 6_5	260
6.5.2.1	Tests	260
6.5.2.2	Schätzung der Varianzkomponenten	263
6.5.3	Höherfaktorielle Modelle	264
6.6	**Versuchsplanung - spezielle Randomisationsstrukturen**	**265**
6.6.1	Complete Randomized Designs	266
6.6.2	Randomisierte vollständige Blockanlagen	266
6.6.2.1	Modell , F-Tests und paarweise Vergleiche	268
6.6.2.2	Durchführung in SAS – Beispiel 6_6	269
6.6.2.3	Modell mit zufälligen Blockeffekten	272
6.6.3	Zweifaktorielle Anlage in Blöcken	272
6.6.4	Split-Plot Anlage in Blöcken	274
6.6.4.1	Modell und F-Tests	274
6.6.4.2	Multiple Vergleiche	277
6.6.4.3	Durchführung in SAS – Beispiel 6_7	280
6.7	**Unbalancierte Daten**	**288**
6.7.1	Zweifaktorielle Kreuzklassifikation, unbalancierte Daten, keine leeren Zellen	289
6.7.1.1	Modell	289
6.7.1.2	Beispiel 6_8 und R - Notation	291
6.7.1.3	Typ I - Quadratsummenzerlegung	295
6.7.1.4	Typ II - Quadratsummen	297
6.7.1.5	Typ III - Quadratsummenzerlegung	299
6.7.1.6	Durchführung in SAS – Beispiel 6_8 (fortgesetzt)	301
6.7.2	Paarweise Vergleiche adjustierter Erwartungswerte	303
6.7.2.1	Adjustierte Erwartungswerte – LSMeans	303

6.7.2.2 Durchführung in SAS – Beispiel 6_8 (fortgesetzt) 305
6.7.3 Modelle mit leeren Zellen – die Typ IV- Zerlegung 307
6.7.3.1 Schätzbare Funktionen und testbare Hypothesen 308
6.7.3.2 Typ IV- Quadratsummen 310
6.7.3.3 Typ IV-Zerlegung – Beispiel 6_9 310
6.7.3.4 Durchführung in SAS – Beispiel 6_9 314
6.7.4 Auswertung mehrfaktorieller Modelle in SAS 319

Kapitel 7 Lineare Regressionsanalyse

7.1 Einfache lineare Regression 322
7.1.1 Schätzung der Modellparameter 324
7.1.2 Univariate Vertrauensintervalle und Tests 327
7.1.3 Simultane Vertrauensbereiche und Tests 328
7.1.4 Durchführung in SAS – Beispiel 7_1 329
7.1.5 Überprüfung der Modellannahmen 335
7.1.6 Ergänzungen 336
7.1.6.1 Prognose-Intervall für eine Beobachtung 336
7.1.6.2 Regression ohne Absolutglied 337

7.2 Multiple lineare Regressionsanalyse 340
7.2.1 Schätzung der Modellparameter 341
7.2.2 Univariate Vertrauensintervalle und Tests 344
7.2.3 Simultane Vertrauensbereiche und Tests 345
7.2.4 Überprüfung der Modellannahmen 347
7.2.5 Durchführung in SAS – Beispiel 7_2 348
7.2.6 Techniken zur Modellauswahl 354

7.3 Kovarianzanalyse 357
7.3.1 Einfache Kovarianzanalyse 357
7.3.1.1 Schätzung der Modellparameter 359
7.3.1.2 Tests und paarweise Vergleiche 361
7.3.1.3 Durchführung in SAS – Beispiel 7_3 364
7.3.1.4 Überprüfung von Modellannahmen 370
7.3.2 Erweiterungen des Kovarianzanalysemodells 373

Literaturverzeichnis 374
Sachverzeichnis 384

1 Einführung in SAS

1.1 Das SAS-Softwaresystem

SAS (Statistical Analysis System) - in den Jahren von 1975 bis 1980 noch eine reine Statistiksoftware - ist inzwischen zu einem umfassenden Softwaresystem zur Verwaltung, Analyse und Darstellung von Daten ausgebaut worden.

Komponenten. Grundbaustein von SAS ist die Softwarekomponente SAS/BASE. Diese Standardkomponente umfaßt eine leistungsfähige höhere Programmiersprache, grundlegende Funktionen für alle weiteren SAS-Anwendungen sowie eine Reihe von vorgefertigten Unterprogrammen (*Prozeduren*) zur Durchführung von elementaren statistischen Verfahren und zur Erstellung einfacher Graphiken.

SAS/BASE läßt sich sich durch weitere Komponenten ergänzen, die Prozeduren für spezielle Bedürfnisse enthalten. Wir werden in diesem Buch höhere statistische Verfahren mit Prozeduren der Statistiksoftware SAS/STAT durchführen und hochauflösende Graphiken mit Hilfe der Graphiksoftware SAS/GRAPH erstellen. Das hierbei benutzte *Prozedurenkonzept* gestattet es dem Anwender, die in den SAS-Prozeduren zusammengefaßten - in der Regel sehr umfangreichen - Programmteile mit geringem Programmieraufwand allein durch Angabe des Prozedurnamens (*Prozeduraufruf*) zu nutzen.

Die Möglichkeiten der Analyse und Darstellung von Daten mit Hilfe von SAS sind damit bei weitem nicht erschöpft. Als Beispiele weiterer SAS-Komponenten seien genannt: SAS/IML (Interactive Matrix Language) zur Durchführung komplexer Matrizenoperationen, SAS/ETS (Econometric Time Series) für ökonometrische Untersuchungen und Zeitreihenanalysen, SAS/OR (Operations Research) zur linearen und nichtlinearen Programmierung und - als nicht-mathematisches Beispiel - SAS/FSP (Full Screen Processing) zum Editieren von SAS-Dateien, zur Plausibilitätsprüfung von Eingabewerten und zur Erzeugung von Eingabemasken. Auf weitere für den Anwender statistischer Verfahren nützliche SAS-Komponenten gehen wir in Abschnitt 1.3 ein.

Systemvoraussetzungen. SAS kann auf nahezu allen Rechnertypen vom PC bis hin zum Großrechner eingesetzt werden. Dabei ist die Benutzerschnittstelle hinsichtlich Erscheinungsbild, Bedienung und Funktion praktisch unabhängig vom eingesetzten Betriebssystem, beispielsweise Windows, UNIX oder Macintosh auf einem PC, AIX oder Solaris auf einer Workstation und MVS oder VM auf einem Großrechner. Es bedeutet deswegen keine wesentliche Einschränkung, wenn wir im folgenden SAS unter Windows zugrunde legen. Wir benutzen dabei die SAS-Version 8.2. Die Einführung in SAS in diesem Kapitel ist aber mit geringfügigen Einschränkungen auch gültig für SAS von der Version 6.12 an. Ebenso sind alle angegebenen Programme auch unter den Versionen 6.xx lauffähig, sofern keine der inzwischen neu eingeführten Befehle, Prozeduren und Module benutzt werden.

Literatur. Das vorliegende Buch kann und will die - in englischer Sprache abgefaßten - SAS-Handbücher nicht ersetzen. Vielleicht schon während der Durcharbeitung dieses einführenden Kapitels wird der Leser zu ihnen greifen. SAS/BASE ist dokumentiert in SAS Language Reference, Version 8 (1999, *Concepts* und *Dictionary*) und SAS Procedures Guide, Version 8 (1999). Die detaillierte Beschreibung der Prozeduren aus SAS/STAT und SAS/GRAPH sind in SAS/STAT User's Guide, Version 8 (1999) bzw. in SAS/GRAPH Software: Reference, Version 8 (1999) nachzulesen.

Deutschsprachige Einführungen für den SAS-Anfänger werden in Göttsche (1990) und Ortseifen (1997) gegeben. Gogolok et al. (1992) und Schuemer et al. (1990) stellen im wesentlichen komprimierte deutschsprachige Fassungen der SAS-Handbücher dar. Ähnliche Zielsetzungen wie das vorliegende Buch haben Nagl (1992) und Falk et al. (1995).

SAS Online-Dokumentation. Die oben genannten SAS-Handbücher stellen nur einen kleinen Ausschnitt aus der gesamten, sehr umfangreichen SAS-Dokomentation dar. Da ständig bestehende Prozeduren und Komponenten verbessert werden und neue hinzukommen, hinkt diese Dokumentation dem aktuellen Stand stets hinterher. SAS legt deshalb seiner Software von Version 8 an eine CD-ROM bei (*SAS OnlineDoc*), welche im wesentlichen sämtliche SAS-Handbücher in aktualisierter Fassung auf einer CD-ROM enthält. Sie kann über das SAS Hilfe-System gelesen werden, vgl. Abschnitt 1.2.

1.2 Die SAS-Benutzeroberfläche

Betriebsarten. Die *Betriebsart* (*Modus*) legt die Schnittstelle fest, über welche der Benutzer mit SAS in Verbindung tritt. SAS unter Windows kann mit einer fensterorientierten Benutzeroberfläche (*SAS windowing environment*) oder im *Batch Modus* benutzt werden.

Die gewünschte Betriebsart wird mit dem Aufruf von SAS festgelegt. Danach veranlaßt SAS das Betriebssystem (z.B. Windows), die zur Abarbeitung der einzelnen SAS-Befehle nötigen Hardware-Operationen durchzuführen. Diese Zusammenhänge lassen sich übersichtlich in einem *Schalenmodell* darstellen.

Benutzer

| Schnittstelle (z.B. SAS-Fensteroberfläche) |
| Softwaresystem SAS |
| Betriebssystem |
| Hardware |

Batch Modus. Der Aufruf von SAS im Batch Modus setzt voraus, daß bereits ein SAS-Programm erstellt und in einer Datei abgelegt ist. SAS wird dann über die Kommandozeile des Betriebssystems unter Angabe des Pfads und des Namens der Programmdatei aufgerufen. Der Benutzer hat danach keine Möglichkeit mehr, in den Programmablauf einzugreifen (nicht-interaktiver Modus). Vielmehr legt SAS die Rechenergebnisse in einer Output-Datei und die System-Meldungen (z.B. Fehlermeldungen) in einer sogenannten Log-Datei ab. Der Batch Modus wird insbesondere im Großrechnerbetrieb und bei sehr großen Datenmengen benutzt. Für unsere Zwecke ist diese Betriebsart nicht von Bedeutung. Zu Einzelheiten sei auf die SAS-Dokumentation verwiesen.

Fensterorientierter Modus. Wir verwenden ausschließlich die im folgenden beschriebene fensterorienierte Betriebsart. Programme und deren Output sowie System-Meldungen werden dabei übersichtlich in einem *Fenstersystem* dargestellt. Der Benutzer kann nach Eingabe und Abarbeitung seines SAS-Programms auf die ausgegebenen Resultate mit Abänderung oder Ergänzung des Programms und dessen erneuter Abarbeitung reagieren (interaktiver Modus).

Wir setzen im folgenden voraus, daß der Leser Grundkenntnisse im Umgang mit Windows-Programmen besitzt.

1.2.1 SAS-Fenstersystem

SAS unter Windows kann wie jedes Windows-Programm durch Auswahl im Programm-Ordner gestartet werden.

Das SAS-Fenster. Nach dem Start erscheint auf dem Bildschirm das *SAS-Fenster* (*SAS Workspace*). Die Leiste am oberen Fensterrand mit dem Eintrag *SAS* heißt *Titelleiste*. Das SAS-Icon am linken Ende der Titelleiste ist das *System-Menüfeld*. Nach Anklicken dieses Feldes öffnet sich das *System-Menü*. Beispielsweise kann SAS beendet werden, indem man daraus den Menü-Punkt *Schließen* auswählt.

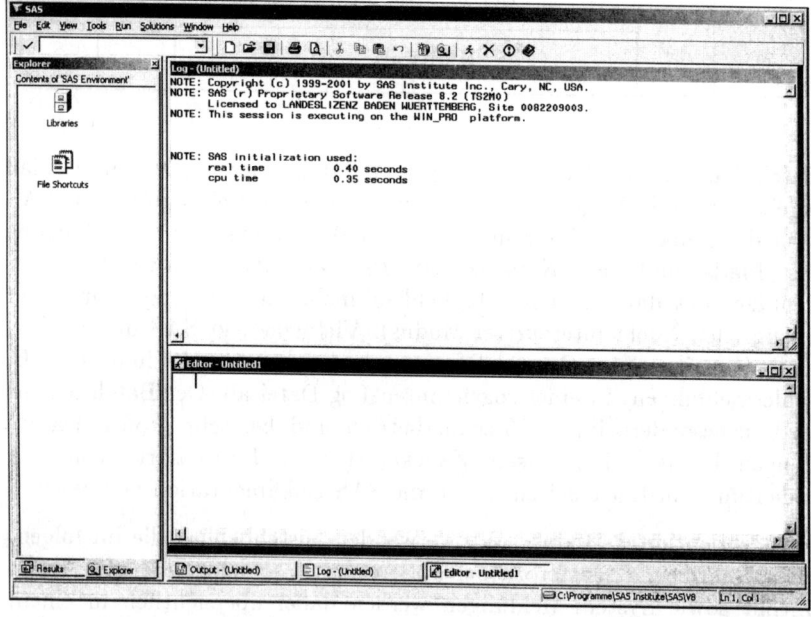

1.2 Die SAS-Benutzeroberfläche

Unter der Titelleiste des SAS-Fensters befindet sich die *Menüleiste* mit den Menüpunkten *File, Edit, View, ...* . Darunter liegt die *Symbolleiste*, auf der man links das *Kommandofeld (Command bar)* und daneben einige Schaltflächen *(Tools)* erkennt, u.a. mit den Symbolen *Diskette* und *Drucker* zum Speichern bzw. Drucken von Dateien.

Das SAS-Fenster enthält fünf *Unterfenster*, deren Namen jeweils in den Titelleisten stehen: Das *EDITOR-Fenster*, das *LOG-Fenster* und das *OUTPUT-Fenster* sowie das *Results-* und das *Explorer-*Fenster. Ein solches Fenster kann ganz oder teilweise verdeckt sein. In der Abbildung oben ist beispielsweise zwischen LOG- und EDITOR-Fenster nur ein schmaler Streifen vom OUTPUT-Fenster erkennbar, während das Results-Fenster ganz vom Explorer-Fenster verdeckt ist. Ein solches Fenster kann hervorgehoben werden durch Betätigen der betreffenden Schaltfläche in der *Fensterleiste* am unteren Rand des SAS-Fensters.

Der Leser, der SAS kennenlernen will, möge diese und die nachfolgend beschriebenen Operationen auf seinem System nachvollziehen. Wir beschränken uns auf grundlegende Operationen. Zu weiteren Einzelheiten und zu Programmbeispielen sei auf Kapitel 2 verwiesen.

EDITOR-Fenster (Enhanced Editor window). In diesem Editor können SAS-Programme erstellt, abgeändert und gestartet werden. Er ist *syntax-sensitiv*, d.h. der Programmtext wird auf seine syntaktische Korrektheit hin überprüft. SAS-Schlüsselwörter, Variablennamen, Daten, Kommentar, usw. werden in unterschiedlicher Farbe wiedergegeben. Beispielsweise werden bei der buchstabenweisen Eingabe des Schlüsselworts PROC (Kürzel für PROCedure) die Zeichenketten P, PR, PRO zunächst rot wiedergegeben, das syntaktisch richtige Kürzel PROC dagegen blau; fügt man fälschlicherweise noch ein E an, so erscheint PROCE wieder rot.

Ein sich über mehrere Bildschirmseiten erstreckender (Programm-) Text kann - etwa mit Hilfe der Sondertasten <Bild↑> und <Bild↓> - vorwärts (nach unten) bzw. rückwärts (nach oben) durchblättert und gelesen werden. Darüber hinaus können Programme und Daten aus externen Dateien in den Editor geladen und umgekehrt vom Editor in Dateien abgelegt werden.

Neben diesem von Version 8.1 an voreingestellten Editor (Enhanced Editor Window) kann auch der bisher gebräuchliche nicht syntaxsensitive Programm Editor (Program Editor window) benutzt werden.

LOG-Fenster. Hier erscheinen nach dem Aufruf von SAS ein Copyright-Vermerk und Angaben über die benutzte SAS-Version und den Lizenznehmer. Nach dem Starten eines im EDITOR-Fenster stehenden SAS-Programms werden anschließend an diese Meldungen die momentan durchgeführten Anweisungen sowie zugehörige System-Meldungen wie etwa Fehlermeldungen aufgelistet. Der im LOG-Fenster wiedergegebene Text kann nicht abgeändert (ediiert), sondern nur gelesen und als Datei abgespeichert werden. Wir bezeichnen sie kurz mit *SAS-Log*.

OUTPUT-Fenster. Dieses Fenster enthält die von SAS-Prozeduren berechneten Resultate. Wir wollen diese Datei *SAS-Output* nennen. Wie SAS-Log kann auch der SAS-Output nur gelesen und gespeichert, nicht jedoch editiert werden.

Drag and drop. Es ist möglich, Text vom LOG- oder vom OUTPUT-Fenster in das EDITOR-Fenster zu "ziehen" (*drag and drop*). Hierzu markiert man den zu kopierenden Text, "zieht" den markierten Text mit festgehaltener linker Maustaste an die gewünschte Stelle des EDITOR-Fensters und läßt dort die Maustaste wieder los. Beispielsweise kann so der SAS-Output in das EDITOR-Fenster gezogen und dort eigenen Bedürfnissen entsprechend abgeändert werden.

Explorer- und Results-Fenster. Mit SAS können nur Daten analysiert werden, die in Form einer speziellen *SAS-Datei* vorliegen; wir kommen später darauf zurück. Im Explorer-Fenster kann man u.a. solche SAS-Dateien öffnen, editieren und kopieren. Im Results-Fenster wird der Output übersichtlich in einer Baumstruktur dargestellt. Damit ist es möglich, gezielt Teile des Output herauszugreifen, beispielsweise das Ergebnis eines ganz bestimmten Tests. Dies ist bei sehr umfangreichem Output hilfreich. Für unsere Bedürfnisse sind diese beiden Fenster von geringer Bedeutung, so daß wir nicht weiter auf sie eingehen.

1.2.2 Arbeiten in Fenstern

Aktives Fenster. Will man in einem Fenster arbeiten, so hat man es zuvor sichtbar zu machen und anzuklicken. Das Fenster ist dann *aktiv*. Das aktive Fenster ist erkennbar an der farblichen Hervorhebung seiner Titelleiste. Nach dem Start ist stets das EDITOR-Fenster aktiv, vgl. Abbildung oben.

1.2 Die SAS-Benutzeroberfläche

Menü- und Symbolleiste. Um beispielsweise das OUTPUT-Fenster zu aktivieren, kann man in der Fensterleiste am unteren Rand des SAS-Fensters die Schaltfläche *Output* betätigen. Ist diese Schaltfläche dort nicht vorhanden (etwa, weil das OUTPUT-Fenster zuvor geschlossen wurde), so kann man zur Aktivierung in der Menüleiste den Menüpunkt *View* auswählen und in dem sich daraufhin öffnenden Untermenü *Output* anklicken, kurz: *View → Output*.

Die im aktiven Fenster zulässigen Operationen sind über die Menüleiste und die darunter liegende Symbolleiste durchführbar. Die Auswahlpunkte beider Leisten sind *kontext-sensitiv*, d.h. vom jeweils aktiven Fenster abhängig. Beispielsweise ist in EDITOR- und LOG-Fenster der Menüpunkt *View* vorhanden. Dagegen ist der sich auf die Abarbeitung von SAS-Programmen beziehende Menüpunkt *Run* nur im EDITOR-Fenster (Abbildung oben) zugänglich, nicht jedoch im LOG-Fenster. Entsprechendes gilt für die Schaltflächen der Symbolleiste.

Pop up Menü. Durch Niederdrücken der rechten Maustaste wird an der Stelle des Mauszeigers ein Menü geöffnet (*Pop up Menü*). Anstatt über die Menüleiste können Fenster-Operationen auch über dieses Pop up Menü durchgeführt werden. Es enthält die gleichen kontextsensitiven Auswahlpunkte wie die Menüleiste.

Hilfe. Das SAS-Hilfesystem kann über den Menüpunkt *Help* aufgerufen werden, der in jedem Fenster zugänglich ist. Durch die Menüwahl *Help → Books and Training → SAS OnlineDoc* kann auf den Inhalt praktisch aller SAS-Handbücher zugegriffen werden. Er ist auf einer CD-ROM gespeichert (SAS OnlineDoc). Beispielsweise kann dort die genaue Beschreibung einer Statistikprozedur einschließlich Beispielen und einer kurzen Darstellung des statistischen Hintergrundes nachgelesen werden. Allgemeine Informationen über SAS sind über *Help → SAS System Help* zugänglich. Eine Beschreibung der Besonderheiten des gerade aktiven Fensters liefert *Help → Using This Window*.

Fenster-Kommandos. Wie wir gesehen haben, kann das OUTPUT-Fenster durch die Auswahl *View → Output* in der Menüleiste oder im Pop up Menü aktiviert werden. Durch diese Menüauswahl wird ein *Fenster-Kommando*, nämlich das Kommando OUTPUT ausgeführt.

Eine weitere Möglichkeit zur Ausführung besteht darin, ein solches Kommando - etwa OUTPUT - in das Kommandofeld der Symbolleiste einzutragen und mittels <ENTER> auszuführen (die Großschreibung des Kommandos ist nicht zwingend). Das Kommandofeld ist zwar voreingestellt sichtbar; es kann jedoch über *Tools → Customize... → Toolbars* durch Deaktivierung von *Command bar* unterdrückt werden.

Drittens schließlich kann ein Fenster-Kommando durch Betätigung einer geeigneten Sondertaste ausgeführt werden, im Falle von OUTPUT durch Niederdrücken von <F7>.

KEYS-Fenster. Die Belegung der Sondertasten mit Fenster-Kommandos kann dem KEYS-Fenster entnommen werden. Es kann geöffnet werden mittels *Tools → Options → Keys*, mit dem Kommando KEYS oder mit Hilfe der Sondertaste <F9>. Wie jedes andere Fenster kann das KEYS-Fenster über das System-Menüfeld in der linken oberen Fensterecke wieder geschlossen werden.

Die im KEYS-Fenster angegebenen Tastenbelegungen können vom Benutzer beliebig abgeändert werden. Die folgende Tabelle zeigt einige Beispiele zur Ausführung von Fenster-Operationen und den voreingestellten Tastencode.

Operation	*Kommando*	*Menüwahl*	*Tastencode*
OUTPUT-Fenster aktivieren	OUTPUT	*Window → Output*	<F7>
KEYS-Fenster aktivieren	KEYS	*Tools → Options → Keys*	<F9>
Programm im Editor starten	SUBMIT	*Run → Submit* oder *laufendes Männchen* (Symbolleiste)	<F8>

1.3 Statistik-Komponenten

Wir gehen kurz auf einige SAS-Komponenten ein, die insbesondere für den Anwender statistischer Verfahren nützlich sind. Der näher daran intereressierte Leser möge die betreffende Komponente aufrufen und Einzelheiten dem Hilfe-Menü mittels *Help → Using This Window* entnehmen.

SAS/ASSIST. Dies ist eine menügeführte Benutzeroberfläche von SAS, die sich nicht auf statistische Anwendungen beschränkt. Sie wird aufgerufen mittels *Solutions → ASSIST*. Über Menüs und Dialoge beschreibt der Benutzer sein Problem, beispielsweise die Erstellung eines Histogramms für eine eindimensionale Stichprobe. Der ASSIST erstellt das entsprechende SAS-Programm und führt es aus. Der Benutzer muß also im Prinzip nicht in SAS programmieren können. Trotzdem ist diese SAS-Komponente für den Anfänger ungeeignet, da er sich in der Vielfalt der auszuwählenden Optionen in Unkenntnis ihrer Bedeutung bald nicht mehr zurechtfindet. Der ASSIST kann jedoch dem fortgeschrittenen Anwender gute Dienste leisten, da die erstellten Programme - mit ihm möglicherweise noch nicht geläufigen Anweisungen - protokolliert werden. Er kann aus diesen Programmen lernen, sie abspeichern und sie später auch ohne den ASSIST benutzen.

SAS/INSIGHT. Diese SAS-Komponente dient zur visuellen Datenanalyse. Sie wird aufgerufen mittels *Solutions → Analysis → Interactive Data Analysis*. Die zugrunde liegenden Daten und alle erzeugten Graphiken sind dabei untereinander verbunden und können interaktiv untersucht werden. Erstellt man etwa für eine dreidimensionale Stichprobe mit den Merkmalen x, y, z mittels INSIGHT ein dreidimensionales x, y, z - Streuungsdiagramm sowie ein Histogramm (vgl. Kapitel 3) für das Merkmal x, so führt beispielsweise das Anklicken eines Histogramm-Balkens zur Markierung der entsprechenden Beobachtungen in der zugehörigen SAS-Datei und im Streuungsdiagramm. Letzteres kann übrigens beliebig gedreht und von allen Seiten betrachtet werden.

SAS/LAB. Dies ist eine Software zur menügeführten Durchführung einfacher statistischer Analysen insbesondere für Anwender, die nur geringe statistische Vorkenntnisse besitzen. LAB wird gestartet mittels *Solutions → Analysis → Guide Data Analysis*. Je nach Struktur der zu analysierenden Daten werden statistische Verfahren durchgeführt und

Graphiken erstellt. Die Testergebnisse werden interpretiert, die Testvoraussetzungen nachgeprüft und vor deren Verletzung gewarnt.

ANALYST APPLICATION. Diese Anwendung benötigt neben SAS/BASE noch die Komponenten SAS/STAT, SAS/GRAPH und SAS/ASSIST. Mit dem ANALYST können viele der SAS-Statistik- und Graphikprozeduren menügeführt benutzt werden, ohne Programme schreiben zu müssen. Gestartet wird der ANALYST mittels *Solutions* → *Analysis* → *Analyst*. Wie beim ASSIST wird auch hier der erzeugte Programmcode protokolliert.

Der ANALYST bietet außerdem Möglichkeiten, die nicht durch SAS-Prozeduren abgedeckt sind. Beispielsweise können beim geplanten Vergleich von k Stichproben mit gleichem Umfang n unter gewissen Voraussetzungen Aussagen gemacht werden, wie groß n sein muß, damit vorgegebene Unterschiede zwischen den Erwartungswerten dieser Stichproben mit einer vorgegebenen Wahrscheinlichkeit (Güte) aufgedeckt werden. Man vergleiche hierzu auch die Abschnitte 5.1 und 6.1.2.

Den an der Anwendung des ANALYST näher interessierten Leser verweisen wir auf Muche et al. (2000).

2 Das SAS-Programmsystem

In Kapitel 1 haben wir uns nach einführenden Bemerkungen über das SAS-System mit der fensterorientierten Benutzeroberfläche befaßt. In diesem Kapitel wollen wir an Hand einer einfachen Aufgabenstellung aus der beschreibenden Statistik die Erstellung von SAS-Programmen erläutern und in die SAS-Programmiersprache einführen.

Das Kapitel ist insbesondere für den Leser gedacht, der sich in SAS einarbeiten will. Für ihn beschreiben wir ausführlich, wie die angegebenen Programme realisiert werden können. Wir empfehlen ihm, die im einzelnen beschriebenen Schritte auf seinem Rechner nachzuvollziehen.

2.1 Ein einführendes Beispiel

Beispiel 2_1. Bei je elf Männern der Altersgruppen 20-30 und 40-50 Jahre wurde der Cholesteringehalt im Blut gemessen. Mit den Bezeichnungen j und a für die Altersgruppen *20-30 Jahre* bzw. *40-50 Jahre* ergaben sich in der Reihenfolge der Auswertung durch das Laboratorium folgende Cholesterinwerte:

Altersgruppe	Cholesteringehalt (in mg/100 ml)	Altersgruppe	Chosteringehalt (in mg/100 ml)
a	294	j	135
j	222	j	260
j	251	a	286
a	254	j	252
j	269	j	352
j	235	a	336
j	386	a	208
a	346	a	311
a	239	j	156
j	173	a	172
a	277	a	264

Zu bestimmen sind Mittelwert und Standardabweichung der Cholesterinwerte der 22 Probanden insgesamt und nach Altersgruppen getrennt.

Die gegebenen Daten lassen sich als *Datei* auffassen, d.h. als eine Folge von gleichartig aufgebauten *Beobachtungen* oder *Datensätzen*, welche die Werte gewisser *Merkmale* oder *Variablen* enthalten. Wir bezeichnen diese Datei im folgenden als *Rohdatei*, die darin enthaltenen Daten nennen wir *Rohdaten*.

Altersgruppe	Cholesteringehalt		
a	294	←	*Merkmale, Variable* (SAS: *variable*)
j	222		
j	251		
...	...	←	*Beobachtungen, Datensätze*
a	172		(SAS: *observation*)
a	264		

In unserem Beispiel enthält jede Beobachtung (jeder Datensatz) die Werte für die zwei Merkmale (Variablen) *Altersgruppe* und *Cholesteringehalt* für einen Probanden. Beispielsweise ist die zweite Beobachtung durch das Wertepaar *j 222* gegeben, bestehend aus dem Wert *j* des Merkmals *Altersgruppe* und dem Wert *222* des Merkmals *Cholesteringehalt* des zweiten Probanden.

SAS bezeichnet - etwa bei Systemmeldungen im LOG-Fenster - eine Beobachtung (einen Datensatz) als *observation* und ein Merkmal (eine Variable) als *variable*.

2.1.1 DATA step und PROC step

Die Erledigung einer Aufgabe durch ein SAS-Programm geschieht grundsätzlich in zwei verschiedenen Schritten (*steps*):

− In einem *DATA step* wird zunächst aus den gegebenen Rohdaten eine spezielle, nur von SAS-Programmen benutzbare *SAS-Datei* (*SAS data set*) gebildet.

− In einem oder mehreren *PROCEDURE steps* (kurz: *PROC steps*) können danach die in Form einer solchen SAS-Datei vorliegenden Daten mittels SAS-Prozeduren analysiert und bearbeitet werden.

2.1.2 SAS-Programm

Im folgenden SAS-Programm wird zunächst in einem DATA step aus den oben gegebenen Rohdaten eine SAS-Datei mit dem Namen *b2_1* gebildet. Diese SAS-Datei wird in einem ersten PROC step durch die Prozedur PRINT im OUTPUT-Fenster ausgegeben. In einem zweiten PROC step werden mit Hilfe der Prozedur MEANS einfache statistische Kenngrößen - u.a. Mittelwert und Standardabweichung - für die 22 Probanden insgesamt berechnet.

Programm

```
DATA b2_1;
  INPUT  gruppe$  chol  @@;
  CARDS;
     a 294    j 222    j 251    a 254    j 269    j 235
     j 386    a 346    a 239    j 173    a 277    j 135
     j 260    a 286    j 252    j 352    a 336    a 208
     a 311    j 156    a 172    a 264
RUN;

PROC PRINT DATA=b2_1;
RUN;

PROC MEANS DATA=b2_1;
  VAR chol;
RUN;
```

Wir bemerken, daß die einzelnen *Anweisungen*, aus denen das Programm besteht, jeweils mit einem *Schlüsselwort* (DATA, INPUT, ...) oder mehreren Schlüsselwörtern (PROC PRINT DATA= , ...) beginnen und durch ein Semikolon (;) abgeschlossen sind. Die Schlüsselwörter charakterisieren jeweils die betreffende Anweisung und sind exakt wiederzugeben; sie sind deswegen in Großbuchstaben geschrieben. Klein geschrieben sind dagegen die frei wählbaren Namen für die SAS-Datei (*b2_1*) und die Variablen (*gruppe*, *chol*). Diese unterschiedliche Schreibweise dient zur Hervorhebung der SAS-Schlüsselwörter und ist nicht bindend: Buchstaben in SAS-Anweisungen dürfen groß oder klein geschrieben werden. In der Praxis wird man der Einfachheit halber wohl den gesamten Programmtext in Kleinbuchstaben schreiben. Wir gehen im folgenden kurz auf die einzelnen Anweisungen ein. Eine mehr systematische Beschreibung geben wir zusammenfassend in Abschnitt 2.4.

DATA step

DATA b2_1; Diese Anweisung zeigt SAS an, daß nun ein DATA step zur Bildung einer SAS-Datei mit dem Namen *b2_1* beginnt.

INPUT gruppe$ chol @@; legt fest, daß die einzelnen Beobachtungen der SAS-Datei *b2_1* aus den Werten der Variablen *gruppe* (Alters*gruppe*) und *chol* (*chol*esteringehalt) bestehen. Dem Variablennamen *gruppe* ist ein $-Zeichen angefügt, weil die Werte dieser Variablen keine Zahlen, sondern Zeichen oder Zeichenketten sind, in unserem Fall *j* (Gruppe der *j*ungen Probanden) und *a* (Gruppe der *a*lten Probanden). Schließlich bewirkt der *Zeilenhalter* @@ vor dem abschließenden Semikolon, daß aus jeder der Datenzeilen nach CARDS; mehrere Beobachtungen zu lesen sind. Ohne Zeilenhalter - also mit INPUT gruppe$ chol; - würde je Datenzeile lediglich die erste Beobachtung gelesen; die SAS-Datei *b2_1* bestünde dann nur aus den Beobachtungen a 294, j 386, j 260 und a 311.

CARDS; zeigt SAS an, daß nun die Rohdaten mit den einzelnen Beobachtungen folgen, aus denen die zu bildende SAS-Datei *b2_1* bestehen soll. An Stelle des aus der Anfangszeit von SAS stammende *CARDS* (Loch-*Karten*) können nun auch die Schlüsselwörter *DATALINES* oder *LINES* benutzt werden.

RUN; schließlich veranlaßt die Ausführung der davorstehenden SAS-Anweisungen und markiert das Ende des DATA step.

PROC steps

PROC PRINT DATA=b2_1; Mit Hilfe dieser ersten PROC step-Anweisung wird die SAS-Datei *b2_1* im OUTPUT-Fenster ausgegeben.

PROC MEANS DATA=b2_1; mit der nachgeordneten Anweisung **VAR chol;** berechnet Mittelwert, Standardabweichung, Minimum und Maximum der in der SAS-Datei *b2_1* enthaltenen Werte der numerischen Variablen *chol* und gibt diese Größen im OUTPUT-Fenster aus. Auf den Output der beiden Prozeduren PRINT und MEANS gehen wir weiter unten ein.

RUN; markiert das Ende der PROC steps und veranlaßt ihre Durchführung.

2.1.3 Realisierung

Dem Leser wird empfohlen, das oben angegebene Programm auf seinem Rechner zu realisieren und dabei folgendermaßen vorzugehen.

Programmeingabe (EDITOR-Fenster)

- *Aktivieren* des *EDITOR-Fensters* (Enhanced Editor window, 1.2). Direkt nach dem Start ist das EDITOR-Fenster zwar stets aktiv. Die Aktivierung kann jedoch notwendig sein, wenn zuvor ein anderes Fenster aktiv war.
- *Vergrößern* des *EDITOR-Fensters* beispielsweise durch Anklicken des System-Menüfelds in der linken oberen Fensterecke und Auswahl des Punktes *Maximieren* aus dem System-Menü.
- *Eingabe* der oben angegebenen Programmzeilen.

Regeln zur Programmeingabe. Beim Einstieg in SAS kommen gewisse Eingabe- und Syntaxfehler besonders häufig vor. Zu deren Vermeidung ist die Beachtung der folgenden Regeln hilfreich.

- Die SAS-Schlüsselwörter (hier groß geschrieben) sind exakt (aber nicht notwendig groß geschrieben) wiederzugeben.
- Jede SAS-Anweisung ist mit einem Semikolon abzuschließen.
- Die Datenzeilen nach CARDS; dürfen kein Semikolon, sondern nur die einzelnen Beobachtungen enthalten; auch Kommentare (s.u.) führen dort zu einer fehlerhaften Bildung der SAS-Datei.
- Treten Dezimalbrüche als Datenwerte auf, so ist der Dezimalpunkt zu verwenden. Da diese im anglo-amerikanischen Sprachbereich übliche Schreibweise sich in der Informatik durchgesetzt hat, werden wir in Dezimalbrüchen stets den Dezimalpunkt verwenden.

Wie schon in 1.2.1 erwähnt unterstützt der kontextsensitive Editor (Enhanced Editor Window) durch farbliche Hervorhebungen die syntaktisch korrekte Programmeingabe.

Programmausführung (EDITOR-Fenster)

- *Abarbeitung* des im (aktiven) EDITOR-Fenster stehenden Programms durch die Menüwahl *Run → Submit* oder durch Anklicken der Schaltfläche "laufendes Männchen" in der Symbolleiste (1.2.2).

Nach Ausführung des oben angegebenen Programms ist das OUTPUT-Fenster aktiv; es enthält den vom Programm erzeugten Output. Im LOG-Fenster werden Systemmeldungen und die abgearbeiteten SAS-Anweisungen angezeigt.

Häufig sollen nur Teile des im EDITOR-Fenster stehenden Programms ausgeführt werden. In diesem Fall hat man die entsprechenden Programmzeilen vor der Ausführung zu markieren. Will man beispielsweise nur die SAS-Datei $b2\_1$ im OUTPUT-Fenster ausgeben, so markiere man im oben angegebenen Programm die Anweisungen bis einschließlich der RUN-Anweisung der Prozedur PRINT und betätige dann die Schaltfläche "laufendes Männchen" in der Symbolleiste.

Lesen in LOG- und OUTPUT-Fenster

- *Aktivieren* des betreffenden Fensters (1.2.2),
- *Vergrößern* des Fensters mittels *Maximieren* im Systemmenü,
- *Blättern* im Fenster mit Hilfe der Tasten <Bild ↑> und < Bild ↓>.

Wir wollen auf den SAS-Output in LOG- und OUTPUT-Fenster im einzelnen erst weiter unten eingehen. Erkennen Sie allerdings im LOG-Fenster eine Fehlermeldung - beginnend mit *ERROR*, *WARNING* oder auch *NOTE* - so ist Ihr Programm syntaktisch nicht korrekt. Wahrscheinlich haben Sie beim Übertragen des Programms in das EDITOR-Fenster gegen eine der oben genannten Regeln verstoßen. Solche Syntaxfehler sind der wohl häufigste Grund für eine Änderung eines zuvor abgearbeiteten Programms.

Programmänderung (EDITOR-Fenster)

- *Aktivieren und Vergrößern* des EDITOR-Fensters
- *Abändern des Programms* und erneute Ausführung.

Wir nehmen an, daß Sie nunmehr im EDITOR-Fenster eine fehlerfreie Version des Programms erstellt haben. Die Ausführung durch SAS liefert einen Output im LOG- und im OUTPUT-Fenster, den wir im folgenden wiedergeben und erläutern.

Bemerkung. Sollten Sie über *Tools → Options → Enhanced Editor...* die Option *Clear text on submit* aktiviert oder im nicht-syntaxsensitiven Program Editor gearbeitet haben, so ist der Editor nach Ausführung des Programms leer. Es befindet sich dann im Programmspeicher (Stack) des Systems und muß zur Neubearbeitung mittels *Run → Recall Last Submit* in den Editor zurückgeholt werden.

2.1 Ein einführendes Beispiel

Systemmeldungen (LOG-Fenster)

Auf die ersten vier NOTEs, die bereits beim Start von SAS ausgegeben wurden (vgl. Abbildung oben), folgt - wie unten wiedergegeben - nach Abarbeitung des DATA step eine NOTE mit der Meldung, daß die INPUT-Anweisung nach Erreichen des Endes einer Datenzeile zur nächsten übergegangen ist. Dieses Lesen bis zum Zeilenende wird durch den Zeilenhalter @@ der INPUT-Anweisung bewirkt und ist im vorliegenden Fall erwünscht und notwendig.

```
1    DATA b2_1;
2      INPUT gruppe$  chol @@;
3    CARDS;
NOTE: SAS went to a new line when INPUT statement reached past
the end of a line.
NOTE: The data set WORK.B2_1 has 22 observations and
2 variables.
NOTE: DATA statement used:  real time   1.43 seconds

8    RUN;
9
10   PROC PRINT DATA=b2_1;
11   RUN;
NOTE: There were 22 observations read from the data set
WORK.B2_1.
NOTE: PROCEDURE PRINT used:  real time   0.82 seconds

12
13   PROC MEANS DATA=b2_1;
14     VAR chol;
15   RUN;
NOTE: There were 22 observations read from the data set
WORK.B2_1.
NOTE: PROCEDURE MEANS used:  real time   0.38 seconds
```

In der nächsten NOTE meldet das System, daß die SAS-Datei *b2_1* - hier mit *WORK.b2_1* bezeichnet - 22 Beobachtungen und 2 Variablen umfaßt. Stimmen diese Anzahlen nicht mit denjenigen der Rohdatei überein, so ist der DATA step auf Fehler zu überprüfen. Die Bezeichnung *WORK.b2_1* rührt daher, daß die im DATA step gebildete SAS-

Datei *b2_1* in einem Unterverzeichnis abgelegt wird, das von SAS intern mit *WORK* bezeichnet wird. Die SAS-Datei *b2_1* ist - wie jede in diesem SAS-Verzeichnis (*SAS data library*) *WORK* abgelegte SAS-Datei - *temporär*, d.h. sie wird nach dem Verlassen von SAS gelöscht.

Schließlich meldet das System, wieviel Rechenzeit zur Bearbeitung des DATA step benötigt wurde. Danach folgen die abgearbeiteten Anweisungen der beiden PROC steps jeweils mit Angabe der benutzten SAS-Datei und der benötigten Rechenzeit.

Prozeduren-Output (OUTPUT-Fenster)

Der Output eines SAS-Programms ist so in Seiten eingeteilt und durchnumeriert, daß das mittels *Maximieren* vergrößerte OUTPUT-Fenster gerade eine solche Seite aufnehmen kann. Mit Hilfe der Tasten <Bild↓> und <Bild↑> kann von Seite zu Seite geblättert werden. Die nachfolgend verkürzt wiedergegebene Seite 1 des Output der Prozedur PRINT zeigt, daß SAS zu den in der INPUT-Anweisung aufgeführten Variablen einer SAS-Datei eine weitere Variable *Obs* (*Obs*ervation)

```
           The SAS System       17:28 Tuesday, July 26, 2001    1

       Obs      gruppe      chol

        1         a          294
        2         j          222
       ...       ...         ...
       21         a          172
       22         a          264
```

```
              The SAS System      17:28 Tuesday, July 26, 2001   2
              The MEANS Procedure
           Analysis Variable :   chol

    N         Mean          Std Dev       Minimum        Maximum
   ─────────────────────────────────────────────────────────────
   22     258.0909091    65.2467179     135.000000     386.000000
```

2.1 Ein einführendes Beispiel

hinzufügt, welche die Nummer der jeweiligen Beobachtung enthält. Auf Seite 2 des Output sind die folgenden von der Prozedur MEANS berechneten Kenngrößen aufgeführt.

N	Anzahl der Beobachtungen der SAS-Datei *b2_1* ohne fehlende Werte (*missing values*) der Variablen *chol* (*Analysis Variable*), vgl. Bemerkung 1. Mit Hilfe dieser Beobachtungen werden die folgenden Größen berechnet.
Mean	Mittelwert der N=22 *chol*-Werte,
Std Dev	Standardabweichung der N=22 *chol*-Werte.
Minimum	Minimaler Wert der VAR-Variablen *chol*,
Maximum	Maximaler Wert der VAR-Variablen *chol*,

Bemerkungen. 1. Wäre etwa der Cholesterinwert 222 der zweiten Beobachtung verloren gegangen und der fehlende Wert im DATA step nach CARDS; durch einen Punkt gekennzeichnet: j . anstatt j 222 (man vergleiche hierzu die Beschreibung der INPUT-Anweisung in 2.4.3.1 unten), so wäre die Anzahl N der Beobachtungen von *b2_1* ohne diesen fehlenden Wert 21.

2. Zur Definition von Mittelwert und Standardabweichung sei auf Kapitel 3 verwiesen.

Wir wollen annehmen, daß Sie jetzt Ihr soeben abgearbeitetes Programm sowie gegebenenfalls die im OUTPUT-Fenster enthaltenen Resultate abspeichern wollen.

Speicherung von Programm und Output

— *Aktivieren* des EDITOR-Fensters.
— *Speichern* des darin enthaltenen Programms beispielsweise in c:\my_dir\b2_1.sas mit der Menüauswahl

File → Save as

Es erscheint dann ein Fenster, in dem das Zielverzeichnis c:\my_dir und der Dateiname b2_1.sas einzugeben ist.

Zur Speicherung des Prozeduren-Output etwa in c:\mydir\b2_1.lst aktiviert man zunächst das OUTPUT-Fenster und geht dann wie eben beschrieben vor.

2.2 Ergänzungen

Wir erweitern das Programm aus Abschnitt 2.1 in der Weise, daß die oben berechneten Cholesterin-Kenngrößen für jede der Altersgruppen *20-30 Jahre* (j) und *40-50 Jahre* (a) gesondert bestimmt werden. Dies kann wünschenswert sein, um Aufschluß über etwa vorhandene Unterschiede zwischen diesen beiden Gruppen zu erhalten. Gleichzeitig führen wir zwei weitere SAS-Sprachelemente ein: Kommentarklammern zum Einfügen von Erläuterungen sowie TITLE- und FOOTNOTE-Anweisungen zur Erzeugung von Überschriften und Fußnoten.

2.2.1 SAS-Programm

Die PROC steps des folgenden Programms benutzen die im DATA step des Programms aus Abschnitt 2.1 erzeugte SAS-Datei *b2_1*, die temporär ist, d.h. nach Verlassen von SAS gelöscht wird. Deshalb ist das folgende Programm nur lauffähig, wenn SAS nach Abarbeitung dieses DATA step nicht verlassen oder wenn nach dem letzten Start von SAS zuvor dieser DATA step erneut durchgeführt wurde. Auf die Realisierung dieser Alternativen gehen wir im folgenden Abschnitt ein. Wir erläutern kurz die neu eingeführten Anweisungen und verweisen zu einer mehr systematischen Beschreibung wieder auf Abschnitt 2.4.

Programm

```
PROC SORT DATA=b2_1;      /* Sortieren von b2_1 nach den    */
  BY gruppe;              /* Werten a und j von gruppe      */
RUN;

TITLE1 'Cholesterinwerte von Männern';
TITLE2 'nach Altersgruppen a und j sortiert';
FOOTNOTE1 'j: 20-30 Jahre , a: 40-50 Jahre';
PROC PRINT DATA=b2_1;
RUN;

TITLE2 'Mittelwert und Standardabweichung für a und j';
PROC MEANS DATA=b2_1;
   VAR chol;
   BY gruppe;            /* hierzu muß b2_1 nach gruppe sortiert sein */
RUN;
```

2.2 Ergänzungen

Um die Prozedur MEANS auf jede der beiden Altersgruppen a und j der SAS-Datei *b2_1* anwenden zu können, müssen die Beobachtungen zuvor nach den Werten a und j der Variablen *gruppe* sortiert werden. Dies wird mit der Prozedur SORT erreicht.

PROC SORT DATA=b2_1; Durch Abarbeitung dieser Anweisung mit der nachgeordneten Anweisung **BY gruppe;** wird die ursprüngliche SAS-Datei *b2_1* ersetzt durch eine nach den Werten a und j der BY-Variablen *gruppe* sortierte SAS-Datei gleichen Namens. Die Sortierung erfolgt dabei in lexikographischer Ordnung: a *vor* b, ... , i *vor* j , ... Die in den Klammersymbolen /* und */ eingeschlossenen Kommentare werden von SAS nicht als Programmtext aufgefaßt und bei der Abarbeitung übergangen. Solche Kommentarklammern sind sehr hilfreich zur Erläuterung des Programmtextes; wir werden davon häufig Gebrauch machen.

TITLE1 'Cholesterinwerte ... ';   TITLE2 'nach Altersgruppen ... ';
FOOTNOTE1 'j: 20-30 Jahre ... '; Diese Anweisungen veranlassen eine entsprechende zweizeilige Überschrift und eine Fußnote auf jeder Seite des nachfolgenden Prozeduren-Output, solange nicht anderslautende TITLE- bzw. FOOTNOTE-Anweisungen gegeben werden. Man beachte, daß der Überschriften- und Fußnoten-Text entweder in Hochkommatas (') oder Anführungszeichen (") einzuschließen ist, nicht jedoch in Akzente. Das Mischen der Zeichen ' und " ist nicht erlaubt.

PROC PRINT DATA=b2_1; gibt die nunmehr sortierte SAS-Datei *b2_1* im OUTPUT-Fenster aus (vgl. Ouput in Abschnitt 2.2.2).

TITLE2 'Mittelwert ... '; ersetzt die bisherige zweite Überschriftenzeile *nach Altersgruppen j und a sortiert* im Prozeduren-Output durch *Mittelwert und Standardabweichung für a und j.*

PROC MEANS DATA=b2_1; mit den nachgeordneten Anweisungen **BY gruppe;** und **VAR chol;** berechnet für die Werte a und j der BY-Variablen *gruppe* gesondert die in Abschnitt 2.1.3 erläuterten MEANS-Kenngrößen für die VAR-Variable *chol* (vgl. Output in Abschnitt 2.2.2).

2.2.2 Realisierung

Wie schon zu Beginn des letzten Abschnitts bemerkt wurde, ist das dort angegebene SAS-Programm nur lauffähig, wenn entweder nach Abarbeitung des DATA step (oder des gesamten Programms) aus 2.1 SAS nicht verlassen wurde und damit die temporäre SAS-Datei *b2_1* zur Verfügung steht oder wenn nach dem letzten Start von SAS zuvor dieser DATA step durchgeführt wurde.

a) Wir beginnen mit dem Fall, daß zuletzt das Programm aus Abschnitt 2.1 abgearbeitet wurde und nun im EDITOR-Fenster steht. Dann sind lediglich die oben angegebenen PROC steps hinzuzufügen. Um nur diese hinzugefügten Programmzeilen abzuarbeiten, empfiehlt es sich, sie vor der Ausführung zu markieren.

Bemerkung. Sollten Sie über *Tools → Options → Enhanced Editor...* die Option *Clear text on submit* aktiviert oder im nicht-syntaxsensitiven Program Editor gearbeitet haben, so ist der Editor nach Ausführung des Programms aus 2.1 leer. Man kopiere dann vor dem Eintragen der PROC steps aus 2.2.1 dieses Programm *nicht* wieder in das EDITOR-Fenster zurück. Zum einen wird es dann unnötigerweise erneut mit ausgeführt, zum anderen ist es nach der Abarbeitung einmal mehr im Programmspeicher vorhanden.

Nach Durchführung dieser PROC steps erscheint im OUTPUT-Fenster der nachfolgend gekürzt wiedergegebene Output. Man beachte, daß die Prozedur SORT keinen Output erzeugt, sondern nur intern die Datei

Output (gekürzt)

	Cholesterinwerte von Männern nach Altersgruppen a und j sortiert		1
Obs	gruppe	chol	
1	a	294	
2	a	254	
...	...	...	
11	a	264	
12	j	222	
...	...	...	
21	j	352	
22	j	156	
j: 20-30 Jahre , a: 40-50 Jahre			

2.2 Ergänzungen

```
                Cholesterinwerte von Männern                    2
            Mittelwert und Standardabweichung für a und j
------------------------------------- gruppe=a -------------------------------------
                        The MEANS Procedure
                       Analysis Variable : chol

    N         Mean          Std Dev        Minimum         Maximum
   ---------------------------------------------------------------------
   11      271.5454545     52.3151290     172.0000000     346.0000000
   ---------------------------------------------------------------------

------------------------------------- gruppe=j -------------------------------------
                       Analysis Variable :  chol

    N         Mean          Std Dev        Minimum         Maximum
   ---------------------------------------------------------------------
   11      244.6363636     76.1895960     135.0000000     386.0000000
   ---------------------------------------------------------------------

                     j: 20-30 Jahre,   a: 40-50 Jahre
```

b2_1 durch die nach den Altersgruppen a und j sortierte Datei ersetzt, welche dann durch die Prozedur PRINT im OUTPUT-Fenster ausgegeben wird, vgl. Output Seite 1. Seite 2 enthält unter anderem die durch die Prozedur MEANS berechneten Cholesterin-Mittelwerte 271.5... der Altersgruppe *40-50 Jahre (gruppe=a)* und 244.6... der Altersgruppe *20-30 Jahre (gruppe=j)*. Die Frage, ob diese Mittelwerte in einem noch zu präzisierenden Sinn "signifikant" verschieden sind, greifen wir im Rahmen der beurteilenden Statistik wieder auf, vgl. Kapitel 5.

Will der Leser nun das gesamte Programm abspeichern, so kann er dies wie in Abschnitt 2.1.3 beschrieben tun mittels *File → Save as*.

b) Wir nehmen nun an, daß der Leser nach Durcharbeiten von Abschnitt 2.1 das dort angegebene Programm in der Datei *b2_1.sas* abgelegt und SAS verlassen hat und daß er jetzt - nach erneutem Aufruf von SAS - die PROC steps des letzten Abschnitts realisieren will. Der zur Erzeugung der SAS-Datei *b2_1* benötigte DATA step kann dann erneut in das EDITOR-Fenster eingetragen oder einfacher wie folgt mit der Programmdatei *b2_1.sas* in das EDITOR-Fenster geladen werden.

Laden eines SAS-Programms in das EDITOR-Fenster

− *Aktivieren und Vergrößern* des EDITOR-Fensters durch Anklicken des Systemmenüfelds und Auswahl des Punktes *Maximieren*.
− *Laden* des Programms: Nach der Auswahl *File → Open* in der Menüleiste erscheint ein Fenster, in dem das Zielverzeichnis (z.B. *c:\my_dir*) und der Dateiname (hier: *b2_1.sas*) auszuwählen sind.

Nach den geladenen Programmzeilen sind nun die PROC steps aus Abschnitt 2.2.1 einzutragen. Das erhaltene Programm kann dann wie gewohnt mittels *Run → Submit* ausgeführt werden.

2.2.3 Permanente SAS-Dateien

Im DATA step unseres einführenden Beispiels wurde mit Hilfe der Anweisung *DATA b2_1;* die SAS-Datei *b2_1* gebildet. Wie schon erwähnt, ist sie *temporär*, d.h. sie wird nach dem Verlassen von SAS gelöscht und muß vor einer Wiederbenutzung neu erzeugt werden. Dieser Datei-Typ ist für unsere Zwecke völlig ausreichend.

Benutzt man eine SAS-Datei allerdings häufig und ist sie sehr umfangreich, so ist es zweckmäßig, sie als *permanente SAS-Datei* abzuspeichern. In unserem Beispiel kann dies so geschehen, daß man die Anweisung *DATA b2_1;* ersetzt durch

DATA *'c:\mydir\b2_1'*;

Die SAS-Datei *b2_1* wird dann im Unterverzeichnis *c:\mydir* dauerhaft abgelegt und kann in einer späteren Sitzung ohne vorherige Ausführung eines DATA step wieder benutzt werden. Beispielsweise kann diese Datei im OUTPUT-Fenster ausgegeben werden mittels

PROC PRINT DATA= 'c:\mydir\b2_1';
RUN;

2.3 Externe Dateien

2.2.4 Regeln zur Programmgestaltung

Vor dem Abspeichern eines SAS-Programms - oder besser: schon bei der Programmerstellung - sollte darauf geachtet werden, daß es klar strukturiert und verständlich abgefaßt ist - eine wesentliche Voraussetzung zum Auffinden von Programmfehlern und zum raschen Programmverständnis bei späterem Gebrauch. Dies kann folgendermaßen geschehen:

- Entfernung überflüssiger und fehlerhafter Programmzeilen,
- Strukturierung des Programmtextes durch Einfügen von Leerzeilen zwischen verschiedenen DATA und PROC steps und Einrücken von nachgeordneten Anweisungen innerhalb der DATA und PROC steps,
- Einfügen von Überschriften und erläuternden Kommentaren.

In unserem Beispiel könnte nachträglich der folgende Kommentar als Programmüberschrift in die erste Zeile des EDITOR-Fensters eingefügt werden

/* Cholesteringehalt von Männern, Alter: 20-30 und 40-50 Jahre */

2.3 Externe Daten

Im Programm von Abschnitt 2.1 sind die Beobachtungen der zu bildenden SAS-Datei $b2\_1$ explizit im DATA step nach der CARDS-Anweisung aufgeführt. Wir werden fast ausschließlich diesen Typ eines DATA step verwenden, der auch in vielen Fällen angemessen ist. Diese Art der Dateneingabe ist jedoch ungeeignet, wenn große Datenmengen vorliegen oder wenn die Daten bereits in einer externen Datei abgelegt sind. Wir beschreiben im folgenden, wie man in solchen Fällen vorgehen kann.

2.3.1 ASCII-Dateien

Wir betrachten zunächst den Fall, daß die Rohdaten in einer ASCII-Datei (Text-Datei) gespeichert vorliegen. Nehmen wir etwa an, daß die 22 Beobachtungen von Beispiel 2_1 nach drei erläuternden Textzeilen wie folgt in der Text-Datei $c:\backslash mydir\backslash b2\_1.dat$ enthalten sind:

Cholesteringehalt von 22 männlichen Probanden
Altersgruppen: 20-30 Jahre (j) und 40-50 Jahre (a)

Altersgruppe	Cholesteringehalt
a	294
j	222
j	251
...	
j	156
a	172
a	264

Dann kann ein DATA step zur Bildung einer entsprechenden SAS-Datei
- die wir wie oben *b2_1* nennen wollen - auf zweierlei Arten gebildet
werden.

Die erste Möglichkeit besteht darin, die Datei *b2_1.dat* mittels
File → Open und Auswahl von *c:\mydir\b2_1.dat* in das EDITOR-
Fenster zu laden und die Datei dort - nach Entfernen der ersten drei
Kommentarzeilen - in einen DATA step zu integrieren. Der so erhaltene
DATA step unterscheidet sich von dem oben angegebenen lediglich
dadurch, daß nach CARDS; - entsprechend der Anordnung in der Datei
b2_1.dat - in jeder Zeile nur eine Beobachtung steht. In der INPUT-
Anweisung kann deshalb der Zeilenhalter (@@) weggelassen werden.

Zweckmäßiger ist die Benutzung der INFILE-Anweisung, wie dies der
folgende DATA step zeigt:

```
DATA b2_1;                        /* Rohdaten aus INFILE-Datei */
  INFILE 'c:\mydir\b2_1.dat'  FIRSTOBS=4;
  INPUT  gruppe$  chol;
RUN;
```

Die Anweisung INFILE 'c:\mydir\b2_1.dat' FIRSTOBS=4; veranlaßt
SAS, die Beobachtungen direkt der Datei *c:\mydir\b2_1.dat* zu entnehmen und dabei wegen der Option FIRSTOBS=4 nicht mit der
ersten, sondern mit der vierten Zeile (nach den erläuternden Textzeilen)
zu beginnen; ohne FIRSTOBS=4 würde fälschlicherweise versucht, die
ersten drei Textzeilen als Beobachtungen zu lesen. Wie im Programm
von Abschnitt 2.1 werden die Daten gemäß der in der INPUT-Anwei-

2.3 Externe Dateien

sung angegebenen Reihenfolge den Variablen *gruppe* und *chol* zugewiesen und die entsprechenden Beobachtungen in die SAS-Datei *b2_1* geschrieben. Auch hier wird in der INPUT-Anweisung kein Zeilenhalter (@@) benötigt. Zu weiteren Einzelheiten vgl. Abschnitt 2.4 und SAS Language Reference (1999).

Im Unterschied zum DATA step der Form INPUT ... CARDS, bei dem die Rohdaten explizit im Programm nach CARDS; einzutragen sind, werden also beim DATA step der Form INFILE ... INPUT die Daten während der Programmabarbeitung einer externen Text-Datei entnommen.

2.3.2 Dateien anderer Softwaresysteme

SAS kann ohne Schwierigkeiten auch direkt auf Dateien zugreifen, die mit anderen Softwaresystemen wie Excel oder dBASE erstellt und in deren Format abgelegt worden sind. Ebenso ist ein Export von SAS-Dateien in solche Softwaresysteme möglich. Sofern die Komponente SAS/ACCESS for PC File Formats installiert ist, kann der Datenaustausch interaktiv über eine graphische Benutzeroberfläche (*Import* bzw. *Export Wizard*) oder mit den Prozeduren IMPORT bzw. EXPORT durchgeführt werden.

Als Beispiel nehmen wir an, daß eine Excel-Tabelle vorliegt, die in der ersten Zeile die Variablennamen und in den Zeilen darunter die entsprechenden Werte (Beobachtungen) enthält. Um diese Datei in eine SAS-Datei zu konvertieren, kann über *File → Import Data ...* der Import Wizard aufgerufen werden. Dort hat man menügeführt das Format der zu importierenden Datei (etwa Excel 97) festzulegen, deren Name anzugeben oder auszuwählen (*Browse*) und schließlich den Namen der zu bildenden SAS-Datei einzutragen. Danach wird der Import mit *Finish* gestartet und ausgeführt.

Anstatt des Import Wizard kann auch die Prozedur IMPORT benutzt werden. Entsprechend können mit Hilfe des *Export Wizard* oder der Prozedur EXPORT SAS-Dateien in andere Softwarsysteme exportiert werden. Zu weiteren Einzelheiten und anderen Methoden des Datentransfers vgl. Ortseifen (1997) sowie Delwiche und Slaughter (1999).

2.4 Die Programmiersprache SAS

Wie jede Sprache besitzt auch die SAS zugrunde liegende Programmiersprache ihr eigenes *Vokabular* und ihre eigene *Syntax*, d.h. Worte der Sprache und Regeln, nach denen diese Worte zu Anweisungen und diese wiederum zu einem SAS-Programm zusammengesetzt werden. Wir erläutern im folgenden kurz die Begriffe *SAS-Anweisung (statement)* und *SAS-Programm* und geben danach eine allgemeine Beschreibung der in den Programmen dieses Kapitels benutzten Anweisungen, wobei wir uns auf deren wichtigste Anwendungmöglichkeiten beschränken.

Bei einem Blick in die umfangreichen SAS-Handbücher wird der Leser verstehen, daß es uns nicht möglich ist, ihm das Nachlesen in diesen Handbüchern bzw. in der SAS Online-Hilfe (vgl. 1.2.2) zu ersparen, wenn er sein eigenes Problem mit SAS bearbeiten und dabei bis an die Grenze der von SAS gebotenen Möglichkeiten gehen will.

Wir wollen dem Leser jedoch den Übergang zur Arbeit mit den SAS-Handbüchern erleichtern, indem wir die in diesem Kapitel benutzten grundlegenden Anweisung in einem Umfang beschreiben, der für die wichtigsten Anwendungen ausreicht. In den folgenden Kapiteln werden wir dann mehr und mehr auf eine detaillierte allgemeine Beschreibung der benutzten Anweisungen verzichten und diese nur kurz bei der erstmaligen Anwendung erläutern.

2.4.1 SAS-Anweisungen

Die Anweisungen der Programmbeispiele dieses Kapitels beginnen - wie die meisten SAS-Anweisungen - jeweils mit einem oder mehreren exakt wiederzugebenden *Schlüsselwörtern*, welche die betreffende Anweisung charakterisieren, z.B. DATA, INPUT, PROC MEANS DATA=, ... ; eine Ausnahme bildet u.a. die Nullanweisung, vgl. Abschnitt 2.4.3.1 unten. Darauf folgen gegebenenfalls - jeweils getrennt durch mindestens ein Leerzeichen - *SAS-Namen* für SAS-Dateien (z.B. *b2_1*) und Variablen (z.B. *gruppe, chol*) sowie spezielle Zeichen und Operatoren (z.B. $, @@, =). Jede Anweisung wird durch ein Semikolon (;) abgeschlossen.

Namen für SAS-Dateien und Variablen dürfen aus höchstens 32 Zeichen bestehen. Das erste Zeichen muß ein Buchstabe oder der Unterstrich sein; danach können Buchstaben, Unterstriche oder Ziffern folgen, jedoch keine Umlaute, Leerzeichen oder Sonderzeichen wie * oder %.

2.4 Die Programmiersprache SAS

Buchstaben in SAS-Anweisungen dürfen groß oder klein geschrieben werden. Wir werden SAS-Schlüsselwörter zur Hervorhebung stets in Großbuchstaben schreiben und bei frei wählbaren SAS-Namen Kleinschreibung benutzen.

2.4.2 SAS-Programme

Eine syntaktisch richtige Folge von SAS-Anweisungen heißt *SAS-Programm*. Die Anweisungen eines SAS-Programms gliedern sich in einen oder mehrere DATA steps und einen oder mehrere PROC steps. Auch ein einzelner DATA oder PROC step ist ein SAS-Programm.

Wie wir in Abschnitt 2.1 erläutert haben, wird in einem DATA step zunächst aus der Eingabedatei (Rohdaten) eine *SAS-Datei* (*SAS data set*) gebildet. Dies ist eine Datei, in der die Werte der einzelnen Variablen in einer auf das SAS-System zugeschnittenen Weise gespeichert und in der Informationen über diese Variablen enthalten sind wie deren Name, Typ (Zahl oder Zeichenkette), usw. Erst die in Form einer solchen SAS-Datei vorliegenden Daten können mittels SAS-Prozeduren weiter bearbeitet werden.

Eine SAS-Anweisung kann in einer beliebigen Spalte beginnen und sich über mehrere Zeilen erstrecken. Es können auch mehrere Anweisungen in einer Zeile stehen, wobei die Anzahl der Leerzeichen zwischen den einzelnen Anweisungen beliebig ist. Wir werden der Übersichtlichkeit halber in eine Zeile möglichst nur jeweils eine Anweisung schreiben und nachgeordnete Anweisungen einrücken.

2.4.3 Beschreibung der benutzten Anweisungen

Zur allgemeinen Beschreibung von SAS-Anweisungen treffen wir die folgenden typographischen Vereinbarungen:

GROSS	geschrieben werden die exakt wiederzugebenden SAS-Schlüsselworte,
kursiv	geschriebene Texte sind keine SAS-Sprachelemente, sondern müssen durch die so beschriebenen Objekte ersetzt werden,
[*Information*]	bedeutet eine wahlweise zu gebende Information an das SAS-System (*Option*).

2.4.3.1 DATA step

Wie erläutern hier die in diesem Kapitel benutzten DATA step-Anweisungen im einzelnen; zu einer vollständigen Beschreibung vgl. SAS Language Reference (1999). In welcher Weise die Anweisungen eines DATA step der in Programm b2_1 benutzten Art abgearbeitet werden, erörtern wir bei der Beschreibung der INPUT-Anweisung. Wir ergänzen diese Erläuterungen nach Einführung weiterer DATA step-Anweisungen, vgl. Abschnitt 3.2.3.4 unten.

DATA *SAS_Datei;*
Eine solche DATA-Anweisung zeigt an, daß nun ein DATA step zur Bildung einer SAS-Datei mit dem Namen *SAS_Datei* beginnt, z.B. *b2_1* im Programm von Abschnitt 2.1.2. Eine so gebildete SAS-Datei wird in einem Unterverzeichnis abgelegt, das von SAS intern mit WORK bezeichnet wird. Jede in WORK abgelegte SAS-Datei ist *temporär*, d.h. sie wird nach Verlassen von SAS gelöscht. Zur Erzeugung *permanenter* SAS-Dateien vgl. 2.2.3.

INPUT *Variable_1* [$] *Variable_2* [$] ... *Variable_n* [$] [@@];
Hier stehen *Variable_1*, *Variable_2*, ... , *Variable_n* für die n Variablennamen der zu bildenden SAS-Datei, im Programm von Abschnitt 2.1.2 für *gruppe* und *chol* (n=2). Durch die INPUT-Anweisung werden SAS die Namen der Variablen und deren Reihenfolge und Typ angezeigt. Bei der Durchführung der INPUT-Anweisung werden diesen Variablen entsprechende Werte der Rohdatei zugewiesen. Die zu lesenden Rohdaten können entweder nach einer CARDS-Anweisung im DATA step angegeben (2.1.2) oder mit Hilfe einer INFILE-Anweisung aus einer externen ASCII-Datei gelesen werden (2.3.1).

Falls die Werte einer Variablen Zeichen oder Zeichenketten sind (*Zeichenkettenvariable*), ist dem Variablennamen - mit oder ohne Zwischenraum - ein **$**-Zeichen anzufügen. Eine Variable ohne $-Zusatz ist eine *numerische Variable* deren Werte Zahlen sein müssen.

Die auf die DATA-Anweisung folgenden Anweisungen - im Programm aus Abschnitt 2.1.2 ist es nur die INPUT-Anweisung - werden so oft ausgeführt, bis alle Beobachtungen der Rohdatei gelesen und die zu bildende SAS-Datei geschrieben worden sind.

Soll aus einer Datenzeile mehr als nur eine Beobachtung gelesen werden, so ist dies SAS durch den *Zeilenhalter* **@@** vor dem abschließenden Semikolon der INPUT-Anweisung anzuzeigen. Beispielsweise

2.4 Die Programmiersprache SAS

wird im Programm von Abschnitt 2.1.2 bei der ersten Ausführung von INPUT gruppe$ chol @@; die Beobachtung a 294 gelesen und in die SAS-Datei $b2\_1$ geschrieben, bei der zweiten Ausführung j 222, ... und schließlich bei der 22-sten und letzten a 264. Ohne Zeilenhalter wird je Datenzeile nur die erste Beobachtung gelesen. Im oben genannten DATA step würden also mit INPUT gruppe$ chol; nur die Beobachtungen a 294, j 386, j 260 und a 311 gelesen und in $b2\_1$ eingetragen werden.

Die eben beschriebene Form der INPUT-Anweisung, bei der die Variablen der zu bildenden SAS-Datei nach dem Schlüsselwort INPUT einfach aufzulisten sind, heißt *Listen-INPUT* (*list input*); zu den drei weiteren INPUT-Typen (*column input*, *formatted input* und *named input*) vgl. SAS Language Reference (1999). Das Listen-INPUT ist die einfachste Art der Dateneingabe. Es ist dabei nicht nötig, zu wissen, in welchen Spalten der Rohdatei die zu lesenden Werte nach CARDS oder in der externen INFILE-Datei stehen. Die Rohdatei muß jedoch folgende Bedingungen erfüllen:

— Die einzelnen Variablenwerte müssen voneinander durch mindestens ein Leerzeichen getrennt sein.
— Die Werte von Zeichenkettenvariablen dürfen aus höchstens 8 Zeichen bestehen und keine Leerzeichen enthalten. Bei längeren Zeichenketten hat man der INPUT-Anweisung eine entsprechende LENGTH-Anweisung voranzustellen, vgl. Beispiel 3_3 unten.
— Ist ein Variablenwert nicht bekannt oder verloren gegangen (*missing value*), so ist an seiner Stelle ein Punkt (.) zu setzen. Wäre etwa in Beispiel 2_1 der Cholesterinwert 222 des zweiten Probanden nicht vorhanden, so hätte man dort nach CARDS; bzw. in der externen Datei $b2\_1.dat$ (Abschnitt 2.3.1) die entsprechende Beobachtung j 222 durch j . zu ersetzen.

CARDS; (oder **DATALINES;** oder **LINES;**)
Datenzeilen
RUN;
Die CARDS- (DATALINES- oder LINES-) Anweisung muß die letzte Anweisung des DATA step vor dem abschließenden RUN; sein. Sie zeigt SAS an, daß nun die Rohdatei mit den einzelnen Beobachtungen folgt.

In Dezimalbrüchen ist stets der Dezimalpunkt zu verwenden. Weiter dürfen die Datenzeilen *nur* die einzelnen Beobachtungen enthalten;

Kommentare, Anweisungen u.ä. führen dort zu einer fehlerhaften Bildung der SAS-Datei.

Auf die Datenzeilen muß eine Zeile folgen, die eine mit einem Semikolon abgeschlossene SAS-Anweisung enthält; wir benutzen hierzu stets die den DATA step abschließende RUN-Anweisung. Gebräuchlich ist auch die Benutzung der Nullanweisung.

; (*Nullanweisung*)
Diese Anweisung besteht aus einer Zeile, die ein einziges Semikolon enthält. Die Nullanweisung bewirkt bei der Ausführung durch SAS nichts. Sie dient insbesondere zum schnellen Abschluß eines DATA step.

Im Gegensatz zum DATA step der Form INPUT ... CARDS, bei dem die Rohdaten explizit im Programm nach der CARDS-Anweisung anzugeben sind, werden beim DATA step der Form INFILE ... INPUT die Daten einer externen ASCII-Datei entnommen.

INFILE '*ASCII-Datei*' [*Optionen*];
In der INFILE-Anweisung wird - in Hochkommata (') eingeschlossen - der vollständige Pfadnamen der externen ASCII-Datei angegeben, aus der mit Hilfe einer nachfolgenden INPUT-Anweisung die Beobachtungen zu lesen und in die zu bildende SAS-Datei zu schreiben sind.

Das Lesen mittels INFILE aus einer externen Datei entspricht im wesentlichen dem Lesen der Daten nach CARDS. Wie dort dürfen auch in der INFILE-Rohdatei nur die einzelnen Beobachtungen stehen, wobei in Dezimalbrüchen der Dezimalpunkt zu verwenden ist. Das Leseverhalten mittels INFILE ist jedoch wesentlich flexibler, da es mit Hilfe verschiedener Optionen gesteuert werden kann. Beispielsweise veranlaßt die Option $FIRSTOBS=n$, daß beim Lesen der INFILE-Datei erst mit der n-ten Zeile begonnen wird (Abschnitt 2.3.1) und die Option $OBS=m$, daß nur die ersten m Zeilen der INFILE-Datei gelesen werden.

RUN;
Die RUN-Anweisung veranlaßt die Ausführung der davorstehenden SAS-Anweisungen und markiert das Ende eines DATA step.

2.4.3.2 PROC step

Wir erläutern hier die in diesem Kapitel benutzten PROC step- Anweisungen; zu einer vollständigen Beschreibung vgl. SAS Procedures Guide (1999).

PROC PRINT DATA=*SAS_ Datei;*
Diese Prozedur veranlaßt die Ausgabe der in der DATA= - Option angegebenen SAS-Datei im OUTPUT-Fenster.

PROC SORT DATA=*SAS_ Datei;*
BY *SortierVariable*;
Die Prozedur SORT sortiert die Beobachtungen der in der DATA - Option genannten SAS-Datei nach den Werten der in der nachgeordneten BY-Anweisung genannten Sortiervariablen. Die sortierte Datei wird unter dem Namen der ursprünglichen SAS-Datei gespeichert. Im Programm aus Abschnitt 2.2.1 beispielsweise wird die SAS-Datei *b2_1* durch die nach den Werten a und j der Zeichenkettenvariablen *gruppe* sortierte SAS-Datei ersetzt, vgl. Output in Abschnitt 2.2.2.

Eine BY-Anweisung muß stets angegeben werden. Die Sortierung erfolgt gemäß der durch den ASCII-Code gegebenen Ordnung $\prec$:

$$\ldots \prec 0 \prec 1 \prec \ldots \prec 9 \prec \ldots \prec A \prec B \prec \ldots \prec Z \prec \ldots$$
$$\ldots \prec a \prec b \prec \ldots \prec z \prec \ldots$$

Soll die ursprüngliche SAS-Datei nicht durch die sortierte Datei ersetzt werden, so kann letztere mit Hilfe der OUT-Option neu benannt werden. Wird beispielsweise im Programm von Abschnitt 2.2.1 die Anweisung PROC SORT DATA=b2_1; durch

PROC SORT DATA=b2_1 OUT=b2_1_s;

ersetzt, so wird die sortierte SAS-Datei mit dem Namen *b2_1_s* gebildet.

Bemerkt sei noch, daß auch nach mehr als einer Variablen sortiert werden kann. Ersetzt man beispielsweise im Programm von Abschnitt 2.2.1 die der Prozedur SORT nachgeordnete Anweisung BY gruppe; durch die Anweisung BY gruppe chol; , so werden in einem ersten Schritt die Beobachtungen von *b2_1* nach den Werten a und j der ersten BY-Variablen *gruppe* sortiert und danach die Beobachtungen mit den *gruppe*-Werten a und j jeweils nach den Werten der zweiten BY-Variablen *chol*, also nach wachsenden Cholesterinwerten.

PROC MEANS DATA=*SAS_Datei;*
  VAR *Variable_1 Variable_2 ... Variable_n;*
  [**BY** *GruppenVariable;*]
Ohne die optionale BY-Anweisung liefert die Prozedur MEANS für jede der in der VAR-Anweisung genannten numerischen Variablen die in 2.1.3 erläuterten Kenngrößen *N, Mean, Std Dev, Minimum, Maximum.* Mit der BY-Anweisung berechnet MEANS diese Kenngrößen getrennt für jede durch die Werte der BY-Variablen *GruppenVariable* definierten Beobachtungsgruppen. Dabei wird vorausgesetzt, daß die in der DATA-Option genannte SAS-Datei nach der BY-Variablen sortiert ist. Gegebenenfalls muß zuvor die Prozedur SORT angewendet werden.

RUN;
Die RUN-Anweisung veranlaßt die Ausführung der davorstehenden SAS-Anweisungen und markiert das Ende eines PROC step.

2.4.3.3 Anweisungen an beliebiger Stelle eines SAS-Programms

Die folgenden Anweisungen können an beliebiger Stelle eines SAS-Programms inner- oder außerhalb eines DATA oder PROC step benutzt werden. Zur vollständigen Beschreibung vgl. SAS Language Reference (1999).

TITLEn *'Überschrift';*
Durch eine TITLEn-Anweisung wird auf jeder Seite des Output der nachfolgenden Prozeduren in der n-ten Zeile von oben ($n=1,...,10$) eine Überschrift eingetragen. Anstatt in Hochkommatas (') kann der Überschriften-Text auch in Anführungszeichen (") eingeschlossen werden; das Mischen der Zeichen ' und " ist jedoch nicht erlaubt. Für die erste Titelzeile kann anstatt des Schlüsselworts TITLE1 auch TITLE benutzt werden. Eine einmal gewählte Überschriftenzeile erscheint solange im nachfolgenden Output, bis sie durch eine andere ersetzt wird.

Zum Löschen *aller* TITLEn-Anweisungen führe man die Anweisung TITLE; durch. Die Anweisung TITLE$n;$ löscht die TITLE-Anweisungen für die n-te und die darauffolgenden Überschriftenzeilen.

FOOTNOTEn *'Fußnote';*
Wie bei der TITLEn-Anweisung wird hierdurch eine Fußnote am unteren Rand einer jeden Output-Seite und einer jeden Graphik erzeugt.

2.4 Die Programmiersprache SAS

/* *Kommentar* */
Ein zwischen den Klammersymbolen /* und */ eingeschlossener Kommentar wird von SAS nicht als Programmtext aufgefaßt und deshalb bei der Programmabarbeitung übergangen. Der Kommentartext darf sich über mehrere Zeilen erstrecken. Man beachte, daß Kommentarklammern nicht ineinandergeschachtelt und nicht in den Datenzeilen benutzt werden dürfen.

In Kommentaren können und sollen Sinn und Zweck des Programms skizziert und Erläuterungen zur Wirkungsweise einzelner Programmteile gegeben werden. Hilfreich sind Kommentarklammern auch, um einzelne Programmteile zu Testzwecken von der Abarbeitung durch SAS auszuschließen.

3 Beschreibende Statistik

Die beschreibende Statistik stellt graphische Methoden und mathematische Hilfsmittel bereit, um Datenmaterial übersichtlich darzustellen und durch wenige, aber möglichst aussagekräftige Kenngrößen zu beschreiben. Wir führen zunächst einige grundlegende Begriffe ein, vgl. Bosch (2000), Hartung et al. (1999), Precht (1993).

Beobachtungseinheiten, Merkmale. Bei statistischen Erhebungen werden an geeignet ausgewählten *Beobachtungs-* oder *Untersuchungseinheiten* (*Versuchseinheiten*) jeweils die Werte von gewissen *Merkmalen* festgestellt. Die Merkmalswerte heißen auch *Merkmalsausprägungen*. In Beispiel 2_1 von Abschnitt 2.1 etwa wurde bei je 11 Männern der Altersgruppen j (20-30 Jahre) und a (40-50 Jahre) der Cholesteringehalt im Blut gemessen. Hier stellt jeder der männlichen Probanden eine Beobachtungseinheit dar, an der die Ausprägungen der Merkmale *Altersgruppe* und *Cholesteringehalt* festgestellt wurden.

Klassifizierung von Merkmalen. In Beispiel 2_1 sind die Ausprägungen des Merkmals *Cholesteringehalt* reelle Zahlen, während das Merkmal *Altersgruppe* die Werte j und a annehmen kann. Solche Unterschiede geben Anlaß, die Merkmale je nach Art der *Skala*, welche die möglichen Merkmalausprägungen beinhaltet, in Klassen einzuteilen. Durch die Zugehörigkeit eines Merkmals zu einer solchen Klasse, durch sein *Skalenniveau*, wird wesentlich die anzuwendende statistische Methode bestimmt.

Das höchste Skalenniveau besitzen *metrische Merkmale*. Ein metrisches Merkmal ist dadurch gekennzeichnet, daß seine Werte auf der Zahlengeraden aufgetragen werden können (*metrische Skala*). Sie werden in der Regel durch einen Meß- oder Zählvorgang ermittelt. In Beispiel 2_1 ist *Cholesteringehalt* ein solches metrisches Merkmal.

Ein niedrigeres Skalenniveau besitzen *ordinale Merkmale*. Die Ausprägungen eines ordinalen Merkmals lassen sich zwar noch gemäß einer Ordnung wie *besser-schlechter* oder *größer-kleiner* in eine Reihenfolge bringen (*Ordinalskala*). Jedoch stellen selbst bei einer zahlenmäßigen Verschlüsselung der Merkmalwerte deren Differenzen kein sinnvolles Maß für den Grad der Verbesserung (Verschlechterung) oder Vergrößerung (Verkleinerung) dar. Beispiele eines ordinalen Merkmals sind Schulzensuren, Rangzahlen einer Rangliste oder Härtegrade. Ebenso kann man im oben genannten Beispiel das Merkmal *Altersgruppe* als ordinales Merkmal auffassen.

Bei einem *nominalen Merkmal* schließlich können dessen Ausprägungen auch nicht mehr sinnvoll in eine Rangordnung gebracht werden, sondern nur noch willkürlich nebeneinander geschrieben werden (*Nominalskala*). Ein solches Merkmal besitzt das niedrigste Skalenniveau. Beispiele sind Nationalität, Beruf usw.

Metrische Merkmale werden auch als *quantitativ*, ordinale und nominale Merkmale als *qualitativ* bezeichnet. Metrische Merkmale können weiter in stetige und diskrete Merkmale unterteilt werden. Ein metrisches Merkmal heißt *stetig*, wenn es alle Werte eines gewissen Intervalls der Zahlengeraden annehmen kann. Dagegen nennen wir ein metrisches Merkmal *diskret*, wenn seine möglichen Ausprägungen eine endliche oder abzählbar unendliche Menge von Zahlen bilden.

Bei metrischen Merkmalen kann weiter unterschieden werden, ob nur die Differenz von Skalenwerten wesentlich ist (vgl. Merkmal Lebensdauer (*zeit*) als Zeitdifferenz im Beispiel 3_1 unten) oder ob ein fester Nullpunkt existiert (vgl. Merkmal Cholesteringehalt (*chol*) im Beispiel 2_1 oben). Im ersten Fall spricht man von einer *Intervallskala*, im zweiten Fall von einer *Verhältnisskala*, vgl. Büning und Trenkler (1994), S. 9 ff. sowie Schaich und Hamerle (1984), S. 1 ff.

3.1 Eindimensionale Stichproben

Wir betrachten zunächst den Fall, daß jeweils ein Merkmal an n Beobachtungseinheiten festgestellt wird. Die erhaltene Folge von Merkmalwerten $x_1, x_2, ..., x_n$ nennen wir dann *eindimensionale Stichprobe vom Umfang n*, die einzelnen Werte x_i (i=1,...,n) heißen *Stichprobenwerte*.

Lassen wir in Beispiel 2_1 die Zugehörigkeit zu einer der beiden Altersgruppen außer acht, so bilden die erhaltenen Cholesterinwerte eine eindimensionale Stichprobe vom Umfang 22:

```
294  222  251  254  269  235  386  346  239  173  277
135  260  286  252  352  336  208  311  156  172  264
```

In den beiden folgenden Abschnitten werden wir eindimensionale Stichproben graphisch darstellen und durch Kenngrößen beschreiben.

3.1.1 Graphische Darstellungen

3.1.1.1 Histogramme

Wir legen eine eindimensionale Stichprobe zugrunde mit stetigen oder einer "großen" Anzahl von diskreten (metrischen) Merkmalwerten. Zur graphischen Darstellung gehen wir folgendermaßen vor: Wir teilen die Stichprobenwerte zunächst in *Klassen* ein, indem wir ein Intervall der Zahlengeraden, das sämtliche Stichprobenwerte enthält, in Teilintervalle (Klassen) zerlegen. Um eine eindeutige Zuordnung der Stichprobenwerte zu den einzelnen Teilintervallen zu erhalten, wählen wir die Intervalle links abgeschlossen und rechts offen. Sodann bestimmen wir die Anzahl der Stichprobenwerte in den einzelnen Teilintervallen, die *absoluten Klassenhäufigkeiten*. Die *relativen Klassenhäufigkeiten* ergeben sich, indem wir die absoluten Klassenhäufigkeiten durch den Stichprobenumfang dividieren.

Wir erhalten schließlich eine graphische Darstellung unserer Stichprobe in Form eines *Histogramms*, indem wir über jedem der Teilintervalle ein Rechteck errichten, dessen Fläche proportional zur zugehörigen (absoluten oder relativen) Klassenhäufigkeit ist. Im folgenden beschränken wir uns auf den zumeist betrachteten Fall gleicher Klassenbreiten. In diesem Fall erreicht man die oben geforderte Proportionalität, wenn man die Höhe der einzelnen Rechtecke gleich der zugehörigen relativen bzw. absoluten Klassenhäufigkeit wählt.

Um einen größeren Stichprobenumfang zu haben, betrachten wir anstatt der Stichprobe der Cholesterinwerte das folgende Beispiel.

Durchführung in SAS - Beispiel 3_1. Von 100 Kühlaggregaten wurde jeweils die Lebensdauer in Jahren bestimmt. Die erhaltene eindimensionale Stichprobe ist im folgenden DATA step enthalten. Sie soll in einem Histogramm graphisch dargestellt werden.

Im Gegensatz zur SAS-Datei des einführenden Beispiels 2_1 enthält jede Beobachtung der in dem folgenden DATA step gebildeten SAS-Datei b3_1 nur einen einzigen Wert, nämlich den Wert des Merkmals *zeit* (Lebensdauer des Kühlaggregats). Wie schon in Abschnitt 2.1 erwähnt, wollen wir in Anlehnung an die üblichen SAS-Bezeichnungen Merkmale auch als Variable bezeichnen. Man beachte auch, daß in den Dezimalbrüchen nach CARDS; der Dezimalpunkt zu verwenden ist.

3.1 Eindimensionale Stichproben

DATA step

```
TITLE1   'Lebensdauer von Kühlaggregaten';
DATA b3_1;
 INPUT zeit @@;
 CARDS;
1.29 1.38 2.89 1.32 1.83 1.21 0.05 4.74 1.27 2.09 2.20 1.18
2.95 1.01 1.39 4.00 1.62 1.47 1.38 4.15 1.06 1.73 1.82 1.96
2.79 2.26 1.61 3.51 2.30 2.20 2.01 0.76 1.22 0.55 3.68 1.79
1.63 2.77 1.07 0.80 1.70 2.78 1.13 1.02 0.96 0.55 0.82 2.08
1.63 1.02 1.13 2.81 1.09 2.04 1.80 0.95 0.84 2.05 1.27 2.10
3.45 0.65 0.67 1.13 1.75 1.69 0.76 0.85 2.09 2.11 1.59 3.60
0.32 1.93 2.02 2.41 0.34 1.36 2.39 3.05 2.82 3.00 2.85 1.97
1.15 1.92 1.99 0.76 0.81 1.82 2.37 1.60 2.40 3.77 1.75 1.85
1.55 0.55 1.26 1.18
RUN;
```

Die Erstellung eines Histogramms kann nun mit Hilfe der SAS-Graphikprozedur GCHART geschehen. Bevor wir den entsprechenden PROC step angeben, sei kurz auf eine Besonderheit von Graphikprozeduren hingewiesen.

Der Output von SAS-Graphikprozeduren kann nicht wie bei den übrigen SAS-Prozeduren im OUTPUT-Fenster (*Textmodus*) dargestellt werden. Vielmehr wird hierzu ein graphikfähiges Ausgabegerät (*device*) benötigt, beispielsweise ein Bildschirm, ein Drucker oder ein Plotter. Eine Prozedur der Softwarekomponente SAS/GRAPH erzeugt zunächst einen geräteunabhängigen Graphik-Output, der dann mit Hilfe eines speziellen Programms, des *Gerätetreibers* (*device driver*), in die Graphik-Sprache des benutzten Ausgabegerätes übersetzt wird. Vor Benutzung einer Graphik-Prozedur muß deshalb SAS mitgeteilt werden,

PROC step

```
GOPTIONS DEVICE=WIN KEYMAP=WINANSI FTEXT=SWISS;
PATTERN VALUE=X2 COLOR=RED;
PROC GCHART DATA=b3_1;
 VBAR zeit / TYPE=FREQ SPACE=0 NOFRAME;
RUN;
QUIT;
```

welches Gerät zur Graphik-Ausgabe benutzt werden soll. Im oben angegebenen PROC step zur Erstellung eines Histogramms geschieht dies in einer GOPTIONS-Anweisung. Wir erläutern im folgenden die neu eingeführten Anweisungen.

GOPTIONS DEVICE=WIN KEYMAP=WINANSI FTEXT=SWISS;
In einer GOPTIONS-Anweisung können - durch mindestens ein Leerzeichen voneinander getrennt - Optionen zur Gestaltung des Output von SAS/GRAPH-Prozeduren angegeben werden. In unserem Falle wird SAS durch DEVICE=WIN angezeigt, daß die erzeugte Graphik unter Windows auf dem Bildschirm auszugeben ist. Die Option KEYMAP=WINANSI ermöglicht es, Umlaute in Graphikbeschriftungen zu verwenden. Wegen FTEXT=SWISS wird dabei die Schriftart (Font) SWISS verwendet.

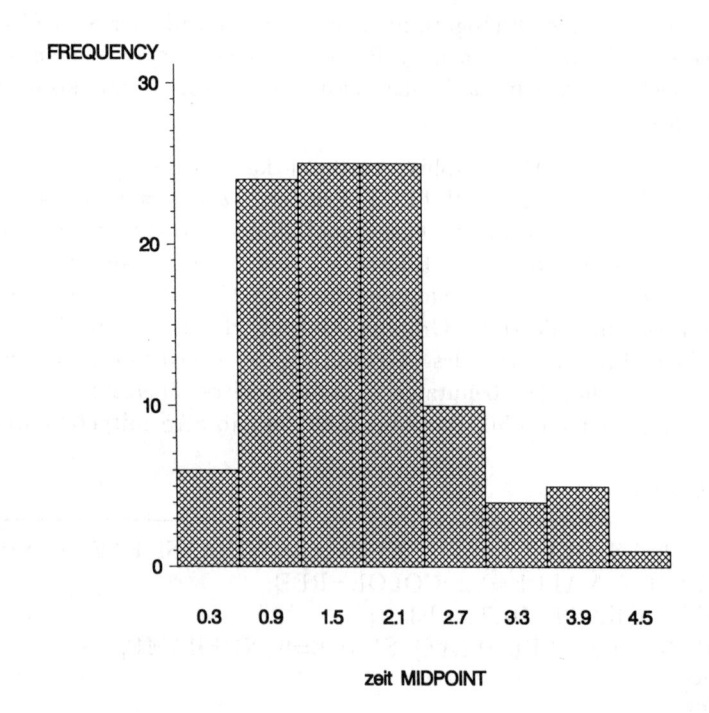

3.1 Eindimensionale Stichproben

PATTERN VALUE=X2 COLOR=RED; Diese Anweisung bewirkt, daß die Stäbe des Diagramms mit dem Schraffurtyp X2 (X-Schraffur mit Linientyp 2) ausgefüllt und rot wiedergegeben werden.

PROC GCHART DATA=b3_1; ... RUN; Durch diese Anweisungen wird SAS veranlaßt, für die Datei b3_1 ein Histogramm zu erstellen. Wegen der nachgeordneten Anweisung VBAR zeit / TYPE=FREQ SPACE=0 NOFRAME; werden über der Abszissenachse mit den Werten der VBAR-Variablen *zeit* vertikale Balken bzw. Rechtecke (*Vertical BAR* chart) erstellt. Im Fall einer numerischen SAS-Variablen wie hier *zeit* wird diese Variable von GCHART als stetiges (metrisches) Merkmal interpretiert und eine Histogramm-Klasseneinteilung nach einem Algorithmus von Terrell und Scott (SAS/GRAPH Software (1999)) vorgenommen. Die nach dem Schrägstrich angegebenen Optionen - voneinander durch mindestens ein Leerzeichen getrennt oder in einer neuen Zeile anzugeben - bewirken, daß die Höhen der Rechtecke die absoluten Klassenhäufigkeiten repräsentieren (TYPE=FREQ), daß die Rechtecke voneinander den Abstand Null haben (SPACE=0) und daß die Graphik nicht eingerahmt wird (NOFRAME). Ohne die Option SPACE=0 würden die Rechtecke isoliert mit von Null verschiedenem Abstand nebeneinander stehen.

QUIT; Ohne die abschließende QUIT-Anweisung (oder einen nachfolgenden DATA oder PROC step) wird die Prozedur GCHART nach ihrer Abarbeitung nicht verlassen. Sie steht weiterhin speicherresident zur Verfügung, erkenntlich am Zusatz *PROC GCHART running* in der Titelleiste des Editors. GCHART wird deshalb auch als *interaktive Prozedur* bezeichnet. Wurde der oben angegebene PROC step *ohne* die QUIT-Anweisung ausgeführt und soll zusätzlich ein Diagramm mit horizontalen Balken erzeugt werden, so genügt hierzu die Abarbeitung der Anweisungen

```
HBAR zeit / TYPE=FREQ SPACE=0 NOFRAME;
RUN;                    /* HBAR: Horizontal BAR chart */
```

ohne den erneuten Aufruf von GCHART. In der Regel empfiehlt es sich jedoch, die Prozedur GCHART wie oben mit der QUIT-Anweisung abzuschließen.

Nach Ausführung der oben angegebenen DATA und PROC step erscheint das gewünschte Histogramm im Graphik-Fenster; die vorstehende Abbildung zeigt eine Schwarz-Weiß-Wiedergabe.

Bemerkungen. 1. Sollen die relativen Klassenhäufigkeiten dargestellt werden, so ist TYPE=FREQ durch TYPE=PERCENT zu ersetzen.

2. Zur Realisierung einer eigenen Klasseneinteilung für die numerische SAS-Variable *zeit* hat man die Mittelpunkte der entsprechenden Teilintervalle in einer zusätzlichen MIDPOINTS-Option anzugeben. Soll etwa eine durch die halboffenen Teilintervalle [0, 0.5), [0.5, 1.0), ..., [4.5, 5.0) der Länge 0.5 mit den Mittelpunkten 0.25, 0.75, ..., 4.75 definierte Klasseneinteilung benutzt werden, so ist im obigen PROC step die VBAR-Anweisung zu ersetzen durch

VBAR zeit / TYPE=FREQ SPACE=0 NOFRAME
MIDPOINTS=0.25 TO 4.75 BY 0.5 ;

3. Die von GCHART berechneten Teilintervalle sind stets gleich lang; dasselbe gilt für die Intervalle, die durch die MIDPONTS-Option bestimmt werden. Tatsächlich sieht die Prozedur GCHART keine Möglichkeit vor, Histogramme mit ungleichen Klassenbreiten so zu erstellen, daß über jedem der Teilintervalle ein Rechteck errichtet wird, dessen Fläche proportional zur zugehörigen (absoluten oder relativen) Klassenhäufigkeit ist. Hierzu müßte die später einzuführende Prozedur GPLOT benutzt werden. In aller Regel wird man jedoch gleiche Klassenbreiten wählen, so daß dies keine Einschränkung bedeutet.

4. In der Option COLOR=RED der PATTERN-Anweisung können anstatt RED die meisten englischen Farbnamen eingetragen werden; zu einer vollständigen Liste der zulässigen Farbnamen vgl. SAS/GRAPH Software (1999). In der Option VALUE=R2 ist anstatt R2 möglich: R1 ... R5 (Schraffuren von links unten nach *R*echts oben), L1 ... L5 (Schraffuren von *L*inks oben nach rechts unten) und X1 ... X5 (Kreuzschraffuren); dabei nimmt die Dicke der Schraffurlinien mit der Größe der nachgestellen Zahl (1 ... 5) zu. Weiter sind VALUE=SOLID und VALUE=EMPTY (gleichmäßig ausgefüllte bzw. leere Rechtecke) zulässig. Zu weiteren vielfältigen Möglichkeiten der individuellen Gestaltung von Graphiken vgl. SAS/GRAPH Software (1999).

5. Eine einmal gewählte Graphik-Option (z.B. VALUE=X2) bleibt bis zur Angabe einer Option des gleichen Typs (z.B. VALUE=L2) oder bis zum Verlassen von SAS in Kraft. Dies kann bei der Bearbeitung mehrerer Beispiele zu unerwünschten Effekten führen. Es kann dann sinnvoll sein, mit Hilfe der Anweisung GOPTIONS RESET=ALL; alle Graphik-Optionen auf ihre Standardeinstellungen zurückzusetzen.

3.1 Eindimensionale Stichproben

3.1.1.2 Ausgabe und Export von SAS-Graphiken

Ausdrucken. Wir haben im letzten Abschnitt mit Hilfe der Option DEVICE=WIN eine Graphik auf dem Bildschirm erzeugt. Zur Schwarzweiß-Wiedergabe auf dem unter Windows aktiven Drucker hat man lediglich WIN durch WINPRTG (Treibername für Graustufendrucker) zu ersetzen. Die oben wiedergebene Graphik beispielsweise ist mit der folgenden GOPTIONS-Anweisung ausgedruckt worden:

```
GOPTIONS  DEVICE=WINPRTG
          KEYMAP=WINANSI  FTEXT=SWISS
          HTITLE=0.6  HTEXT=0.4  HSIZE=14 CM  VSIZE=10 CM;
```

Durch HTITLE=0.6 HTEXT=0.4 wird die Höhe der Überschrift bzw. des übrigen Graphik-Textes festgelegt (Voreinstellungen: HTITLE=2 HTEXT=1 in Einheiten von Bildzellen (CELLS)). Die Optionen HSIZE=14 CM VSIZE=10 CM legen die horizontale und vertikale Abmessung der Graphik fest.

Export in Windows-Anwendungen. Um die im PROC step aus 3.1.1.1 erzeugte SAS-Graphik als CGM-Datei (CGM: *Computer Graphics Metafile*) nach Word für Windows zu exportieren, kann man wie folgt vorgehen: Man erzeugt zunächst mit Hilfe des Treibers CGMMWWC die gewünschte CGM-Datei (hier: *b3_1.cgm*) und legt sie in einem Unterverzeichnis (hier: *c:\mydir*) ab, indem man im o.g. PROC-step die GOPTIONS-Anweisung durch die beiden folgenden Anweisungen ersetzt:

```
FILENAME  graph 'c:\mydir\b3_1.cgm';
          /* graph: SAS-Name für c:\mydir\b3_1.cgm */
GOPTIONS  DEVICE=CGMMWWC  KEYMAP=WINANSI
          GSFNAME=graph  GSFMODE=REPLACE;
          /* REPLACE: Inhalt von graph wird überschrieben */
```

Danach fügt man die CGM-Datei *b3_1.cgm* als Graphik in das zugrunde liegende Word-Dokument ein.

Entsprechend können SAS-Graphiken in andere Textverarbeitungs- und Graphikprogramme eingebunden werden. Eine Zusammenstellung der hierzu verfügbaren Treiber erhält man mit der Prozedur GDEVICE.

```
PROC GDEVICE  CATALOG=SASHELP.DEVICES;
RUN;
```

3.1.1.3 Stabdiagramme

Wir gehen aus von einer eindimensionalen Stichprobe mit wenigen möglichen Ausprägungen eines diskreten (metrischen) oder qualitativen Merkmals. Zur graphischen Darstellung tragen wir zunächst auf einer waagerechten Achse die möglichen Merkmalsausprägungen auf und stellen fest, wie oft jede dieser Ausprägungen in der Stichprobe vorkommt (*absolute Häufigkeiten*). Wir erhalten ein *Stabdiagramm*, wenn wir über den einzelnen Merkmalsausprägungen sich nicht berührende, senkrechte Stäbe errichten, deren Höhen den zugehörigen absoluten Häufigkeit entsprechen. Anstatt der absoluten Häufigkeiten ist auch die Benutzung der *relativen Häufigkeiten* üblich. Sie ergeben sich aus den absoluten Häufigkeiten nach Division durch den Stichprobenumfang.

A Diskrete Merkmale

Durchführung in SAS — Beispiel 3_2. Die Stärken der 139 Klassen der Stufen 5-7 an den öffentlichen Gymnasien des Landkreises Esslingen sowie deren absolute Häufigkeiten sind im DATA step des nachfolgenden Programms enthalten (Quelle: Statistisches Landesamt Baden-Württemberg, Stand: 1990). Es soll ein Stabdiagramm erstellt werden, das die Häufigkeiten der einzelnen Klassenstärken wiedergibt.

Programm

```
TITLE1      'Schülerzahlen der Klassen 5-7 an Gymnasien';
TITLE2      'Landkreis Esslingen, Stand 1990';
FOOTNOTE 'Quelle: Statistisches Landesamt Baden-Württemberg';
DATA b3_2;
  INPUT staerke h @@;    /* staerke: Klassenstärke, h: Häufigkeit */
  CARDS;
  18  1     19  0     20  3     21  1     22  5     23 12    24 12
  25 11     26 12     27 12     28  7     29 20     30 15    31 12
  32  8     33  7     34  1
RUN;
GOPTIONS DEVICE=WIN KEYMAP=WINANSI FTEXT=SWISS;
PATTERN COLOR=GREY VALUE=SOLID;
PROC GCHART DATA=b3_2;
  VBAR staerke /DISCRETE TYPE=SUM SUMVAR=h NOFRAME;
RUN;  QUIT;
```

3.1 Eindimensionale Stichproben

Entsprechend den vom Statistischen Landesamt veröffentlichten Daten enthält die im DATA step erzeugte SAS-Datei *b3_2* nicht die eindimensionale Stichprobe der 139 Klassenstärken, sondern bereits die vorkommenden Klassenstärken (*staerke*) zusammen mit deren Häufigkeiten (h).

In der VBAR-Anweisung des nachfolgenden PROC step wird durch die Option DISCRETE veranlaßt, daß die Werte der VBAR-Variablen *staerke* nicht - wie stets bei numerischen Merkmalen, vgl. Beispiel 3_1 - in Klassen eingeteilt werden, sondern daß *staerke* als diskretes Merkmal behandelt wird. Durch die Optionen TYPE=SUM SUMVAR=h wird erreicht, daß über den einzelnen Werten der Variablen *staerke* die Summe (TYPE=SUM) der zugehörigen Werte von h (SUMVAR=h) als senkrechte Stäbe dargestellt werden (in unserem Fall besteht jede dieser Summen aus genau einem Summanden). Gegenüber Beipiel 3_1 wurde die Option SPACE=0 weggelassen, so daß die Stäbe des Diagramms - wie voreingestellt - einen von Null verschiedenen Abstand haben.

Schülerzahlen der Klassen 5−7 an Gymnasien
Landkreis Esslingen, Stand 1990

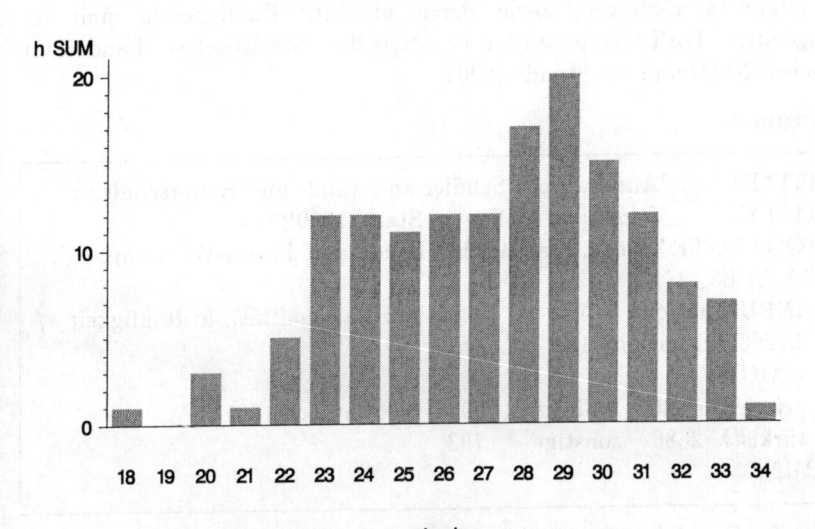

Quelle: Statistisches Landesamt Baden−Württemberg

Bemerkung. Wenn anstatt der Datei *b3_2* die eindimensionale Stichprobe der 139 Klassenstärken vorliegt, etwa: 20, 31, 24, 24, 34, ..., 27, so hat man im oben angegebenen PROC step die Optionen TYPE=SUM SUMVAR=h der VBAR-Anweisung zu ersetzen durch TYPE=FREQ, vgl. Beispiel 3_1. Allerdings wird in diesem Fall auf der waagerechten Achse die Klassenstärke 19 nicht aufgetragen, da sie in der Stichprobe nicht vorkommt. Dies kann vermieden werden, wenn anstatt der Option DISCRETE die Option MIDPOINTS=18 TO 34 BY 1 benutzt wird, vgl. 3.1.1.1.

B Qualitative Merkmale.

Zur graphischen Darstellung einer Stichprobe mit den Werten eines qualitativen Merkmals kann ebenso verfahren werden, wenn die Merkmalwerte durch die Werte einer numerischen Variablen verschlüsselt sind. Wir betrachten noch ein Beispiel eines qualitativen Merkmals, dessen Werte Zeichenketten sind.

Durchführung in SAS – Beispiel 3_3. Die Nationalitäten der ausländischen Schüler an den öffentlichen Grund- und Hauptschulen des Landkreises Esslingen sowie deren absolute Häufigkeiten sind im folgenden DATA step enthalten (Quelle: Statistisches Landesamt Baden-Württemberg, Stand: 1990).

Programm

```
TITLE1     'Ausländische Schüler an Grund- und Hauptschulen';
TITLE2     'Landkreis Esslingen, Stand 1990';
FOOTNOTE 'Quelle: Statistisches Landesamt Baden-Württemberg';
DATA b3_3;
  INPUT nation$ h @@;      /* nation: Nationalität, h: Häufigkeit */
  LENGTH nation$ 12;
  CARDS;
griechisch 936    italienisch 1095   jugoslawisch 1301
türkisch 2888     sonstige     793
RUN;
```

Wie in Beispiel 3_2 enthält auch hier die SAS-Datei *b3_3* nicht die einzelnen Schülernationalitäten, sondern bereits die Nationalitäten (*nation*) und deren Häufigkeiten (*h*). Durch die LENGTH-Anweisung

3.1 Eindimensionale Stichproben

wird erreicht, daß die Werte der Zeichenkettenvariablen *nation$* aus bis zu 12 Zeichen bestehen dürfen; ohne diese Anweisung berücksichtigt SAS nur die ersten 8 Zeichen, vgl. 2.4.3.1. Das entsprechende Stabdiagramm wird mit dem folgenden PROC step erzeugt.

Programm (fortgesetzt)

```
GOPTIONS  DEVICE=WIN KEYMAP=WINANSI FTEXT=SWISS;
PATTERN  COLOR=GRAY  VALUE=SOLID;
PROC GCHART DATA=b3_3;
  VBAR nation / MIDPOINTS = 'griechisch' 'italienisch'
                            'jugoslawisch' 'türkisch' 'sonstige'
          TYPE=SUM SUMVAR=h NOFRAME;
RUN; QUIT;
```

Ausländische Schüler an Grund- und Hauptschulen
Landkreis Esslingen, Stand 1990

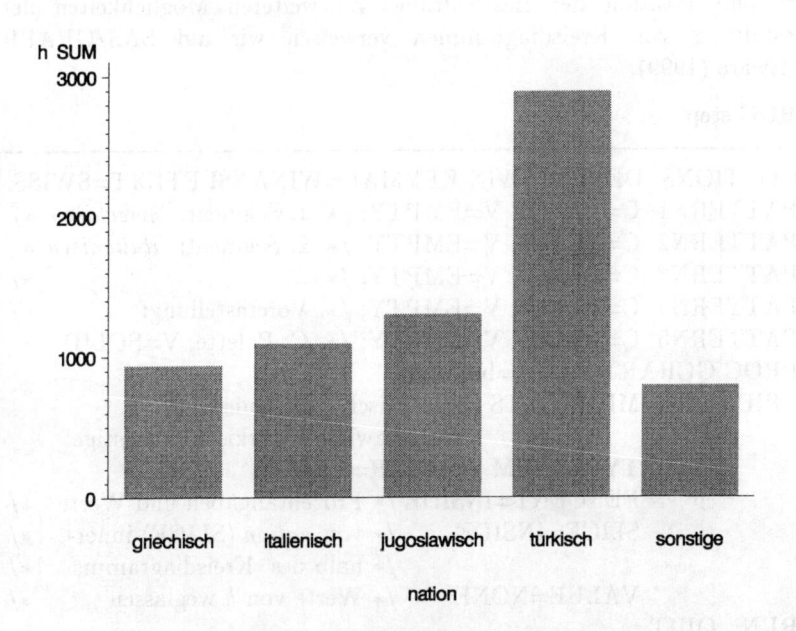

Quelle: Statistisches Landesamt Baden-Württemberg

Dabei hat die MIDPOINTS-Option der VBAR-Anweisung die Aufgabe, daß die Nationalitäten in der dort angegebenen Reihenfolge auf der horizontalen Achse aufgetragen werden, wie die wiedergegebene Graphik zeigt. Ohne diese Option wird lexikographisch angeordnet (vgl. 2.4.3.2): *griechisch* ≺ *italienisch* ≺ *jugoslawisch* ≺ *sonstige* ≺ *türkisch*.

3.1.1.4 Kreisdiagramme

Zur Darstellung einer eindimensionalen Stichprobe mit wenigen Ausprägungen eines nominalen Merkmals eignet sich auch ein *Kreisdiagramm*. In ihm wird eine Kreisfläche in Sektoren aufgeteilt, deren Flächen proportional zu den Häufigkeiten der einzelnen Merkmalwerte sind.

Durchführung in SAS – Beispiel 3_3 (fortgesetzt). Zur Darstellung der Häufigkeiten der Nationalitäten ausländischer Schüler aus Beispiel 3_3 in einem Kreisdiagramm haben wir im PROC step von Abschnitt 3.1.1.3.B im wesentlichen die VBAR-Anweisung durch die PIE-Anweisung zu ersetzen, vgl. PROC step unten. Die dabei benutzten PIE-Optionen PERCENT, SLICE und VALUE dienen zur Festlegung von Art und Position der Beschriftung. Zu weiteren Möglichkeiten der Gestaltung von Kreisdiagrammen verweisen wir auf SAS/GRAPH Software (1999).

PROC step

```
GOPTIONS  DEVICE=WIN KEYMAP=WINANSI FTEXT=SWISS;
PATTERN1  C=BLACK V=EMPTY; /* 1. Segment: griechisch   */
PATTERN2  C=BLACK V=EMPTY; /* 2. Segment: italienisch  */
PATTERN3  C=BLACK V=EMPTY; /* ...                      */
PATTERN4  C=BLACK V=EMPTY; /* Voreinstellung:          */
PATTERN5  C=BLACK V=EMPTY; /* C: Palette, V=SOLID      */
PROC GCHART DATA=b3_3;
  PIE nation /MIDPOINTS ='griechisch' 'italienisch'
                         'jugoslawisch' 'türkisch' 'sonstige'
              TYPE=SUM SUMVAR=h
              PERCENT=INSIDE /* Prozentangaben und Werte */
              SLICE=INSIDE   /* von nation (SLICE) inner- */
                             /* halb des Kreisdiagramms   */
              VALUE=NONE;    /* Werte von h weglassen     */
RUN; QUIT;
```

3.1 Eindimensionale Stichproben

Ausländische Schüler an Grund- und Hauptschulen
Landkreis Esslingen, Stand 1990
SUM of h by nation

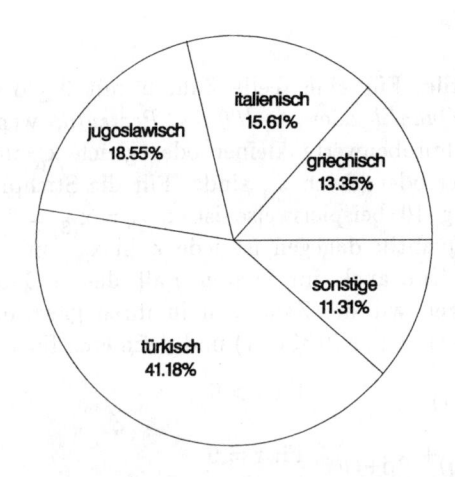

(Kreisdiagramm: italienisch 15.61%, griechisch 13.35%, sonstige 11.31%, türkisch 41.18%, jugoslawisch 18.55%)

Quelle: Statistisches Landesamt Baden-Württemberg

3.1.2 Statistische Maßzahlen

Es ist wünschenswert, eine Stichprobe durch wenige aber möglichst aussagekräftige Maßzahlen zu kennzeichnen. Üblich hierzu sind Maßzahlen zur Kennzeichnung der Lage (*Lagemaße*) und der Variabilität (*Streuungsmaße*) der Sichprobenwerte auf der Zahlengeraden sowie der Form eines zugehörigen Histogramms (*Formmaße*). Diese Maßzahlen sind *empirische*, d.h. aus der vorliegenden Stichprobe berechnete Größen. Auf die entsprechenden Größen zur Kennzeichnung von Wahrscheinlichkeitsverteilungen werden wir in der Wahrscheinlichkeitstheorie eingehen (Kapitel 4).

Soweit nichts anderes vereinbart wird, legen wir im folgenden eine eindimensionale Stichprobe $x_1, x_2, ..., x_n$ eines metrischen Merkmals zugrunde und bezeichnen mit $x_{(1)}, x_{(2)}, ..., x_{(n)}$ die zugehörige *geordnete Stichprobe*:

$$x_{(1)} \leq x_{(2)} \leq ... \leq x_{(n)} \ .$$

3.1.2.1 Lagemaße

Mittelwert. Die bekannteste Maßzahl zur Kennzeichnung der Lage einer Stichprobe ist der (*empirische*) Mittelwert:

$$\overline{x} = \frac{1}{n}\sum_{i=1}^{n} x_i \,.$$

Quantile, Perzentile. Für eine reelle Zahl α mit $0 \leq \alpha \leq 1$ heißt jede Zahl x_α ein *α-Quantil* oder *$\alpha \cdot 100$-tes Perzentil*, wenn mindestens $\alpha \cdot 100\%$ der Stichprobenwerte kleiner oder gleich x_α und mindestens $(1-\alpha) \cdot 100\%$ größer oder gleich x_α sind. Für die Stichprobe 1,2,3,4,..., 9,10 vom Umfang 10 beispielsweise ist $x_{0.25} = x_{(3)} = 3$ das eindeutig bestimmte 0.25-Quantil; dagegen ist jede Zahl $x_{0.2}$ mit $2 \leq x_{0.2} \leq 3$ ein 0.2-Quantil. Um auch im letzten Fall das α-Quantil eindeutig festzulegen, zerlegen wir die Zahl $\alpha \cdot n$ in ihren ganzzahligen Anteil j und den Rest r: $\alpha \cdot n = j+r$ $(0 \leq r<1)$ und definieren für $0 < \alpha < 1$:

$$x_\alpha := \begin{cases} x_{(j+1)} & \text{für } r > 0 \\ \frac{1}{2}(x_{(j)} + x_{(j+1)}) & \text{für } r = 0 \end{cases} \quad ; \qquad (3.1)$$

für die extremen Werte $\alpha = 0$ und 1 setzen wir x_α gleich $x_{(1)}$ bzw. gleich $x_{(n)}$. Im Beispiel wird damit $x_{0.2} = \frac{1}{2}(2+3) = 2.5$.

Median, Quartile. Häufig benutzte Quantile besitzen eigene Namen. So heißen das 0.5-Quantil $x_{0.5}$ (*empirischer*) *Median* $\tilde{x}$ der Stichprobe, die Quantile $x_{0.25}$ und $x_{0.75}$ *erstes* bzw. *drittes Quartil*. Gegenüber dem Mittelwert hat der Median den Vorteil, daß er weit weniger durch *Ausreißer* - d.h. weit von den übrigen Stichprobenwerten enfernt liegende Werte - beeinflußt wird. Überdies bleibt seine Definition - wie die des α-Quantils - auch für ordinale Merkmale gültig.

Modalwerte. Der am häufigsten vorkommende Stichprobenwert heißt *Modalwert*. Gibt es mehrere solcher Werte, so wird jeder von ihnen als Modalwert bezeichnet. Modalwerte sind informativ bei großen Stichprobenumfängen und bei qualitativen Merkmalen.

3.1.2.2 Streuungsmaße

Nach Parametern zur Kennzeichnung der Lage der Stichprobenwerte auf der Zahlengeraden betrachten wir nun Maßzahlen, welche die Streuung der Stichprobe charakterisieren.

3.1 Eindimensionale Stichproben

Varianz, Standardabweichung, Variationskoeffizient. Das gebräuchlichste Streuungsmaß ist die *(empirische) Varianz*

$$s^2 = \frac{1}{n-1} \sum_{i=1}^{n} (x_i - \overline{x})^2 \tag{3.2}$$

sowie deren (positive) Quadratwurzel $s = +\sqrt{s^2}$, die *(empirische)* Standardabweichung der Stichprobe. Zur Begründung des Nenners n-1 anstatt n in (3.2) vgl. Abschnitt 4.2.1.1.

Ein daraus abgeleitetes, standardisiertes Streuungsmaß stellt der (dimensionslose) *Variationskoeffizient (coefficient of variation)* dar:

$$CV = s \cdot 100/\overline{x} \; .$$

Spannweite, Quartilsabstand. Ein weiteres Streuungsmaß ist die Differenz zwischen dem größten und kleinsten Stichprobenwert, die *Spannweite (Range)* $x_{(n)} - x_{(1)}$. Sie wird allerdings - noch stärker als die Standardabweichung - durch Ausreißer beeinflußt. Als Streuungsmaß besser geeignet ist deshalb der *Quartilsabstand (Interquartile Range)* $x_{0.75} - x_{0.25}$, die Differenz zwischen dem dritten und ersten Quartil.

3.1.2.3 Formmaße

Schiefe. Das Histogramm zur Veranschaulichung der Lebensdauer von Kühlaggregaten (vgl. 3.1.1.1) ist offenbar nicht symmetrisch zum Mittelwert $\overline{x} = 1.78$ der Stichprobe. Vielmehr sind die positiven Abweichungen $x_i - \overline{x} > 0$ der Stichprobenwerte tendenziell dem Betrage nach größer als die negativen $x_i - \overline{x} < 0$. Ein Maß für eine solche Asymmetrie ist die *(empirische) Schiefe (skewness)*

$$g_1 = \frac{1}{n} \sum_{i=1}^{n} [(x_i - \overline{x})/s]^3 \; .$$

Durch die Division der Differenzen $x_i - \overline{x}$ durch die Standardabweichung s wird die Schiefe g_1 invariant gegenüber Skalentransformationen vom Typ $y_i = a + b \cdot x_i$ und zudem dimensionslos. Durch das Potenzieren mit dem Exponenten 3 wird das Vorzeichen der Differenzen $x_i - \overline{x}$ beibehalten und gleichzeitig der Beitrag von Abweichungen $|x_i - \overline{x}| > s$ zu g_1 betont. Ein Wert $g_1 > 0$ zeigt deshalb an, daß die Stichprobenwerte vom Mittelwert an weiter nach rechts auslaufen als nach links, wie dies im oben genannten Histogramm der Fall ist. Ein Wert $g_1 < 0$ bedeutet ein umgekehrtes Verhalten der

Stichprobenwerte. SAS definiert die Schiefe einer Stichprobe durch den Parameter

$$g_1' = g_1 \cdot \frac{n^2}{(n-1)(n-2)} \quad , \tag{3.3}$$

so daß g_1' für nicht zu kleines n näherungsweise mit g_1 übereinstimmt, vgl. SAS Procedures Guide (1999).

Wölbung, Kurtosis. Ein weiterer Stichprobenparameter, der Aussagen über die Gestalt zugehöriger Histogramme macht, ist die (*empirische*) *Wölbung* (*kurtosis*)

$$g_2 = \frac{1}{n} \sum_{i=1}^{n} [(x_i - \bar{x})/s]^4 - 3 \ .$$

Auch hier wird durch Division der Differenzen $x_i - \bar{x}$ durch s Invarianz gegenüber Skalentransformationen $y_i = a + b \cdot x_i$ und Dimensionslosigkeit erreicht. Die Subtraktion von 3 wird vorgenommen, weil dann Stichproben aus normalverteilten Grundgesamtheiten annähernd die empirische Wölbung $g_2 = 0$ besitzen. Die Wölbung eignet sich deshalb zum Vergleich einer Stichprobe mit einer Normalverteilung gleicher Standardabweichung (Kapitel 4): Eine Stichprobe etwa, bei der im Vergleich zu einer solchen Normalverteilung Abweichungen $|x_i - \bar{x}| > s$ vermehrt auftreten - ein zugehöriges Histogramm hat dann vergleichsweise "dicke" Ausläufer - , besitzt wegen des Exponenten 4 in g_2 eine positive Wölbung. SAS definiert die Wölbung durch den Parameter

$$g_2' = g_2 \cdot \frac{n^2(n+1)}{(n-1)(n-2)(n-3)} + 3 \cdot \frac{4n^2 - 3n + 1}{(n-1)(n-2)(n-3)} \quad , \tag{3.4}$$

so daß g_2' für genügend großes n näherungsweise mit g_2 übereinstimmt, vgl. SAS Procedures Guide (1999).

3.1.2.4 Statistische Maßzahlen mit SAS

Wir haben in Abschnitt 2.1.2 die Prozedur MEANS benutzt, um u.a. Mittelwert und Standardabweichung der SAS-Datei *b3_1* zu berechnen. Erheblich weitergehende Informationen über eindimensionale Stichproben liefert die SAS-Prozedur UNIVARIATE.

Durchführung in SAS — Beispiel 3_1 (fortgesetzt). Im folgenden PROC step wenden wir die Prozedur UNIVARIATE auf die SAS-Datei *b3_1*

3.1 Eindimensionale Stichproben

von Beispiel 3_1 an. Dabei setzen wir voraus, daß zuvor der zugehörige DATA step aus Abschnitt 3.1.1.1 durchgeführt worden ist.

PROC step

```
TITLE    'Lebensdauer von Kühlaggregaten';
PROC UNIVARIATE DATA=b3_1;
  VAR zeit;
RUN;
```

Der Aufbau dieses PROC step entspricht dem der Prozedur MEANS in Abschnitt 2.1.2.

Output

```
              Lebensdauer von Kühlaggregaten                    1
                   The UNIVARIATE Procedure
                       Variable: zeit

                            Moments

N                        100        Sum Weights             100
Mean                  1.7824        Sum Observations     178.24
Std Deviation      0.9157534        Variance          0.83860428
Skewness          0.82506053        Kurtosis          0.62450474
Uncorrected SS      400.7168        Corrected SS        83.021824
Coeff Variation    51.3775469       Std Error Mean     0.09157534
```

In Teil 1 des Output wird zunächst angezeigt, daß die Variable *zeit* der VAR-Anweisung analysiert wird (*Variable: zeit*). Danach werden unter *Moments* eine Reihe von Stichprobenparametern angegeben: *N*, *Mean* und *Std Deviation*, die wir schon vom Output der Prozedur MEANS her kennen, sowie die folgenden Maßzahlen:

Sum Weights
  Summe der Gewichte, die wahlweise in einer WEIGHT-Anweisung angegeben werden können. Damit ist es möglich, auch gewichtete Stichprobenparameter zu berechnen. Wir werden davon keinen Gebrauch machen. Dann ist stets *Sum Weighgts* = N = 100.

Sum Observations
  Summe der Stichprobenwerte: 178.24.

Variance
   Varianz $s^2 = 0.83\ldots$.

Skewness
   Schiefe gemäß (3.3): $g_1' = 0.82\ldots$. Der positive Wert von g_1' zeigt an, daß die Stichprobenwerte vom Mittelwert an weiter nach rechts auslaufen als nach links, vgl. Histogramm in 3.1.1.1.

Kurtosis
   Kurtosis gemäß (3.4): $g_2' = 0.62\ldots$.

Uncorrected SS
   Unkorrigierte Quadratsumme $\sum_{i=1}^{n} x_i^2 = 400.71\ldots$.

Corrected SS
   Korrigierte Quadratsumme $\sum_{i=1}^{n}(x_i-\overline{x})^2 = 83.02\ldots$.

Coeff Varation
   Variationskoeffizient $CV = s \cdot 100/\overline{x} = 51.37\ldots \%$.

Std Error Mean
   Standardfehler des Mittelwertes: $s/\sqrt{n} = 0.091\ldots$, vgl. 4.2.

Basic Statistical Measures			2
Location		Variability	
Mean	1.782400	Std Deviation	0.91575
Median	1.695000	Variance	0.83860
Mode	0.550000	Range	4.69000
		Interquartile Range	1.07000
NOTE: The mode displayed is the smallest of 3 modes with a count of 3.			

Teil 2 enthält neben den in Teil 1 bereits ausgegebenen Kenngrößen *Mean*, *Std Deviation* und *Variance* die folgenden Lage- und Streumaße:

Mode
   Modalwert 0.55, der kleinste von drei Modalwerten mit der Häufigkeit 3, vgl. die nachfolgende NOTE.

Range
   Spannweite $x_{(n)} - x_{(1)} = 4.69$.

3.1 Eindimensionale Stichproben

Interquartile Range
Quartilsabstand $x_{0.75} - x_{0.25} = 1.07$.

	Tests for Location: Mu0=0		3
Test	-- Statistic --	-------- p Value --------	
Student's t	t 19.46376	Pr > |t|	< .0001
Sign	M 50	Pr >= |M|	< .0001
Sgn Rank	S 2525	Pr >= |S|	< .0001

Teil 3 des Output enthält Tests der (hier wenig sinnvollen) Nullhypothese, daß der Erwartungswert bzw. der Median der zugrunde liegenden Verteilung Null ist (*Mu0=0*): Den t-Test (*Student's t*), vgl. 5.1.1.1, sowie den Vorzeichentest (*Sign*) und den Vorzeichen-Rang-Test von Wilcoxon (*Sign Rank*), vgl. 5.3.2.1. Wir gehen darauf im Rahmen der beurteilenden Statistik näher ein, vgl. Kapitel 5.

Quantiles (Definition 5)		4
Quantile	Estimate	
100% Max	4.740	
99%	4.445	
95%	3.640	
90%	2.975	
75% Q3	2.200	
50% Median	1.695	
25% Q1	1.130	
10%	0.760	
5%	0.550	
1%	0.185	
0% Min	0.050	

Teil 4 des Output enthält eine Reihe von Perzentilen bzw. Quantilen, u.a.:

100% Max   100-stes Perzentil oder 1-Quantil, Maximum: 4.74
75% Q3   75-stes Perzentil oder 0.75-Quantil, drittes Quartil: 2.2
50% Median   50-stes Perzentil oder 0.5-Quantil, Median: $\tilde{x} = 1.695$

25% Q1   25-stes Perzentil oder 0.25-Quantil, erstes Quartil: 1.13
0% Min   0-tes Perzentil oder 0-Quantil, Minimum: 0.05.

Der Zusatz *Definition 5* in der Überschrift *Quantiles* zeigt an, daß eine Quantil-Definition zugrunde gelegt wird, die in SAS Procedures Guide (1999) als *Definition 5* bezeichnet wird. Sie stimmt mit der in (3.1) angegebenen überein. Diese Definition ist bei UNIVARIATE voreingestellt. Mit Hilfe der PCTLDEF-Option können auch andere Quantil-Definitionen benutzt werden, vgl. SAS Procedures Guide (1999).

Teil 5 des Output schließlich zeigt die fünf kleinsten (*Lowest*) und die fünf größten (*Highest*) Stichprobenwerte, jeweils zusammen mit der

Extreme Observations			5
---- Lowest ----		---- Highest ----	
Value	Obs	Value	Obs
0.05	7	3.68	35
0.32	73	3.77	94
0.34	77	4.00	16
0.55	98	4.15	20
0.55	46	4.74	8

Nummer der Beobachtung (*Obs*), in der sie auftreten. Mehrfach vorkommende Werte werden entsprechend oft aufgeführt. Beispielsweise nimmt die Variable *zeit* den Wert 0.55 - dies ist der in Teil 2 angegebene Modalwert - in den Beobachtungen der SAS-Datei *b3_1* mit den Nummern 46 und 98 an.

Bemerkung. Fehlen in der zugrundeliegenden SAS-Datei Werte für die in der VAR-Anweisung genannte Variable (*missing values*), so wird im Anschluß an die extremen Werte noch angegeben, in wievielen Beobachtungen dies (absolut und prozentual) der Fall ist. Der Leser kann dies nachprüfen, indem er einen oder mehrere Datenwerte des DATA step zu Beispiel 3_1 durch einen Punkt ersetzt und das so abgeänderte Programm erneut durch SAS ausführen läßt.

3.2 Zwei- und mehrdimensionale Stichproben

Werden an n Versuchseinheiten jeweils zwei Merkmale x und y beobachtet, so nennen wir die einzelnen Paare (x_i,y_i) von Merkmalwerten *Beobachtungen* und die Folge $(x_1,y_1), (x_2,y_2), \ldots, (x_n,y_n)$ *zweidimensionale Stichprobe vom Umfang n*. Entsprechend erhalten wir eine *k-dimensionale Stichprobe vom Umfang n*, wenn an n Versuchseinheiten jeweils k Merkmale festgestellt werden. Wir wollen uns im folgenden auf metrische Merkmale beschränken.

3.2.1 Punktediagramme

Zur graphischen Veranschaulichung einer zweidimensionalen Stichprobe $(x_1,y_1), (x_2,y_2), \ldots, (x_n,y_n)$ können die Paare (x_i, y_i) als Punkte in einem kartesischen Koordinatensystem eingetragen werden. Eine solche Darstellung heißt *Punktediagramm* der Stichprobe.

Durchführung in SAS – Beispiel 3_4 (Quelle: Andrews und Herzberg (1985), S. 336). Von 15 Venusmuscheln wurden jeweils die Länge und die Breite (in mm) gemessen. Die entsprechende zweidimensionale Stichprobe ist im DATA step des nachfolgenden Programms enthalten.

Programm

```
TITLE      'Länge und Breite von Venusmuscheln';
FOOTNOTE 'x: Länge in mm , y: Breite in mm';
DATA b3_4;
  INPUT x y @@;
  CARDS;
530  494    517  477    505  471    512  413    487  407
481  427    485  408    479  430    452  395    468  417
459  394    449  397    472  402    471  401    455  385
RUN;

GOPTIONS DEVICE=WIN KEYMAP=WINANSI FTEXT=SWISS;
PROC GPLOT DATA=b3_4;
  PLOT y*x / HMINOR=0 VMINOR=0 NOFRAME;
RUN; QUIT;
```

Im PROC step wird die SAS-Datei *b3_4* mit Hilfe der Prozedur GPLOT als Punktediagramm graphisch dargestellt, vgl. nachstehende

Abbildung. Dabei wird durch die Optionen HMINOR=0 und VMINOR=0 der PLOT-Anweisung erreicht, daß die Anzahl der kleinen Markierungsstriche zwischen zwei großen Markierungen auf der horizontalen Achse (HMINOR) und der vertikalen Achse (VMINOR) gleich Null ist. Wie die Prozedur GCHART ist auch GPLOT interaktiv, so daß wir sie mit einer QUIT-Anweisung abschließen, vgl. 3.1.1.1.

Länge und Breite von Venusmuscheln

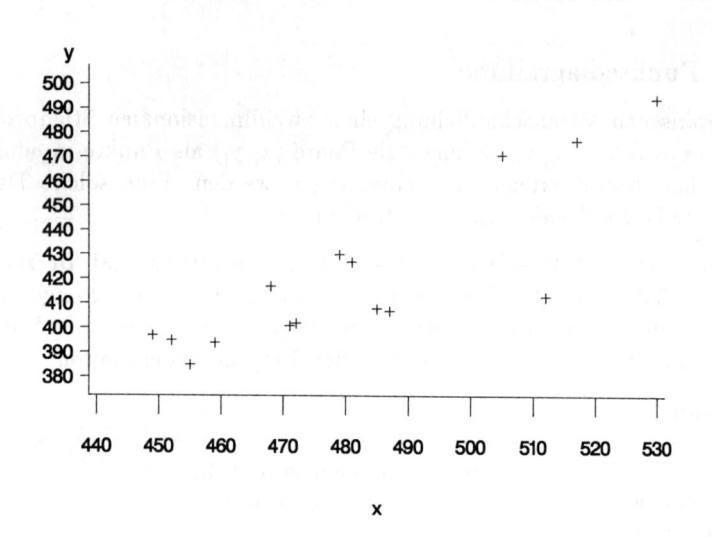

x: Länge in mm , y: Breite in mm

3.2.2 Zusammenhangsmaße

Werden mehrere Merkmale an der gleichen Untersuchungseinheit beobachtet, so interessiert häufig ein möglicher Zusammenhang zwischen diesen Merkmalen. Gehen wir von einer zweidimensionalen Stichprobe $(x_1,y_1), (x_2,y_2), \ldots, (x_n,y_n)$ mit den metrischen Merkmalen x und y aus, so gibt die (*empirische*) *Kovarianz*:

$$s_{xy} = \frac{1}{n-1} \sum_{i=1}^{n} (x_i - \overline{x})(y_i - \overline{y}) \quad \text{mit} \quad \overline{x} = \frac{1}{n} \sum_{i=1}^{n} x_i , \quad \overline{y} = \frac{1}{n} \sum_{i=1}^{n} y_i ,$$

3.2 Zwei- und mehrdimensionale Stichproben

in gewisser Weise Auskunft über einen solchen Zusammenhang zwischen diesen Merkmalen. Üblicherweise normiert man dieses *Zusammenhangsmaß*, indem man es durch die empirischen Standardabweichungen s_x und s_y dividiert, wobei wir $s_x > 0$ und $s_y > 0$ voraussetzen:

$$s_x = \sqrt{s_x^2}\,,\ s_y = \sqrt{s_y^2} \quad \text{mit} \quad s_x^2 = \frac{1}{n-1} \sum_{i=1}^{n} (x_i - \bar{x})^2,\ s_y^2 = \frac{1}{n-1} \sum_{i=1}^{n} (y_i - \bar{y})^2.$$

Die erhaltene Maßzahl

$$r_{xy} = \frac{s_{xy}}{s_x s_y} \tag{3.5}$$

heißt *(empirischer Pearsonscher) Korrelationskoeffizient*. Aufgrund dieser Normierung gilt stets $-1 \leq r_{xy} \leq +1$. Überdies ist der Korrelationskoeffizient eine dimensionslose Zahl, die bis auf das Vorzeichen invariant ist gegenüber linearen Skalentransformationen $u = c_0 + c_1 x$, $v = d_0 + d_1 y$ ($c_1, d_1 \neq 0$): $|r_{uv}| = |r_{xy}|$.

Der Fall $|r_{xy}| = 1$ tritt genau dann ein, wenn alle Punkte (x_i, y_i) auf einer Geraden $y = mx + b$ mit der Steigung $m \neq 0$ liegen: $y_i = mx_i + b$ ($i = 1, \ldots, n$), und zwar ist im Fall $r_{xy} = 1$ die Steigung der Geraden positiv, im Fall $r_{xy} = -1$ negativ. Natürlich wird man mit einer realen Stichprobe diese extremen Werte von r_{xy} kaum erhalten, sondern es wird sich $-1 < r_{xy} < +1$ ergeben. In diesem Fall ist im zugehörigen Punktediagramm ein linearer Aufwärts- bzw. Abwärtstrend umso klarer erkennbar, je näher r_{xy} bei $+1$ bzw. -1 liegt. Bei Stichproben mit $r_{xy} \approx 0$ ist insgesamt kein linearer Trend feststellbar, jedoch ist dabei durchaus eine funktionale Beziehung bzw. ein Zusammenhang anderer Art zwischen den Merkmalen x und y möglich. Der empirische Korrelationskoeffizient ist also ein Maß für den Grad eines *linearen* Zusammenhangs zwischen den betrachteten Merkmalen.

Durchführung in SAS – Beispiel 3_4 (fortgesetzt). Die Berechnung des Korrelationskoeffizienten der zweidimensionalen Stichprobe aus Beispiel b3_4 kann mit Hilfe der Prozedur CORR im nachfolgenden PROC step durchgeführt werden. Dabei setzen wir voraus, daß zuvor der DATA step aus 3.2.1 zur Bildung der SAS-Datei *b3_4* sowie die dort angegebenen TITLE- und FOOTNOTE-Anweisungen abgearbeitet worden sind.

PROC step

```
PROC CORR PEARSON DATA=b3_4;
  VAR x y;
RUN;
```

Output

```
            Länge und Breite von Venusmuscheln
                    The CORR Procedure
                    2 Variables:  x  y
                      Simple Statistics
Variable   N      Mean     Std Dev    Sum    Minimum     Maximum
x         15   481.46667   24.87359   7222   449.00000   530.00000
y         15   421.20000   33.34281   6318   385.00000   494.00000

             Pearson Correlation Coefficients, N=15
                   Prob > | r | under H0: Rho=0

                          x                y

            x          1.00000          0.84959
                                        < .0001

            y          0.84959          1.00000
                       < .0001

              x: Länge in mm , y: Breite in mm
```

Der Output enthält für die in der VAR-Anweisung von PROC CORR genannten Variablen - hier x und y - die schon von der Prozedur UNIVARIATE her bekannten univariaten Kenngrößen *N, Mean, Std Dev, Sum, Minimum* und *Maximum*. Darunter werden für jedes Paar der in der VAR-Anweisung genannten Variablen die drei folgenden Zahlen angegeben.

Pearson Correlation Coefficients
  Empirische Pearsonsche Korrelationskoeffizienten, in unserem Beispiel $r_{xy} = r_{yx} = 0.84959$ und (trivial) $r_{xx} = r_{yy} = 1$.

3.2 Zwei- und mehrdimensionale Stichproben

$N=15$
  Anzahl der Beobachtungen, die zur Berechnung des jeweiligen Korrelationskoeffizienten benutzt wurden. Kommen wie in unserem Beispiel keine fehlenden Werte vor, so ist diese Anzahl für alle Variablenpaare gleich. Sie wird in diesem Fall nur einmal in der Überschrift angegeben, hier: N=15.

Prob > |r| under H0: Rho=0
  Überschreitungswahrscheinlichkeit zum Test der Nullhypothese, daß der Korrelationskoeffizient der entsprechenden Zufallsvariablen Null ist, vgl. Bemerkung 1.

Bemerkungen. 1. Auf Begriffe wie Überschreitungswahrscheinlichkeit, Test, Nullhypothese usw. gehen wir im Rahmen der Wahrscheinlichkeitstheorie und der beurteilenden Statistik ein (Kapitel 4 und 5). Da wir jedoch nicht mehr auf die Prozedur CORR zurückkommen werden, sei hier schon folgendes gesagt: Sind die zu x und y gehörigen Zufallsvariablen X und Y (zweidimensional) normalverteilt, so folgt die Zufallsvariable

$$T = r_{XY}\sqrt{(N-2)/(1-r_{XY}^2)}$$

einer (zentralen) t-Verteilung mit N-2 Freiheitsgraden, falls der *Korrelationskoeffizient* (Abschnitt 4.1.3) von X und Y:

$$\rho(X,Y) = \frac{\text{cov}(X,Y)}{\sqrt{\text{Var}(X) \cdot \text{Var}(Y)}},$$

gleich Null ist, vgl. Kendall und Stuart (1973), S. 308. Die im Output unter den Korrelationskoeffizienten $r_{xy} = r_{yx} = 0.84959$ angegebenen Überschreitungswahrscheinlichkeiten (hier: < .0001) zum Test der Nullhypothese H_0: $\rho(X,Y)=0$ sind bezüglich dieser Testgröße T berechnet, vgl. auch SAS Procedures Guide (1999).

2. Mit Hilfe geeigneter Optionen können mit CORR weitere Zusammenhangsmaße und zugehörige Überschreitungswahrscheinlichkeiten berechnet werden. Beispielsweise erhält man mittels

  PROC CORR PEARSON SPEARMAN DATA=b3_4;

neben dem Pearsonschen Korrelationskoeffizienten r_{xy} noch den *Spearmanschen Rangkorrelationskoeffizienten*

$$r_s = \frac{\sum_{i=1}^{n}(r_i - \overline{r})(s_i - \overline{s})}{\sqrt{\sum_{i=1}^{n}(r_i - \overline{r})^2 \cdot \sum_{i=1}^{n}(s_i - \overline{s})^2}} \quad ;$$

dabei bezeichnet $r_i = r(x_i)$ den *Rang* (die Platzziffer) von x_i in der geordneten Stichprobe $x_{(1)} \leq x_{(2)} \leq \ldots \leq x_{(n)}$, $s_i = r(y_i)$ den Rang von y_i in der geordneten Stichprobe $y_{(1)} \leq y_{(2)} \leq \ldots \leq y_{(n)}$ und $\overline{r} = \overline{s} = (n+1)/2$ den Rangmittelwert, vgl. Abschnitt 5.3. Im Gegensatz zu r_{xy} eignet sich r_s auch als Zusammenhangsmaß bei ordinalen Merkmalen. Zu weiteren Einzelheiten und Optionen zur Prozedur CORR vgl. SAS Procedures Guide (1999).

3.2.3 Anpassung von Regressionsfunktionen

Wir betrachten im folgenden eine zweidimensionale Stichprobe $(x_1, y_1), (x_2, y_2), \ldots, (x_n, y_n)$ mit quantitativen Merkmalen x und y. Im vorigen Abschnitt haben wir mit dem empirischen Korrelationskoeffizienten r_{xy} ein Maß für den Grad des linearen Zusammenhangs zweier Merkmale angegeben, ohne dabei eine Ursache-Wirkungsbeziehung zu unterstellen. Häufig ist es jedoch sinnvoll, eine Variable - etwa y - als Funktion der anderen (unabhängigen) Variablen x aufzufassen und einen Zusammenhang zwischen x und y durch eine *Regressionsfunktion* y = f(x) wiederzugeben.

3.2.3.1 Prinzip der kleinsten Quadrate

Regressionsfunktionen. Wir gehen aus von einer Klasse von Regressionsfunktionen, welche die Abhängigkeit der Variablen y von der unabhängigen Variablen x in möglichst sachgerechter Weise beschreiben:

$$y = f(b_0, b_1, \ldots, b_m; x) \qquad (b_0, b_1, \ldots, b_m: \text{Parameter}) \ .$$

Beispiele. 1. Ist der Betrag des Korrelationskoeffizienten r_{xy} wenig von 1 verschieden, so ist die Annahme eines *linearen Zusammenhangs*

$$y = f(b_0, b_1; x) = b_0 + b_1 x$$

gerechtfertigt (*Regressionsgerade*, vgl. Abschnitt 3.2.3.2.A unten).

2. Zur Beschreibung der Abhängigkeit des Bremswegs y eines PKW von seiner Geschwindigkeit x wird man aus physikalischen Gründen einen *quadratischen Zusammenhang*

3.2 Zwei- und mehrdimensionale Stichproben

$$y = f(b_0, b_1, b_2; x) = b_0 + b_1 x + b_2 x^2$$

zugrunde legen (*Regressionsparabel*, vgl. Abschnitt 3.2.3.2.B unten).

3. Zur Beschreibung von Wachstumsvorgängen in einem beschränkten Lebensraum kann die *Logistische Funktion* dienen (P.F. Verhulst, 1836):

$$y = f(b_0, b_1, b_2; x) = \frac{b_0}{1 + b_1 \cdot e^{-b_2 \cdot x}} .$$

Kleinste Quadrate, Normalgleichungen. Zur Anpassung einer Funktion $y = f(b_0, b_1, ..., b_m; x)$ an eine zweidimensionale Stichprobe (x_1, y_1), (x_2, y_2), ..., (x_n, y_n) hat man die Parameterwerte $b_0, b_1, ..., b_m$ so zu bestimmen, daß damit die Merkmalwerte y_i an den Stellen x_i "möglichst gut" angenähert werden:

$$y_i = f(b_0, b_1, ..., b_m; x_i) + \varepsilon_i \qquad (i = 1, ..., n) \tag{3.6}$$

mit möglichst kleinen Fehlern ε_i. Dabei wollen wir $n > m+1$ annehmen, da sonst die Parameter $b_0, b_1, ..., b_m$ im allgemeinen so gewählt werden können, daß alle Datenpunkte auf der Regressionskurve liegen. Den Wunsch nach einer "möglichst guten" Approximation präzisieren wir nach dem *Prinzip der kleinsten Quadrate* durch die Forderung, daß die Summe der Quadrate der Fehler ε_i minimal ist:

$$\begin{aligned} Q(b_0, b_1, ..., b_m) &= \sum_{i=1}^{n} [y_i - f(b_0, b_1, ..., b_m; x_i)]^2 \\ &= \sum_{i=1}^{n} \varepsilon_i^2 \quad \to \quad \text{Minimum.} \end{aligned} \tag{3.7}$$

Im Falle der Differenzierbarkeit von Q - diese wollen wir im folgenden stets voraussetzen - ist hierzu notwendig, daß die ersten partiellen Ableitungen $\partial Q(b_0, b_1, ..., b_m)/\partial b_k$ von $Q(b_0, b_1, ..., b_m)$ nach den Parametern $b_0, b_1, ..., b_m$ verschwinden. Die entsprechenden m+1 Gleichungen

$$\sum_{i=1}^{n} [y_i - f(b_0, ..., b_m; x_i)] \frac{\partial f(b_0, ..., b_m; x_i)}{\partial b_k} = 0 \qquad (k=0, ..., m) \tag{3.8}$$

heißen *Normalgleichungen*.

Bemerkung. Die Forderung nach möglichst kleinen Anpassungsfehlern kann auch auf andere Weise präzisiert werden, etwa durch

$$\sum_{i=1}^{n} |\varepsilon_i| \to \text{Minimum} \quad \text{oder} \quad \text{Max}_i |\varepsilon_i| \to \text{Minimum},$$

man vergleiche hierzu beispielsweise Bloomfield und Steiger (1983).

Lösung des Minimumproblems. Bei der Lösung von (3.7):

$$Q(b_0,b_1,...,b_m) = \sum [y_i - f(b_0,b_1,...,b_m;x_i)]^2 \rightarrow \text{Minimum},$$

ist es wesentlich, ob die *Modellgleichung* $y = f(b_0,b_1,...,b_m;x)$ linear ist oder nicht. Hierbei bedeutet *linear* die Linearität von $f(b_0,b_1,...,b_m;x)$ in den Parametern $b_0,b_1,...,b_m$, nicht in der unabhängigen Variablen x. Von den eingangs genannten Beispielen sind in diesem Sinne die ersten beiden Modellgleichungen (Regressionsgerade und -parabel) linear, die dritte Gleichung (Logistische Funktion) ist nichtlinear.

Im Falle einer (in den Parametern) linearen Modellgleichung stellen die Normalgleichungen (3.8) ein lineares Gleichungssystem für die Unbekannten $b_0,b_1,...,b_m$ dar. Wie wir in Abschnitt 3.2.3.2 sehen werden, besitzt dieses lineare Gleichungsssytem unter schwachen Voraussetzungen an die x_i-Werte der Stichprobe $(x_1,y_1),(x_2,y_2), \ldots ,(x_n,y_n)$ eine eindeutig bestimmte Lösung, die dann auch die Lösung des Minimumproblems ist. Solche *linearen Anpassungen* können in SAS mit Hilfe der Prozedur REG vorgenommen werden, vgl. 3.2.3.2 unten.

Ist die Modellgleichung jedoch nichtlinear, so ist auch das Normalgleichungssystem (3.8) zur Bestimmung der unbekannten Parameter $b_0,b_1,...,b_m$ nichtlinear. Es kann deshalb im allgemeinen nur näherungsweise gelöst werden. Wir werden uns mit diesem Fall der *nichtlinearen Anpassung* in Abschnitt 3.2.3.3 befassen und Näherungslösungen mit Hilfe der SAS-Prozedur NLIN berechnen.

Bestimmtheitsmaß. Es bezeichne im folgenden $(\hat{b}_0,\hat{b}_1,...,\hat{b}_m)$ eine Lösung des Minimumproblems (3.7). Zur Einführung eines Maßes für die Güte der Anpassung der Regressionsfunktion $y = f(\hat{b}_0,\hat{b}_1,...,\hat{b}_m;x)$ an die Beobachtungen (x_i,y_i) (i=1,...,n) benötigen wir die folgenden *Quadratsummen (Sum of Squares)*, denen wir in der Varianzanalyse wieder begegnen werden (Kapitel 6): Die *Fehler-* oder *Restquadratsumme (Sum of Squares Error)*:

$$\text{SS\_Error} = \sum_{i=1}^{n} [y_i - f(\hat{b}_0,\hat{b}_1,...,\hat{b}_m;x_i)]^2,$$

und die (*um den Mittelwert korrigierte*) *Totalquadratsumme (Sum of Squares Corrected Total)*:

$$\text{SS\_CTotal} = \sum_{i=1}^{n} (y_i - \overline{y})^2.$$

3.2 Zwei- und mehrdimensionale Stichproben

Die folgende Zahl B heißt dann *Bestimmheitsmaß*:

$$B = (SS\_CTotal - SS\_Error)/SS\_CTotal$$
$$= 1 - SS\_Error/SS\_CTotal \ . \tag{3.9}$$

Falls in der betrachteten Klasse von Regressionsfunktionen die konstante Funktion enthalten ist, gilt $SS\_Error \leq SS\_CTotal$. Aus (3.9) folgt damit

$$0 \leq B \leq 1.$$

Je kleiner die Fehlerquadratsumme SS_Error im Vergleich zur Totalquadratsumme SS_CTotal ist, desto näher liegt B bei 1 und umgekehrt. B ist demnach ein Maß für die Güte der Anpassung einer Regressionsfunktion an die zugrundeliegenden Beobachtungen.

3.2.3.2 Lineare Anpassung

A Regressionsgerade

Im Fall eines linearen Zusammenhangs $y = f(b_0, b_1; x) = b_0 + b_1 x$ der abhängigen Variablen y von x lautet das Minimumproblem (3.7):

$$Q(b_0, b_1) = \sum_{i=1}^{n} [y_i - (b_0 + b_1 x_i)]^2 \to \text{Minimum.}$$

Da die Funktion $Q(b_0, b_1)$ stetig und nach unten beschränkt ist, besitzt sie ein (absolutes) Minimum an einer Stelle $(\hat{b}_0, \hat{b}_1)$. Diese muß Lösung der Normalgleichungen (3.8) sein:

$$\sum_{i=1}^{n} [y_i - (b_0 + b_1 x_i)] = 0 \ , \quad \sum_{i=1}^{n} [y_i - (b_0 + b_1 x_i)] x_i = 0 \ . \tag{3.10}$$

Dieses lineare Gleichungssystem für die Unbekannten b_0 und b_1 ist eindeutig lösbar ist, wenn $s_x^2 > 0$, falls also nicht alle x_i (i=1,...,n) übereinstimmen. Die Lösung läßt sich dann mit Hilfe der Kovarianz s_{xy} und der Varianz s_x^2 (Abschnitt 3.2.2) folgendermaßen schreiben:

$$\hat{b}_1 = \frac{s_{xy}}{s_x^2} \ , \quad \hat{b}_0 = \overline{y} - \hat{b}_1 \overline{x} \ . \tag{3.11}$$

Die Funktion $Q(b_0, b_1)$ nimmt also an der Stelle $(\hat{b}_0, \hat{b}_1)$ ihr eindeutig bestimmtes Minimum an ($s_x^2 > 0$).

Die entsprechende Gerade $y = \hat{b}_0 + \hat{b}_1 x$ heißt *Ausgleichs-* oder *Regressionsgerade*, $\hat{b}_1$ *(empirischer) Regressionskoeffizient*. Man prüft leicht nach, daß der Regressionskoeffizient der mit dem Quotienten s_y/s_x multiplizierte Wert des Korrelationskoeffizienten r_{xy} ist:

$$\hat{b}_1 = \frac{s_y}{s_x} r_{xy} \, .$$

Durchführung in SAS – Beispiel 3_4 (fortgesetzt). Wir passen die Geradengleichung $y = b_0 + b_1 x$ der Stichprobe aus Beispiel 3_4 an. Dies kann mit Hilfe der Prozedur REG mit dem nachfolgendem PROC step geschehen. Dabei setzen wir voraus, daß zuvor der DATA step aus 3.2.1 zur Bildung der SAS-Datei *b3_4* sowie die dort angegebenen TITLE- und FOOTNOTE-Anweisungen abgearbeitet worden sind.

PROC step

```
TITLE2 'Bestimmung der Regressionsgeraden';
PROC REG DATA=b3_4;      /* y = b_0 + b_1 x wird den Daten   */
  MODEL y=x;             /* (x_i,y_i) aus b3_4 angepaßt      */
RUN; QUIT;
```

Man beachte, daß in der MODEL-Anweisung kein Term anzugeben ist, der dem Achsenabschnitt b_0 (*intercept*) in $y = b_0 + b_1 x$ entspricht. Ein solcher wird von REG stets in das Modell aufgenommen. Sollen nur Ursprungsgeraden $y = b_1 x$ betrachtet werden, so ist die Option NOINT (*NO INTercept*) zu verwenden. Ersetzt man beispielsweise im oben angegebenen PROC step die Anweisung MODEL y=x; durch

MODEL y=x / NOINT;

so wird den Datenpunkten der SAS-Datei *b3_4* eine Gerade vom Typ $y = b_1 x$ angepaßt, siehe auch Abschnitt 7.1.6.2.

Wie GCHART und GPLOT ist auch die Prozedur REG interaktiv; wir beenden sie deshalb mit einer QUIT-Anweisung.

Im nachfolgenden Output wird unter *Dependent Variable* zunächst die abhängige Variable (y) genannt. Unter *Analysis of Variance* sind in der Spalte *Sum of Squares* drei Quadratsummen angegeben: In den Zeilen *Error* und *Corrected Total* die in 3.2.3.1 eingeführten Quadratsummen SS_Error $= \sum [y_i - (\hat{b}_0 + \hat{b}_1 x_i)]^2$ und SS_CTotal $= \sum (y_i - \overline{y})^2$, in der Zeile *Model* die *Modellquadratsumme* (*Sum of Squares Model*)

$$\text{SS\_Model} = \sum_{i=1}^{n} [(\hat{b}_0 + \hat{b}_1 x_i) - \overline{y}]^2 \, .$$

3.2 Zwei- und mehrdimensionale Stichproben

Wie man nachrechnet, gilt dabei

$$SS\_CTotal = SS\_Model + SS\_Error \;, \qquad (3.12)$$

vgl. Neter et al. (1990), S. 90. Die Spalte *DF* (*D*egrees of *F*reedom) enthält die *Freiheitsgrade* dieser Quadratsummen, die Spalte *Mean Squares* die durch die Freiheitsgrade dividierten Werte von SS_Model und SS_Error.

Output

```
                Länge und Breite von Venusmuscheln              1
                Bestimmung der Regressionsgeraden

                         The REG Procedure
                         Dependent Variable: y

                         Analysis of Variance

                           Sum of         Mean
Source            DF       Squares        Square    F Value   Prob>F

Model              1       11235          11235     33.73     <.0001
Error             13       4329.88961     333.06843
Corrected Total   14       15564

         Root MSE            18.25016      R-square    0.7218
         Dependent Mean     421.20000      Adj R-sq    0.7004
         Coeff Var            4.33290

                         Parameter Estimates

                    Parameter    Standard
Variable     DF     Estimate     Error        t Value    Prob > |t|

Intercept     1    -127.12860    94.53025     -1.34       0.2017
x             1       1.13887     0.19609      5.81      <.0001

                 x: Länge in mm ,  y: Breite in mm
```

Zur statistischen Bedeutung dieser Größen sowie der in den Spalten *F Value* und *Prob>F* angegebenen Werte verweisen wir auf die Kapitel 4, 6 und 7. Von den übrigen Maßzahlen sind im Rahmen der beschreibenden Statistik von Interesse:

Dependent Mean
Mittelwert $\bar{y} = \frac{1}{n}\sum y_i$ der Stichprobenwerte der abhängigen Variablen, hier: $\bar{y} = 421.2$.

R-Square
Bestimmtheitsmaß B als Maßzahl für die Güte der Anpassung der von REG berechneten Regressionsgeraden, hier: B = 0.7218. Wegen (3.12) gilt

$$B = 1 - \frac{SS\_Error}{SS\_CTotal} = \frac{SS\_Model}{SS\_CTotal} \;.$$

Die Prozedur REG berechnet B gemäß B = SS_Model/SS_CTotal. Im vorliegenden Fall einer Regressionsgeraden prüft man mittels (3.11) leicht nach, daß B gleich dem Quadrat des Korrelationskoeffizienten ist: $B = r_{xy}^2$. Wie r_{xy} ist hier also auch B ein Maß für den Grad des linearen Zusammenhang zwischen x und y.

Adj R-Sq
Bezüglich der Freiheitsgrade *adjustiertes Bestimmtheitsmaß*

$$B_a = 1 - \frac{\frac{SS\_Error}{n-(m+1)}}{\frac{SS\_CTotal}{n-1}} = 1 - (1-B)\frac{n-1}{n-(m+1)} \;,$$

n: Stichprobenumfang, m+1: Anzahl der Modellparameter. In unserem Fall (n=15, m+1 = 2 Parameter b_0 und b_1) erhalten wir $B_a = 0.7004$. Die Betrachtung dieses adjustierten Bestimmtheitsmaßes ist deshalb sinnvoll, weil B allein durch Hinzunahme eines weiteren, auch unwesentlichen Parameters vergrößert werden kann. Dem trägt B_a Rechnung, da diese Maßzahl wegen des Nenners $n - (m+1)$ bei Erhöhung von m nur dann anwächst, wenn dabei B hinreichend stark zunimmt.

Im Output-Teil *Parameter Estimates* sind in der Spalte *Parameter Estimate* die berechneten Parameterwerte $\hat{b}_0 = -127.12860$ (Zeile *Intercept*) und $\hat{b}_1 = 1.13887$ (Zeile x) angegeben. Die Regressionsgerade hat demnach die Gleichung y = -127.13+1.14 x (gerundet). Dabei sollte sich der Leser nicht daran stören, daß sich für eine Muschel der Länge x=0 mm formal die Breite y = -127.13 mm ergibt. Wie häufig bei der Approximation durch Regressionsfunktionen - insbesondere durch Regressionsgeraden - ist diese Approximation nur in einem begrenzten

3.2 Zwei- und mehrdimensionale Stichproben

Gültigkeitsbereich sinnvoll, in unserem Fall etwa im Bereich zwischen minimaler und maximaler Muschellänge (449 mm und 530 mm). Auf alle anderen Output-Angaben gehen wir im Rahmen der linearen Regressionsanalyse ein, vgl. Kapitel 7.

Bemerkungen. 1. Wird bei Benutzung der Option NOINT der MODEL-Anweisung kein Achsenabschnitt in das Modell aufgenommen, so sind die oben genannten Ausdrücke für B und B_a folgendermaßen zu modifizieren

$$B^* = 1 - \frac{SS\_Error}{SS\_UTotal} \quad \text{bzw.} \quad B_a^* = 1 - \frac{\frac{SS\_Error}{n-m}}{\frac{SS\_UTotal}{n}} = 1 - (1 - B^*)\frac{n}{n-m} \; ;$$

dabei heißt SS_UTotal $= \sum y_i^2$ (*unkorrigierte*) *Totalquadratsumme*. Im oben betrachteten Fall des Modells $y = b_1 x$ ist m = 1 zu setzen.

2. Beispiele für die sachgerechte Anwendung der Modellgleichung $y = b_1 x$ sind etwa das *Hookesche Gesetz* beim Dehnen einer Feder (y: Federkraft, x: Ausdehnung) und das *Hubblesche Gesetz* über die Fluchtgeschwindigkeit, mit der sich ein weit entferntes Sternystem vom Milchstraßensystem wegbewegt (y: Geschwindigkeit, x: Entfernung vom Milchstraßensystem).

Die graphische Darstellung der Regressionsgeraden mit den Stichprobenelementen der SAS-Datei *b3_4* kann nun mit Hilfe der Prozedur GPLOT mit dem nachfolgenden PROC step vorgenommen werden. Dabei setzen wir wieder voraus, daß zuvor der DATA step aus 3.2.1 sowie die dort angegebenen TITLE- und FOOTNOTE-Anweisungen abgearbeitet worden sind.

PROC step

```
TITLE2 'Stichprobenwerte und Regressionsgerade';
GOPTIONS DEVICE=WIN KEYMAP=WINANSI FTEXT=SWISS;
SYMBOL1 V=PLUS I=RL CV=GREEN CI=RED;
PROC GPLOT DATA=b3_4;
  PLOT y*x=1 / NOFRAME;
RUN; QUIT;
```

SYMBOL1 V=PLUS I=RL CV=GREEN CI=RED; In dieser Anweisung erhält die Prozedur GPLOT mit Hilfe geeigneter Optionen Informationen über Plotzeichen (*V*alue), Interpolationstyp (*I*nterpolation) und die zu benutzenden Farben (*C*olor). In unserem Fall sollen die Zahlenpaare der SAS-Datei *b3_4* als grüne Kreuze (V=PLUS CV=GREEN) dargestellt und durch eine rote Regressionsgerade interpoliert werden (I=RL CI=RED; *RL*: *R*egression *L*inear). Zur graphischen Darstellung der Regressionsgeraden berechnet GPLOT deren Gleichung und gibt sie im LOG-Fenster aus.

PLOT y∗x=1; Durch diese Anweisung wird die Prozedur GPLOT veranlaßt, bei der Darstellung der Zahlenpaare (x,y) die in der SYMBOL1-Anweisung genannten Optionen zu benutzen.

Nach Abarbeitung dieses PROC step erhalten wir die folgende Graphik.

Länge und Breite von Venusmuscheln
Stichprobenwerte und Regressionsgerade

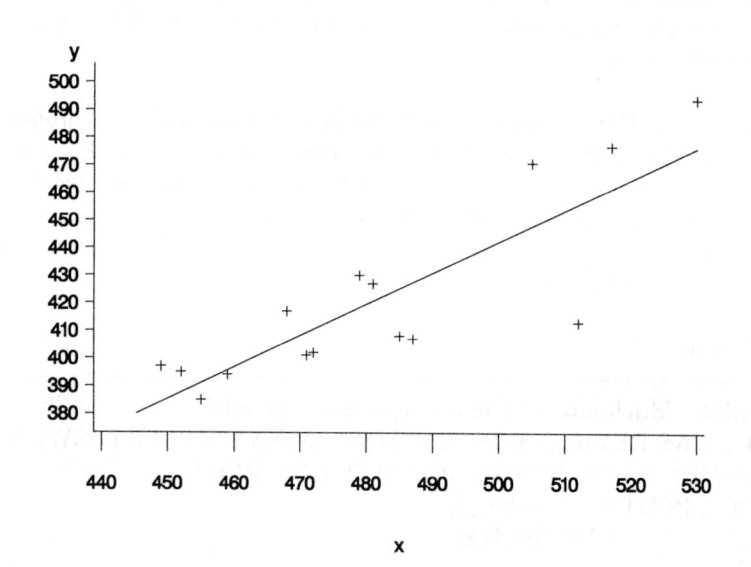

x: Länge in mm , y: Breite in mm

B Regressionspolynome

Wir betrachten nun den Fall, daß die Modellgleichung durch ein Polynom gegeben ist:

$$y = f(b_0, b_1, \ldots, b_m; x) = b_0 + b_1 x + \ldots + b_m x^m \ .$$

Da diese Gleichung linear in den Parameter $b_0, b_1, \ldots, b_m$ ist, stellen die Normalgleichungen (3.8) ein System von m+1 linearen Gleichungen für $b_0, b_1, \ldots, b_m$ dar. Falls die Koeffizientenmatrix dieses Gleichungssystems den Rang m+1 hat, besitzt es eine eindeutig bestimmte Lösung $(\hat{b}_0, \hat{b}_1, \ldots, \hat{b}_m)$; im oben betrachteten Fall einer Regressionsgeraden (m = 1) ist dies - wie bereits erwähnt - der Fall, wenn $s_x^2 > 0$. Wie dort schließt man auch hier, daß diese Lösung zugleich die eindeutig bestimmte Lösung des Minimumproblems (3.7) ist.

Wir wollen an Hand eines schon zu Beginn von Abschnitt 3.2.3.1 angesprochenen Beispiels erläutern, wie im Fall m = 2 ein quadratisches Polynom mit Hilfe der Prozedur REG angepaßt und mittels GPLOT graphisch dargestellt werden kann.

Durchführung in SAS – Beispiel 3_5. Bei der Bestimmung des Bremswegs s (in m) in Abhängigkeit von der Geschwindigkeit v (in km/h) eines PKW auf trockener Straße ergaben sich die folgenden Werte:

v	50	70	90	110	130	150	170
s	23	41	69	95	121	152	193

Der Stichprobe $(v_1, s_1), \ldots, (v_7, s_7)$ ist aus physikalischen Gründen eine Parabel anzupassen:

$$s = b_0 + b_1 v + b_2 v^2 \ .$$

Bei Anwendung der Prozedur REG ist zu beachten, daß in der MODEL-Anweisung nach der abhängigen Variablen und dem Gleichheitszeichen nur Variable (*Regressorvariable*) vorkommen dürfen. Alle Variablen müssen numerisch sein und in der zu bearbeitenden SAS-Datei vorkommen.

Die Modellgleichung $s = b_0 + b_1 v + b_2 v^2$ kann deshalb nicht durch die Anweisung MODEL s = v v∗v; (∗: SAS-Symbol für Multiplikation) realisiert werden. Vielmehr muß im DATA step für v^2 zunächst eine neue Variable eingeführt werden; im nachfolgenden Programm geschieht dies mit der Anweisung v2 = v∗v. Dadurch wird zu jeder Beobachtung (v, s) nach CARDS; das Geschwindigkeitsquadrat v^2 berechnet und der

Programm

```
TITLE1 'Bremsweg in Abhängigkeit von der Geschwindigkeit';
TITLE2 'Berechnung der Regressionsparabel';
FOOTNOTE 'v: Geschwindigkeit in km/h,  s: Bremsweg in m';
DATA b3_5;
  INPUT v s @@;  v2=v*v;
  CARDS;
  50 23  70 41  90 69  110 95  130 121  150 152  170 193
RUN;
PROC REG DATA=b3_5;
  MODEL s=v v2;
RUN; QUIT;
```

Variablen v2 zugewiesen. Die Datensätze der SAS-Datei *b3_5* besitzen also die Struktur (v, s, v2). Die betrachtete Modellgleichung kann nun mit der Anweisung MODEL s = v v2; untersucht werden.

Wie in Beispiel 3_4 entnimmt man dem Output dieses Programms unter anderem die Bestimmtheitsmaße $B = 0.9986$ und $B_a = 0.9979$ sowie die Parameter $\hat{b}_0 = -14.23214$ (Zeile *Intercept*), $\hat{b}_1 = 0.54881$ (Zeile *v*) und $\hat{b}_2 = 0.00387$ (Zeile *v2*). Mit gerundeten Parameterwerten erhalten wir die Regressionsparabel

$$s = -14.23 + 0.55\,v + 0.004\,v^2 \;.$$

Die graphische Darstellung dieser Parabel zusammen mit den Stichprobenelementen (v_i, s_i) kann mit Hilfe der Prozedur GPLOT wie im entsprechenden PROC step aus Abschnitt 3.2.3.2.A erfolgen, wenn dort in der SYMBOL1-Anweisung die Option I=RL (*R*egression *L*inear) durch I=RQ (*R*egression *Q*uadratic) ersetzt wird. Auch hier gibt GPLOT die Gleichung der Regressionsparabel im LOG-Fenster aus.

PROC step

```
TITLE2 'Stichprobenwerte und Regressionsparabel';
GOPTIONS  DEVICE=WIN KEYMAP=WINANSI FTEXT=SWISS;
SYMBOL1  V=PLUS I=RQ  CV=GREEN CI=RED;
PROC GPLOT DATA=b3_5;
  PLOT s*v=1 / HMINOR=0 VMINOR=0 NOFRAME;
RUN; QUIT;
```

3.2 Zwei- und mehrdimensionale Stichproben

Entsprechend kann mit Hilfe der Prozedur REG auch ein Regressionspolynom $y = b_0 + b_1 x + \ldots + b_m x^m$ höheren Grades angepaßt werden, beispielsweise ein Polynom vom Grad m=3 mit Hilfe der Anweisung

    MODEL y = x x2 x3;

Dazu sind im zugehörigen DATA step die Variablen x2 und x3 mit den folgenden Anweisungen einzuführen:

    x2 = x∗x; x3 = x∗∗3;   (x∗∗3: SAS-Notation für x^3).

Die graphische Darstellung kann in diesem Fall mittels GPLOT wie im letzten PROC step erfolgen, wenn dort in der SYMBOL1-Anweisung die Interpolationsoption I=RQ durch I=RC (*R*egression *C*ubic) ersetzt wird. Zur graphischen Darstellung im Fall m > 3 verweisen wir auf Abschnitt 3.2.3.3.

C Beliebige lineare Modellfunktionen

Das zu Beginn von Abschnitt 3.2.3.2.B über die Anpassung von Regressionspolynomen Gesagte gilt entsprechend für andere in den Parametern lineare Modellfunktionen. Ein Beispiel ist das Modell

$$y = f(b_0, b_1, b_2; t) = b_0 + b_1 \sin\left(\frac{2\pi}{12} t\right) + b_2 \cos\left(\frac{2\pi}{12} t\right)$$

zur Beschreibung der jährlichen periodischen Schwankung einer Schadstoff-Konzentration y in der Luft (t: Zeit in Monaten).

Die Anpassung eines solchen linearen Modells an eine Stichprobe kann ebenfalls mit Hilfe der Prozedur REG vorgenommen werden. Ein Programmschema für das betrachtete Beispiel ist unten angegeben.

Programmschema

```
DATA SAS_Datei;
  pi=CONSTANT('PI');
  INPUT t y @@; x1=SIN(pi∗t/6); x2=COS(pi∗t/6);
CARDS;
    Beobachtungen   t₁ y₁   t₂ y₂   ...   tₙ yₙ
RUN;
PROC REG DATA= SAS_Datei;
  MODEL y = x1 x2;
RUN;  QUIT;
```

Hier wurde im DATA step mit der Anweisung pi=CONSTANT('PI'); (ein Näherungswert von) $\pi = 3.14159\ldots$ aufgerufen und der Variablen pi zugewiesen. In der nachfolgenden INPUT-Anweisung wurden die Beobachtungen $t_i\ y_i$ eingelesen sowie die Werte SIN(pi∗t_i/6) und COS(pi∗t_i/6) berechnet und den Variablen x1 bzw. x2 zugewiesen; zu SIN, COS und CONSTANT vgl. SAS Language Reference (1999). Die Variablen x1, x2 werden in der MODEL-Anweisung der Prozedur REG als Regressorvariable benutzt.

Zur graphischen Darstellung der erhaltenen Regressionsfunktion mit den Stichprobenwerten verweisen wir auf die im folgenden Abschnitt angegebene Methode.

3.2.3.3 Nichtlineare Anpassung

In Abschnitt 3.2.3.2 wurde beschrieben, wie für eine in den Parametern lineare Modellgleichung $y = f(b_0, b_1, \ldots, b_m; x)$ die Lösung $\hat{b}_0, \hat{b}_1, \ldots, \hat{b}_m$ des dann linearen Systems (3.8) der Normalgleichungen mit Hilfe der Prozedur REG erhalten werden kann.

Wir betrachten nun den Fall einer in den Parametern $b_0, b_1, \ldots, b_m$ nichtlinearen Modellfunktion $y = f(b_0, b_1, \ldots, b_m; x)$. Da in der statistischen Standardliteratur darauf kaum eingegangen wird, andererseits nichtlineare Anpassungen in der Praxis häufig durchzuführen sind, wollen wir auf diese Problematik etwas ausführlicher eingehen.

In gewissen Fällen kann das Problem der Anpassung einer nichtlinearen Modellfunktion mit Hilfe einer *linearisierenden Transformation* auf den linearen Fall zurückgeführt werden. Beispielsweise kann die Modellgleichung

$$y = b_0 e^{b_1 x}$$

durch Logarithmieren in die lineare Gleichung

$$\ln y = \ln b_0 + b_1 x$$

transformiert und diese dann mit Hilfe der Prozedur REG den Stichprobenwerten angepaßt werden. Allerdings ist dabei zu beachten, daß dann nicht das ursprüngliche Minimumproblem

$$Q(b_0, b_1) = \sum_{i=1}^{n} [y_i - b_0 e^{b_1 x_i}]^2 \quad \to \quad \text{Minimum}$$

gelöst wird, sondern

3.2 Zwei- und mehrdimensionale Stichproben

$$\overline{Q}(b_0, b_1) = \sum_{i=1}^{n} [\ln y_i - (\ln b_0 + b_1 x_i)]^2 \to \text{Minimum}.$$

In allen übrigen Fällen ist das nichtlineare System (3.8) der $m+1$ Normalgleichungen für die Unbekannten $b_0, b_1, \ldots, b_m$ zu lösen. Dies ist im allgemeinen nur näherungsweise möglich. Die SAS-Prozedur NLIN stellt hierzu eine Reihe von numerischen Verfahren zur Verfügung. Einige von ihnen wollen wir hier kurz vorstellen und uns dabei der Einfachheit halber auf den Fall $m = 0$ eines Parameters beschränken.

Im Fall $m = 0$ besteht das System (3.8) aus nur einer nichtlinearen Gleichung für den unbekannten Parameter $b = b_0$:

$$Q'(b) = -2 \sum_{i=1}^{n} [y_i - f(b; x_i)] \frac{\partial f(b; x_i)}{\partial b} = 0, \qquad (3.13)$$

wobei $Q'(b)$ die Ableitung der Fehlerquadratsumme $Q(b) = \sum [y_i - f(b; x_i)]^2$ nach b bezeichnet. Eine Lösung $\hat{b}$ von (3.13) kann nun approximativ so bestimmt werden, daß man sich zunächst einen möglichst guten *Startwert* $\hat{b}_0$ für $\hat{b}$ verschafft und mit Hilfe einer geeigneten rekursiven Vorschrift $\hat{b}_1 = F(\hat{b}_0)$ einen Näherungswert $\hat{b}_1$ berechnet, der zu einer kleineren Fehlerquadratsumme Q führt als der Startwert $\hat{b}_0$. Die Fortsetzung dieses Verfahrens liefert eine Folge $\hat{b}_0$, $\hat{b}_1 = F(\hat{b}_0), \hat{b}_2 = F(\hat{b}_1), \ldots, \hat{b}_{n+1} = F(\hat{b}_n), \ldots$ von Parameterwerten, von der man unter geeigneten Voraussetzungen zeigen kann, daß sie gegen $\hat{b}$ strebt, vgl. Heuser (1983), S. 35 ff. Die verschiedenen *iterativen Näherungsverfahren* unterscheiden sich durch die jeweils gewählte Iterationsfunktion F.

NEWTON-Verfahren. Um eine genäherte Lösung von $Q'(b) = 0$ zu erhalten, kann man den exakten Verlauf der Funktion Q' in der Umgebung des Startwertes $\hat{b}_0$ durch die Tangente im Punkt $(\hat{b}_0, Q'(\hat{b}_0))$ annähern und den Schnittpunkt dieser Tangente mit der b-Achse als nächstbessere Näherung $\hat{b}_1$ wählen: $\hat{b}_1 = F(\hat{b}_0) = \hat{b}_0 - Q'(\hat{b}_0)/Q''(\hat{b}_0)$. Ausgehend von $\hat{b}_1$ berechnet man nun entsprechend die zweite Näherung $\hat{b}_2 = F(\hat{b}_1) = \hat{b}_1 - Q'(\hat{b}_1)/Q''(\hat{b}_1)$, usw. Dies ist das bekannte NEWTON-Verfahren zur genäherten Bestimmung einer Nullstelle der Funktion Q'. Gemäß (3.13) benötigt man hierzu die erste und zweite partielle Ableitung von f nach b.

GAUSS-NEWTON-Verfahren. Anders als beim NEWTON-Verfahren wird hier nicht Q', sondern die Modellfunktion f als Funktion des

Parameters b im Startpunkt $\hat{b}_0$ linear approximiert:

$$f(b;x_i) \approx f(\hat{b}_0;x_i) + \frac{\partial f(b;x_i)}{\partial b}\Big|_{b=\hat{b}_0} (b-\hat{b}_0)\,, \quad i=1,\ldots,n. \qquad (3.14)$$

Diese Näherung für $f(b;x_i)$ wird in (3.13) eingesetzt. Die Lösung $\hat{b}_1$ der so erhaltenen, in b linearen Gleichung wird als erste Näherung gewählt. Erneute Durchführung dieses Approximationsschritts mit $\hat{b}_1$ anstatt $\hat{b}_0$ liefert entsprechend die zweite Näherung $\hat{b}_2$, usw. Bei diesem Verfahren wird demnach die erste partielle Ableitung von f nach dem Parameter b benötigt.

DUD-Verfahren. Die Berechnung der partiellen Ableitung von f nach b in (3.14) kann vermieden werden, wenn neben $\hat{b}_0$ ein zweiter Startwert $\hat{b}_{-1}$ bestimmt und die partielle Ableitung in (3.14) genähert durch die Sekantensteigung $(f(\hat{b}_0;x_i) - f(\hat{b}_{-1};x_i))/(\hat{b}_0 - \hat{b}_{-1})$ ersetzt wird:

$$f(b;x_i) \approx f(\hat{b}_0;x_i) + \frac{f(\hat{b}_0;x_i) - f(\hat{b}_{-1};x_i)}{\hat{b}_0 - \hat{b}_{-1}} (b-\hat{b}_0)\,, \quad i=1,\ldots,n. \qquad (3.15)$$

Wie beim GAUSS-NEWTON-Verfahren wird dieser Ausdruck als Näherung für $f(b;x_i)$ in (3.13) benutzt und die Lösung $\hat{b}_1$ der erhaltenen linearen Gleichung als erste Näherung gewählt. Zur Berechnung von $\hat{b}_2$ ersetzt man entsprechend $f(b;x_i)$ durch die Sekante welche durch die Punkte $(\hat{b}_0, f(\hat{b}_0, x_i))$ und $(\hat{b}_1, f(\hat{b}_1, x_i))$ bestimmt wird, usw. Das so modifizierte GAUSS-NEWTON-Verfahren heißt *DUD-Verfahren* (*D*oesn't *U*se *D*erivatives), vgl. Ralston und Jennrich (1978).

Schrittweitenanpassung. Es ist durchaus möglich, daß sich bei einem Iterationsschritt der oben skizzierten Verfahren die Fehlerquadratsumme $Q(b) = \sum [y_i - f(b;x_i)]^2$ vergrößert: $Q(\hat{b}_{n+1}) > Q(\hat{b}_n)$. In diesem Falle kann eine Verbesserung des Konvergenzverhaltens erzielt werden, indem die Änderung $\Delta = \hat{b}_{n+1} - \hat{b}_n$ des Parameters b durch $k \cdot \Delta$ ersetzt wird:

$$\hat{b}_{n+1} = \hat{b}_n + k \cdot \Delta\,,$$

wobei die reelle Zahl k (*Schrittweite*) so zu bestimmen ist, daß $Q(\hat{b}_n + k \cdot \Delta) < Q(\hat{b}_n)$, vgl. Gallant (1987), S.27, 28. Ein mögliches Verfahren zur Bestimmung einer solchen Schrittweite besteht in der fortgesetzten Halbierung von Δ, die so lange durchgeführt wird, bis sich die Fehlerquadratsumme verkleinert hat. Dieses Verfahren der *Schrittweitenhalbierung* ist bei der Prozedur NLIN voreingestellt. Zu weiteren Verfahren verweisen wir auf SAS/STAT User's Guide (1999).

3.2 Zwei- und mehrdimensionale Stichproben

Die hier für den Fall eines Parameters $b = b_0$ durchgeführten Überlegungen können auf den Fall mehrerer Parameter übertragen werden. Man vergleiche hierzu und zum folgenden Gallant (1987), Seber und Wild (1989), Bates und Watts (1988), Ralston und Jennrich (1978), Draper und Smith (1998) sowie SAS/STAT User's Guide (1999).

Durchführung in SAS – Beispiel 3_6 (Lettau/Davidson (1957), S. 232-236). Unter adiabatischen Bedingungen wird die Abhängigkeit der Windgeschwindigkeit y (in cm/s) von der Höhe x (in cm) über dem Erdboden durch die folgende Modellgleichung beschrieben:

$$y = a\ln(bx+c),$$

wobei $\ln(z)$ den natürlichen Logarithmus von z bezeichnet. Unter der Höhe x verstehen wir dabei die nominale Höhe, d.h. den vertikalen Abstand des Gerätes zur Messung der Windgeschwindigkeit vom festen Erdboden ohne Berücksichtigung von Bodenbewuchs.

a) Anpassung der Modellgleichung. Im nachfolgenden Programm werden die Parameter a, b, c der Modellgleichung mit Hilfe der Prozedur NLIN und der Methode DUD den im DATA step enthaltenen Daten angepaßt. Anders als bei der Prozedur REG muß hier in der MODEL-

Programm

```
TITLE 'Windgeschwindigkeit über dem Erdboden';
FOOTNOTE 'x: Höhe in cm , y: Geschwindigkeit in cm/s';
DATA b3_6;
  INPUT x y @@;
  CARDS;
  40 490.2   80 585.3   160 673.7   320 759.2   640 837.5
RUN;

PROC NLIN METHOD=DUD DATA=b3_6;
  MODEL y=a*LOG(b*x+c);      /* LOG: SAS-Bezeichnung für ln */
  PARAMETERS a=120 b=2 c=1;  /* Starttripel              */
RUN;
```

Anweisung die Regressionsfunktion vollständig ausgeschrieben werden, und es müssen in einer PARAMETERS-Anweisung Startwerte für die Parameter angegeben werden.

Output (gekürzt)

Windgeschwindigkeit über dem Erdboden				1a
The NLIN Procedure				
Dependent Variable y				
DUD Initialization				
DUD	a	b	c	Sum of Squares
-4	120.0	2.0000	1.0000	3048.8
-3	132.0	2.0000	1.0000	43416.6
-2	120.0	2.2000	1.0000	6380.2
-1	120.0	2.0000	1.1000	3065.9

Teil 1a des NLIN-Output zeigt unter *DUD Initialization* das in der PARAMETERS-Anweisung angegebene Starttripel $(a,b,c) = (120,2,1)$ (Iteration -4) sowie die zugehörige Fehlerquadratsumme $Q(a,b,c) = \sum [y_i - a\ln(bx_i + c)]^2 = 3048.8$ (Spalte *Sum of Squares*). Wie oben bemerkt, benötigt DUD im Falle eines Parameters b zwei Startwerte $\hat{b}_{-1}$ und $\hat{b}_0$, um eine approximierende Sekante zu bestimmen. Entsprechend werden bei drei zu schätzenden Parametern vier Starttripel $(\hat{a}_n, \hat{b}_n, \hat{c}_n)$ (n=-4,-3,-2,-1) benötigt, um eine (dreidimensionale) Sekantenhyperebene zur Approximation von $f(a,b,c; x_i) = a\ln(bx_i+c)$ (i=1,...,5) festzulegen. NLIN bestimmt die drei weiteren Tripel (n=-3,-2,-1) durch Ersetzen jeweils einer Komponente des Tripels $(\hat{a}_{-4}, \hat{b}_{-4}, \hat{c}_{-4}) = (120,2,1)$ der PARAMETERS-Anweisung durch deren 1.1-faches; falls die betreffende Komponente Null ist, wird sie durch 0.1 ersetzt.

In Teil 1b sind unter *Iterative Phase* die Näherungstripel $(\hat{a}_n, \hat{b}_n, \hat{c}_n)$ des eigentlichen Iterationsprozesses sowie die zugehörigen Fehlerquadratsummen $Q_n = Q_n(\hat{a}_n, \hat{b}_n, \hat{c}_n)$ aufgelistet, beginnend mit demjenigen der vier Starttripel, das die kleinste Fehlerquadratsumme besitzt (*Iter* = 0). SAS beendet den Iterationsprozeß mit der Bemerkung *Convergence criterion met*, wenn sich die Fehlerquadratsumme gemäß dem folgenden Kriterium stabilisiert hat:

$$(Q_{n-1} - Q_n)/(Q_n + 10^{-6}) < c \quad \text{mit } c = 10^{-8} . \tag{3.16}$$

In unserem Fall erhalten wir als Näherungslösung (*Iter* = 10): $\hat{a} = 115.1$, $\hat{b} = 2.3106$, $\hat{c} = -22.0288$.

3.2 Zwei- und mehrdimensionale Stichproben

	Iterative Phase			1b
Iter	a	b	c	Sum of Squares
0	120.0	2.0000	1.0000	3048.8
1	113.9	2.4502	-23.4396	16.6490
2	115.0	2.3545	-23.6235	8.7720
...				
9	115.1	2.3107	-22.0291	7.0133
10	115.1	2.3106	-22.0288	7.0133
NOTE: Convergence criterion met.				

In Teil 2a werden unter *Estimation Summary* u.a. die zuletzt berechete Fehlerquadratsumme (Objective: 7.013266) und deren relative Änderung beim letzten Iterationsschritt (Object: 1.221 E-9, vgl. (3.16)) angegeben. Die NOTE: *An intercept was not specified for this model* zeigt an, daß kein additiver Achsenabschnittsparameter (*intercept*) in das Modell aufgenommen wurde, vgl. 3.2.3.2.A und 7.1.6.2.

Estimation Summary		2a
Method	DUD	
Iterations	10	
Object	1.221 E-9	
Objective	7.013266	
Observations Read	5	
Observations Used	5	
Observations Missing	0	
NOTE: An intercept was not specified for this model.		

Danach folgen in Teil 2b in der Spalte *Sum of Squares* die folgenden Quadratsummen:

$$\text{SS\_Error} = \sum [y_i - \hat{a}\ln(\hat{b}x_i + \hat{c})]^2 = 7.0133 \quad (\textit{Source: Residual}),$$

$$\text{SS\_UTotal} = \sum y_i^2 = 2314535 \quad (\textit{Source: Uncorrected Total}),$$

$$\text{SS\_Model} = \text{SS\_UTotal} - \text{SS\_Error} \quad (\textit{Source: Regression}),$$

$$\text{SS\_CTotal} = \sum (y_i - \overline{y})^2 = 75525.3 \quad (\textit{Source: Corrected Total}),$$

wobei SS_Error = $Q(\hat{a},\hat{b},\hat{c})$. Als Bestimmtheitsmaß ergibt sich hieraus $B = 1 - \text{SS\_Error}/\text{SS\_UTotal} \approx 1$. Die erhaltene Regressionsfunktion $y = \hat{a}\ln(\hat{b}x+\hat{c})$ paßt sich demnach sehr gut den Versuchsdaten an.

2b

Source	DF	Sum of Squares	Mean Square	F Value	Approx Pr > F
Regression	3	2314528	771509	220014	<.0001
Residual	2	7.0133	3.5066		
Uncorrected Total	5	2314535			
Corrected Total	4	75525.3			

Parameter	Estimate	Approx Std Error	Approx 95% Confidence Limits	
a	115.1	2.0406	106.4	123.9
b	2.3106	0.2803	1.1045	3.5167
c	-22.0288	6.4094	-49.6067	5.5491

x: Höhe in cm , y: Geschwindigkeit in cm/s

In der Spalte *Mean Square* sind zwei durch die entsprechenden Freiheitsgrade (Spalte *DF*: *D*egree of *F*reedom) dividierte Quadratsummen (*Mittelquadrate*) angegeben: MS_Model = 771509 und MS_Error = 3.5066. Die Spalte *F Value* enthält F = MS_Model/MS_Error = 220014, vgl. Bemerkung 1 unten. Mit Hilfe der Überschreitungswahrscheinlichkeit dieses F-Wertes (*Approx Pr > F*) kann die Nullhypothese getestet werden, daß alle Parameter des Modells (außer einem eventuell vorhandenen Intercept) gleich Null sind, zu Einzelheiten vgl. Kapitel 4-7. Die danach angegebenen approximativen Standardfehler (*Approx Std Error*) und Konfidenzintervalle (*Approximate 95% Confidence Limits*) sowie die - nicht wiedergegebene - approximative Korrelationsmatrix der Parameterschätzungen (*Estimate*) $\hat{a}, \hat{b}, \hat{c}$ sind die entsprechenden Größen des linearen Regressionsproblems, das durch Linearisierung der Gleichung $y = a\ln(bx+c)$ in der Umgebung des Tripels $(\hat{a}, \hat{b}, \hat{c})$ entsteht, Ralston und Jennrich (1978) und Jennrich (1969).

3.2 Zwei- und mehrdimensionale Stichproben

Bemerkungen. 1. Der in Output 2b angegebene Wert F = 220014 kann nur dann (gerundet) reproduziert werden, wenn für die Mittelquadrate bessere Näherungen als die dort angegebenen benutzt werden, z.B. MS_Error = 7.013266/2 (*Objective*, 2a) und MS_Model = (SS_UTotal - 7.013266)/3 mit SS_UTotal = 2314534.71 (z.B. mittels UNIVARIATE, Outputzeile *Uncorrected SS*, vgl. Abschnitt 3.1.2.4).

2. Soll ein anderes Näherungsverfahren als DUD benutzt werden, so ist dies in der METHOD-Option zu PROC NLIN anzugeben. Die dabei benötigten Ableitungen werden automatisch berechnet. Beispielsweise wird mit METHOD=NEWTON das NEWTON-Verfahren angewendet, wozu - wie wir oben gesehen haben - die ersten und zweiten partiellen Ableitungen von f nach den Parametern benötigt werden. Mit METHOD=GAUSS wird das GAUSS-NEWTON-Verfahren benutzt. Zu den weiteren in PROC NLIN verfügbaren Verfahren MARQUARDT und GRADIENT verweisen wir auf SAS/STAT User's Guide (1999).

3. Neben den oben benutzten METHOD- und DATA-Optionen zur Prozedur NLIN sind eine Reihe weiterer Optionen möglich, von denen wir im folgenden einige angeben; zu einer vollständigen Liste und weiteren Einzelheiten vgl. SAS/STAT User's Guide (1999).

CONVERGE: Die voreingestellte Fehlerschranke $c = 10^{-8}$ im Konvergenzkriterium (3.16) kann mit der Option CONVERGE = c eigenen Wünschen angepaßt werden. Beispielsweise veranlaßt die Option CONVERGE =1E-10, daß in (3.16) $c = 10^{-10}$ anstatt 10^{-8} benutzt wird.

MAXITER: NLIN führt so viele Iterationsschritte aus, bis das Konvergenzkriterium (3.16) erfüllt ist, höchstens jedoch die voreingestellte maximale Zahl von 100 Iterationen. Diese Maximalzahl kann durch MAXITER=i (i: natürliche Zahl) frei gewählt werden. Beispielsweise führt NLIN mit der Option MAXITER=150 maximal 150 Iterationen aus. Ist nach dieser Anzahl von Iterationen das Konvergenzkriterium noch nicht erfüllt, so wird die Warnung *PROC NLIN failed to converge* im OUTPUT-Fenster ausgegeben.

SMETHOD: Wie oben erwähnt, ist als Schrittweiten-Suchmethode die Schrittweitenhalbierung voreingestellt (SMETHOD=HALVE). Mit der SMETHOD-Option können weitere Suchmethoden gewählt werden.

4. Anders als bei linearen Regressionsproblemen können bei der Anpassung von nichtlinearen Modellgleichungen verschiedene Schwierigkeiten auftreten. Beispielsweise kann es sein, daß die Fehlerquadratsumme Q

neben einem absoluten Minimum noch weitere lokale Minima besitzt oder daß ein absolutes Minimum von Q an mehr als einer Stelle des Parameterraumes angenommen wird. Für die erfolgreiche Anwendung von NLIN ist es deswegen entscheidend, gute, das heißt nahe beim gesuchten absoluten Minimum der Fehlerquadratsumme Q gelegene Startwerte in der PARAMETERS-Anweisung anzugeben, um unerwünschte Konvergenz gegen lokale oder von der Sache her sinnlose globale Minimalstellen zu vermeiden. Zur Diskussion weiterer Probleme bei der Anwendung von NLIN verweisen wir auf SAS/STAT User's Guide (1999) sowie auf Draper und Smith (1998).

5. Zum Auffinden geeigneter Startwerte gibt es kein allgemeines Verfahren. Vielmehr sollte versucht werden, mit sachlichen Vorinformationen und Plausibilitätsbetrachtungen dem gesuchten Minimum möglichst nahe zu kommen. Wir wollen an der Modellgleichung

$$y = a\ln(bx+c)$$

erläutern, wie man ein geeignetes Starttripel $(\hat{a}_s, \hat{b}_s, \hat{c}_s)$ erhalten kann. Zu weiteren Einzelheiten vgl. Draper und Smith (1998), Gallant (1987), S. 29 ff. und SAS/STAT User's Guide (1999).

Für die nominale Höhe $x=0$ werden wir die Geschwindigkeit $y \approx 0$ erwarten, wenn dies auch bei entsprechender Oberflächenbeschaffenheit des Erdbodens schon bei einer nominalen Höhe $x>0$ erfüllt sein kann: $0 \approx a\ln(b \cdot 0 + c)$ oder $c \approx 1$, also $\hat{c}_s = 1$. Zur Bestimmung der Startwerte $\hat{a}_s$ und $\hat{b}_s$ vernachlässigen wir $c \approx 1$ gegenüber bx im Argument des Logarithmus:

$$y_i - y_j \approx a(\ln x_i - \ln x_j) \quad \text{und} \quad \ln b \approx \frac{y_i}{a} - \ln x_i,$$

wobei (x_i, y_i) und (x_j, y_j) zwei Beobachtungen der SAS-Datei *b3_6* bezeichnen. Mit i=3 und j=5 erhalten wir $a \approx 118.16$ und $b \approx 1.87$ und damit $\hat{a}_s = 120$ und $\hat{b}_s = 2$ als Startwerte. Insgesamt ergibt sich das Starttripel $(\hat{a}_s, \hat{b}_s, \hat{c}_s) = (120, 2, 1)$, das auch in der PARAMETERS-Anweisung des oben angegebenen Programms benutzt worden ist.

6. Vermutet man, daß der gesuchte Parameter in einem gewissen Intervall liegt, so kann zur Bestimmung eines Startwertes auch ein *Gitter* (*grid*) von Parameterwerten angegeben werden. Beispielsweise kann im oben angegebenen Programm

    PARAMETERS a=120 b=2 c=1;

3.2 Zwei- und mehrdimensionale Stichproben

ersetzt werden durch

PARAMETERS a=10 TO 300 BY 10   b=0.1, 1, 10, 100   c=1;

Die Prozedur NLIN berechnet dann die Fehlerquadratsummen Q(a,b,c) = $\sum [y_i - a\log(b x_i + c)]^2$ für jedes dieser $30 \cdot 4 \cdot 1 = 120$ Parametertripel (a,b,c) und wählt dasjenige mit der kleinsten Fehlerquadratsumme als Starttripel aus.

b) Graphische Darstellung der Regressionskurve. Um mit Hilfe der Prozedur GPLOT Stichprobenwerte und Regressionsfunktion in einem gemeinsamen Koordinatensystem darstellen zu können, erzeugen wir zunächst eine SAS-Datei, die eine hinreichend "dichte" Menge von Punkten der berechneten Regressionsfunktion

$$y = 115.1 \cdot \ln(2.31 x - 22.03)$$

enthält. Diese Datei - im nachstehenden Programm *b3_6_reg* genannt - verschmelzen wir danach in einem zweiten DATA step mit der Datei *b3_6* der Stichprobenwerte zu einer einzigen SAS-Datei, die wir mit *b3_6_gr* bezeichnet haben.

Programm

```
DATA b3_6_reg;
  DO x = 30 TO 660 BY 10;
    z = 115.1*LOG(2.31*x - 22.03);
    OUTPUT;
  END;
RUN;
DATA b3_6_gr;
  MERGE b3_6 b3_6_reg;
  BY x;
RUN;
```

Im ersten DATA step veranlaßt eine iterative DO-Anweisung, daß die zwischen DO x = 30 TO 660 BY 10; und END; stehenden Anweisungen für die Werte x = 30, 40, ... , 650, 660 ausgeführt werden: Durch z = 115.1*LOG(2.31*x - 22.03); wird der zum jeweiligen x-Wert gehörige Funktionswert z berechnet, durch OUTPUT; wird das erhaltene Zahlenpaar (x, z) in die SAS-Datei *b3_6_reg* geschrieben. Die von NLIN berechneten Parameterwerte $\hat{a} = 115.1$, $\hat{b} = 2.31$, $\hat{c} = -22.03$ wurden hier aus dem Output abgelesen und "von Hand" in die Regressionsfunktion eingetragen. Wir werden im nächsten Beispiel zeigen, wie dies automatisiert werden kann.

Im zweiten DATA step des Programms verbindet das Anweisungspaar MERGE b3_6 b3_6_reg; BY x; die Beobachtungen (x,y) und (x,z) der SAS-Dateien *b3_6* und *b3_6_reg* mit übereinstimmenden x-Werten zu einer einzigen Beobachtung (x,y,z) der SAS-Datei *b3_6_gr*, wie dies im nachstehenden Schema verdeutlicht wird. Dabei ist bei x-Werten, die in *b3_6_reg* und nicht in *b3_6* vorkommen, für den Wert der Variablen y in *b3_6_gr* ein Punkt als SAS-Symbol für einen fehlenden Wert eingetragen. Der Leser überzeuge sich davon durch Anwendung der Prozedur PRINT.

b3_6		*b3_6_reg*		*b3_6_gr*		
x	y	x	z	x	y	z
		30	443.8	30	.	443.8
40	490.2	40	489.6	40	490.2	489.6
		50	522.3	50	.	522.3
		60	547.7	60	.	547.7
		70	568.5	70	.	568.5
80	585.3	80	586.1	80	585.3	586.1
		90	601.4	90	.	601.4
...		...		...		

Wir bemerken noch, daß zur Durchführung des Anweisungspaars MERGE b3_6 b3_6_reg; BY x; die zu verschmelzenden Dateien *b3_6* und *b3_6_reg* nach der gemeinsamen BY-Variablen x sortiert vorliegen müssen; dies ist in unserem Beispiel der Fall. Ist diese Voraussetzung nicht erfüllt, so hat man zuvor mit Hilfe der Prozedur SORT nach der BY-Variablen zu sortieren, vgl. 2.2.1.

Nun können mit Hilfe der Prozedur GPLOT Stichprobenwerte und Regressionskurve graphisch dargestellt werden. Im nachfolgenden PROC step wird mit der Anweisung PLOT y∗x=1 z∗x=2 / OVERLAY; erreicht, daß die Datenpunkte (x,y) gemäß der SYMBOL1-Anweisung als nicht verbundene (I=NONE) rote Quadrate (V=SQUARE CV= RED) wiedergegeben werden; entsprechend werden die Punkte (x,z) der

3.2 Zwei- und mehrdimensionale Stichproben

PROC step

```
GOPTIONS DEVICE=WIN KEYMAP=WINANSI FTEXT=SWISS;
SYMBOL1  V=SQUARE  CV=RED  I=NONE;
SYMBOL2  V=POINT  CV=GREEN  I=JOIN  CI=GREEN;
PROC GPLOT DATA=b3_6_gr;
  PLOT y*x=1 z*x=2 / OVERLAY NOFRAME;
RUN; QUIT;
```

Regressionskurve gemäß der SYMBOL2-Anweisung als grüne Punkte (V=POINT CV=GREEN) dargestellt und durch grüne Geradenstücke untereinander verbunden (I=JOIN CI=GREEN). Da die verbundenen Punkte eng beisammen liegen, erscheint der entsprechende Streckenzug

Windgeschwindigkeit über dem Erdboden

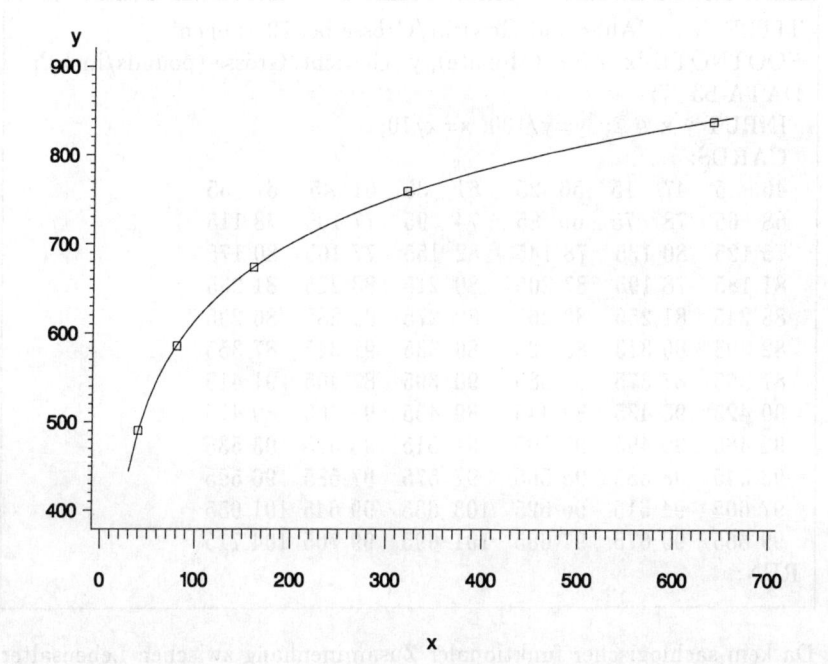

x: Höhe in cm , y: Geschwindigkeit in cm/sec

als glatte Kurve. Die Option OVERLAY veranlaßt, daß Datenpunkte und Regressionskurve in einem Koordinatensystem dargestellt werden. Die erhaltene Graphik ist oben wiedergegeben.

Durchführung in SAS - Beispiel 3_7 (Gallant (1987), S. 143-144). Das Verhältnis Gewicht/Größe (y, in pounds/inch) und das Alter (x, in Monaten) von 72 Jungen im Vorschulalter sind im nachfolgenden DATA step enthalten. Den Daten ist eine geeignete Regressionsfunktion $y = f(b_0, b_1, \ldots, b_m; x)$ anzupassen.

Im folgenden DATA step wurden zur Vermeidung des zeitraubenden Eingebens von Dezimalpunkten und führenden Nullen nach CARDS; das mit 100 multiplizierte pounds/inch-Verhältnis y (46, 47, ...) und das mit 10 multiplizierte Lebensalter x (5, 15, ...) angegeben und diese Skalenverschiebung durch die Anweisungen y=y/100; x=x/10; wieder rückgängig gemacht.

DATA step

```
TITLE         'Alter und Gewicht/Grösse bei 72 Jungen';
FOOTNOTE 'x: Alter (Monate), y: Gewicht/Grösse (pounds/inch)';
DATA b3_7;
  INPUT y x @@;  y=y/100; x=x/10;
  CARDS;
    46    5    47   15    56   25    61   35    61   45    67   55
    68   65    78   75    69   85    74   95    77  105    78  115
    75  125    80  135    78  145    82  155    77  165    80  175
    81  185    78  195    87  205    80  215    83  225    81  235
    88  245    81  255    83  265    82  275    82  285    86  295
    82  305    85  315    88  325    86  335    91  345    87  355
    87  365    87  375    85  385    90  395    87  405    91  415
    90  425    93  435    89  445    89  455    92  465    89  475
    92  485    96  495    92  505    91  515    95  525    93  535
    93  545    98  555    95  565    97  575    97  585    96  595
    97  605    94  615    96  625   103  635    99  645   101  655
    99  665    99  675    97  685   101  695    99  705   104  715
RUN;
```

Da kein sachlogischer funktionaler Zusammenhang zwischen Lebensalter x und Gewicht/Größe y bekannt ist, wird man sich bezüglich einer geeigneten Klasse von Regressionsfunktionen zunächst an einem Punkte-

3.2 Zwei- und mehrdimensionale Stichproben

diagramm orientieren. Ein solches kann wie in Abschnitt 3.2.1 mit Hilfe der Prozedur GPLOT erstellt werden.

PROC step

```
PROC GPLOT DATA=b3_7;          /* Punktediagramm */
  PLOT y*x;
RUN;  QUIT;
```

Aufgrund des erhaltenen Punktediagramms (Abbildung unten) passen wir den Daten eine Regressionskurve an, die aus einem Parabelbogen besteht, an das sich stetig differenzierbar ein Geradenstück anschließt:

$$y = \begin{cases} a + b(x-s) + c(x-s)^2 & \text{für } x \leq s, \\ a + b(x-s) & \text{für } x > s. \end{cases}$$

Man sagt, daß die Regressionsfunktion an der (noch zu bestimmenden) Stelle s einen *Strukturbruch* besitzt (*segmented Model*). Die Funktion läßt sich mit Hilfe des Minimums min(u,v) zweier Zahlen u und v auch folgendermaßen ausdrücken:

$$y = a + b(x-s) + c[\min(x-s, 0)]^2. \tag{3.17}$$

Dabei spielt die unbekannte Stelle s die Rolle eines zusätzlichen Parameters, der zusammen mit den Parametern a, b und c gemäß der Methode der kleinsten Quadrate geschätzt werden kann.

Anpassung der Modellgleichung. Zur Anpassung der Modellgleichung (3.17) an die vorliegenden Daten benutzen wir wieder die SAS-Prozedur NLIN mit der Methode DUD.

PROC step

```
PROC NLIN METHOD=DUD DATA=b3_7;
  MODEL y=a+b*(x-s)+c*MIN(x-s,0)**2;
  PARAMETERS a=0.75 b=0.004 s=10 c=-0.002;
RUN;
```

Hierbei bezeichnet MIN(u,v) die SAS-Funktion für das Minimum von u und v. Die in der PARAMETERS-Anweisung angegebenen Startwerte sind an Hand eines Punktediagramms als grobe Schätzungen erhalten worden, vgl. Bemerkung 5 zu Beispiel 3_6. Wir entnehmen dem hier nicht wiedergegebenen Output von PROC NLIN u.a. das Bestimmtheitsmaß $B = 1 - SS\_Error / SS\_CTotal = 1 - 0.0379 / 1.0474 \approx 0.964$ und die Regressionsfunktion (gerundete Koeffizienten)

$$y = 0.78 + 0.0040\,(x - 11.83) - 0.0022\,[\min(x - 11.83\,,0)]^2\ .$$

Im Gegensatz zu Beispiel 3_6 enthält die Modellgleichung (3.17) den Intercept a. Bei der Berechnung von B - und entsprechend beim F-Test (vgl. S.92) - ist deshalb SS_UTotal durch SS_CTotal zu ersetzen.

Graphische Darstellung. Die graphische Darstellung der Stichprobenwerte zusammen mit der erhaltenen Regressionsfunktion kann nun wie im letzten Beispiel erfolgen. Wir geben hier ein Programm an, bei dem

Programm

```
PROC NLIN METHOD=DUD DATA=b3_7;
  MODEL y=a+b*(x-s)+c*MIN(x-s,0)**2;
  PARAMETERS a=0.75 b=0.004 s=10 c=-0.002;
  OUTPUT OUT=b3_7_out    /* b3_7_out enthält y,x aus b3_7   */
         PARMS=a b s c;  /* und Schätzungen von a,b,s,c     */
RUN;
DATA b3_7_reg;           /* b3_7_reg: Regressionsfunktion   */
  SET b3_7_out;          /* b3_7_out wird "gesetzt" und     */
                         /* erste Beobachtung gelesen       */
  KEEP x z;              /* b3_7_reg soll nur x und z enthalten */
  DO x=0 TO 75 BY 0.2;
    z=a+b*(x-s)+c*MIN(x-s,0)**2; /* a,b,s,c: aus erster     */
    OUTPUT;              /* Beobachtung von b3_7_out        */
  END;
  STOP;                  /* b3_7_out wird verlassen         */
RUN;
DATA b3_7_gr;            /* Bildung der Graphik-Datei b3_7_gr */
  MERGE b3_7 b3_7_reg;
  BY x;
RUN;
GOPTIONS DEVICE=WIN KEYMAP=WINANSI FTEXT=SWISS;
SYMBOL1 V=SQUARE CV=RED   I=NONE;
SYMBOL2 V=POINT  CV=GREEN I=JOIN CI=GREEN;
PROC GPLOT DATA=b3_7_gr;
  PLOT y*x=1 z*x=2 / OVERLAY NOFRAME;
RUN; QUIT;
```

3.2 Zwei- und mehrdimensionale Stichproben

die von NLIN berechneten Parameterschätzungen nicht wie dort dem Output entnommen und "von Hand" in die Regressionsfunktion eingesetzt werden müssen, sondern automatisch übertragen werden. Vorausgesetzt wird, daß vor Abarbeitung des nachfolgenden Programms der DATA step zur Bildung der SAS-Datei *b3_7* ausgeführt worden ist.

In PROC NLIN wird mit einer OUTPUT-Anweisung veranlaßt, daß die berechneten Schätzungen $\hat{a}=0.77616$, $\hat{b}=0.003969175$, $\hat{s}=11.8313$, $\hat{c}=-0.002197186$ den Variablen a, b, s, c zugewiesen (PARMS = a b s c;) und in einer SAS-Datei mit dem Namen *b3_7_out* (OUT = b3_7_out;) abgelegt werden. Der Leser überzeuge sich mit Hilfe der Prozedur PRINT davon, daß diese Datei aus 72 Beobachtungen der Form (y, x, a, b, s, c) besteht. Dabei enthalten die Variablen y, x die 72 Datenpaare aus *b3_7*, während die Variablen a, b, s, c in allen Beobachtungen mit den NLIN-Schätzungen belegt sind.

Alter und Gewicht/Größe von 72 Jungen

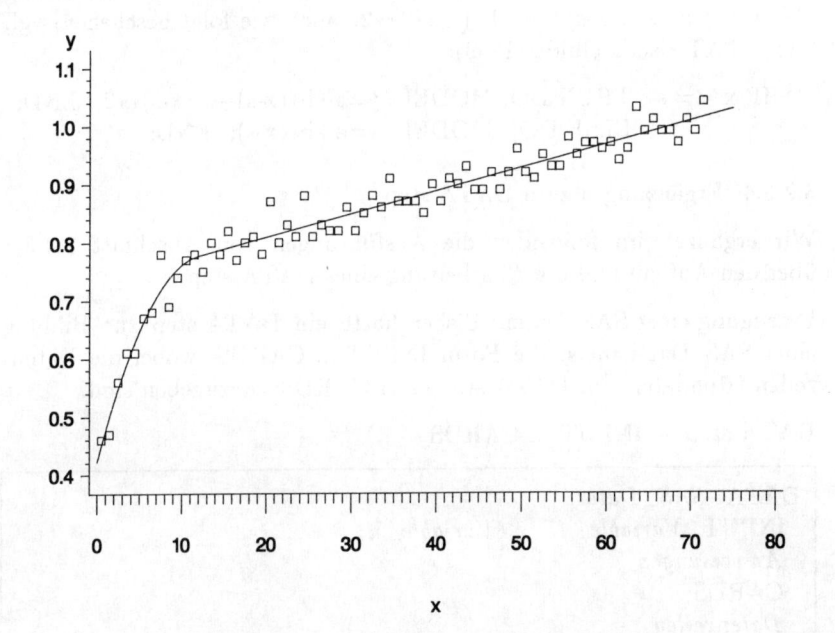

x: Alter (Monate), y: Gewicht/Größe (pounds/inch)

Im DATA step zur Bildung der SAS-Datei $b3\_7\_reg$ wird mit der Anweisung SET b3_7_out; die erste Beobachtung von $b3\_7\_out$ bereitgestellt. Mit den darin enthaltenen Parameterwerten $\hat{a}, \hat{b}, \hat{s}, \hat{c}$ werden in der DO ... END-Schleife die Werte der Regressionsfunktion berechnet und in die Datei $b3\_7\_reg$ eingetragen, vgl. 3.2.3.4.

Im zweiten DATA step werden $b3\_7$ (Stichprobenwerte) und $b3\_7\_reg$ (Regressionsfunktion) zur Datei $b3\_7\_gr$ verschmolzen und diese im abschließenden PROC step graphisch dargestellt, vgl. Abbildung oben.

Bemerkungen. 1. Wenn kein mathematisches Modell bekannt ist, liegt in der Wahl der Regressionsfunktion natürlich ein hohes Maß an Willkür. Es empfiehlt sich, in diesem Fall eine möglichst einfache Funktionenklasse zugrunde zu legen. Im Beispiel oben haben wir für x ≤ s ein Polynom minimalen Grades (Parabel) gewählt, das sich in x = s stetig differenzierbar an eine Halbgerade anschließt. Denkbar wäre aber auch, für x ≤ s eine Halbgerade y = a+d (x-s) anzunehmen, die in x = s stetig in y = a+b (x-s) (x > s) übergeht (Übungsaufgabe).

2. Die Angabe der Modellgleichung kann anstatt durch die Anweisung MODEL y=a+b*(x-s)+c*MIN(x-s,0)**2; auch wie folgt geschehen, vgl. SAS/STAT User's Guide (1999):

IF x <= s THEN DO; MODEL y=a+b*(x-s)+c*(x-s)**2; END;
ELSE DO; MODEL y=a+b*(x-s); END;

3.2.3.4 Ergänzungen zum DATA step

Wir ergänzen im folgenden die Ausführungen von Abschnitt 2.4.3.1 über den Aufbau und die Abarbeitung eines DATA step.

Erzeugung einer SAS-Datei. Bisher hatte ein DATA step zur Bildung einer SAS-Datei meist die Form INPUT ... CARDS, wobei die Datenzeilen (Rohdaten) im DATA step nach CARDS; anzugeben sind.

DATA step - INPUT ... CARDS

```
DATA  SAS_Datei;
 INPUT  Variable_1 ... Variable_n;
 Anweisungen
 CARDS;
 Datenzeilen
RUN;
```

3.2 Zwei- und mehrdimensionale Stichproben

Der DATA step zur Bildung der SAS-Datei $b3\_7$ ist ein Beispiel, bei dem zwischen INPUT- und CARDS-Anweisung noch weitere DATA step-Anweisungen stehen, nämlich y=y/100; und x=x/10; .
In Abschnitt 2.3.1 haben wir einen DATA step vom Typ INFILE ... INPUT kennengelernt, bei dem die Daten einer externen Text-Datei entnommen werden.

DATA step - INFILE ... INPUT

DATA *SAS_Datei*;
 INFILE '*Text_Datei*';
 INPUT *Variable_1 ... Variable_n*;
 Anweisungen
RUN;

Im letzten Programm von Abschnitt 3.2.3.3 schließlich haben wir eine dritte Art eines DATA step benutzt, bei der die zur Bildung der SAS-Datei benötigten Daten mit Hilfe der Anweisungen SET oder MERGE bereits existierenden SAS-Dateien entnommen werden. Im folgenden Schema ist die wahlfreie Benutzung der SET- oder MERGE-Anweisung durch einen senkrechten Strich (|) gekennzeichnet.

DATA step - SET | MERGE

DATA *SAS_Datei*;
 SET *SAS_Datei*; | MERGE *SAS_Datei_1 SAS_Datei_2*;
 Anweisungen
RUN;

Beispielsweise wird bei der Bildung der SAS-Datei $b3\_7\_reg$ die Anweisung SET b3_7; benutzt, um die Beobachtungen der SAS-Datei $b3\_7$ zu lesen. (Genaugenommen wird nur die erste Beobachtung gelesen; das (unnötige) Lesen der übrigen wird durch die STOP-Anweisung unterbunden, welche die Durchführung des DATA step abbricht.) Wir bemerken noch, daß durch Angabe zweier (oder mehrerer) SAS-Dateien nach SET diese hintereinander gelesen und verkettet werden können, zu Einzelheiten vgl. SAS Language Reference (1999).

Im Data step zur Bildung der SAS-Datei $b3\_7\_gr$ (und auch $b3\_6\_gr$) werden mit der Anweisung MERGE b3_7 b3_7_reg; die SAS-Dateien $b3\_7$ und $b3\_7\_gr$ zu einer einzigen SAS-Datei verschmolzen, und zwar "parallel" (vgl. Schema zur Bildung von $b3\_6\_gr$) im Gegensatz zur "sequentiellen" Verschmelzung (Verkettung) mittels SET.

Abarbeitung eines DATA step. Die aktuellen Werte aller im DATA step auftretenden Variablen werden zu einem Vektor zusammengefaßt (*program data vector*). Die neu zu bildende SAS-Datei kann alle diese Variablen oder auch nur einen Teil davon enthalten. Im DATA step zur Bildung der SAS-Datei $b3\_7\_reg$ beispielsweise besteht der *program data vector* aus den aktuellen Werten der Variablen y, x, a, b, s, c sowie der Variablen z der Modellgleichung z = a+b*(x-s)+c*MIN(x-s,0)**2. Dabei werden wegen der Anweisung KEEP x z; nur die Werte der Variablen x und z in die Datei $b3\_7\_reg$ übernommen.

Standardmäßig werden die Werte des program data vector - oder ein durch KEEP ausgewählter Teil davon - jeweils nach Abarbeiten der letzten DATA step-Anweisung vor RUN; automatisch in die zu bildende SAS-Datei eingetragen; danach wird der DATA step erneut ausgeführt, so oft, bis alle Input-Daten gelesen sind. Diese Input-Daten sind im Fall des DATA step mit INPUT ... CARDS die auf CARDS; folgenden Werte, beim DATA step vom Typ INFILE ... INPUT die Daten der externen Text-Datei und im Fall des DATA step mit SET oder MERGE die Beobachtungen der dort angegebenen SAS-Dateien.

Vom automatischen Output (Schreiben) in die zu bildende SAS-Datei am Ende des DATA step kann mit Hilfe der Anweisung OUTPUT; abgewichen werden. Erscheint sie in einem DATA step, so wird nur nach ihrer Ausführung eine Beobachtung in die zu bildende SAS-Datei eingetragen; ein automatischer Output am Ende des DATA step unterbleibt dann. Im DATA step zur Bildung der SAS-Datei $b3\_7\_reg$ beispielsweise wird durch die OUTPUT-Anweisung erreicht, daß nach Berechnung von z = a+b*(x-s)+c*MIN(x-s,0)**2 die Beobachtung (x, z) in $b3\_7\_reg$ geschrieben wird.

4 Grundlagen der Wahrscheinlichkeitstheorie und Statistik

In diesem Kapitel sollen die grundlegenden Konzepte der Wahrscheinlichkeitstheorie und der Statistik in knapper Form zusammengestellt werden. Wie im Vorwort erwähnt, werden Grundkenntnisse vorausgesetzt, die dem Besuch einer einführenden Veranstaltung in Wahrscheinlichkeitstheorie und Statistik entsprechen. Daher hat dieses Kapitel weniger Lehrbuchcharakter, sondern soll vielmehr der Wiederholung dienen und die später benötigten Begriffe in einheitlicher Bezeichnung vorstellen. Der Leser, der den Stoff an der einen oder anderen Stelle vertiefen möchte, sei hier generell auf die reichlich vorhandene Lehrbuchliteratur verwiesen, von der eine Auswahl im Literaturverzeichnis zusammengestellt ist. Hinweise auf spezielle Literatur zu einzelnen Themen findet man in den entsprechenden Abschnitten.

4.1 Wahrscheinlichkeitstheorie

Das Ziel der Wahrscheinlichkeitstheorie und Statistik ist es, Modelle bereitzustellen, um aus Beobachtungen von sogenannten Zufallsexperimenten Gesetzmäßigkeiten ableiten zu können. Unter einem Zufallsexperiment versteht man ein Experiment (in einem weit ausgelegten Sinn) mit mehreren möglichen Ausgängen oder Ergebnissen. Vor der Durchführung des Experimentes ist nicht bekannt, welches dieser Ergebnisse eintritt. Typische Beispiele sind Beobachtungen der Erträge von verschiedenen Getreidesorten, das Werfen einer Münze oder eines Würfels, das Messen der Körpergröße einer "zufällig" ausgewählten Person oder das Durchführen einer Befragung. In der Wahrscheinlichkeitstheorie wird der Begriff des Zufalls als unvollständige Information über den Versuchsausgang eines Zufallsexperimentes im Rahmen eines Modells mathematisch präzisiert. Aus diesem Modell lassen sich dann Rechenregeln für Wahrscheinlichkeiten ableiten.

Das Problem des Anwenders liegt meist weniger in der rechentechnischen Auswertung vorliegender Daten, die beispielsweise mit Hilfe eines Software-Paketes wie SAS erfolgen kann, sondern eher in der Umsetzung einer Fragestellung in ein konkretes Modell. Ob das gewählte Modell dann die Realität ausreichend gut beschreibt, ist vom Anwender aufgrund der gemachten Erfahrungen zu entscheiden. Das *richtige* Modell gibt es nicht! Es kann nur darum gehen, ein der Fragestellung angemessenes Modell zu finden.

Wer an den philosophischen Grundlagen der Wahrscheinlichkeitstheorie aus mathematischer Sicht interessiert ist, sei auf die einleitenden Abschnitte in den entsprechenden Lehrbüchern verwiesen, insbesondere auf Hartung et al. (1999), Krengel (2000), Pfanzagl (1991) und für den versierten Leser auf Dinges und Rost (1982) bzw. auf Matheron (1989).

4.1.1 Ereignisse, Stichprobenraum

Die möglichen Ergebnisse eines Zufallsexperimentes werden mit den Elementen einer Ergebnismenge Ω, dem *Stichprobenraum,* identifiziert. *Ereignisse* entsprechen Teilmengen von Ω.

Die Verknüpfung von zwei Ereignissen A und B wie beispielsweise 'A oder B tritt ein' oder 'A und B treten gleichzeitig ein' oder 'A tritt nicht ein' werden durch die entsprechenden Mengenverknüpfungen $A \cup B$, $A \cap B$ und $\bar{A} = \Omega \backslash A$ beschrieben: Rechenregeln für Ereignisse entsprechen denen für Mengen.

Mit $\mathfrak{F}$ bezeichnet man ein System von Ereignissen, dessen Elemente Ereignisse, also Teilmengen von Ω sind.

Damit diese Verknüpfungen in dem zugrunde gelegten Ereignissystem $\mathfrak{F}$ ausgeführt werden können, fordert man

1. $\Omega \in \mathfrak{F}$, 2. $\bar{A} = \Omega \backslash A \in \mathfrak{F}$, falls $A \in \mathfrak{F}$ und

3. $\bigcup_{i=1}^{\infty} A_i \in \mathfrak{F}$, falls alle $A_i \in \mathfrak{F}$.

Ein solches Ereignis- oder Mengensystem, das diesen drei Forderungen genügt, nennt man *σ-Algebra*.

4.1.2 Wahrscheinlichkeiten

Umgangssprachlich ist die Wahrscheinlichkeit eines Ereignisses ein Maß für die Chance, daß dieses Ereignis eintritt. Die mathematische Präzisierung dieses Begriffes besteht darin, den Ereignissen in geeigneter Weise eine solche Maßzahl zuzuordnen. Dies geschieht durch eine Definition, die auf A. N. Kolmogorov (1903 - 1987) zurückgeht.

4.1 Wahrscheinlichkeitstheorie

Axiomatische Definition der Wahrscheinlichkeit. Eine auf einer σ-Algebra $\mathfrak{F}$ von Ereignissen definierte, reellwertige Funktion P heißt *Wahrscheinlichkeit*, wenn folgende Axiome erfüllt sind:

Für alle A, $A_i \in \mathfrak{F}$ gilt

1. $0 \leq P(A) \leq 1$
2. $P(\Omega) = 1$
3. $P(\bigcup_{i=1}^{\infty} A_i) = \sum_{i=1}^{\infty} P(A_i)$, falls $A_i \cap A_j = \emptyset$ für $i \neq j$.

Aus diesen Axiomen lassen sich verschiedene Rechenregeln für Wahrscheinlichkeiten ableiten, z. B.

1. $P(\overline{A}) = 1 - P(A)$.
   Dies folgt aus $1 = P(\Omega)$ [Axiom 2] und
   $P(\Omega) = P(A \cup \overline{A}) = P(A) + P(\overline{A})$ [Axiom 3].
2. $P(A \cup B) = P(A) + P(B) - P(A \cap B)$.
   Dies folgt aus $P(A \cup B) = P(A \cap \overline{B}) + P(A \cap B) + P(B \cap \overline{A})$,
   $P(A) = P(A \cap \overline{B}) + P(A \cap B)$ und $P(B) = P(A \cap B) + P(B \cap \overline{A})$
   [Axiom 3].

4.1.3 Zufallsvariable

Im Stichprobenraum Ω werden die möglichen Ergebnisse eines Zufallsexperimentes zusammengefaßt. Für viele Anwendungen ist es sinnvoll, den Elementen von Ω reelle Zahlen zuzuordnen.

Eine Abbildung $X : \Omega \to \mathbb{R}$ wird *Zufallsvariable* genannt, falls für jedes Intervall $B \subset \mathbb{R}$ die Menge $\{\omega \in \Omega \mid X(\omega) \in B\}$ zum Ereignissystem $\mathfrak{F}$ gehört. In den Anwendungen spielt diese sogenannte Meßbarkeitsbedingung keine Rolle, da immer unterstellt wird, daß das zugrunde gelegte Ereignissystem fein genug ist und die in Frage stehenden Ereignisse enthält (Einzelheiten zur Meßbarkeit sind bei H. Bauer (1991) zu finden). Der Sinn dieser Meßbarkeitsbedingung liegt darin, daß die Wahrscheinlichkeiten, die für Ereignisse in Ω erklärt sind, sich nun auf Intervalle $B \subset \mathbb{R}$ übertragen lassen: $P_X(B) = P(\{\omega \in \Omega \mid X(\omega) \in B\})$. Man spricht dann auch von einer Wahrscheinlichkeitsverteilung der Zufallsvariablen X auf $\mathbb{R}$.

Für $\omega \in \Omega$ wird $X(\omega) = x$ *Realisierung* oder *Realisation* von X genannt. Ein Zufallsexperiment hat einen bestimmten Versuchsausgang ergeben, der im Modell durch ω beschrieben wird. Die Zuordnung $\omega \to X(\omega) = x$

legt die Realisierung von X fest. Es ist also streng zu unterscheiden zwischen einer Zufallsvariablen X, die eine Abbildung mit zufallsgesteuerten Argumenten darstellt, und einer Realisierung x einer Zufallsvariablen, welche als reelle Zahl festliegt. Direkt mit der Zufallsvariablen sind folgende Begriffe verknüpft:

a) Die durch die Zufallsvariable X bestimmte Funktion
$F(x) = P(X \leq x) = P(\{\omega | X(\omega) \leq x\})$, $x \in \mathbb{R}$, heißt *Verteilungsfunktion* der Zufallsvariablen X.

b) Nimmt X nur endlich viele oder höchstens abzählbar unendlich viele Werte x_i, $i = 1,2,...$ an, so ist die Wahrscheinlichkeitsverteilung der Zufallsvariablen X durch die Paare $(x_i, P(X=x_i))$, $i=1,2,...$ bestimmt, und man nennt die Zufallsvariable X bzw. ihre Wahrscheinlichkeitsverteilung *diskret*:

$$F(x) = \sum_{x_i \leq x} P(X = x_i) \ .$$

c) Nimmt X überabzählbar unendlich viele Werte an und gibt es eine Funktion $f(y) \geq 0$ mit

$$F(x) = P(X \leq x) = \int_{-\infty}^{x} f(y)dy,$$

dann ist die Wahrscheinlichkeitsverteilung der Zufallsvariablen X durch diese Funktion f festgelegt, und man nennt die Zufallsvariable X *stetig* und die Verteilung *(absolut) stetig*. Die Funktion f heißt *(Verteilungs-) Dichte*.

Es gibt außerdem Zufallsvariable, die weder diskret noch stetig sind. Solche allgemeinen Zufallsvariablen werden in diesem Buch jedoch nicht weiter benötigt und daher wird darauf nicht näher eingegangen.

Für die Verteilungsfunktion gelten folgende Eigenschaften:

$F(-\infty) = \lim_{x \to -\infty} F(x) = 0,$

$F(+\infty) = \lim_{x \to \infty} F(x) = 1,$ also $\int_{-\infty}^{\infty} f(y)dy = 1$, falls f eine Dichte ist,

$F(a) \leq F(b)$, falls $a \leq b$.

Ist F Verteilungsfunktion einer Zufallsvariablen, so gilt

$P(a < X \leq b) = F(b) - F(a)$, $a < b$.

Ist X eine stetige Zufallsvariable mit der Dichte f, so gilt darüberhinaus

4.1 Wahrscheinlichkeitstheorie

$P(a < X \leq b) = F(b) - F(a) = \int_a^b f(y)\,dy$, $a < b$,

$P(X = x_0) = 0$ für jedes $x_0 \in \mathbb{R}$ und

$F'(x_0) = f(x_0)$, falls f stetig in x_0 ist (F' Ableitung von F).

Mit Hilfe der Verteilungsfunktion und gegebenenfalls der Dichte können verschiedene Kennzahlen der Wahrscheinlichkeitsverteilungen bestimmt werden. Dabei müssen die Definitionen für diskrete und stetige Wahrscheinlichkeitsverteilungen immer getrennt aufgeführt werden.

Erwartungswert. Als Lagemaß der Wahrscheinlichkeitsverteilung einer Zufallsvariablen wird der *Erwartungswert* definiert:

a) Ist X eine diskrete Zufallsvariable mit der Verteilung $(x_i, P(X=x_i))$, $i=1,2,\ldots$, dann heißt

$$E(X) = \mu = \sum_i x_i \cdot P(X=x_i)$$

der *Erwartungswert* von X, falls $\sum_i |x_i| \cdot P(X=x_i) < \infty$ gilt.

b) Ist X eine stetige Zufallsvariable mit der Dichte f, dann heißt

$$E(X) = \mu = \int_{-\infty}^{\infty} x \cdot f(x)\,dx$$

der *Erwartungswert* von X, falls $\int_{-\infty}^{\infty} |x| \cdot f(x)\,dx < \infty$ gilt.

Der Erwartungswert besitzt folgende Eigenschaften:

1. Sind $X_1, \ldots, X_n$ Zufallsvariable und $c_1, \ldots, c_n \in \mathbb{R}$ Konstanten, so gilt

$$E\left(\sum_{i=1}^n c_i X_i\right) = \sum_{i=1}^n c_i \cdot E(X_i).$$

2. Ist X eine Zufallsvariable und $g: \mathbb{R} \to \mathbb{R}$ eine rechtsseitig stetige Funktion, so gilt für den Erwartungswert der Zufallsvariablen $g(X)$

   a) $E(g(X)) = \sum_i g(x_i) \cdot P(X=x_i)$, falls X diskret ist;

   b) $E(g(X)) = \int_{-\infty}^{\infty} g(x) \cdot f(x)\,dx$, falls X stetig mit einer Dichte f ist,

   die Existenz dieser Erwartungswerte vorausgesetzt.

Das α-Quantil. Als ein weiteres Lagemaß der Wahrscheinlichkeitsverteilung einer Zufallsvariablen X wird das α-Quantil verwandt. Es gibt verschiedene Möglichkeiten, diese Kenngröße festzulegen. Wir verwenden folgende Definition:

Sei X eine Zufallsvariable mit der Verteilungsfunktion F und α eine Zahl mit $0 < \alpha < 1$. Dann heißt die kleinste Zahl q_α mit der Eigenschaft $P(X \leq q_\alpha) = F(q_\alpha) \geq \alpha$ das α-*Quantil*. Diese Größe wird auch als α-*Fraktil* bezeichnet, wobei diese Namensgebung nicht einheitlich verwendet wird und gelegentlich unter dem α-Fraktil auch das $(1-\alpha)$-Quantil verstanden wird. Das 0.5-Quantil heißt auch *Median* der Wahrscheinlichkeitsverteilung. Ist X eine stetige Zufallsvariable mit der Verteilungsdichte f, so gilt für das α-Quantil

$$P(X \leq q_\alpha) = F(q_\alpha) = \int_{-\infty}^{q_\alpha} f(x)\,dx = \alpha.$$

Überschreitungswahrscheinlichkeit. Bei statistischen Tests ist es, wie in Abschnitt 4.2 näher beschrieben, immer erforderlich, einen Zahlenwert t mit einem Quantil der Wahrscheinlichkeitsverteilung einer Zufallsvariablen X zu vergleichen; wählen wir als Beispiel das $(1-\alpha)$-Quantil $q_{1-\alpha}$. Es wird also festgestellt, ob $t < q_{1-\alpha}$ oder $t \geq q_{1-\alpha}$ ausfällt. Zu diesem Zweck kann man auf Tabellenwerte der Quantile zurückgreifen oder, wie in SAS vorgesehen, den Vergleich indirekt mit Hilfe der *Überschreitungswahrscheinlichkeit* $P(X > t)$ zum Wert t durchführen. Genau dann, wenn diese Überschreitungswahrscheinlichkeit $P(X > t)$ größer als α ausfällt, ist $t < q_{1-\alpha}$:

$$P(X > t) = 1 - P(X \leq t) > \alpha \Leftrightarrow t < q_{1-\alpha}.$$

Varianz. Als Streuungsmaß einer Wahrscheinlichkeitsverteilung wird die Varianz eingeführt: Sei X eine Zufallsvariable mit dem Erwartungswert $\mu = E(X)$. Im Falle der Existenz heißen

$$\text{Var}(X) = E[(X - \mu)^2] \quad \text{und} \quad \sqrt{\text{Var}(X)}$$

die *Varianz* bzw. die *Standardabweichung* der Zufallsvariablen X. Für $\text{Var}(X)$ werden auch die Bezeichnungen σ^2 und $D^2(X)$ verwendet.

Zur Berechnung der Varianz setzt man $g(X) = (X - \mu)^2$ und erhält (siehe Eigenschaft 2 des Erwartungswertes):

$$\text{Var}(X) = \sigma^2 = \sum_i (x_i - \mu)^2 P(X = x_i), \text{ falls X diskret ist und}$$

$$\text{Var}(X) = \sigma^2 = \int_{-\infty}^{\infty} (x - \mu)^2 f(x)\,dx, \text{ falls X stetig mit der Dichte f ist.}$$

4.1 Wahrscheinlichkeitstheorie

Außerdem gilt folgende Berechnungsformel
$$\text{Var}(X) = E[(X - \mu)^2] = E[X^2 - 2\mu \cdot X + \mu^2] = E(X^2) - 2\mu E(X) + \mu^2$$
$$= E(X^2) - \mu^2.$$

Eine lineare Transformation der Zufallsvariablen X wirkt sich wie folgt auf die Varianz aus: $\text{Var}(a \cdot X + b) = a^2 \cdot \text{Var}(X)$, $a,b \in \mathbb{R}$.

Unabhängigkeit von Ereignissen und Zufallsvariablen. Sind $A, B \subset \Omega$ zwei Ereignisse mit $P(B) > 0$, so bezeichnet

$$P(A|B) = \frac{P(A \cap B)}{P(B)}$$

die *bedingte Wahrscheinlichkeit von A unter der Bedingung B*. Zwei Ereignisse A und B heißen *unabhängig*, falls $P(A|B) = P(A)$ gilt oder gleichwertig damit $P(A \cap B) = P(A) \cdot P(B)$ (Produktformel).

Eine endliche Familie von Ereignissen $A_1, A_2, \ldots, A_n$ heißt *unabhängig*, falls die Produktformel für jede Teilfamilie gilt, d.h. falls

$$P(A_{i_1} \cap \ldots \cap A_{i_k}) = P(A_{i_1}) \cdot \ldots \cdot P(A_{i_k})$$

für jede Teilmenge $\{i_1, \ldots, i_k\} \subset \{1, \ldots, n\}$ gilt.

Eine häufig geforderte Voraussetzung ist die Unabhängigkeit von Zufallsvariablen. Die Zufallsvariablen $X_1, \ldots, X_n$ heißen *(stochastisch) unabhängig*, falls für beliebige $x_1, \ldots, x_n \in \mathbb{R}$

$$P(X_1 \leq x_1, X_2 \leq x_2, \ldots, X_n \leq x_n) = P(X_1 \leq x_1) \cdot P(X_2 \leq x_2) \cdot \ldots \cdot P(X_n \leq x_n)$$

gilt. Für diskrete Zufallsvariablen läßt sich aus der Gültigkeit von

$$P(X_1 = x_1, \ldots, X_n = x_n) = P(X_1 = x_1) \cdot \ldots \cdot P(X_n = x_n)$$

schon auf die Unabhängigkeit schließen.

Kovarianz, Korrelation. Als Maß für die Abhängigkeit zweier Zufallsvariablen werden folgende Größen erklärt:
X und Y seien Zufallsvariablen mit positiven Varianzen $\text{Var}(X)$ und $\text{Var}(Y)$. Dann heißt $\text{cov}(X,Y) = E[(X - E(X)) \cdot (Y - E(Y))]$ die *Kovarianz* von X und Y und

$$\rho(X,Y) = \frac{\text{cov}(X,Y)}{\sqrt{\text{Var}(X) \cdot \text{Var}(Y)}}$$

der *Korrelationskoeffizient*.

Es gelten folgende Eigenschaften

1. Unabhängige Zufallsvariablen X,Y sind auch unkorreliert: $\text{cov}(X,Y) = 0$;
2. $\text{cov}(X,Y) = E(X \cdot Y) - E(X) \cdot E(Y)$;
3. $\text{Var}(X+Y) = \text{Var}(X) + \text{Var}(Y) + 2\,\text{cov}(X,Y)$;
4. Sind die Zufallsvariablen $X_1,...,X_n$ paarweise unkorreliert, d.h. $\text{cov}(X_i,X_j) = 0$ für $i \neq j$, dann gilt mit Konstanten a_i, b_i:
$$\text{cov}(\sum_{i=1}^n a_i X_i, \sum_{i=1}^n b_i X_i) = \sum_{i=1}^n a_i b_i \text{Var}(X_i), \quad \text{Var}(\sum_{i=1}^n a_i X_i) = \sum_{i=1}^n a_i^2 \text{Var}(X_i);$$
5. $-1 \leq \rho(X,Y) \leq 1$.

4.1.4 Einige spezielle Wahrscheinlichkeitsverteilungen

4.1.4.1 Diskrete Verteilungen

a) Binomialverteilung. Eine Zufallsvariable X heißt *binomialverteilt* mit den Parametern $n \in \mathbb{N}$ und p, $0<p<1$, kurz *B(n,p)-verteilt*, falls

$$P(X=k) = \binom{n}{k} p^k (1-p)^{n-k}, \quad k = 0,1,...,n, \quad n \in \mathbb{N}$$

gilt. Dabei sind $\binom{n}{k} = \dfrac{n!}{k!(n-k)!}$ die Binomialkoeffizienten mit $m! = 1 \cdot 2 \cdot ... \cdot m$, $0! = 1$.

Eine B(n,p)-verteilte Zufallsvariable X beschreibt die Anzahl des Eintretens eines Ereignisses A mit $P(A) = p$ bei einem sogenannten *Bernoulli-Experiment* vom Umfang n. Dabei wird ein Versuch n-mal unabhängig wiederholt und jedesmal das Eintreten von A bzw. $\overline{A}$ beobachtet. Die B(n,p)-verteilte Zufallsvariable X kann dargestellt werden als Summe

$$X = \sum_{i=1}^n X_i$$

von unabhängigen Zufallsvariablen X_i, die jeweils nur die Werte 1 oder 0 annehmen, je nachdem ob im i-ten Versuch das Ereignis A oder $\overline{A}$ eingetreten ist. Für diese Zufallsvariablen gilt offenbar $E(X_i) = p$ und $\text{Var}(X_i) = p - p^2$. Aufgrund der Linearitätseigenschaften des Erwartungswertes und der Additivität der Varianz bei unabhängigen Zufallsvariablen, lassen sich der Erwartungswert $E(X)$ und die Varianz $\text{Var}(X)$ nun einfach bestimmen.

4.1 Wahrscheinlichkeitstheorie

Erwartungswert:
$$E(X) = \sum_{k=0}^{n} k \cdot P(X=k) = E(\sum_{i=1}^{n} X_i) = n \cdot E(X_1) = n \cdot p$$
Varianz:
$$Var(X) = \sum_{k=0}^{n}(k-np)^2 \cdot P(X=k) = n \cdot Var(X_1) = n \cdot p(1-p)$$

Die Wahrscheinlichkeiten $p_k = P(X=k)$ und $P(X \leq k) = p_0 + \ldots + p_k$ einer B(n,p)-verteilten Zufallsvariablen lassen sich mit Hilfe der SAS-Funktionen PDF (*Probability Density (Mass) Function*) bzw. CDF (*Cumulative Distribution Function*) berechnen: Mit dem Symbol $\mathbb{Z}$ für die Menge der ganzen Zahlen gilt

$$P(X=k) = PDF('BINOM',k,p,n), \quad k \in \mathbb{Z},$$
$$P(X \leq k) = CDF('BINOM',k,p,n), \quad k \in \mathbb{Z}.$$

Das folgende SAS-Programm stellt für n=10 und p=0.5 die Wahrscheinlichkeiten w(=P(X=k)) und ws(=P(X $\leq$ k)) in einer SAS-Datei *binom* zusammen. Gleichzeitig wird ein Stabdiagramm mit Hilfe der Prozedur GPLOT zur Veranschaulichung der Wahrscheinlichkeiten w erstellt. Dabei wird durch die Option I = NEEDLE der SYMBOL1-Anweisung erreicht, daß jeweils vom Punkt (k,w) senkrecht zur k-Achse eine Strecke gezeichnet wird. Durch Variieren der Eingabedaten n und p lassen sich auf diese Weise auch andere Binomialverteilungen darstellen.

Programm

```
DATA binom;                    /* Binomialverteilung          */
  p=0.5; n=10;
  KEEP k w ws;                 /* w=P(X=k), ws=P(X ≤ k) */
  DO k=0 TO n;
    w  = PDF('BINOM',k,p,n);
    ws = CDF('BINOM',k,p,n);
    OUTPUT;
  END;
RUN;

GOPTIONS DEVICE=WIN;
SYMBOL1 V=POINT I=NEEDLE;
PROC GPLOT DATA=binom;
  PLOT w*k=1;
RUN; QUIT;
```

b) Die Poisson-Verteilung. Eine Zufallsvariable X heißt *Poissonverteilt* mit Parameter λ, falls

$$P(X = k) = \frac{\lambda^k}{k!} \cdot e^{-\lambda}, \quad k = 0,1,2,\ldots, \quad \lambda > 0.$$

Erwartungswert:

$$E(X) = \sum_{k=0}^{\infty} k \cdot P(X = k) = \lambda.$$

Varianz:

$$Var(X) = \sum_{k=0}^{\infty} (k - \lambda)^2 \cdot P(X = k) = \lambda.$$

Die Poisson-Verteilung wird auch die Verteilung seltener Ereignisse genannt, da sie für "große" n und "kleine" p eine gute Näherung für die Binomialverteilung darstellt; denn es gilt

$$\lim_{\substack{n \to \infty \\ np = \lambda}} \binom{n}{k} p^k (1-p)^{n-k} = \frac{\lambda^k}{k!} e^{-\lambda}.$$

Die Güte der Näherung läßt sich durch einen einfachen Ausdruck abschätzen, vgl. Mathar und Pfeifer (1990), S. 83. Es gilt für jedes $k \geq 0$

$$\left| \binom{n}{k} p^k (1-p)^{n-k} - \frac{\lambda^k}{k!} e^{-\lambda} \right| \leq np^2, \quad \lambda = np.$$

Die Wahrscheinlichkeiten $P(X = k)$ und $P(X \leq k)$ einer Poissonverteilten Zufallsvariablen X lassen sich wie im Fall der Binomialverteilung mit Hilfe der SAS-Funktionen PDF bzw. CDF berechnen:
$P(X = k) = \text{PDF}('POISSON', k, \lambda), \quad P(X \leq k) = \text{CDF}('POISSON', k, \lambda).$
Einzelne Wahrscheinlichkeiten können folgendermaßen erhalten werden.

Programm

```
DATA poisson;                              /* Poisson-Verteilung, λ=2 */
  w=PDF('POISSON',3,2), ws=CDF('POISSON',3,2); OUTPUT;
RUN;
PROC PRINT DATA=poisson;
RUN;
```

c) Die negative Binomialverteilung. Eine Zufallsvariable X besitzt eine *negative Binomialverteilung* mit den Parametern m und p, falls

$$P(X = k+m) = \binom{m+k-1}{k} p^m (1-p)^k, \quad k=0,1,2,\ldots, \quad m \in \mathbb{N}, \quad 0 < p < 1.$$

Ein Bernoulli-Experiment (siehe Binomialverteilung) werde so oft durch-

4.1 Wahrscheinlichkeitstheorie

geführt, bis zum m-ten Male das Ereignis A mit p = P(A) eintritt. Die negativ binomialverteilte Zufallsvariable X beschreibt die Anzahl der dafür benötigten Versuche.

Erwartungswert: $E(X) = \frac{m}{p}$ Varianz: $Var(X) = \frac{m(1-p)}{p^2}$.

Für m = 1 erhält man als Spezialfall die *geometrische Verteilung*. Die Wahrscheinlichkeiten P(X = k+m) und P(X ≤ k+m) lassen sich sich mit Hilfe der SAS-Funktionen PDF und CDF wie folgt berechnen: P(X=k+m)=PDF('NEGB',k,p,m), P(X ≤ k+m)=CDF('NEGB',k,p,m).

4.1.4.2 Stetige Verteilungen

a) Die Gleichverteilung im Intervall [a,b]. Nimmt eine Zufallsvariable nur Werte in einem Intervall [a,b] an und werden keine Werte "bevorzugt" angenommen, so spricht man von einer Gleichverteilung in [a,b]. Eine Zufallsvariable heißt also *gleichverteilt im Intervall [a,b]*, falls sie folgende Verteilungsdichte besitzt

$$f(x) = \begin{cases} \frac{1}{b-a} & \text{für } a \leq x \leq b, \ a < b \\ 0 & \text{sonst} \end{cases}$$

Erwartungswert: $E(X) = \frac{a+b}{2}$ Varianz: $Var(X) = \frac{(b-a)^2}{12}$.

Die Gleichverteilung spielt in der Anwendung eine große Rolle bei der Erzeugung von Pseudo-Zufallszahlen, die für Simulationsstudien verwendet werden.

b) Die Exponentialverteilung. Eine Zufallsvariable X folgt einer *Exponentialverteilung*, wenn sie die Dichte

$$f(x) = \begin{cases} \lambda e^{-\lambda x} & \text{für } x \geq 0, \ \lambda > 0 \\ 0 & \text{sonst} \end{cases}$$

mit der Verteilungsfunktion $F(x) = 1 - e^{-\lambda x}$, $x \geq 0$, besitzt; Kurzbezeichnung: $X \sim \text{Exp}(\lambda)$.

Erwartungswert: $E(X) = \frac{1}{\lambda}$ Varianz: $Var(X) = \frac{1}{\lambda^2}$.

Die Exponentialverteilung wird oft angewandt zur Beschreibung der Verteilung der Zeitdauer zwischen bestimmten Ereignissen, z.B. die Zeit zwischen den Ankünften von Kunden an einer Warteschlange, zwischen den Ausfällen eines technischen Systems, zwischen den Emissionen radioaktiver Teilchen, ...

4 Grundlagen der Wahrscheinlichkeitstheorie und Statistik

c) Die Gamma-Verteilung. Eine Zufallsvariable X folgt einer *Gamma-Verteilung* mit den Parametern λ und α, falls sie die Dichte

$$f(x) = \begin{cases} \dfrac{\lambda^\alpha}{\Gamma(\alpha)} x^{\alpha-1} e^{-\lambda x} & \text{für } x \geq 0,\ \alpha, \lambda > 0 \\ 0 & \text{sonst} \end{cases}$$

besitzt; mit $\alpha = 1$ erhält man die Dichte der Exponentialverteilung. Dabei ist $\Gamma(\alpha)$ die bekannte *Gammafunktion*

$$\Gamma(\alpha) = \int_0^\infty t^{\alpha-1} e^{-t}\, dt$$

mit der Eigenschaft $\Gamma(n+1) = n!$ für $n \in \mathbb{N}$.

Erwartungswert: $E(X) = \dfrac{\alpha}{\lambda}$ Varianz: $Var(X) = \dfrac{\alpha}{\lambda^2}$.

Ist speziell α eine natürliche Zahl, $\alpha \in \mathbb{N}$, so wird die Verteilung von X auch *Erlang-Verteilung* genannt. In diesem Fall läßt sich X als Summe von α unabhängigen Exp(λ)-verteilten Zufallsvariablen darstellen.

Die Dichte und die Verteilungsfunktion der Gamma-Verteilung erhält man mit Hilfe der SAS-Funktionen PDF und CDF:

$f(x) \quad = \text{PDF}(\text{'GAMMA'}, x, \alpha, 1/\lambda),$

$P(X \leq x) = \text{CDF}(\text{'GAMMA'}, x, \alpha, 1/\lambda).$

d) Die Normalverteilung. Viele in den Anwendungen auftretende Zufallsgrößen werden als annähernd normalverteilt angenommen. Tatsächlich lassen sich die Häufigkeitsverteilungen oft gut durch das folgende Modell der Normalverteilung erklären. Eine Zufallsvariable X heißt *normalverteilt* mit den Parametern μ und σ^2, falls sie die Dichte

$$f(x) = \frac{1}{\sqrt{2\pi\sigma^2}} \cdot e^{-\frac{(x-\mu)^2}{2\sigma^2}}, \quad -\infty < \mu < \infty,\ \sigma^2 > 0$$

besitzt. Man nennt sie kurz $N(\mu,\sigma^2)$-verteilt und schreibt: $X \sim N(\mu,\sigma^2)$. Erwartungswert: $E(X) = \mu$, Varianz: $Var(X) = \sigma^2$.

Für die Normalverteilung gelten die folgenden $k\sigma$-Regeln, k=1,2,3:

$P(|X - \mu| \leq \sigma) = 0.683;\quad P(|X - \mu| \leq 2\sigma) \leq 0.954;$

$P(|X - \mu| \leq 3\sigma) = 0.997.$

Für k=2 heißt das beispielsweise, daß die Werte mit einer Wahrscheinlichkeit von 0.954 vom Erwartungswert μ um nicht mehr als 2σ abweichen.

4.1 Wahrscheinlichkeitstheorie

Ist eine Zufallsvariable X N(0,1)-verteilt, so heißt die Verteilung auch *Standardnormalverteilung*. Die Dichte und die Verteilungsfunktion werden dann mit φ und Φ bezeichnet

$$\varphi(x) = \frac{1}{\sqrt{2\pi}} \cdot e^{-\frac{x^2}{2}}, \quad \Phi(x) = P(X \leq x) = \int_{-\infty}^{x} \varphi(u)\, du,$$

und die α-Quantile der Standardnormalverteilung mit z_α. Wie man sich leicht klarmacht, gilt aufgrund der Symmetrie der Standardnormalverteilungsdichte

$$\Phi(x) = 1 - \Phi(-x) \text{ für } x \in \mathbb{R} \text{ und } z_\alpha = -z_{1-\alpha}.$$

In SAS stehen die Verteilungsfunktion $\Phi(x)$ und die Quantile z_α der Standardnormalverteilung unmittelbar als Funktionen zur Verfügung: $\Phi(x) =$ CDF('NORMAL',x), $z_\alpha =$ PROBIT(α). Die Verteilungsfunktion einer Normalverteilung mit den Parametern μ und σ^2 kann mittels CDF('NORMAL',x,μ,σ) erhalten werden. Daher sind Tabellen dieser Werte nicht mehr erforderlich. Man kann sich leicht selbst eine kleine Tabelle erstellen, wie das folgende Beispiel zeigt, wobei durch Änderungen der Schrittweiten und der Bereiche die Tabellen beliebig abgewandelt werden können.

Programm

```
DATA norm;                         /* Standardnormalverteilung*/
  DO x=-5 TO 5 BY 0.5;
    phi_x=CDF('NORMAL',x); OUTPUT;
  END;
RUN;
PROC PRINT DATA=norm;
RUN;
DATA quantil;
  DO alpha=0.8 TO 0.99 BY 0.01;
    z_alpha=PROBIT(alpha); OUTPUT;
  END;
RUN;
PROC PRINT DATA=quantil;
RUN;
```

Ist die Zufallsvariable X N(μ,σ^2)-verteilt, so ist für $a \neq 0$ und $b \in \mathbb{R}$ die Zufallsvariable Y = aX + b N($a\mu$+b, $a^2\sigma^2$)-verteilt. Speziell ist dann $X^* = \frac{1}{\sigma}(X - \mu)$ eine standardnormalverteilte Zufallsvariable: $X^* \sim$ N(0,1).

Für die Verteilungsfunktion einer $N(\mu,\sigma^2)$-verteilten Zufallsvariablen X gilt
$$P(X \leq x) = P\left(\frac{X-\mu}{\sigma} \leq \frac{x-\mu}{\sigma}\right) = \Phi\left(\frac{x-\mu}{\sigma}\right).$$
Für das α-Quantil q_α dieser Zufallsvariablen folgt
$$q_\alpha = \mu + z_\alpha \cdot \sigma.$$
Deswegen stehen mit der $N(0,1)$-Verteilung alle $N(\mu,\sigma^2)$-Verteilungen zur Verfügung.

Die Dichte f(x) einer Normalverteilung mit den Parametern μ und σ^2 kann in SAS mittels PDF('NORMAL',x,μ,σ) erhalten werden, die Dichte $\varphi(x)$ der Standardnormalverteilung mittels PDF('NORMAL',x). Das entsprechende Schaubild, die sogenannte *Gauß'sche Glockenkurve*, läßt sich mit folgendem SAS-Programm darstellen.

Programm

```
TITLE 'Dichte der N(0,1)-Verteilung';
DATA norm;
  DO x=-4 TO 4 BY 0.01;
    phi_x=PDF('NORMAL',x);
    OUTPUT;
  END;
RUN;
GOPTIONS DEVICE=WIN;
SYMBOL1 I=JOIN;         /* Punkte (x,phi_x) werden verbunden */
PROC GPLOT DATA=norm;
  PLOT phi_x*x=1;
RUN; QUIT;
```

Mit diesem Programm erhält man das Schaubild der Normalverteilungsdichte auf einem Monitor. Dieses Schaubild kann selbstverständlich auch auf einem angeschlossenen Drucker, wie in der nebenstehenden Figur dargestellt, ausgegeben werden.

Von großer Bedeutung ist die folgende Stabilitätseigenschaft der Normalverteilung: Die Summe von zwei unabhängigen normalverteilten Zufallsvariablen ist wiederum normalverteilt. Daraus folgt unmittelbar: Sind $X_i \sim N(\mu,\sigma^2)$, i=1,2,...,n unabhängig, so gilt für den Mittelwert
$$\overline{X} = \frac{1}{n}\sum_{i=1}^{n} X_i \sim N\left(\mu, \frac{\sigma^2}{n}\right).$$

Dichte der N(0,1) – Verteilung

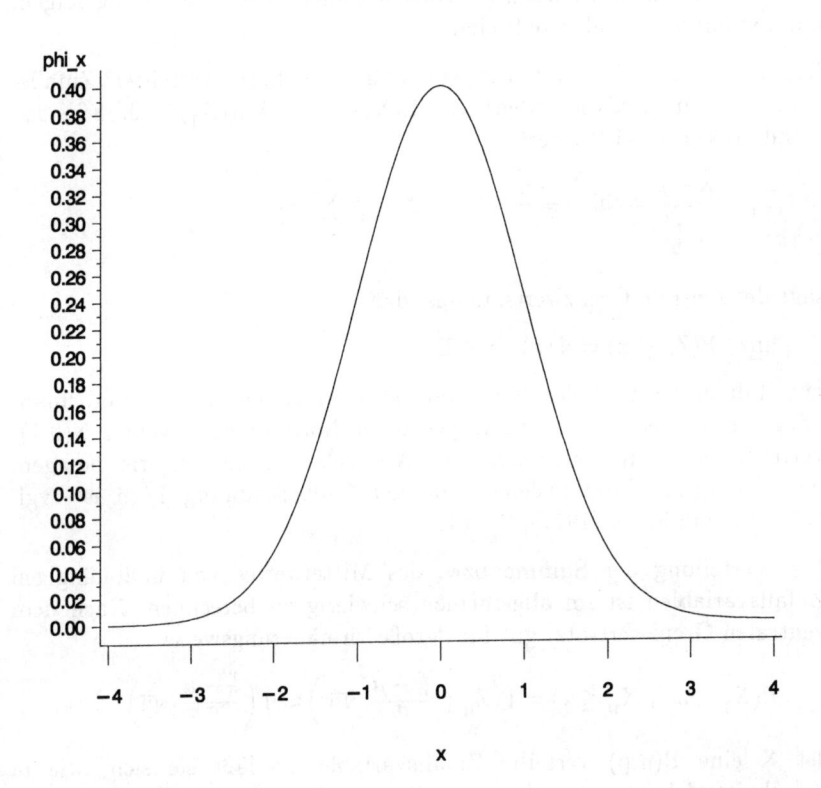

4.1.5 Grenzwertsätze

Mittelwerte unabhängiger, normalverteilter Zufallsvariablen sind wiederum normalverteilt. Dies gilt auch für abhängige gemeinsam normalverteilte Zufallsvariablen. Wie sich die Mittelwerte auch nicht normalverteilter Zufallsvariablen für große n verhalten, wird in verschiedenen Grenzwertsätzen untersucht.

Eine Folge $X_1, X_2, \ldots$ von Zufallsvariablen heißt *unabhängig*, wenn für jedes n die Zufallsvariablen $X_1, \ldots, X_n$ unabhängig sind.

Der zentrale Grenzwertsatz. Die (zentrale) Bedeutung der Normalverteilung ist u.a. auch darin begründet, daß Mittelwerte unabhängiger Zufallsvariablen, auch wenn sie einzeln keiner Normalverteilung folgen, approximativ normalverteilt sind:

$X_1, X_2, \ldots$ sei eine unabhängige Folge identisch verteilter Zufallsvariablen mit (existierenden) $\mu = E(X_1)$, $\sigma^2 = \text{Var}(X_1) > 0$. Für den standardisierten Mittelwert

$$Z_n = \frac{\overline{X} - \mu}{\sqrt{\frac{\sigma^2}{n}}} = \sqrt{n}\,\frac{\overline{X} - \mu}{\sigma} \quad \text{mit} \quad \overline{X} = \frac{1}{n}\sum_{i=1}^{n} X_i$$

sagt der zentrale Grenzwertsatz aus, daß

$$\lim_{n \to \infty} P(Z_n \leq x) = \Phi(x), \; x \in \mathbb{R}$$

gilt. Für große n ist der Mittelwert auch nicht normalverteilter, unabhängiger Zufallsvariablen nach geeigneter Normierung ungefähr N(0,1)-verteilt. Bekannte Sätze aus der Wahrscheinlichkeitstheorie besagen, daß der Approximationsfehler von der Größenordnung $1/\sqrt{n}$ ist, vgl. Gänssler und Stute (1977), S. 167.

Die Verteilung der Summe bzw. des Mittelwertes von unabhängigen Zufallsvariablen ist im allgemeinen schwierig zu berechnen. Nach dem zentralen Grenzwertsatz gilt für "große" n näherungsweise

$$P(X_1 + \ldots + X_n \leq x) = P\!\left(Z_n \leq \frac{\frac{x}{n} - \mu}{\sigma} \cdot \sqrt{n}\right) \approx \Phi\!\left(\frac{\frac{x}{n} - \mu}{\sigma} \cdot \sqrt{n}\right).$$

Ist X eine B(n,p) verteilte Zufallsvariable, so läßt sie sich, wie in Abschnitt 4.1.4.1 angegeben, als Summe $X = X_1 + \ldots + X_n$ darstellen. Nach dem zentralen Grenzwertsatz gilt dann für "große" n

$$P(k_1 \leq X \leq k_2) \approx \Phi\!\left(\frac{k_2 - np + 0.5}{\sqrt{np(1-p)}}\right) - \Phi\!\left(\frac{k_1 - np - 0.5}{\sqrt{np(1-p)}}\right), \; 0 \leq k_1 \leq k_2 \leq n,$$

wobei der auftretende Wert 0.5 eine bei diskreten Verteilungen auf $\mathbb{Z}$ eingefügte *Stetigkeitskorrektur* darstellt, welche die Güte der Approximation verbessert. Als Faustformel gilt, daß Werte von n mit $np(1-p) \geq 10$ als genügend groß für eine Verwendung dieser Approximation angesehen werden können.

Das schwache Gesetz der großen Zahlen. $X_1, X_2, \ldots$ sei eine unabhängige Folge identisch verteilter Zufallsvariablen mit $E(X_i) = \mu$. Die Vorstel-

4.1 Wahrscheinlichkeitstheorie

lung, daß der Mittelwert $\overline{X} = \overline{X}(n)$ der ersten n dieser Variablen für wachsendes n immer weniger vom Erwartungswert μ abweicht, wird durch das schwache Gesetz der großen Zahlen präzisiert:

Es gilt $\lim_{n \to \infty} P(|\overline{X}(n) - \mu| > \varepsilon) = 0$ für jedes (beliebig kleine) $\varepsilon > 0$.

Die Wahrscheinlichkeit für Abweichungen des Mittelwertes $\overline{X}$ vom Erwartungswert μ um mehr als ε konvergiert demnach mit wachsendem n gegen 0.

4.1.6 Testverteilungen

In der Statistik gibt es eine Vielzahl von Verfahren, die sich auf normalverteilte bzw. aufgrund des zentralen Grenzwertsatzes annähernd normalverteilte Zufallsvariablen stützen. Dazu werden auch einige Verteilungen von Zufallsgrößen benötigt, die sich aus normalverteilten Zufallsvariablen zusammensetzen. Diese Verteilungen, die in der Statistik zum Testen bestimmter Hypothesen verwandt werden, sollen hier kurz vorgestellt werden. Weitere Einzelheiten zu diesen Testverteilungen findet man in Lehr- oder Handbüchern der Statistik wie z.B. Bosch (1998), Hartung et al. (1999), Rasch (1976a,b) oder speziell in Johnson und Kotz (1994).

4.1.6.1 Die Chi-Quadrat (χ^2) -Verteilung

Sind $X_1,...,X_n$ unabhängige $N(0,1)$-verteilte Zufallsvariablen, dann heißt die Verteilung von

$$U_n = X_1^2 + X_2^2 + ... + X_n^2$$

(zentrale) χ^2-Verteilung mit n Freiheitsgraden. Kurz: $U_n \sim \chi_n^2$. Die α-Quantile werden mit $\chi_{\alpha,n}^2$ bezeichnet.

Erwartungswert: $E(U_n) = n$ Varianz: $Var(U_n) = 2n$

Die Verteilung der Zufallsvariablen

$$U_n' = (X_1 + \mu_1)^2 + (X_2 + \mu_2)^2 + ... + (X_n + \mu_n)^2$$

heißt *nichtzentrale χ^2-Verteilung mit n Freiheitsgraden und Nichtzentralitätsparameter* $\lambda = \mu_1^2 + \mu_2^2 + ... + \mu_n^2$. Kurz: $U_n' \sim \chi_n^2(\lambda)$. Für $\lambda = 0$ erhält man offensichtlich als Spezialfall die (zentrale) χ^2-Verteilung.

In SAS stehen Dichte, Verteilungsfunktion und Quantile der (zentralen) χ^2-Verteilung wie folgt zur Verfügung:

$f(x) = PDF('CHISQ',x,n)$, $P(U_n \leq x) = CDF('CHISQ',x,n)$,

$\chi^2_{\alpha,n} = CINV(\alpha,n)$.

Die entsprechenden Funktionen der nichtzentralen χ^2-Verteilung erhält man durch Anfügen des Parameters λ, z.B.: $\chi^2_{\alpha,n}(\lambda) = CINV(\alpha,n,\lambda)$.

Eine Tabelle der zentralen 0.95-Quantile für Freiheitsgrade von 1 bis 50 wird beispielsweise mit folgendem SAS-Programm ausgegeben.

Programm

```
DATA quantil;            /*  Quantile der Chi-Quadrat-Verteilung */
  alpha=0.95;
  DO n=1 TO 50 BY 1;
    chi_a_n=CINV(alpha,n); OUTPUT;
  END;
RUN;
PROC PRINT DATA=quantil;
RUN;
```

4.1.6.2 Die Student'sche t-Verteilung

Die Zufallsvariablen X und U_n seien unabhängig mit $X \sim N(0,1)$ und $U_n \sim \chi^2_n$. Dann heißt die Verteilung von

$$T_n = \frac{X}{\sqrt{\frac{U_n}{n}}}$$

t-Verteilung mit n Freiheitsgraden. Kurz: $T_n \sim t_n$. Die α-Quantile werden mit $t_{\alpha,n}$ bezeichnet. Für $n \to \infty$ konvergieren sie gegen die Quantile z_α der Normalverteilung: $\lim_{n \to \infty} t_{\alpha,n} = z_\alpha$.

Erwartungswert: $E(T_n) = 0$ für n>1; Varianz: $Var(T_n) = \frac{n}{n-2}$ für $n > 2$.

Die Verteilung der Zufallsvariablen

$$T'_n = \frac{X+\mu}{\sqrt{\frac{U_n}{n}}}$$

heißt *nichtzentrale t-Verteilung mit n Freiheitsgraden und Nichtzentralitätsparameter* μ. Kurz: $T'_n \sim t_n(\mu)$. Für $\mu = 0$ erhält man offensichtlich als Spezialfall die (zentrale) t-Verteilung.

4.1 Wahrscheinlichkeitstheorie

Mit SAS können Dichte, Verteilungsfunktion und Quantile der (zentralen) t-Verteilung wie folgt bestimmt werden:

$$f(x) = \text{PDF}('T',x,n), \quad P(T_n \leq x) = \text{CDF}('T',x,n), \quad t_{\alpha,n} = \text{TINV}(\alpha,n).$$

Die entsprechenden Funktionen der nichtzentralen t-Verteilung erhält man durch Anfügen des Parameters μ, z.B.: $t_{\alpha,n}(\mu) = \text{TINV}(\alpha,n,\mu)$.

4.1.6.3 Die F(isher)-Verteilung

U_m und U_n seien unabhängige Zufallsvariablen mit $U_m \sim \chi_m^2$ und $U_n \sim \chi_n^2$. Dann heißt die Verteilung von

$$W_{m,n} = \frac{U_m/m}{U_n/n}$$

(zentrale) F-Verteilung mit (m,n) Freiheitsgraden. Kurz: $W_{m,n} \sim F_{m,n}$. Die α-Quantile werden mit $F_{\alpha,m,n}$ bezeichnet.

Erwartungswert: $E(W_{m,n}) = \dfrac{n}{n-2}$ für n>2;

Varianz: $\text{Var}(W_{m,n}) = \dfrac{2n^2(m+n-2)}{m(n-2)^2(n-4)}$ für n>4.

Bei Vertauschung der Zähler- und Nennerfreiheitsgrade ergibt sich für die Quantile folgender Zusammenhang: $F_{\alpha,m,n} = 1/F_{1-\alpha,n,m}$.

Wird in der obigen Definition, die zentral χ^2-verteilte Größe U_m durch eine nichtzentral χ^2-verteilte Größe U'_m mit Nichtzentralitätsparameter λ ersetzt, so heißt die Verteilung der Zufallsvariablen

$$W'_{m,n} = \frac{U'_m/m}{U_n/n}$$

nichtzentrale F-Verteilung mit (m,n) Freiheitsgraden und Nichtzentralitätsparameter λ. Kurz: $W'_{m,n} \sim F_{m,n}(\lambda)$. Für $\lambda = 0$ erhält man offensichtlich als Spezialfall die (zentrale) F-Verteilung.

Mit SAS erhält man für die (zentrale) F-Verteilung:

$f(x) = \text{PDF}('F',x,m,n), \quad P(W_{m,n} \leq x) = \text{CDF}('F',x,m,n),$

$F_{\alpha,m,n} = \text{FINV}(\alpha,m,n)$.

Im nichtzentralen Fall hat man wieder den Nichtzentralitätsparameter λ anzufügen: $f(x) = \text{PDF}('F',x,m,n,\lambda)$, usw.

4.2 Grundlagen der beurteilenden Statistik

In der beurteilenden Statistik werden die vorliegenden Werte $x_1,...,x_n$ einer Stichprobe aufgefaßt als Realisierungen von Zufallsvariablen $X_1,...,X_n$. Die folgende Definition spiegelt wider, was man i.a. unter einer repräsentativen Stichprobe versteht:

$x_1,...,x_n$ heißt *einfache Stichprobe vom Umfang n*, wenn die Werte x_i Realisierungen von unabhängigen, identisch verteilten Zufallsvariablen X_i, $i = 1,...,n$, sind.

Die Verteilung der einzelnen Zufallsvariablen hängt oft noch von einem (oder mehreren) unbekannten Parameter(n) γ ab. Aufgrund einer einfachen Stichprobe soll dieser Parameter entweder geschätzt werden (vgl. 4.2.1 Parameterschätzung) oder es sollen Hypothesen über den Wert des Parameters getestet werden (vgl. 4.2.2 Tests). Dazu wird eine *Stichprobenfunktion* T: $\mathbb{R}^n \to \mathbb{R}$ verwandt, die der Stichprobe $x_1,...,x_n$ einen Zahlenwert $T(x_1,...,x_n)$ zuordnet. Diese Funktion wird je nach Zusammenhang auch *Schätzfunktion* oder *Teststatistik* genannt. Der unbekannte Parameter γ kann dann durch $\hat{\gamma} = T(x_1,...,x_n)$ geschätzt werden. Dabei werden in der Statistik insbesondere die Güteeigenschaften solcher Schätzungen untersucht. Zum anderen kann die Größe $T(x_1,...,x_n)$ auch zur Beurteilung einer über den Wert von γ aufgestellten Hypothese herangezogen werden. In jedem Fall wird $\hat{\gamma}$ als Realisierung der Zufallsvariablen $T(X_1,...,X_n)$ aufgefaßt. Eigenschaften der Schätzung bzw. des Tests werden beschrieben durch die Eigenschaften dieser Zufallsvariablen.

4.2.1 Parameterschätzung

4.2.1.1 Punktschätzungen

Zunächst sollen Schätzungen für den Erwartungswert μ und für die Varianz σ^2 einer Zufallsvariablen unabhängig von einer speziellen zugrunde gelegten Wahrscheinlichkeitsverteilung angegeben werden. Dabei wird in diesem Zusammenhang immer unterstellt, daß Erwartungswert und Varianz existieren und endlich sind.

Schätzung des Erwartungswertes μ einer Zufallsvariablen. Ist $x_1,...,x_n$ eine einfache Stichprobe, so liegt es nahe, den Erwartungswert $\mu = E(X_i)$ der entsprechenden Zufallsvariablen $X_1,...,X_n$ durch das arithmetische Mittel zu schätzen.

4.2 Grundlagen der beurteilenden Statistik

Schätzung für μ: $\hat{\mu} = T(x_1,...,x_n) = \bar{x} = \frac{1}{n}\sum_{i=1}^{n} x_i$

Dabei ist $\bar{x}$ Realisierung der Zufallsvariablen $T(X_1,...,X_n) = \bar{X}$. Für diesen Schätzer gilt mit $\sigma^2 = \text{Var}(X_i)$

$E(\bar{X}) = \frac{1}{n}\sum_{i=1}^{n} E(X_i) = \mu$ und $\text{Var}(\bar{X}) = \frac{1}{n^2}\sum_{i=1}^{n} \text{Var}(X_i) = \frac{\sigma^2}{n}$.

Das schwache Gesetz der großen Zahlen besagt außerdem

$\lim_{n\to\infty} P(|\bar{X} - \mu| > \varepsilon) = 0$ für jedes $\varepsilon > 0$.

Schätzung der Varianz σ^2 einer Zufallsvariablen. Die Varianz $\sigma^2 = \text{Var}(X_i)$ wird naheliegenderweise durch die Stichprobenvarianz geschätzt.

Schätzung für σ^2: $\hat{\sigma}^2 = T(x_1,...,x_n) = s^2 = \frac{1}{n-1}\sum_{i=1}^{n}(x_i - \bar{x})^2$.

Dabei ist s^2 Realisierung der Zufallsvariablen

$T(X_1,...,X_n) = S^2 = \frac{1}{n-1}\sum_{i=1}^{n}(X_i - \bar{X})^2$.

Es kann gezeigt werden, daß für diesen Schätzer gilt

$E(S^2) = \sigma^2$.

Daß die Abweichungsquadratsumme durch n-1 und nicht durch n geteilt wird, erfährt durch diese Eigenschaft der sogenannten Erwartungstreue (s. unten) ihre formale Berechtigung.

Maximum-Likelihood-Schätzungen. Zur Schätzung des Erwartungswertes und der Varianz können die oben beschriebenen Schätzfunktionen verwendet werden, die sich als Lage- und Streuungskennzahlen der Stichprobe zur Schätzung der entsprechenden Verteilungskennzahlen anbieten. Ein ganz allgemeines Prinzip zur Schätzung eines unbekannten Parameters γ (ein- oder mehrdimensional) einer Verteilung, die *Maximum-Likelihood-Methode (ML-Methode)*, wurde von R. A. Fisher in den zwanziger Jahren dieses Jahrhunderts propagiert. Es lautet:

Der unbekannte Parameter γ ist aufgrund einer einfachen Stichprobe $x_1,...,x_n$ durch $\hat{\gamma}$ so zu schätzen, daß die Wahrscheinlichkeit (berechnet unter Zugrundelegung von $\hat{\gamma}$) für die beobachtete Stichprobe möglichst groß wird.

Im Fall einer diskreten Verteilung der Zufallsvariablen X_i, i=1,...,n, sei $f_\gamma(x) = P(X_i = x|\gamma)$ für die Werte x aus dem Wertebereich von X_i und im Fall einer stetigen Verteilung sei f_γ eine Dichte der Zufallsvariablen X_i. Die für die Stichprobe $x_1,...,x_n$ definierte Funktion

$$L(x_1,...,x_n,\gamma) = f_\gamma(x_1) \cdot ... \cdot f_\gamma(x_n)$$

heißt *Likelihood-Funktion*. Eine Schätzung nach dem oben formulierten ML-Prinzip zu finden, bedeutet, die Likelihood-Funktion zu maximieren. Zu gegebener Stichprobe $x_1,...,x_n$ ist ein ML-Schätzwert $\hat{\gamma} = \hat{\gamma}(x_1,...,x_n)$ so zu bestimmen, daß

$$L(x_1,...,x_n,\hat{\gamma}) \geq L(x_1,...,x_n,\gamma)$$

für alle in Betracht kommenden Werte γ gilt. Unter geeigneten Bedingungen erhält man den ML-Schätzwert durch Null-Setzen der ersten (partiellen) Ableitung(en) der Likelihood-Funktion nach γ. Weitere Einzelheiten zu den (asymptotischen) Eigenschaften der ML-Schätzer findet man beispielsweise in Winkler (1983) oder Lehmann (1999) und in der dort ausführlich besprochenen Literatur.

Die Methode der kleinsten Quadrate (Least Squares). Ein weiteres allgemeines Verfahren der Parameterschätzung ist die Methode der kleinsten Quadrate (LS-Methode), die auf folgendem Modell beruht.

Die unbekannten, zu schätzenden Parameter seien $\gamma_1,...,\gamma_p$. Die Zufallsvariablen Y_i, deren Realisierungen beobachtet werden, können in der Form

$$Y_i = f_i(\gamma_1,...,\gamma_p) + \varepsilon_i, \quad i=1,...,n$$

dargestellt werden. Dabei sind f_i bekannte Funktionen und ε_i Zufallsvariable mit $E(\varepsilon_i) = 0$. Zur Interpretation stelle man sich den Wert $f_i(\gamma_1,...,\gamma_p)$ als wahren zu messenden Wert und y_i als durch einen Meßfehler verfälschten Beobachtungswert vor. Die LS-Methode besteht nun darin, die unbekannten Parameter so durch $\hat{\gamma}_1,...,\hat{\gamma}_p$ zu schätzen, daß die Abweichungsquadratsumme

$$Q = \sum_{i=1}^{n} (y_i - f_i(\hat{\gamma}_1,...,\hat{\gamma}_p))^2$$

zu einem Minimum wird. Diese Schätzwerte werden dann *Least Squares Schätzer* genannt. Als wichtigstes Anwendungsbeispiel sei der Fall erwähnt, daß die Funktionen f_i linear in den unbekannten Parametern sind, z.B. $f_i(\gamma_1,\gamma_2) = \gamma_1 + \gamma_2 \cdot x_i$ mit bekanntem x_i. Dies führt auf

4.2 Grundlagen der beurteilenden Statistik

Probleme der linearen Regression, die ausführlich in Abschnitt 3.2.3 und in Kapitel 7 beschrieben werden. Auch für nichtlineare Funktionen f_i können nach dieser Methode Schätzungen gewonnen werden, wie in Abschnitt 3.2.3.3 dargestellt wird.

Eigenschaften von Schätzfunktionen. Eine Schätzfunktion $T(X_1,...,X_n)$ für den Parameter γ heißt *erwartungstreu*, falls

$$E(T|\gamma) = E(T(X_1,..., X_n)|\gamma) = \gamma$$

gilt; die Schreibweise $E(T_n|\gamma)$ gibt die Abhängigkeit von γ wieder. Diese Eigenschaft besagt also, daß die Schätzung "richtig zentriert" ist. So sind $\bar{X}$ und S^2 unter den angegebenen Bedingungen erwartungstreue Schätzer für μ bzw. σ^2.

Die Forderung an einen "guten Schätzer", daß mit wachsendem Stichprobenumfang die Wahrscheinlichkeitsverteilung des Schätzers "immer stärker" um den tatsächlichen Wert konzentriert sein sollte, wird durch folgende Eigenschaft ausgedrückt.

Eine Folge T_n, n=1,2,..., von Schätzfunktionen für den Parameter γ heißt *konsistent*, wenn für jedes $\varepsilon > 0$ gilt:

$$\lim_{n\to\infty} P(|T_n(X_1,...,X_n) - \gamma| > \varepsilon) = 0.$$

Um festzustellen, welche Folgen von Schätzfunktionen konsistent sind, kann folgendes Kriterium verwendet werden: Gilt für eine Folge T_n, n=1,2,..., von erwartungstreuen Schätzfunktionen $\lim_{n\to\infty} \text{Var}(T_n) = 0$, so ist diese Folge konsistent.

Für unabhängige, identisch verteilte Zufallsvariablen X_i, i=1,2,..., ist die Folge der Mittelwerte $\bar{X}$ nach dem schwachen Gesetz der großen Zahlen konsistent für μ. Auch die Folge der Stichprobenvarianzen S^2 ist in diesem Fall konsistent für σ^2 (selbstverständlich $E(|X_1|) < \infty$ bzw. $E(X_1^2) < \infty$ vorausgesetzt).

Ein weiteres Gütekriterium für einen Schätzer bei festem Stichprobenumfang ist seine Varianz. Daher ist unter allen erwartungstreuen Schätzern derjenige mit kleinster Varianz ausgezeichnet, falls es einen solchen gibt. Man kann unter gewissen Regularitätsbedingungen nachweisen, daß es für die Varianz eines Schätzers eine untere Schranke, die sogenannte Rao-Cramér-Schranke, gibt. Einzelheiten hierzu und zu den Eigenschaften von Schätzfunktionen kann man nachlesen beispielsweise in Bosch (1998), Winkler (1983), Witting (1985), Lehmann (1999).

4.2.1.2 Intervallschätzungen - Vertrauensintervalle

Zur Beantwortung der Frage, in welchem Intervall der unbekannte Parameter γ mit vorgegebener Wahrscheinlichkeit $1-\alpha$ ($0 < \alpha < 1$) liegt, werden aus einer vorliegenden einfachen Stichprobe $x_1,...,x_n$ mit Hilfe von zwei Stichprobenfunktionen $g_u(x_1,...,x_n)$ und $g_o(x_1,...,x_n)$ eine untere und eine obere Intervallgrenze berechnet. Die Zufallsvariablen $G_u = g_u(X_1,...,X_n)$ und $G_o = g_o(X_1,...,X_n)$ bilden dann das Zufallsintervall $[G_u, G_o]$. Dieses Intervall heißt *Vertrauensintervall* oder *Konfidenzintervall* für den unbekannten Parameter γ zum *Vertrauensniveau* $1-\alpha$, falls $P(G_u \leq \gamma \leq G_o) \geq 1-\alpha$ gilt. Die Größe $1-\alpha$ wird auch *Vertrauenswahrscheinlichkeit* genannt.

Vertrauensintervall für μ. Sei nun $x_1,...,x_n$ eine einfache Stichprobe aus einer normalverteilten Grundgesamtheit, d.h. die Werte x_i sind Realisierungen von unabhängigen $N(\mu, \sigma^2)$-verteilten Zufallsvariablen X_i, $i = 1,2,...,n$. Ein Vertrauensintervall für μ zum Niveau $1-\alpha$ bei unbekannter Varianz σ^2 kann in folgender Weise bestimmt werden. Von den Zufallsvariablen

$$X^* = \frac{\overline{X} - \mu}{\sqrt{\frac{\sigma^2}{n}}} \quad \text{und} \quad S^* = \frac{n-1}{\sigma^2} S^2 \quad \text{mit} \quad S^2 = \frac{1}{n-1} \sum_{i=1}^{n} (X_i - \overline{X})^2$$

ist bekannt, daß sie stochastisch unabhängig voneinander sind und einer Standardnormalverteilung bzw. einer χ^2-Verteilung mit $n-1$ Freiheitsgraden folgen, vgl. Krengel (2000). Nach Abschnitt 4.1.6.2 ist demnach die Zufallsgröße

$$\frac{X^*}{\sqrt{\frac{S^*}{n-1}}} = \frac{\overline{X} - \mu}{\sqrt{\frac{S^2}{n}}}$$

t-verteilt mit $n-1$ Freiheitsgraden. Mit Hilfe der Quantile $t_{1-\frac{\alpha}{2}, n-1}$ und $t_{\frac{\alpha}{2}, n-1} = -t_{1-\frac{\alpha}{2}, n-1}$ erhält man

$$1 - \alpha = P\left(-t_{1-\frac{\alpha}{2}, n-1} \leq \frac{\overline{X} - \mu}{\sqrt{\frac{S^2}{n}}} \leq t_{1-\frac{\alpha}{2}, n-1}\right).$$

Durch Auflösen der Ungleichung nach μ ergeben sich dann die Grenzen des Vertrauensintervalls:

$$G_u = \overline{X} - t_{1-\frac{\alpha}{2}, n-1} \cdot \sqrt{\frac{S^2}{n}}, \quad G_o = \overline{X} + t_{1-\frac{\alpha}{2}, n-1} \cdot \sqrt{\frac{S^2}{n}}.$$

Vertrauensintervall für σ^2. Ein Vertrauensintervall für σ^2 bei unbekanntem Erwartungswert μ liefert in analoger Weise die χ^2-verteilte Größe $\frac{n-1}{\sigma^2} S^2 \sim \chi^2_{n-1}$:

$$G_u = \frac{n-1}{c_2} S^2, \; c_2 = \chi^2_{1-\frac{\alpha}{2}, n-1}, \; G_o = \frac{n-1}{c_1} S^2, \; c_1 = \chi^2_{\frac{\alpha}{2}, n-1}.$$

4.2.2 Tests

Statistische Tests dienen dazu, Annahmen über die Wahrscheinlichkeitsverteilung, die zur Beschreibung der vorliegenden Daten herangezogen wird, zu bestätigen oder zu widerlegen und die Wahrscheinlichkeiten für mögliche Fehlentscheidungen zu quantifizieren. Diese Annahmen, die als sogenannte *Nullhypothesen* H_0 formuliert werden, können ganz unterschiedlicher Natur sein.

So kann sich die Annahme auf einen (oder mehrere) unbekannte Parameter einer bestimmten Verteilung beziehen. Bei einem Test dieser Annahmen geht es darum zu entscheiden, ob dieser Parameter einen bestimmten Wert annimmt oder in einem bestimmten Intervall liegt. Einen Test dieser Art nennt man *Parametertest*.

Andere mögliche Annahmen über die Verteilung können sich beispielsweise auf Symmetrieeigenschaften dieser Verteilung (kommen positive und negative Werte mit gleicher Wahrscheinlichkeit vor?) beziehen oder auf die Unabhängigkeit bestimmter Ereignisse. Fragen dieser Art werden durch *nichtparametrische Tests* entschieden. Unter diesen Tests sind die sogenannten *Anpassungstests* von besonderer Bedeutung. Sie dienen dazu zu überprüfen, ob ein bestimmter Verteilungstyp, etwa Normalverteilung, vorliegt.

Einige der am häufigsten verwendeten Testverfahren werden im einzelnen in späteren Abschnitten erläutert. Der generelle Ablauf eines Tests soll nun anhand der Parametertests beschrieben werden. Zugrundegelegt wird, wie im folgenden stets, eine einfache Stichprobe $x_1,...,x_n$. Dabei werden die Werte x_i aufgefaßt als Realisierungen von unabhängigen, identisch verteilten Zufallsvariablen X_i mit einer Verteilungsfunktion $F_\gamma(x) = P(X_i \leq x|\gamma)$, die noch von einem unbekannten Parameter γ abhängt. Der übersichtlicheren Darstellung wegen beschreiben wir hier nur den Fall eines eindimensionalen Parameters γ, der also Element einer (bekannten) Teilmenge Γ der reellen Zahlen ist: $\gamma \in \Gamma \subset \mathbb{R}$. Mit der

Nullhypothese H_0 wird die Behauptung aufgestellt, daß der Parameter γ in einer nichtleeren Teilmenge $\Gamma_0 \subset \Gamma$ von Γ liegt. Die Alternativhypothese dagegen besagt, daß γ nicht in Γ_0, sondern in $\Gamma_1 = \Gamma \backslash \Gamma_0$ liegt:

H_0: $\gamma \in \Gamma_0$ $\qquad$ H_A: $\gamma \in \Gamma_1$.

Mit Hilfe einer Stichprobenfunktion $T = T(x_1,...,x_n)$, die in diesem Zusammenhang auch *Prüfgröße* oder *Testgröße* oder auch *Teststatistik* genannt wird, wird die Entscheidung für H_A oder für H_0 gefällt. Liegt der Wert $T = T(x_1,...,x_n)$, der oft auch einen Schätzwert für den unbekannten Parameter darstellt, in einem vorher bestimmten *Ablehnungsbereich* K (kritischer Bereich), so wird die Nullhypothese abgelehnt, andernfalls nicht abgelehnt:

$T \in K$ $\Rightarrow$ H_0 ablehnen, Entscheidung für H_A;
$T \notin K$ $\Rightarrow$ H_0 nicht ablehnen, Entscheidung für H_0.

Bei jeder dieser zwei möglichen Entscheidungen kann man eine Fehlentscheidung treffen:

Man spricht bei einer Entscheidung für H_A, obwohl H_0 richtig ist, von einem *Fehler 1. Art*. Die Wahrscheinlichkeit für einen solchen Fehler 1. Art wird *Irrtumswahrscheinlichkeit 1. Art* genannt, sie hängt von dem tatsächlich vorliegenden Parameterwert $\gamma \in \Gamma_0$ ab und wird mit $\alpha(\gamma)$ bezeichnet.

Eine Entscheidung für H_0, obwohl H_A richtig ist, heißt *Fehler 2. Art*, die entsprechende Fehlerwahrscheinlichkeit wird mit $\beta(\gamma)$, $\gamma \in \Gamma_1$ bezeichnet.

Die Nullhypothese wird also fälschlicherweise abgelehnt, wenn bei einem zutreffenden Wert $\gamma \in \Gamma_0$ die Testgröße T einen Wert in dem kritischen Bereich K annimmt. Die Fehlerwahrscheinlichkeit 1. Art ist dann $\alpha(\gamma) = P(T \in K | \gamma)$, $\gamma \in \Gamma_0$. Die entsprechende für alle Werte γ aus Γ definierte Funktion $G(\gamma) = P(T \in K | \gamma)$ heißt *Gütefunktion*, die Funktion $L(\gamma) = 1 - G(\gamma)$ nennt man *Operationscharakteristik*. Mit Hilfe dieser Funktionen lassen sich dann auch die maximal möglichen Fehlerwahrscheinlichkeiten 1. und 2. Art angeben, genauer kleinste obere Schranken für diese Fehlerwahrscheinlichkeiten:

$$\alpha' = \sup_{\gamma \in \Gamma_0} G(\gamma) = \sup_{\gamma \in \Gamma_0} \alpha(\gamma), \quad \beta = \sup_{\gamma \in \Gamma_1} L(\gamma) = \sup_{\gamma \in \Gamma_1} \beta(\gamma)$$

4.2 Grundlagen der beurteilenden Statistik

Der Test wird dann so durchgeführt, daß nach Formulierung der Nullhypothese, also der Festlegung von Γ_0, zu einem vorgegebenen Wert α der kritische Bereich K bestimmt wird und zwar so, daß $\alpha(\gamma) = P(T \in K|\gamma) \leq \alpha$ für alle $\gamma \in \Gamma_0$ gilt. Man spricht daher auch von einem *Test zum (Signifikanz-)Niveau* α und nennt $1 - \beta$ die *Güte* des Tests.

	Entscheidung für H_0	Entscheidung für H_A
H_0 ist richtig	richtige Entscheidung Sicherheitswahrsch. $1 - \alpha(\gamma)$, $\gamma \in \Gamma_0$	Fehler 1. Art Fehlerwahrsch. $\alpha(\gamma) \leq \alpha$, $\gamma \in \Gamma_0$
H_A ist richtig	Fehler 2. Art Fehlerwahrsch. $\beta(\gamma) \leq \beta$, $\gamma \in \Gamma_1$	richtige Entscheidung Sicherheitswahrsch. $1 - \beta(\gamma)$, $\gamma \in \Gamma_1$

Fällt der aus der Stichprobe berechnete Wert T in den kritischen Bereich K, so wird die Nullhypothese abgelehnt (Entscheidung für H_A), andernfalls wird H_0 nicht abgelehnt. Die allgemein gebräuchliche Phrase "H_0 wird nicht abgelehnt" (statt "H_0 wird angenommen") trägt der Tatsache Rechnung, daß die maximale Fehlerwahrscheinlichkeit 2. Art β im Vergleich zu dem vorgegebenen Wert α sehr groß (oft $\beta = 1 - \alpha$) ausfallen kann.

5 Beurteilende Statistik - Grundlegende Verfahren

In diesem Kapitel sollen die grundlegenden Verfahren der beurteilenden Statistik angesprochen werden, die üblicherweise in einer Einführungsveranstaltung zur Statistik vorgestellt werden. Neben einer knappen Darstellung des Modells und der Voraussetzungen wird jeweils an einem Beispiel die Umsetzung in SAS gezeigt und der Output erläutert.

5.1 Tests bei Normalverteilungsannahme

5.1.1 Einstichproben-Tests

Für diesen Abschnitt wird stets angenommen, daß die Werte $x_1,...,x_n$ eine einfache, normalverteilte Stichprobe bilden, d.h. daß diese Werte als Realisierungen von unabhängigen identisch $N(\mu,\sigma^2)$-verteilten Zufallsvariablen $X_1,...,X_n$ aufgefaßt werden.

5.1.1.1 Test des Erwartungswertes — Einstichproben t-Test

Für einen bestimmten Wert μ_0 sollen folgende Hypothesen über den Erwartungswert μ geprüft werden, wobei die Varianz σ^2 unbekannt ist.

Hypothesen.
a) $H_0: \mu = \mu_0$ $H_A: \mu \neq \mu_0$ b) $H_0: \mu \leq \mu_0$ $H_A: \mu > \mu_0$
c) $H_0: \mu \geq \mu_0$ $H_A: \mu < \mu_0$

Teststatistik. Zur Prüfung der Nullhypothesen wird die Zufallsvariable

$$T = T(X_1,...,X_n) = \frac{\overline{X}-\mu_0}{\sqrt{\frac{S^2}{n}}} \quad \text{mit} \quad S^2 = \frac{1}{n-1}\sum_{i=1}^{n}(X_i - \overline{X})^2$$

als Teststatistik verwandt. Sie ist zentral t-verteilt mit n-1 Freiheitsgraden, falls $\mu = \mu_0$ gilt.

Testentscheidung. Die Testentscheidung über die oben aufgeführten Hypothesen kann nun durch den Vergleich der Realisierung

$$t = T(x_1,...,x_n) = \frac{\overline{x}-\mu_0}{\sqrt{\frac{s^2}{n}}}$$

5.1 Tests bei Normalverteilungsannahme

der Teststatistik mit den entsprechenden Quantilen der t-Verteilung erfolgen. Testentscheidung: H_0 ablehnen, falls

a) $|t| > t_{1-\frac{\alpha}{2}, n-1}$ b) $t > t_{1-\alpha, n-1}$ c) $t < -t_{1-\alpha, n-1}$.

In Anlehnung an SAS sollen diese Vergleiche mit Hilfe der Überschreitungswahrscheinlichkeiten zu dem berechneten Prüfwert t formuliert werden. Im Fall b) beispielsweise ist diese Überschreitungswahrscheinlichkeit $P(T > t)$. Diese ist dann mit dem vorgegebenen Niveau α des Tests zu vergleichen. Fällt die Überschreitungswahrscheinlichkeit kleiner aus als α, ist die entsprechende Nullhypothese abzulehnen. Die Nullhypothese wird demnach abgelehnt, wenn folgende Bedingung erfüllt ist:

a) $P(|T| > |t|) < \alpha$ b) $P(T > t) < \alpha$ c) $P(T < t) < \alpha$.

SAS liefert nur die Überschreitungswahrscheinlichkeit für den Fall a). Aufgrund der Symmetrieeigenschaften der t-Verteilungsdichte lassen sich jedoch die Überschreitungswahrscheinlichkeiten für b) und c) aus der für a) berechnen:

$P(T > t) = \frac{1}{2} P(|T| > |t|)$ für $t \geq 0$; $P(T < t) = \frac{1}{2} P(|T| > |t|)$ für $t \leq 0$.

Durchführung in SAS — Beispiel 5_1. In SAS kann der Test mit Hilfe der Prozedur UNIVARIATE durchgeführt werden, indem die Option MU0 = μ_0 verwendet wird.

Für die Stichprobe 3.0 , 4.7 , 1.9 , 6.2 , 5.4 , 1.7 , 8.1 , 5.6 , 2.0 , 4.1 vom Umfang n=10 sollen die Tests mit $\mu_0 = 4.5$ durchgeführt werden.

Programm

```
DATA b5_1;                        /* Einstichproben t-Test    */
 INPUT x @@;
 CARDS;
 3.0 4.7 1.9 6.2 5.4 1.7 8.1 5.6 2.0 4.1
RUN;
PROC UNIVARIATE  MU0=4.5  DATA=b5_1;
  VAR x;
RUN;
```

Alternativ könnte auch die Prozedur TTEST mit der Option H0 = μ_0 verwendet werden, siehe SAS/STAT User's Guide (1999), S. 3570. Auf diese Prozedur werden wir in Abschnitt 5.1.2.2 näher eingehen.

Das Programm erzeugt eine SAS-Datei b5_1 mit der Variablen x. Die x-Werte werden mit der Prozedur UNIVARIATE ausgewertet. Dieses Programm liefert unter anderem folgenden Output.

Output (gekürzt)

```
                  The UNIVARIATE Procedure
                         Variable: x
                          Moments
                             ...

        Std Deviation  2.1250098    Variance  4.51566667
                             ...

                   Tests for Location: Mu0=4.5
          Test        -Statistic-        -----p Value-------

        Student's t    t  − 0.34227      Pr > |t|    0.7400
                             ...
```

Der für die Auswertung wesentliche Teil des Output, nämlich *Tests for Location: Mu0=4.5*, enthält in der Zeile *Student's t* den Wert $t = -0.34227$ als Realisierung der Prüfgröße und die Überschreitungswahrscheinlichkeit $P(|T| > |t|) = Pr>|t|=0.74$. Wegen der Symmetrie der t-Verteilung folgt $P(T < -0.34227) = P(T > 0.34227) = 0.37$. Die Bedingung zur Ablehnung der Nullhypothese wäre nur dann erfüllt, wenn a) $\alpha > 0.74$ b) $\alpha > 1 - 0.37 = 0.63$ c) $\alpha > 0.37$. Für einen *vorgegebenen* Wert von α im üblichen Bereich, etwa $\alpha = 0.05$ oder $\alpha = 0.01$, würden die vorliegenden Daten also in keinem der drei Fälle zur Ablehnung der Nullhypothese führen. Natürlich muß von der Sache her begründet und zuvor festgelegt sein, welche der drei angeführten Nullhypothesen getestet wird.

Die Gütefunktion. Für das Testproblem $H_0: \mu \leq \mu_0$ $H_A: \mu > \mu_0$ soll nun exemplarisch mit Hilfe von SAS die Gütefunktion näherungsweise berechnet werden. Ist μ der zutreffende Erwartungswert, dann folgt die Testgröße

$$T = \frac{\overline{X} - \mu_0}{\sqrt{\frac{S^2}{n}}}$$

5.1 Tests bei Normalverteilungsannahme

einer *nichtzentralen* t-Verteilung mit n-1 Freiheitsgraden und dem Nichtzentralitätsparameter (siehe 4.1.6.2)

$$nc = \frac{\mu - \mu_0}{\sqrt{\frac{\sigma^2}{n}}}.$$

Nach 4.1.6.2 ergibt sich die Gütefunktion zu

$$G(\mu) = P(T > t_{1-\alpha, n-1} \mid \mu, \sigma^2) = 1 - \text{CDF}('T', t_{1-\alpha, n-1}, n-1, nc)$$

mit dem (1-α)-Quantil der zentralen t-Verteilung. Leider hängt die Gütefunktion nicht nur von dem interessierenden Parameter μ, sondern auch von der als unbekannt unterstellten Varianz σ^2 ab. Hier läßt sich als Approximation die Stichprobenvarianz s^2 einsetzen. Für das obige Beispiel hat die Prozedur UNIVARIATE den Wert $s^2 = 4.515667$ berechnet. Das folgende Programm erzeugt eine Wertetabelle der Gütefunktion $G(\mu)$ im Bereich von $\mu = 3.0$ bis $\mu = 7.5$. Außerdem werden Gütefunktionen auch für die Stichprobenumfänge n=20 und n=50 berechnet und graphisch in einem gemeinsamen Schaubild dargestellt.

Programm

```
TITLE ' Die Gütefunktion für den t-Test';
DATA gt;
  n1=10; n2=20; n3=50;            /* Stichprobenumfänge      */
  m0=4.5; alpha=0.05;             /* Eingabedaten            */
  s_quadr=4.515667;
  q1=TINV(1-alpha,n1-1);
  q2=TINV(1-alpha,n2-1);          /* zentrale t-Quantile     */
  q3=TINV(1-alpha,n3-1);
  DO m=3.0 TO 7.5 BY .01;         /* Berechnung der Gütefkt. */
    nc=(m-m0)/SQRT(s_quadr/n1);nc2=(m-m0)/SQRT(s_quadr/n2);
    nc3=(m-m0)/SQRT(s_quadr/n3);
    gm=1-CDF('T',q1,n1-1,nc); gm2=1-CDF('T',q2,n2-1,nc2);
    gm3=1-CDF('T',q3,n3-1,nc3);   OUTPUT;
  END;
  KEEP m gm gm2 gm3 nc;
RUN;
PROC PRINT DATA=gt;                /* Wertetabelle für n=10   */
  VAR m gm nc;
RUN;
```

Programm (fortgesetzt)

```
GOPTIONS DEVICE=WIN  KEYMAP=WINANSI FTEXT=SWISS;
DATA anno;            /* Datei zur Graphikbeschriftung und  */
  xsys='2'; ysys='2'; /* Definition des Bezugssystems und   */
                      /* der Einheiten der x-,y-Werte unten */
  FUNCTION='LABEL'; x=6.0; y=0.55;
        STYLE='SWISS'; TEXT='n=10'; OUTPUT;
  FUNCTION='LABEL'; x=5.8; y=0.72;
        STYLE='SWISS'; TEXT='n=20'; OUTPUT;
  FUNCTION='LABEL'; x=5.5; y=0.83;
        STYLE='SWISS'; TEXT='n=50'; OUTPUT;
RUN;
SYMBOL1 I=JOIN  C=BLACK; /* Graphische Darstellung  */
PROC GPLOT DATA=gt;      /* der Gütefunktionen      */
  PLOT gm*m=1 gm2*m=1 gm3*m=1
    /OVERLAY NOFRAME
        ANNOTATE=anno;   /* Beschriftungen der Graphik */
RUN; QUIT;
```

Die folgende Wertetabelle (Auszug) des Output der Prozedur PRINT zeigt, daß sich für $\mu = 4.5$ natürlich der Wert $G(4.5) = \alpha = 0.05$ ergibt und daß mit wachsendem μ der Nichtzentralitätsparameter nc und damit auch die Gütefunktion monoton wächst.

Output

	Die Gütefunktion für den t-Test		
Obs	m	gm	nc
1	3.0	0.000097045	-2.23219
51	3.5	0.001221445	-1.48812
101	4.0	0.009735	-0.74406
151	4.5	0.05000	0.00000
201	5.0	0.16961	0.74406
251	5.5	0.39398	1.48812
301	6.0	0.66107	2.23219
351	6.5	0.86376	2.97625
401	7.0	0.96222	3.72031
451	7.5	0.99295	4.46437

5.1 Tests bei Normalverteilungsannahme

Das folgende Schaubild zeigt, wie sich bei gleichbleibender Varianz die Gütefunktion mit wachsendem Stichprobenumfang ändert.

Die Gütefunktion für den t−Test

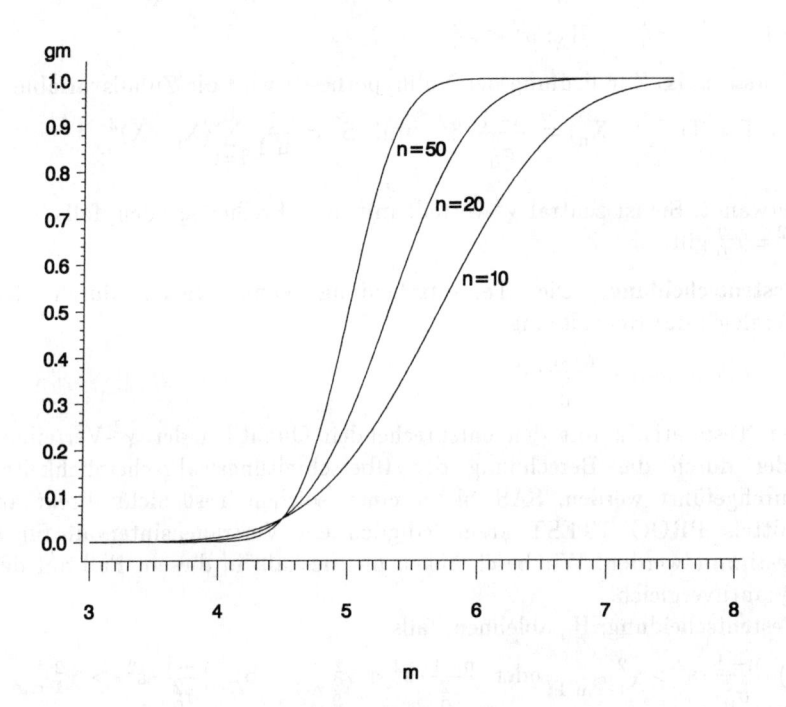

Würde der unbekannte Erwartungswert μ beispielsweise den Wert $\mu = 5.5$ annehmen, so wird bei einem Stichprobenumfang von n=10 die Nullhypothese $H_0 : \mu \leq 4.5$ mit einer Wahrscheinlichkeit von etwa 0.4, bei n=20 mit W. 0.65 und bei n=50 mit W. 0.95 abgelehnt. Liegen Vorinformationen über die Varianz σ^2 vor und möchte man einen bestimmten Wert μ mit einer vorgegebenen Wahrscheinlichkeit $1 - \beta$ als signifikant erkennen, so kann der erforderliche Stichprobenumfang durch Variieren der Parameter in dem oben wiedergegebenen Programm ermittelt werden. Für die Werte $\sigma^2 = 4.5$, $\mu = 5.5$ und $1 - \beta = 0.95$ wäre demnach ein Stichprobenumfang von n = 50 erforderlich.

5.1.1.2 Test der Varianz

Für einen bestimmten Wert σ_0^2 sollen folgende Nullhypothesen über die Varianz einer normalverteilten Grundgesamtheit geprüft werden.

Hypothesen.
a) $H_0: \sigma^2 = \sigma_0^2$ $H_A: \sigma^2 \neq \sigma_0^2$ b) $H_0: \sigma^2 \leq \sigma_0^2$ $H_A: \sigma^2 > \sigma_0^2$
c) $H_0: \sigma^2 \geq \sigma_0^2$ $H_A: \sigma^2 < \sigma_0^2$

Teststatistik. Zur Prüfung der Nullhypothesen wird die Zufallsvariable

$$T = T(X_1,...,X_n) = \frac{n-1}{\sigma_0^2} \cdot S^2 \quad \text{mit} \quad S^2 = \frac{1}{n-1} \sum_{i=1}^{n}(X_i - \overline{X})^2$$

verwandt. Sie ist zentral χ^2-verteilt mit n-1 Freiheitsgraden, falls $\sigma^2 = \sigma_0^2$ gilt.

Testentscheidung. Die Testentscheidung kann wieder durch den Vergleich der Realisierung

$$T(x_1,...,x_n) = \frac{n-1}{\sigma_0^2} \cdot s^2$$

der Teststatistik mit den entsprechenden Quantilen der χ^2-Verteilung oder durch die Berechnung der Überschreitungswahrscheinlichkeiten durchgeführt werden. SAS bietet einen solchen Test nicht direkt an; mittels PROC TTEST kann lediglich ein Vertrauensintervall für σ bestimmt werden. Wir beschränken uns deshalb in diesem Fall auf den Quantilvergleich.

Testentscheidung: H_0 ablehnen, falls

a) $\frac{n-1}{\sigma_0^2} \cdot s^2 > \chi^2_{1-\frac{\alpha}{2},n-1}$ oder $\frac{n-1}{\sigma_0^2} \cdot s^2 < \chi^2_{\frac{\alpha}{2},n-1}$ b) $\frac{n-1}{\sigma_0^2} \cdot s^2 > \chi^2_{1-\alpha,n-1}$

c) $\frac{n-1}{\sigma_0^2} \cdot s^2 < \chi^2_{\alpha,n-1}$.

Durchführung in SAS – Beispiel 5_2. Mit Hilfe der Prozedur UNIVARIATE kann der Wert s^2 berechnet werden. Die Quantile erhält man wie in 4.1.6 beschrieben.

Für die Daten aus dem Beispiel 5_1 soll die Hypothese b) mit $\sigma_0^2 = 2.5$ geprüft werden. Die Prozedur UNIVARIATE ergab eine Stichprobenvarianz von $s^2 = 4.51566667$. Das folgende SAS-Programm berechnet die Testgröße und liefert das α- und das $(1-\alpha)$-Quantil der Chi-Quadrat-Verteilung mit n-1 Freiheitsgraden.

5.1 Tests bei Normalverteilungsannahme

Programm

```
DATA b5_2;                              /*   Test der Varianz   */
   s2=4.51566667; s02=2.5; n=10; alpha=0.05;
   t=(n-1)*s2/s02;
   c1_alpha= CINV(1-alpha,n-1);
   c_alpha = CINV(alpha,n-1); OUTPUT;
RUN;
PROC PRINT DATA=b5_2;
RUN;
```

Dieses Programm kann offensichtlich auch für die Fälle a) und c) eingesetzt werden, wobei im Fall a) zu beachten ist, daß der Variablen alpha dann der Wert $\frac{\alpha}{2}$ zuzuweisen ist, in unserem Beispiel alpha = 0.025. Es ergibt sich folgender Output.

Output

Obs	s2	s02	n	alpha	t	c1_alpha	c_alpha
1	4.51567	2.5	10	0.05	16.2564	16.9190	3.32511

Da der Wert $\frac{n-1}{\sigma_0^2} \cdot s^2 = 16.2564$ kleiner als $\chi^2_{1-\alpha,n-1} = 16.9190$ ausfällt, kann die Nullhypothese H_0: $\sigma^2 \leq 2.5$ auf dem Niveau $\alpha = 0.05$ nicht verworfen werden.

Die Gütefunktion. Für den Fall a) H_0: $\sigma^2 = \sigma_0^2$ soll die Gütefunktion hier bestimmt werden. Ist σ^2 der zutreffende Parameter, so folgt die Zufallsvariable

$$\frac{\sigma_0^2}{\sigma^2} \cdot T = \frac{n-1}{\sigma^2} \cdot S^2$$

einer zentralen χ^2-Verteilung mit n-1 Freiheitsgraden. Bezeichnet $F_{n-1}(x)$ die Verteilungsfunktion dieser Zufallsvariablen, so ergibt sich mit den Quantilen $c_1 = \chi^2_{\frac{\alpha}{2},n-1}$ und $c_2 = \chi^2_{1-\frac{\alpha}{2},n-1}$ für die Gütefunktion $G(\sigma^2)$ die Darstellung

$$G(\sigma^2) = P(T < c_1|\sigma^2) + P(T > c_2|\sigma^2) = F_{n-1}(c_1 \cdot \frac{\sigma_0^2}{\sigma^2}) + 1 - F_{n-1}(c_2 \cdot \frac{\sigma_0^2}{\sigma^2}).$$

Das folgende Programm liefert neben einer Wertetabelle der Gütefunktion für $\sigma_0^2 = 2.5$ auch eine graphische Darstellung.

Programm

```
TITLE ' Die Gütefunktion für den Test der Varianz';
DATA gv;
  alpha=0.05; n=10; s02=2.5;
  c1=CINV(alpha/2,n-1);   c2=CINV(1-alpha/2,n-1);
  DO s2=0.1 TO 12.0 BY 0.1;     /* Berechnung der Gütefunktion */
    x1=s02*c1/s2;
    x2=s02*c2/s2;
    gs2=CDF('CHISQ',x1,n-1)+1-CDF('CHISQ',x2,n-1); OUTPUT;
  END;
  KEEP s2 gs2;                  /* Nur s2 und gs2 sollen in die  */
RUN;                            /* Datei gv aufgenommen werden */
PROC PRINT DATA=gv;             /* Ausgabe der Wertetabelle    */
RUN;
GOPTIONS DEVICE=WIN KEYMAP=WINANSI FTEXT=SWISS;
PROC GPLOT DATA=gv;             /* Graphische Darstellung      */
  SYMBOL1 I=JOIN C=RED;         /* der Gütefunktion            */
  PLOT gs2*s2=1;
RUN; QUIT;
```

Der folgende Ausschnitt des Output zeigt, daß das Minimum der Gütefunktion nicht bei $\sigma^2 = 2.5$ mit $G(2.5) = 0.05$ liegt, sondern bei einem etwas niedrigeren Wert. So ist beispielsweise für $\sigma^2 = 2.3$ die

Output

Die Gütefunktion für den Test der Varianz		
Obs	s2	gs2
. . . .		
21	2.1	0.05187
22	2.2	0.04866
23	2.3	0.04736
24	2.4	0.04783
25	2.5	0.05000
26	2.6	0.05377
27	2.7	0.05906
28	2.8	0.06578
29	2.9	0.07384
. . . .		

Wahrscheinlichkeit, die Nullhypothese abzulehnen, mit 0.04736 kleiner als 0.05, d.h. daß für einen Parameter, der zur Alternativhypothese zählt, die Güte kleiner ausfällt als für den Parameter aus der Nullhypothese. Liegt bei einem Test eine solche Situation vor, so spricht man von einem *verfälschten Test*. Eine ausführliche Diskussion dieses Phänomens mit dem Vorschlag, die Irrtumswahrscheinlichkeit asymmetrisch aufzuteilen, findet man in Hald (1952), S. 280 ff. Die meisten anderen parametrischen Tests, die in diesem Buch angesprochen werden, haben die (angenehme) Eigenschaft, unverfälscht zu sein.

5.1.2 Zweistichproben-Tests

5.1.2.1 Vergleich verbundener (gepaarter) Stichproben

Werden zwei Merkmale jeweils an einer Untersuchungseinheit beobachtet, so wird man davon ausgehen, daß diese Merkmale korreliert, die verschiedenen Untersuchungseinheiten jedoch als unabhängig anzusehen sind. Diese Situation wird unter der Normalverteilungsannahme durch folgendes Modell beschrieben.

Voraussetzungen. Gegeben seien n unabhängige Paare (X_i, Y_i), i=1,...,n von Zufallsvariablen mit den Erwartungswerten $E(X_i) = \mu_1$ und $E(Y_i) = \mu_2$. Es wird angenommen, daß die Differenzen $D_i = X_i - Y_i$ unabhängige, identisch $N(\mu_D, \sigma^2)$-verteilte Zufallsvariablen sind mit dem Erwartungswert $\mu_D = \mu_1 - \mu_2$ und der unbekannten Varianz σ^2.

Hypothesen.
a) $H_0: \mu_D = \mu_0$ $\quad H_A: \mu_D \neq \mu_0$ $\quad$ b) $H_0: \mu_D \leq \mu_0$ $\quad H_A: \mu_D > \mu_0$
c) $H_0: \mu_D \geq \mu_0$ $\quad H_A: \mu_D < \mu_0$

Häufig wird in den Anwendungen ein Vergleich von $\mu_D = \mu_1 - \mu_2$ mit dem Wert $\mu_0 = 0$ durchgeführt.

Ganz offensichtlich wurde dieses Zweistichproben-Problem durch die Differenzenbildung auf den in 5.1.1.1 besprochenen Einstichproben t-Test zurückgeführt. Daher kann das weitere Vorgehen, bezogen auf die Differenzenvariablen $D_1,...,D_n$ bzw. ihre Realisierungen, den dort gemachten Ausführungen entnommen werden.

Eine andere Möglichkeit, Vergleiche der Erwartungswerte bei gepaarten Stichproben durchzuführen, besteht (ab SAS-Version 8) darin, die SAS-Prozedur TTEST mit der Option PAIRED zu verwenden, siehe SAS/STAT User'Guide (1999), S. 3569-3590.

5.1.2.2 Vergleich unabhängiger Stichproben – Der t-Test

Beim Vergleich zweier unabhängiger Stichproben gehen wir von folgenden Voraussetzungen aus.

Voraussetzungen. Gegeben sind zwei einfache Stichproben $x_1,...,x_n$ und $y_1,...,y_m$ der Umfänge n und m als Realisierungen von unabhängigen, normalverteilten Zufallsvariablen $X_1,...,X_n,Y_1,...,Y_m$. Dabei nehmen wir an, daß $X_i \sim N(\mu_1,\sigma_1^2)$, i=1,...,n und $Y_j \sim N(\mu_2,\sigma_2^2)$, j=1,...,m gilt mit unbekannten Parametern μ_1,μ_2,σ_1^2 und σ_2^2.

Vorausgesetzt wird also die Unabhängigkeit aller Zufallsvariablen und die Gültigkeit der Normalverteilungsannahme. Für den Vergleich der Erwartungswerte μ_1 und μ_2 wird zusätzlich die *Homoskedastizität* gefordert, d.h. die gleiche Varianz σ^2 in beiden Stichproben, $\sigma_1^2 = \sigma_2^2 = \sigma^2$ (σ^2 unbekannt). Da die SAS-Prozedur TTEST zum Vergleich der Erwartungswerte gleichzeitig mit einem sogenannten F-Test die zuletzt genannte Voraussetzung der Homoskedastizität überprüft, soll dieser Test zuerst angesprochen werden.

a) Vergleich der Varianzen – Der F-Test. Zum Vergleich der Varianzen wird eine Teststatistik herangezogen, welche unter H_0 der F-Verteilung folgt. Daher rührt diese Namensgebung, obwohl es natürlich viele verschiedene F-Tests gibt.

Hypothesen.
$H_0: \sigma_1^2 = \sigma_2^2 \quad H_A: \sigma_1^2 \neq \sigma_2^2$

Teststatistik. Die Stichprobenvarianzen

$$S_1^2 = \frac{1}{n-1}\sum_{i=1}^{n}(X_i - \overline{X})^2 \quad \text{und} \quad S_2^2 = \frac{1}{m-1}\sum_{j=1}^{m}(Y_j - \overline{Y})^2$$

sind unabhängige und, mit Normierungsfaktoren versehen, zentral χ^2-verteilte Zufallsvariablen:

$$\frac{n-1}{\sigma_1^2} S_1^2 \sim \chi_{n-1}^2, \quad \frac{m-1}{\sigma_2^2} S_2^2 \sim \chi_{m-1}^2.$$

Daher ist der Quotient

$$W = W(X_1,...,X_n,Y_1,...,Y_m) = \frac{S_1^2}{S_2^2}$$

zentral F-verteilt mit n-1 und m-1 Freiheitsgraden, falls $\sigma_1^2 = \sigma_2^2$ gilt (vgl. 4.1.6.3).

5.1 Tests bei Normalverteilungsannahme

Testentscheidung. Die Testentscheidung kann mit Hilfe der Realisierung $W(x_1,...,x_n,y_1,...,y_m) = \frac{s_1^2}{s_2^2}$ gefällt werden:

H_0 ablehnen, falls $\frac{s_1^2}{s_2^2} < F_{\frac{\alpha}{2},n-1,m-1}$ oder $\frac{s_1^2}{s_2^2} > F_{1-\frac{\alpha}{2},n-1,m-1}$.

Da für das $\frac{\alpha}{2}$-Quantil der F-Verteilung $F_{\frac{\alpha}{2},n-1,m-1} = 1/F_{1-\frac{\alpha}{2},m-1,n-1}$ gilt und die $(1-\frac{\alpha}{2})$-Quantile für die gebräuchlichen Werte von $\alpha \leq 0.1$ sämtlich größer als 1 sind, kann die Testentscheidung auch einfacher wie folgt formuliert werden, vgl. Pfanzagl (1974), S. 198:

H_0 ablehnen, falls $\frac{s_M^2}{s_m^2} > F_{1-\frac{\alpha}{2},n_M-1,n_m-1}$.

Dabei bezeichnet s_M^2 den größeren und s_m^2 den kleineren der beiden Werte s_1^2 und s_2^2 und n_M bzw. n_m den entsprechenden Stichprobenumfang. Mit Hilfe der Überschreitungswahrscheinlichkeit formuliert, lautet die Testentscheidung schließlich:

H_0 ablehnen, falls $P(W_{n_M-1,n_m-1} > \frac{s_M^2}{s_m^2}) < \frac{\alpha}{2}$,

wobei W_{n_M-1,n_m-1} eine F_{n_M-1,n_m-1}-verteilte Zufallsvariable ist.

Durchführung in SAS — Beispiel 5_3. Die Durchführung mit Hilfe der Prozedur TTEST wird an folgendem Beispiel erläutert. Bei 21 zufällig ausgewählten gesunden Probanden, n = 10 Frauen und m = 11 Männern, wurden die Konzentrationen der Carnitinfraktion FC im Plasma gemessen, um festzustellen, ob diese Werte geschlechtsspezifische Unterschiede aufweisen. Das folgende Programm, dem auch die Meßwerte entnommen werden können, liefert unter anderem einen Test auf Gleichheit der Varianzen.

Programm

```
TITLE 'Carnitin-Stoffwechsel gesunder Probanden';
DATA b5_3;
 INPUT geschl$ fc @@;
 CARDS;
F 23.01  F 38.98  F 29.65  F 25.69  F 37.17  F 25.56  F 29.37
F 28.31  F 33.60  F 40.32  M 43.41  M 37.39  M 65.11  M 39.26
M 48.79  M 26.63  M 43.76  M 38.73  M 41.94  M 39.67  M 23.85
RUN;
```

Programm (fortgesetzt)

```
PROC TTEST DATA=b5_3  CI=NONE;
  CLASS geschl;    /* Angabe der Klassifizierungsvariablen   */
  VAR  fc;         /* Angabe der zu analysierenden Variablen */
RUN;
```

Die Angabe einer Klassifizierungsvariablen, hier *geschl*, mit genau zwei Ausprägungen, hier *F(rauen)* und *M(änner)*, ist zwingend erforderlich, die Option CI=NONE der PROC-Anweisung unterdrückt die Ausgabe von Vertrauensintervallen für die Standardabweichungen.

Output (gekürzt)

```
              Carnitin-Stoffwechsel gesunder Probanden
                    The TTEST Procedure
                         Statistics
                     Lower CL            Upper CL
Variable  geschl   N   Mean      Mean     Mean      Std Dev
  fc       F      10  26.845    31.166   35.487     6.041
  fc       M      11  33.481    40.776   48.072    10.86
  fc    Diff (1-2)   -17.76     -9.61    -1.464     8.9082


                          T-Tests
Variable  Method       Variances    DF   t Value   Pr > |t|
  fc      Pooled        Equal       19   -2.47      0.0232
  fc      Satterthwaite Unequal    15.9  -2.54      0.0221


                   Equality of Variances
Variable  Method      Num DF   Den DF   F Value   Pr > F
  fc      Folded F      10       9       3.23     0.0919
```

Die ersten drei Ergebniszeilen enthalten für beide Stichproben (Frauen: *F*, Männer: *M*) sowie für die Differenz (*Diff*) getrennt unter anderem den Mittelwert (*Mean*), die Standardabweichung (*Std Dev*) und unter *Lower CL Mean* und *Upper CL Mean* die unteren und oberen Grenzen der 0.95-Vertrauensintervalle für $\mu_1=\mu_F$, $\mu_2=\mu_M$ sowie $\mu_1 - \mu_2$, vgl. 4.2.1.2 sowie Abschnitt b) unten und (6.22). Die letzten drei Zeilen beschreiben den Test auf Gleichheit der Varianzen. Dabei ist (*F Value*)

$$F = \frac{s_M^2}{s_m^2} = \frac{10.86^2}{6.041^2} = 3.23 \text{ (gerundet)}, \; n_M = 11, \; n_m = 10.$$

5.1 Tests bei Normalverteilungsannahme

Der Wert $Pr>F$ von 0.0919 gibt gerade das Doppelte der oben beschriebenen Überschreitungswahrscheinlichkeit an:

$$2 \cdot P(W_{n_M-1, n_m-1} > \frac{s_M^2}{s_m^2}) = 0.0919.$$

Dieser Zahlenwert ist mit dem vorgegebenen α zu vergleichen. Hat man beispielsweise $\alpha = 0.05$ festgelegt, so ist die Nullhypothese gleicher Varianzen nicht abzulehnen.

Bemerkung. Bei der Interpretation von $Pr>F$ kann es zu Mißverständnissen kommen. Üblicherweise wird in SAS hierunter die Überschreitungswahrscheinlichkeit der Zufallsvariablen verstanden, deren Realisierung (hier F) die Überschreitungsgrenze bildet. Das wäre die Zufallsvariable S_M^2/S_m^2, welche allerdings keiner F-Verteilung folgt; sie nimmt nur Werte größer als 1 an. Unter Verwendung der F-verteilten Zufallsvariable W_{n_M-1, n_m-1} ergibt sich die Überschreitungswahrscheinlichkeit $P(W_{n_M-1, n_m-1} > F)$. Unter $Pr>F$ wird allerdings das Doppelte dieses Wertes angegeben. Damit kann die Testentscheidung immer durch den direkten Vergleich von $Pr>F$ mit α erfolgen.

b) Vergleich der Erwartungswerte - Der Zweistichproben t-Test. Beim Vergleich zweier unabhängiger Stichproben steht in der Regel der Vergleich der beiden Erwartungswerte im Vordergrund und nicht derjenige der Varianzen.

Voraussetzungen. Es gelten die beim oben beschriebenen F-Test aufgeführten Voraussetzungen. Zusätzlich wird nun gefordert, daß die Varianzen der zwei Normalverteilungen gleich sind: $\sigma_1^2 = \sigma_2^2 = \sigma^2$.

Hypothesen.
a) H_0: $\mu_1 = \mu_2$ H_A: $\mu_1 \neq \mu_2$ b) H_0: $\mu_1 \leq \mu_2$ H_A: $\mu_1 > \mu_2$
c) H_0: $\mu_1 \geq \mu_2$ H_A: $\mu_1 < \mu_2$

Der Fall c) kann auf b) zurückgeführt werden, da es natürlich völlig gleichgültig ist, wie die Stichproben numeriert werden.

Teststatistik. Zur Beurteilung der Unterschiede zwischen μ_1 und μ_2 wird die Differenz der Stichprobenmittelwerte $\overline{X}$ und $\overline{Y}$ herangezogen. Es gilt

$$\overline{X} - \overline{Y} \sim N\left(\mu_1 - \mu_2, \sigma^2(\frac{1}{n} + \frac{1}{m})\right) \text{ und}$$

$$\frac{n-1}{\sigma^2} S_1^2 + \frac{m-1}{\sigma^2} S_2^2 \sim \chi_{n+m-2}^2.$$

Aufgrund der Unabhängigkeitsannahmen folgt die Zufallsvariable

$$T = T(X_1,...,X_n,Y_1,...,Y_m) = \frac{\overline{X} - \overline{Y}}{\sqrt{\frac{1}{n} + \frac{1}{m}} \cdot \sqrt{\frac{(n-1)\, S_1^2 + (m-1)\, S_2^2}{n+m-2}}}$$

einer zentralen t-Verteilung mit $n + m - 2$ Freiheitsgraden, falls $\mu_1 = \mu_2$ gilt.

Testentscheidung. Bezeichnet

$$t = \frac{\overline{x} - \overline{y}}{\sqrt{\frac{1}{n} + \frac{1}{m}} \cdot \sqrt{\frac{(n-1)\, s_1^2 + (m-1)\, s_2^2}{n+m-2}}}$$

die Realisierung der Teststatistik T, so kann die Entscheidung durch den Vergleich dieser Größe t mit den entsprechenden Quantilen oder, wie in SAS vorgesehen, durch den Vergleich der Überschreitungswahrscheinlichkeit mit der vorgegebenen Irrtumswahrscheinlichkeit α erfolgen.

Testentscheidung: H_0 ablehnen, falls

a) $P(|T| > |t|) < \alpha$ b) $P(T > t) = \frac{1}{2} P(|T| > |t|) < \alpha$ für $t > 0$

c) $P(T < t) = \frac{1}{2} P(|T| > |t|) < \alpha$ für $t < 0$.

Die Einschränkungen in b) und c), $t > 0$ bzw. $t < 0$, sind nicht von Bedeutung, da andernfalls die Überschreitungswahrscheinlichkeiten größer als $\frac{1}{2}$ und damit sicher größer als α sind.

Durchführung in SAS – Beispiel 5_3 (fortgesetzt). Die Durchführung erfolgt mit Hilfe der Prozedur TTEST, wie im oben beschriebenen Beispiel 5_3 angegeben. Der Output zu diesem Beispiel liefert unter *T-Tests* in der Zeile *Pooled/Equal* den Wert $t = -2.47$ (*t Value*), die Anzahl der Freiheitsgrade $n + m - 2 = 19$ (*DF*) und die Überschreitungswahrscheinlichkeit $P(|T| > |t|) = Pr > |t| = 0.0232$. Bei Vorgabe einer Irrtumswahrscheinlichkeit von $\alpha = 0.05$ wäre sowohl in a) als auch in c) wegen $P(T < -2.47) = \frac{1}{2} P(|T| > |t|) = 0.0116$ die Nullhypothese abzulehnen.

Sind die Varianzen σ_1^2 und σ_2^2 verschieden (vgl. den entsprechenden F-Test oben), so liegt das sogenannte *Fisher-Behrens-Problem* vor. In diesem Fall wird die Testgröße

5.1 Tests bei Normalverteilungsannahme

$$T = \frac{\overline{X} - \overline{Y}}{\sqrt{\frac{S_1^2}{n} + \frac{S_2^2}{m}}}$$

verwandt, die im Fall $\mu_1 = \mu_2$ näherungsweise t-verteilt ist, wobei die Anzahl der Freiheitsgrade approximativ berechnet wird. Die entsprechenden Zahlenwerte sind in der Zeile *Satterthwaite/Unequal* des SAS-Output angegeben. Einzelheiten zu dieser Problematik findet man im SAS/STAT User's Guide (1999), S. 3579-3581 und der dort zitierten (englischsprachigen) Literatur sowie in Pfanzagl (1974), S. 216 ff.

Bemerkungen: 1. Es wird oft empfohlen, auf vorhandene Daten zunächst den Test auf Gleichheit der Varianzen und dann, je nachdem wie dieser Test ausgefallen ist, den t-Test mit der Zeile *Equal* oder *Unequal* anzuwenden. An dieser Stelle sei einmal darauf hingewiesen, daß ein solches Vorgehen eigentlich als ein sogenannter multipler Test anzusehen ist, der möglicherweise folgende zwei Probleme beinhaltet.

Zum einen wird, betrachtet man das Verfahren als Ganzes, die Irrtumswahrscheinlichkeit α im allgemeinen nicht eingehalten, da sie ja nur jeweils für die einzelnen Tests vorgegeben wurde. Diese Problematik wird in der Monographie von Miller (1981) angesprochen. Eine Diskussion dieses generellen Problems findet man auch in dem Artikel von E. Sonnemann (1982).

Zum anderen werden, auch wenn die Voraussetzung gleicher Varianzen erfüllt ist, nicht alle Stichproben mit dem t-Test (*Equal*) geprüft, sondern nur solche, die den ersten Test passieren. Dadurch wird die Verteilung der Testgröße verfälscht.

Empfehlung: Sollten Zweifel daran bestehen, ob die Voraussetzungen als (näherungsweise) erfüllt angesehen werden können (Normalverteilungsannahme, gleiche Varianzen), so sollte mit den Daten aus einem Vorversuch ein entsprechender Test durchgeführt werden, z.B. Test auf Gleichheit der Varianzen. Die eigentliche Fragestellung, z.B. Test auf Gleichheit der Erwartungswerte, sollte dann mit neuem Datenmaterial erfolgen.

2. Mit Hilfe der Option CI=EQUAL ALPHA=α der PROC-Anweisung der TTEST-Prozedur können unter anderem auch $(1-\alpha)$-Vertrauensintervalle für die unbekannten Standardabweichungen σ_1 und σ_2 ausgegeben werden, siehe SAS/STAT User's Guide (1999), S. 3574, 3580. Zur Bedeutung der weiteren Option CI=UMPU siehe S. 3580-3581.

5.2 Anpassungstests

5.2.1 Übersicht über einige Anpassungstests

Im Abschnitt 5.1 wurden Tests vorgestellt, die auf der Normalverteilungsannahme beruhen. Ob eine solche Annahme über eine bestimmte Wahrscheinlichkeitsverteilung gerechtfertigt ist, kann mit Hilfe von *Anpassungstests* überprüft werden; dabei wollen wir insbesondere die Anpassung an die Normalverteilung untersuchen. Im Gegensatz zu den Parametertests, bei denen der Verteilungstyp feststeht und nur Hypothesen über Parameter einer Verteilung (etwa μ und σ^2 bei der Normalverteilung) überprüft werden, muß beim Anpassungstest aufgrund einer Stichprobe eine bestimmte Wahrscheinlichkeitsverteilung unter allen möglichen Verteilungen identifiziert werden. Dies ist insofern eine schwierige Aufgabe, als es wegen der großen Vielfalt möglicher Alternativverteilungen keinen Test geben kann, der gleichmäßig gut gegen sämtliche Alternativen ist. Daher gibt es viele verschiedene gebräuchliche Tests zu dieser Fragestellung. Eine recht umfassende Übersicht über dieses Gebiet findet man in D'Agostino und Stephens (1986). In der deutschsprachigen Literatur wird dieses Thema unter anderen von Büning und Trenkler (1994) sowie von Schaich und Hamerle (1984) behandelt.

Für die Durchführung eines Anpassungstests gehen wir von einer einfachen Stichprobe $x_1,...,x_n$ aus, die Realisierung unabhängiger, identisch verteilter Zufallsvariablen $X_1,...,X_n$ ist. Die diesen Zufallsvariablen gemeinsame Verteilungsfunktion sei F. Überprüft werden soll, ob diese Funktion mit einer bestimmten Verteilungsfunktion F_0 übereinstimmt.

H_0: $F(x) = F_0(x)$ für alle $x \in \mathbb{R}$.

Dabei kann F_0 eventuell noch von unbekannten Parametern abhängen. Man denke dabei etwa an die Situation, daß die Normalverteilungsannahme überprüft werden soll, die Parameter μ und σ^2 jedoch unbekannt sind.

Als Schätzung für die Verteilungsfunktion F läßt sich die *empirische Verteilungsfunktion* F_n verwenden

$$F_n(x) = \frac{|\{x_i: x_i \leq x\}|}{n} \quad ,$$

5.2 Anpassungstests

die für jedes $x \in \mathbb{R}$ den relativen Anteil der Stichprobenwerte angibt, die kleiner oder gleich x sind. Viele Anpassungstests beruhen auf einem Vergleich der empirischen Verteilungsfunktion F_n mit der hypothetischen Verteilung F_0. Im folgenden gehen wir davon aus, daß F_0 die Verteilungsfunktion einer $N(\mu,\sigma^2)$-verteilten Zufallsvariablen X ist.

Um die im folgenden beschriebenen Verfahren anwenden zu können, sollen zunächst mit Hilfe von SAS drei Testdateien TEST1, TEST2, TEST3 erzeugt werden. Dazu werden sogenannte *Pseudo-Zufalls-Zahlen* berechnet, die einer bestimmten vorgegebenen Verteilung folgen:

TEST1 – Exponential-Verteilung mit Parameter 1: Exp(1);
TEST2 – Gamma-Verteilung mit den Parametern 4 und 1 (Verteilung der Summe von 4 Exp(1)-verteilten Variablen);
TEST3 – Mischverteilung aus einer N(0,1)-Verteilung und einer N(2,1)-Verteilung.

TEST1

```
DATA test1;       /* Simulierte Werte der Exponential-Verteilung */
DO n=1 TO 20;              /* 123: Startzahl für das       */
  x=RANEXP(123); OUTPUT;   /* Erzeugen der Pseudo-         */
END; RUN;                  /* Zufallszahlen                */
```

TEST2

```
DATA test2;      /* Simulierte Werte der Gamma-Verteilung */
DO n=1 TO 200;              /* 4523: Startzahl für das      */
  x=RANGAM(4523,4); OUTPUT; /* Erzeugen der Pseudo-         */
END; RUN;                   /* Zufallszahlen                */
```

TEST3

```
DATA test3; /* Simulierte Werte der gemischten Normalverteilung */
DO n=1 TO 100;
  IF n<51 THEN x=RANNOR(9123);         /* 9123, 5144: Startz. */
  ELSE x=RANNOR(5144)+2; OUTPUT;       /* für Zufallsgenerator */
END; RUN;
```

Die in Klammern eingefügten 3- bzw. 4-stelligen Zahlen (123, 4523 und 9123) sind in bestimmten Grenzen frei wählbare Startzahlen für das Erzeugen der Pseudo-Zufallszahlen.

Graphische Analyse - Wahrscheinlichkeitspapier. Bevor man Verfahren der beurteilenden Statistik heranzieht, wird man oft zunächst die empirische Verteilungsfunktion $F_n(x)$ graphisch mit $F_0(x)$ vergleichen. Beim klassischen Wahrscheinlichkeitspapier ist es üblich, diesen Vergleich nicht direkt, sondern erst nach einer Transformation der Ordinatenachse durchzuführen. Da $F_0(x)$ die Verteilungsfunktion einer Normalverteilung ist, gilt

$$F_0(x) = P(X \leq x) = P\left(\frac{X-\mu}{\sigma} \leq \frac{x-\mu}{\sigma}\right) = \Phi\left(\frac{x-\mu}{\sigma}\right),$$

wobei Φ die Verteilungsfunktion der $N(0,1)$-Verteilung ist. Die Transformation erfolgt nun mit Hilfe der Umkehrfunktion Φ^{-1} von Φ. Diese *Probit-Transformation* führt auf die Geradengleichung

$$\Phi^{-1}(F_0(x)) = \Phi^{-1}(\Phi(\frac{x-\mu}{\sigma})) = \frac{x-\mu}{\sigma}$$

mit der Steigung $\frac{1}{\sigma}$ und dem Achsenabschnitt $-\frac{\mu}{\sigma}$. Trägt man nun die transformierten Werte $\Phi^{-1}(F_n(x))$ der empirischen Verteilungsfunktion gegen x auf, so sollte bei Vorliegen einer Normalverteilung die sich ergebende Funktion "gut" durch eine Gerade zu approximieren sein.

Graphische Analyse in SAS - QQPLOT. In SAS kann man mit Hilfe der QQPLOT-Anweisung der SAS-Prozedur UNIVARIATE eine ähnliche graphische Darstellung erzeugen, siehe SAS Procedures Guide (1999), S. 1376-1392. Bei einem QQ-Plot werden auf der Ordinate die geordneten $x_{(i)}$-Werte aufgetragen, auf der Abszisse dagegen die sog. '*Normal Quantiles*' $\Phi^{-1}(\frac{i-0.375}{n+0.25})$, i=1,2,...,n. Mit Hilfe der INSET-Anweisung kann eine Box mit den geschätzten Parametern eingeblendet werden, siehe SAS Procedures Guide (1999), S. 1353-1362. Dabei wird zur Demonstration die Datei test1 benutzt. Probieren Sie die anderen beiden Test-Dateien selbst aus, hierbei müssen Sie nur in folgendem Programm die Option DATA=test2 bzw. DATA=test3 verwenden !

Programm

```
TITLE 'Grafische Prüfung auf Normalverteilung';
GOPTIONS DEVICE=WIN  KEYMAP=WINANSI FTEXT=SWISS;
PROC UNIVARIATE DATA=test1 ;
  VAR x;                    /*SAS-Datei test1 sei erzeugt, siehe oben */
  QQPLOT x / NORMAL(MU=EST SIGMA=EST);
  INSET MEAN STD / HEADER='Normal Parameters';
RUN;
```

5.2 Anpassungstests

Graphische Prüfung auf Normalverteilung

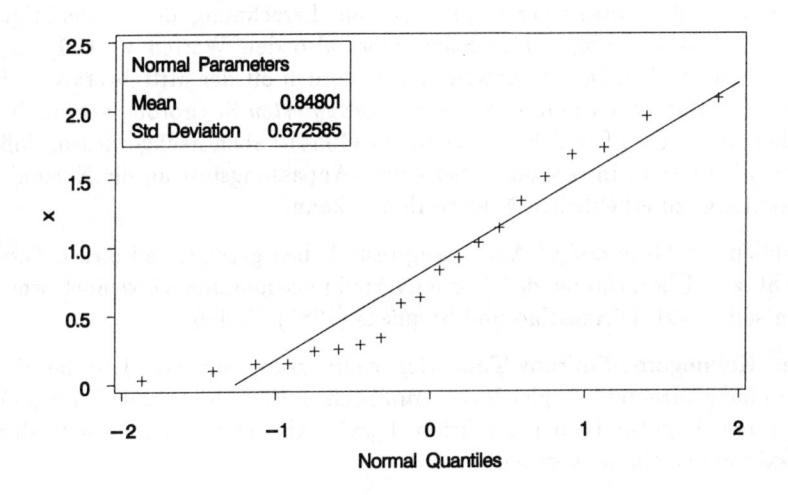

Normal Parameters	
Mean	0.84801
Std Deviation	0.672585

Im vorstehenden QQ-Plot weichen die Punkte von test1 deutlich von der theoretisch zu erwartenden Geraden ab. Zweifel an der Normalverteilungsanahme sind angebracht, ein Test sollte durchgeführt werden.

Zunächst sollen zwei Tests ganz knapp angesprochen werden, die zur Überprüfung der Anpassung an die Normalverteilung eigentlich nicht empfohlen werden können. Da sie jedoch in anderen Zusammenhängen, vgl. z.B. Abschnitt 5.3.3, oft verwandt werden und weil sie sehr bekannt und weit verbreitet sind, sollen sie hier kurz erwähnt werden.

Der Chi-Quadrat (χ^2-) Anpassungstest. Der Wertebereich der Zufallsvariablen X wird in verschiedene Klassen (Intervalle) K_i, i=1,...,r, r $\in$ $\mathbb{N}$, eingeteilt. Beobachtet werden die Häufigkeiten y_i, mit denen die Stichprobenwerte in die Klasse K_i fallen. Diese beobachteten Häufigkeiten werden dann verglichen mit den erwarteten Klassenbesetzungen np_i, wobei n der Gesamtstichprobenumfang und $p_i = P(X \in K_i)$ die Wahrscheinlichkeit ist, mit der die Zufallsvariable X einen Wert in K_i annimmt; p_i kann mit Hilfe der hypothetischen Verteilungsfunktion F_0, also in unserem Fall der Verteilungsfunktion der $N(\mu,\sigma^2)$-Verteilung berechnet werden. Als Abstandsmaß der beobachteten von den erwarteten Häufigkeiten dient die nach Pearson benannte Stichprobenfunktion

$$\chi^2 = \sum_{i=1}^{r} \frac{(y_i - np_i)^2}{np_i},$$

die näherungsweise einer χ^2-Verteilung folgt mit r-1-m Freiheitsgraden, m=2=Anzahl der geschätzten Parameter. Dabei müssen die Parameter μ und σ^2 der Normalverteilung, die zur Berechnung der p_i benötigt werden, aus der *gruppierten* Stichprobe, also den Werten y_i, i=1,...,r, geschätzt werden. In den Anwendungen werden oft der Mittelwert $\bar{x}$ und die (empirische) Varianz s^2 aus der *ungruppierten* Stichprobe verwandt. Schon H. Chernoff und E. L. Lehmann (1954) haben nachgewiesen, daß dieses Vorgehen, insbesondere bei einem Anpassungstest an die Normalverteilung, zu erheblichen Fehlern führen kann.

Studien der Güte des χ^2-Anpassungstests haben gezeigt, daß dieser Test nicht zur Überprüfung der Normalverteilungsannahme verwendet werden sollte, vgl. D'Agostino und Stephens (1986), S. 406.

Der Kolmogorov-Smirnov-Test. Der Kolmogorov-Smirnov-Test beruht auf einem direkten Vergleich der empirischen Verteilungsfunktion $F_n(x)$ und der hypothetischen Funktion $F_0(x)$. Als Teststatistik dient der maximale vertikale Abstand

$$D_n = \sup_{x \in \mathbb{R}} |F_0(x) - F_n(x)|,$$

wobei $F_0(x)$ vollständig (einschließlich aller Parameter) bekannt sein muß. Im Falle einer stetigen Verteilung F_0 hängt die Verteilung von D_n nur vom Stichprobenumfang n, nicht jedoch von der speziellen Verteilungsfunktion F_0 ab. Eine ausführliche Beschreibung und die (asymptotischen) Quantile der Verteilung von D_n findet man beispielsweise in dem Lehrbuch von Büning und Trenkler (1994).

Für den in der Anwendung bedeutenden Fall, daß μ und σ^2 unbekannt sind, schlägt M. Stephens als Modifikation die Teststatistik

$$D_n \cdot (\sqrt{n} - 0.01 + \frac{0.85}{\sqrt{n}})$$

vor, vgl. D'Agostino und Stephens (1986), S.124. Dabei werden die Schätzer $\bar{x}$ und s^2 für μ und σ^2 zur Berechnung von D_n eingesetzt. Die Quantile dieser modifizierten Teststatistik findet man ebenfalls in D'Agostino und Stephens (1986), S. 123. Für Stichprobenumfänge $n \geq 2000$ wird diese modifizierte Größe auch in SAS verwendet. Zur Durchführung sei auf den Abschnitt 5.2.2 verwiesen.

Zur Überprüfung der Normalverteilungsannahme wird der Kolmogorov-Smirnov-Test, der auf der nicht modifizierten Teststatistik D_n beruht, nicht empfohlen. D'Agostino schreibt (D'Agostino und Stephens (1986),

5.2 Anpassungstests

S. 406):"... the Kolmogorov-Smirnov test is only a historical curiosity. It should never be used. It has poor power ...".

Tests, die auf der Beurteilung der Schiefe und der Wölbung (Kurtosis) beruhen. Für eine Zufallsvariable X ist

$$\gamma_1 = E\left(\frac{X-\mu}{\sigma}\right)^3, \quad \sigma^2 = E(X-\mu)^2, \quad \mu = E(X),$$

ein Maß für die *Schiefe (skewness)* oder Asymmetrie der Verteilung und

$$\gamma_2 = E\left(\frac{X-\mu}{\sigma}\right)^4 - 3$$

ein Maß für die *Wölbung (excess, kurtosis)*, also für die Dicke der Verteilungsschwänze und für die 'peak-artige' Gestalt der Verteilungsdichte (falls eine solche existiert). Im Falle der Normalverteilung gilt $\gamma_1 = 0$ und $\gamma_2 = 0$. Es liegt nahe, diese Größen durch die entsprechenden *empirischen Momente* zu schätzen:

$$G_1 = \frac{1}{n}\sum_{i=1}^n Z_i^3, \; G_2 = \frac{1}{n}\sum_{i=1}^n Z_i^4 - 3 \quad \text{mit}$$

$$Z_i = \frac{X_i - \bar{X}}{S}, \; S^2 = \frac{1}{n-1}\sum_{i=1}^n (X_i - \bar{X})^2, \; \bar{X} = \frac{1}{n}\sum_{i=1}^n X_i.$$

Abweichungen dieser Größen von 0 können zur Beurteilung der Abweichung der vorliegenden Verteilung von der Normalverteilung herangezogen werden. Leider sind die Verteilungen von G_1 und G_2 explizit nicht bekannt. Tabellen mit Näherungen für die Quantile dieser Verteilungen findet man in dem Tafelwerk von Pearson und Hartley (1970), Table 34 und, auch für kleine Stichprobenumfänge, in D'Agostino und Stephens (1986). Für $5 \leq n \leq 35$ wurden diese Näherungen aufgrund von Monte Carlo Simulationen gewonnen.

Für Stichprobenumfänge von $n \geq 150$ ist $G_1 \cdot \sqrt{n/6}$ näherungsweise N(0,1)-verteilt, so daß ein Test direkt mit Hilfe dieser Größe durchgeführt werden kann. Die Größe $G_2 \cdot \sqrt{n/24}$ kann erst für Werte von n weit über 1000 annähernd als normalverteilt betrachtet werden und sollte daher nicht verwendet werden. Eine andere (komplizierte) Normalverteilungsapproximation für G_2 findet man in D'Agostino und Stephens (1986), S. 388.

In SAS können die Realisierungen g_1 und g_2 von G_1 und G_2 mit Hilfe der Prozedur UNIVARIATE bestimmt werden (s. Abschnitt 3.1.2), wobei allerdings unter *skewness* die Größe

$$g_1 \cdot \frac{n^2}{(n-1)(n-2)}$$

und unter *kurtosis* die Größe

$$g_2 \cdot \frac{n^2(n+1)}{(n-1)(n-2)(n-3)} + 3 \cdot \frac{4n^2-3n+1}{(n-1)(n-2)(n-3)}$$

bestimmt wird.

Beispiel. Die Auswertung der Test-Datei Test2 erfolgt mit Hilfe der Prozedur UNIVARIATE.

Programm

```
DATA test2;                    /* Test auf Normalverteilung */
DO n=1 TO 200;                 /* mittels Schiefe           */
  x=RANGAM(4523,4); OUTPUT;
END; RUN;
PROC UNIVARIATE DATA=test2;
RUN;
```

Für *skewness* ergibt sich ein Wert von $g_1 \cdot \frac{n^2}{(n-1)(n-2)} = 0.87234002$, also

$z = g_1 \cdot \sqrt{\frac{n}{6}} = 0.8723 \cdot \frac{199 \cdot 198}{200^2} \cdot \sqrt{\frac{200}{6}} = 4.9986$. Für das Niveau $\alpha=0.1$ ist

$|z| > z_{1-\frac{\alpha}{2}} = 1.645$. Die Normalverteilungsannahme muß also abgelehnt werden.

Bemerkungen. 1. Bei Anpassungstests wird das Testniveau im allgemeinen nicht kleiner als 0.1 gewählt, da die Wahrscheinlichkeit für einen Fehler 2. Art, also das Risiko fälschlicherweise die Normalverteilungsannahme zu akzeptieren, nicht 'zu groß' werden sollte.

2. Die Tests, die auf den Größen G_1 und G_2 basieren, sind natürlich besonders dann zu empfehlen, wenn es darauf ankommt, Alternativen mit von der Normalverteilung abweichender Schiefe beziehungsweise Wölbung zu erkennen.

Ein Anpassungstest, der nicht auf bestimmte Alternativen ausgerichtet ist, sondern möglichst gleichmäßig gut *alle* Alternativen erkennt, wird *omnibus Test* genannt. Ein solcher Test soll im folgenden Abschnitt vorgestellt werden.

5.2.2 Der Shapiro-Wilk Test

Dieser in SAS implementierte Test geht auf die grundlegende Arbeit von S. S. Shapiro und M. B. Wilk (1965) zurück. Er zählt zu den sogenannten *Regressions-Tests*; diese Namensgebung geht auf den Aufbau der Teststatistik zurück. Unter der Nullhypothese

H_0: $F(x) = F_0(x) = \Phi(\frac{x-\mu}{\sigma})$ für alle $x \in \mathbb{R}$; μ, σ^2 unbekannt

sind die vorliegenden Stichprobenwerte x_i, i=1,...,n Realisierungen unabhängiger $N(\mu,\sigma^2)$-verteilter Zufallsvariablen X_i. Die standardisierten Variablen $Y_i = \frac{X_i - \mu}{\sigma}$ sind dann $N(0,1)$-verteilt. Der Test basiert auf den der Größe nach geordneten Variablen

$$X_{(1)} \leq X_{(2)} \leq \cdots \leq X_{(n)} \text{ bzw. } Y_{(1)} \leq Y_{(2)} \leq \cdots \leq Y_{(n)}.$$

Die Erwartungswerte $m_i = E(Y_{(i)})$, i=1,...,n sind vertafelt (z.B. in Pearson und Hartley (1970), Bd. II, S. 205) und können näherungsweise mit Hilfe der Umkehrfunktion Φ^{-1} der $N(0,1)$-Verteilungsfunktion Φ berechnet werden, vgl. D'Agostino und Stephens (1986), S. 202:

$$m_i \approx \Phi^{-1}(\frac{i-0.375}{n+0.125}).$$

Offenbar gilt

$E(X_{(i)}) = \mu + \sigma \cdot m_i$ oder gleichwertig damit
$X_{(i)} = \mu + \sigma \cdot m_i + \varepsilon_i$, i=1,...,n.

Damit liegt ein einfaches lineares Regressionsmodell vor mit unbekannten Parametern μ und σ^2 und (Fehler-) Zufallsvariablen ε_i mit Erwartungswert 0, die jedoch nicht unabhängig sind. Die Grundidee besteht nun darin, aus dieser Regressionsgleichung einen Schätzer $\hat{\sigma}^2$ für σ^2 zu bestimmen und mit dem üblichen Schätzer s^2 für die Varianz σ^2 zu vergleichen.

Für diesen Abschnitt ist es zweckmäßig, die Vektoren $\mathbf{m}' = (m_1,...,m_n)$ und $\mathbf{X}' = (X_{(1)},...,X_{(n)})$ und die Kovarianzmatrix $\mathbf{V} = (v_{ij})$, i,j=1,...,n einzuführen, welche die Kovarianzen

$$v_{ij} = \text{cov}(Y_{(i)}, Y_{(j)}) = E((Y_{(i)} - m_i)(Y_{(j)} - m_j))$$

enthält. Das Zeichen ' steht wie üblich für Transposition. Der aus $\mathbf{m}'$ und der Inversen Matrix $\mathbf{V}^{-1}$ von $\mathbf{V}$ gebildete Vektor $\mathbf{m}'\mathbf{V}^{-1}$ wird mit $\mathbf{h}'$ bezeichnet: $\mathbf{h}' = \mathbf{m}'\mathbf{V}^{-1}$.

Die verallgemeinerte Methode der kleinsten Quadrate ergibt den Schätzer

$$\hat{\sigma} = \frac{m'V^{-1}X}{m'V^{-1}m} \, .$$

Die von Shapiro und Wilk vorgeschlagene Teststatistik W besteht bis auf einen Normierungsfaktor aus dem Quotienten $\hat{\sigma}^2/S^2$:

$$W = \frac{\hat{\sigma}^2}{(n-1)S^2} \cdot \frac{(m'V^{-1}m)^2}{m'V^{-2}m} = \frac{(h'X)^2}{\sum_{i=1}^{n}(X_i - \bar{X})^2 \cdot h'h} = \frac{(\sum_{i=1}^{n} a_i X_{(i)})^2}{\sum_{i=1}^{n}(X_i - \bar{X})^2} \, ,$$

$$S^2 = \frac{1}{n-1} \sum_{i=1}^{n}(X_i - \bar{X})^2 \, .$$

Die in dem Vektor $a' = (a_1,...,a_n) = \dfrac{m'V^{-1}}{(m'V^{-2}m)^{1/2}}$ zusammengefaßten Koeffizienten a_i, die noch von n abhängen, sind vertafelt ebenso wie die Quantile der Verteilung von W für $n \leq 50$, z.B. in der oben zitierten Arbeit von Shapiro und Wilk.

Übungsaufgabe (für mathematisch Interessierte). Man zeige, daß $0 \leq W \leq 1$ gilt. Hinweis: Die besonderen Symmetrieeigenschaften von **m** und **V** und damit von V^{-1} sind auszunutzen, um zu zeigen, daß die Summe der Komponenten von **h** verschwindet; anschließend kann die Schwarz'sche Ungleichung angewandt werden.

Die Verteilung von W ist nahe dem Wert 1 konzentriert. So liegt der Median zumindest für $n \leq 50$ oberhalb von 0.9. Der Ablehnungsbereich liegt im unteren Verteilungsende, d.h. daß bei kleinen Werten von W die Normalverteilungsannahme verworfen wird. Warum? Shapiro und Wilk haben umfangreiche Simulationsstudien durchgeführt und schlugen als Ergebnis dieser Studien das untere Verteilungsende als Ablehnungsbereich vor. Stephens gibt an, daß W approximativ als Quadrat eines Korrelationskoeffizienten aufgefaßt werden kann (D'Agostino und Stephens (1986), S. 211). In der Tat ist W (nicht nur approximativ) das Quadrat des Korrelationskoeffizienten der **h**-Werte und der **X**-Werte, da die Summe der Komponenten von **h** gleich 0 ist (siehe Übungsaufgabe):

$$W = \frac{(\sum_{i=1}^{n}(X_{(i)} - \bar{X})(h_i - \bar{h}))^2}{\sum_{i=1}^{n}(X_{(i)} - \bar{X})^2 \cdot \sum_{i=1}^{n}(h_i - \bar{h})^2} = \frac{(h'X)^2}{\sum_{i=1}^{n}(X_{(i)} - \bar{X})^2 \cdot h'h} \, .$$

5.2 Anpassungstests

Die Komponenten h_i stellen gewichtete Mittel der Größen $m_1,...,m_n$ dar, wobei ein betragsmäßig hoher Korrelationskoeffizient für die Normalverteilungsannahme spricht. Noch deutlicher wird die Interpretation als Korrelationskoeffizient, wenn man die von Stephens (1975) untersuchte Näherung, $m'V^{-1} \approx 2m'$ für große n, betrachtet:

$$W \approx W' = \frac{(m'X)^2}{\sum_{i=1}^{n}(X_{(i)} - \bar{X})^2 \cdot m'm} \; .$$

Ein betragsmäßig niedriger Korrelationskoeffizient zwischen den geordneten Stichprobenwerten und den Erwartungswerten m_i spricht ganz offensichtlich gegen die Normalverteilungsannahme.

Nach der etwas detaillierteren Vorstellung des Tests von Shapiro und Wilk, der in deutschsprachigen Lehrbüchern selten beschrieben wird, soll nun die einfache Durchführung in SAS gezeigt werden. Die in SAS benutzte Normalapproximation der Größe W soll hier nicht weiter dargelegt werden; sie geht zurück auf Royston (1982 und 1992).

Durchführung in SAS. Wählt man in der Prozedur UNIVARIATE die Option NORMAL, dann werden vier verschiedene Tests auf Normalverteilung ausgegeben, siehe SAS Procedures Guide (1999), S. 1396-1401. Auf die Anpassungstests nach Kolmogorov-Smirnov, Cramer-von Mises und Anderson-Darling wollen wir an dieser Stelle nicht näher eingehen, wir verwenden den Shapiro-Wilk Test. Bei diesem Test wird die (Realisierung der) Größe W und die Wahrscheinlichkeit, diesen Wert W zu unterschreiten, $Pr<W$ berechnet. Legt man ein Niveau von $\alpha = 0.1$ fest, so ist die Normalverteilungsannahme abzulehnen, falls $Pr<W$ kleiner als 0.1 ist.

Programm

```
DATA test1;                    /* Test auf Normalverteilung   */
  DO n=1 TO 20;                /* nach Shapiro-Wilk           */
    x=RANEXP(123);  OUTPUT;
  END;
RUN;
PROC UNIVARIATE NORMAL DATA=test1;
  VAR x;
RUN;
```

Output (gekürzt)

The UNIVARIATE Procedure Variable: x ... Tests for Normality				
Test	--Statistic---		-----p Value------	
Shapiro-Wilk	W	0.909793	Pr < W	0.0632
Kolmogorov-Smirnov	D	0.17632	Pr > D	0.0992
Cramer-von Mises	W-Sq	0.093272	Pr > W-Sq	0.1323
Anderson-Darling	A-Sq	0.621622	Pr > A-Sq	0.0928

Aus dem Output entnehmen wir für den Shapiro-Wilk Test den W-Wert von 0.909793 und die Wahrscheinlichkeit $Pr<W$ von 0.0632, man beachte die numerischen Änderungen gegenüber SAS-Version 6.12. Auf dem Niveau $\alpha=0.1$ wird also die Normalverteilungsannahme verworfen.

Für die zwei anderen Testdateien ergeben sich für den Shapiro-Wilk Test die folgenden Wahrscheinlichkeiten $Pr<W$:
Test2 (Gammaverteilung): <0.0001
Test3 (Gemischte Normalverteilung): 0.3034   (in SAS 6.12: 0.1461)

Bilden Sie selbst neue Dateien durch Variieren der Verteilungsparameter und der Stichprobenumfänge und führen Sie an diesen Dateien den Normalverteilungstest durch.

Bemerkungen. 1. Die drei gewählten Beispiele lassen schon erkennen, daß die Güte des Tests nicht nur vom Stichprobenumfang, sondern auch sehr stark von der speziellen Verteilungsalternative abhängt.

2. Die Datei test3 weist auf eine besondere Problematik hin. Soll vor der Durchführung eines Vergleichs unabhängiger Stichproben mit Hilfe des t-Tests (s. Abschnitt 5.1) eine Überprüfung der Normalverteilungsannahme durchgeführt werden, so können die zwei Stichproben nicht in einer Datei vereinigt werden, um den Anpassungstest auszuführen; denn selbst wenn die Normalverteilungsannahme zutrifft, gilt dies nicht für die vereinigte Stichprobe, die einer gemischten Normalverteilung folgt. Vielmehr müssen die zwei Stichproben einzeln überprüft werden. Dies wird insbesondere dann problematisch, wenn höher strukturierte Modelle wie beispielsweise in der Varianzanalyse vorliegen und nur wenige Realisierungen (Wiederholungen) der gleichen Normalverteilung vorliegen. Vergleiche dazu den Abschnitt 6.1.5.

5.3 Verteilungsfreie Verfahren - Nichtparametrische Methoden

Die im letzten Abschnitt angesprochenen Anpassungstests dienten der Überprüfung bestimmter Verteilungsannahmen, insbesondere der Prüfung der Hypothese, daß eine Normalverteilung vorliegt. Erscheint eine solche Verteilungsannahme nicht gerechtfertigt oder liegen hierüber keine Informationen vor, so können die in Abschnitt 5.1 und in den Kapiteln 6 und 7 angegebenen Testverfahren nicht ohne weiteres verwandt werden. Es müssen andere, von einer speziellen Verteilungsannahme unabhängige Verfahren herangezogen werden. Solche Methoden werden als *verteilungsfrei* oder *nichtparametrisch* bezeichnet.

Eine wichtige Klasse von verteilungsfreien Tests basiert nicht auf den Werten x_i, i=1,...,n einer Stichprobe selbst, sondern auf deren Rangzahlen $r(x_i)$: Ordnet man die Stichprobenwerte $x_1, x_2, ..., x_n$ der Größe nach $x_{(1)} \leq x_{(2)} \leq ... \leq x_{(n)}$, so gibt die Platzziffer in der geordneten Stichprobe den Rang an. So erhält der kleinste Wert die Rangzahl 1, der zweitkleinste den Rang 2 usw. Bei gleichen Stichprobenwerten (Bindungen, Ties) werden Durchschnittsränge vergeben.

Rang-Tests können demnach auch dann angewandt werden, wenn nur ordinales Skalenniveau vorliegt. Diese Vorteile verteilungsfreier Tests, auch ohne Normalverteilungsannahme und bei niedrigerem Skalenniveau einsetzbar zu sein, müssen erkauft werden durch einen gewissen Informationsverlust. So ist bei Vorliegen der Normalverteilung die Güte eines verteilungsfreien Tests bei gleichem Signifikanzniveau sicher geringer als bei einem Normalverteilungstest. Die Theorie zeigt jedoch, daß zumindest für Rang-Tests dieser Informationsverlust 'gering' ausfällt. Eine ausführliche Diskussion der Vor- und Nachteile verteilungsfreier Methoden und eine detaillierte Darstellung dieser Verfahren wird in den Monographien von Schaich und Hamerle (1984) sowie von Büning und Trenkler (1994) gegeben.

5.3.1 Einstichproben-Tests

5.3.1.1 Der Binomialtest

Bei diesem Test geht es darum festzustellen, ob eine Teststatistik binomial B(n,p)-verteilt ist mit einer bestimmten Wahrscheinlichkeit $p = p_0$. Dieser Test kann immer dann angewandt werden, wenn ein *dichotomes* Merkmal vorliegt, wenn also die Beobachtungen gemäß den

beiden möglichen Merkmalsausprägungen in zwei disjunkte Klassen eingeteilt werden können. Daher ist auch jedes Skalenniveau zulässig. Geprüft werden dann Hypothesen über die Klassenanteile. Beispiele sind
— die Überprüfung des Ausschußanteils einer Produktion
  Merkmalsklassen: defekt — nicht defekt,
— die Überprüfung der Anteile der Geschlechter bei Neugeborenen
  Merkmalsklassen: männlich — weiblich,
— die Überprüfung, ob eine Diät erfolgreich war oder nicht
  Merkmalsklassen: Gewichtsabnahme ja — nein.

Voraussetzungen. Es handelt sich um ein Bernoulli-Experiment (vgl. 4.1.3) mit n unabhängigen Wiederholungen, bei denen jeweils beobachtet wird, ob ein Ereignis A oder dessen Komplement $\bar{A}$ eintritt mit den konstanten Wahrscheinlichkeiten $p = P(A)$ und $1 - p = P(\bar{A})$.

Hypothesen.
a) H_0: $p = p_0$ H_A: $p \neq p_0$ b) H_0: $p \leq p_0$ H_A: $p > p_0$
c) H_0: $p \geq p_0$ H_A: $p < p_0$

Teststatistik. Die Zufallsvariable T beschreibe die Anzahl der Beobachtungen, bei denen das Ereignis A eintritt. Dann folgt T einer B(n,p)-Verteilung:

$$P(T \leq k) = \sum_{i=0}^{k} \binom{n}{i} p^i (1-p)^{n-i} \text{ mit } p = P(A).$$

Testentscheidung. Die Entscheidung kann über den Vergleich der Realisierung t der Zufallsvariablen T mit den entsprechenden Quantilen k_α der Binomialverteilung $B(n,p_0)$ durchgeführt werden. Einfacher auch im Hinblick auf die Durchführung mit SAS ist es, die Testentscheidung mit Hilfe der Überschreitungswahrscheinlichkeiten $P(T \leq t)$ zu fällen.
Testentscheidung: H_0 ablehnen, falls

a) $P(T \leq t) \leq \frac{\alpha}{2}$ oder $P(T \geq t) \leq \frac{\alpha}{2}$ b) $P(T \geq t) \leq \alpha$ c) $P(T \leq t) \leq \alpha$.

Durchführung in SAS. Ist t die Realisierung der Zufallsvariablen T, dann erhält man die Wahrscheinlichkeiten $P(T \leq t)$ und $P(T \geq t)$ über die SAS-Funktion CDF('BINOM',t,p,n):

$P(T \leq t) = \text{CDF('BINOM',t},p_0,n)$, $P(T \geq t) = 1 - P(T \leq t-1)$,

siehe Abschnitt 4.1.4.1 Die Vorgehensweise soll an einem Anwendungsbeispiel demonstriert werden.

5.3 Verteilungsfreie Verfahren - Nichtparametrische Methoden 161

Sensorische Tests. Sensorische Tests dienen dazu festzustellen, ob ein oder mehrere Prüfer aufgrund ihrer Sinneswahrnehmungen bestimmte Proben unterscheiden können. Zu Einzelheiten dieser Tests, insbesondere der praktischen Durchführung, sei verwiesen auf Jellineck (1981).

a) Der Duo-Test. Den Prüfern werden mehrere Probenpaare vorgelegt. Jedes Paar besteht aus einer Kontrollprobe (z.B. Apfelsaft ohne Zuckerzusatz) und einer Analyseprobe (Apfelsaft mit Zusatz). Beantwortet werden soll die Frage, ob sich die Proben sensorisch unterscheiden lassen. Dazu wird den Prüfern eine Frage gestellt: Welche Probe schmeckt in jedem Probenpaar süßer (salziger, saurer, fruchtiger, ranziger, voller im Aroma, knuspriger,...)? Der Prüfer hat sich in jedem Fall für eine Probe zu entscheiden. Sei p die (für alle Prüfer konstante) Wahrscheinlichkeit, die Probe mit Zuckerzusatz etc. richtig zu identifizieren und n die Anzahl der Probenpaare. Die Hypothesen lauten dann: H_0: $p = 0.5$ H_A: $p > 0.5$. Der Fall $p < 0.5$ kann in diesem Fall ausgeschlossen werden, falls der Prüfer nicht absichtlich die falsche Probe als süßer identifiziert. Die Zufallsvariable T, welche die Anzahl der richtig identifizierten Proben beschreibt, folgt unter H_0 einer $B(n, \frac{1}{2})$-Verteilung.

Beispiel 5_4. In einem Versuch wurden von n=10 (bzw. 100) Proben t=7 (70) richtig beurteilt. Die Überschreitungswahrscheinlichkeiten erhält man mit folgendem Programm.

Programm

```
DATA b5_4;                    /* Binomialtest (Duotest) */
p=0.5; n=10; t=7;
prob=1-CDF('BINOM',t-1,p,n); OUTPUT;
RUN;
PROC PRINT DATA=b5_4;
RUN;
```

Output

Obs	p	n	t	prob
1	0.5	10	7	0.17188

Unter *prob* findet man die Überschreitungswahrscheinlichkeit $P(T \geq 7) = 0.17188$. Auf dem Niveau $\alpha = 0.05$ wäre die Nullhypothese nicht abzulehnen. Gibt man im Programm die Werte n=100 und t=70 ein, so erhält man $P(T \geq 70) = 0.000039$ und H_0 wäre für $\alpha=0.05$ abzulehnen.

b) Der Triangel-Test. Beim Duo-Test wurde eine gerichtete Frage gestellt (süßer, saurer,...). In vielen Fällen geht es nur darum festzustellen, ob zwei Produkte gleich oder verschieden empfunden werden, ohne vorher ein bestimmtes Merkmal (Süße, Säure,...) festzulegen. In solchen Situationen wird die *Dreiecksprüfung (Triangel-Test)* angewandt. Jeder Prüfer erhält jeweils drei Proben gleichzeitig. Zwei Proben sind gleich, eine ist abweichend. Die an den Prüfer gerichtete Frage lautet: Welche Probe ist die abweichende? Eine Probe ist immer anzugeben. In diesem Fall ist p die (für alle Prüfer konstante) Wahrscheinlichkeit, die abweichende Probe richtig zu identifizieren und n die Anzahl der Probentripel. Die Hypothesen lauten nun: H_0: $p = \frac{1}{3}$ H_A: $p > \frac{1}{3}$. Der Fall $p < \frac{1}{3}$ kann auch in diesem Fall ausgeschlossen werden. Die Zufallsvariable T, welche die Anzahl der richtig identifizierten Proben beschreibt, folgt unter H_0 einer $B(n,\frac{1}{3})$-Verteilung.

In einem Versuch wurden von n=30 Probentripeln t=15 richtig beurteilt. Die Überschreitungswahrscheinlichkeit $P(T \geq 15)$ erhält man in diesem Fall ebenfalls mit dem für den Duo-Test angegebenen Programm, wenn man die Werte $p=\frac{1}{3}$, n=30 und t=15 eingibt. Es ergibt sich die Wahrscheinlichkeit $P(T \geq 15) = 0.043482$. Daher wäre auf dem Niveau $\alpha=0.05$ die Nullhypothese abzulehnen.

5.3.1.2 Test auf Zufälligkeit

Dieser Test dient dazu, die Voraussetzungen für einen Binomialtest zu überprüfen. Liegt ein dichotomes Merkmal mit den Ausprägungen A und $\bar{A}$ bzw. mit der Kodierung 1 und 0 vor, so geht es also darum zu prüfen, ob es sich um ein Bernoulli-Experiment handelt. Darunter versteht man einen Versuch mit unabhängigen Wiederholungen, bei denen mit konstanter Wahrscheinlichkeit das Ereignis A bzw. 1 eintritt. Ein Versuchsausgang könnte folgende Gestalt haben:

1 0 0 1 1 1 0 1 1 1 1 0 0 0 0 0 1 1 0 0 0 1 0 0 0 0 1 0 0 0 1 1 1 1 1 0 0 1 1 1.

Ist die Reihenfolge von Einsen und Nullen 'zufällig'?

Als Beispiel wird eine Klausur mit 40 Teilnehmern betrachtet. Die Arbeiten werden in der Reihenfolge eingesammelt und korrigiert wie die (zufällig plazierten) Studenten gesessen haben. Eine Eins bedeutet *bestanden*, eine Null *nicht bestanden*. Stehen die Einsen und Nullen in

5.3 Verteilungsfreie Verfahren - Nichtparametrische Methoden

einer zufälligen Reihenfolge? Abweichungen könnten auf unzulässige Kontakte während der Klausur schließen lassen.

Der Test kann auch auf quantitative Daten angewandt werden, etwa bei Vorliegen einer Zeitreihe, bei der zu überprüfen ist, ob es sich um Realisierungen unabhängiger, identisch verteilter Zufallsvariablen handelt. Die Zuordnung der Daten zu zwei Klassen kann dann durch den Vergleich der Werte mit einem Lageparameter (Median, Mittelwert) vorgenommen werden.

Voraussetzungen. Es wird davon ausgegangen, daß ein dichotomes Merkmal vorliegt. Den zwei Merkmalsausprägungen werden Null und Eins zugeordnet. Es liegen n_1 Einsen und $n_2 = n - n_1$ Nullen vor, $n_1, n_2 \geq 1$.

Hypothese.
H_0: Die Reihenfolge der Beobachtungen ist zufällig, d.h. alle $\binom{n}{n_1}$ möglichen Reihenfolgen sind gleich wahrscheinlich.

Teststatistik. Zur Beurteilung der Nullhypothese wird die Anzahl R der *Runs* oder *Iterationen* herangezogen. Ein Run ist dabei eine Folge gleicher Zeichen, die von anderen Zeichen eingeschlossen ist oder der kein Zeichen folgt oder vorangeht. So hat die oben angegebene Folge 15 Runs:

1|00|111|0|1111|00000|11|000|1|0000|1|000|11111|00|111.

Zuviele oder zuwenige Runs sprechen gegen die Zufälligkeit der Reihenfolge. Die Wahrscheinlichkeitsverteilung von R unter der Nullhypothese lautet, vgl. Büning und Trenkler (1994), S. 106:

$$P(R=2i) = \frac{2\binom{n_1-1}{i-1}\cdot\binom{n_2-1}{i-1}}{\binom{n}{n_1}},$$

$$P(R=2i+1) = \frac{\binom{n_1-1}{i}\cdot\binom{n_2-1}{i-1} + \binom{n_1-1}{i-1}\cdot\binom{n_2-1}{i}}{\binom{n}{n_1}}, \quad i=1,\ldots,\min(n_1,n_2).$$

Für den Erwartungswert $E(R)$ und die Varianz $Var(R)$ gilt unter H_0

$$E(R) = \frac{2n_1 n_2}{n} + 1, \quad Var(R) = \frac{2n_1 n_2 (2n_1 n_2 - n)}{n^2 (n-1)}.$$

Für große Werte n_1, n_2 (Faustregel: $n_1, n_2 \geq 20$) läßt sich eine Normalapproximation verwenden. Die Zufallsvariable

$$Z = \frac{R - E(R)}{\sqrt{Var(R)}}$$

ist näherungsweise $N(0,1)$-verteilt.

Testentscheidung. Je nach Problemstellung kann ein zweiseitiger (zuwenige oder zuviele Runs führen zur Ablehnung der Nullhypothese) oder ein einseitiger Test durchgeführt werden. In vielen Fällen ist als Alternative eine Clusterbildung gleicher Werte, d.h. eine positive Korrelation benachbarter Werte zu überprüfen. Der Einfachheit halber soll nur dieser einseitige Test weiter beschrieben werden. Der Ablehnungsbereich dieses einseitigen Tests liegt im unteren Verteilungsende der Zufallsvariablen R. Die Realisierungen von R und Z werden mit r und z bezeichnet. Dann ist die Hypothese

H_0: Die Reihenfolge ist zufällig

auf dem Niveau α abzulehnen, falls für die Wahrscheinlichkeiten $P(R \leq r)$ bzw. $P(Z \leq z)$ gilt:

$P(R \leq r) \leq \alpha$ bzw. $P(Z \leq z) \leq \alpha$.

Durchführung in SAS — Beispiel 5_5. Der Test auf Zufälligkeit ist nicht in SAS implementiert. Die Wahrscheinlichkeit $P(R \leq r)$ kann mit Hilfe der oben angegebenen Formeln berechnet werden, indem die Wahrscheinlichkeiten $P(R=k)$ für $k=2,...,r$ sukzessive berechnet und addiert werden. Ein solches Programm in SAS zu schreiben, sei dem Leser als Übungsaufgabe überlassen. SAS stellt ab Version 8 die Binomialkoeffizienten $\binom{n}{k}$ unter der Funktion COMB(n,k), $n \geq 0$, $k \geq 0$, $n \geq k$ zur Verfügung, siehe SAS Language Reference: Dictionary (1999), S. 293-294.

Für das angegebene Beispiel gilt $n_1 = n_2 = 20$ und $r=15$. Damit kann die Normalapproximation mit Hilfe des folgenden Programms verwendet werden.

5.3 Verteilungsfreie Verfahren - Nichtparametrische Methoden

Programm

```
DATA b5_5;        /* Test auf Zufälligkeit, Normalapproximation */
r=15; n1=20; n2=20; n=n1+n2;
e_r =2*n1*n2/n+1;
var_r=2*n1*n2*(2*n1*n2-n)/(n*n*(n-1));
z=(r-e_r)/SQRT(var_r); prob=CDF('NORMAL',z);
RUN;
PROC PRINT DATA=b5_5;
RUN;
```

Output

Obs	r	n1	n2	n	e_r	var_r	z	prob
1	15	20	20	40	21	9.74359	-1.92217	0.027292

In der letzten Spalte wird unter *prob* die Wahrscheinlichkeit $P(Z \leq z) = P(Z \leq -1.92217) = 0.027292$ angegeben. Auf dem Niveau $\alpha = 0.05$ wäre die Nullhypothese einer zufälligen Reihenfolge zugunsten einer Clusterbildung abzulehnen. Über mögliche Ursachen, die Klausurteilnehmer betreffend, ist damit natürlich nichts ausgesagt, weitergehende Spekulationen sollen hier nicht angestellt werden.

5.3.2 Zwei- und k-Stichprobentests

In diesem Abschnitt werden Lagevergleiche von zwei oder mehr Stichproben besprochen. Dabei können grundsätzlich bezüglich der Korrelation zwischen den Stichproben zwei verschiedene Situationen vorliegen, nämlich verbundene und unabhängige Stichproben.

5.3.2.1 Vergleich zweier verbundener Stichproben

Liegen Beobachtungspaare (x_i, y_i), $i=1,...,n$ als Realisierungen von zweidimensionalen Zufallsgrößen (X_i, Y_i) vor, so spricht man von verbundenen Stichproben, wenn die Werte eines Paares korreliert sind, weil sie etwa an einer Untersuchungseinheit beobachtet wurden oder an zwei Einheiten einer homogenen Gruppe (eineiige Zwillinge, zwei Blätter einer Pflanze, ...). Als Beispiel wird die Situation betrachtet, daß bei 10 Personen der Blutdruck am Morgen und am Abend eines bestimmten Tages gemessen wird. Untersucht werden soll, ob sich die Blutdruckwerte morgens und abends signifikant unterscheiden.

A Der Vorzeichentest

Bei diesem Test gehen nur die Vorzeichen der Differenzen der Wertepaare in die Auswertung ein. Das bedeutet natürlich für metrisch skalierte Daten einen großen Informationsverlust.

Voraussetzungen. Die Differenzen $D_i = X_i - Y_i$, i=1,...,n sind unabhängige und identisch verteilte Zufallsvariablen mit $P(D_i=0) = 0$.

Hypothesen.
a) H_0: $P(X_i > Y_i) = P(X_i < Y_i) = 0.5$ $\quad H_A$: $P(X_i > Y_i) \neq 0.5$
b) H_0: $P(X_i > Y_i) \leq 0.5$ $\quad H_A$: $P(X_i > Y_i) > 0.5$
c) H_0: $P(X_i > Y_i) \geq 0.5$ $\quad H_A$: $P(X_i > Y_i) < 0.5$

Teststatistik. Die Zufallsvariable T beschreibe die Anzahl der positiven Differenzen. Diese Zufallsvariable ist aufgrund der Voraussetzungen B(n,p)-verteilt mit einem festen Parameter $p = P(X_i > Y_i)$. Zu prüfen ist demnach, ob p=0.5 bzw. $p \leq 0.5$ oder $p \geq 0.5$ ist. Also kann der Binomialtest aus 5.3.1.1 angewandt werden. Zur weiteren Durchführung sei auf diesen Abschnitt verwiesen.

B Der Vorzeichen-Rang-Test von Wilcoxon

Dieser Test dient ebenfalls dem Lagevergleich zweier verbundener Stichproben. Er verwendet Rangzahlen der Differenzen $d_i = x_i - y_i$ der Komponenten der Wertepaare. Bei metrisch skalierten Daten ist der Informationsverlust, der sich hieraus ergibt, im Vergleich zum Vorzeichentest deutlich geringer.

Voraussetzungen. Die Differenzen $D_i = X_i - Y_i$, i=1,...,n sind unabhängige, identisch verteilte Zufallsvariablen. Die Verteilung der D_i ist stetig und symmetrisch um den Median Δ. Dabei ist die Verteilung dann symmetrisch um den Wert Δ, wenn für alle $x \in \mathbb{R}$ gilt: $P(D_i \leq \Delta - x) = P(D_i \geq \Delta + x)$. Existiert der Erwartungswert $E(D_i)$, so folgt aus der Symmetrie der Verteilung um Δ, daß $E(D_i) = \mu_D = \Delta$ gilt. Dieser Test entspricht also dem in 5.1.2.1 besprochenen t-Test, der zusätzlich die Normalverteilung der Differenzen voraussetzte.

Hypothesen.
a) H_0: $\Delta = 0$; H_A: $\Delta \neq 0$ $\quad$ b) H_0: $\Delta \leq 0$; H_A: $\Delta > 0$
c) H_0: $\Delta \geq 0$; H_A: $\Delta < 0$

5.3 Verteilungsfreie Verfahren - Nichtparametrische Methoden

Teststatistik. Zunächst werden die Beträge der Differenzen $|D_i|$ der Größe nach geordnet. Dann werden diesen Beträgen Ränge $R(|D_i|)$ zugeordnet. Die Teststatistik T_+ ist dann die Summe der Rangzahlen der positiven Differenzen:

$$T_+ = \sum_{i=1}^{n} V_i \cdot R(|D_i|) \text{ mit } V_i=1, \text{ falls } D_i > 0 \text{ und } V_i=0, \text{ falls } D_i < 0.$$

$D_i = 0$ tritt aufgrund der vorausgesetzten stetigen Wahrscheinlichkeitsverteilung nur mit Wahrscheinlichkeit 0 auf. Sollten als Folge von Rundungen oder beschränkter Meßgenauigkeiten 0-Differenzen vorkommen, so sind diese wegzulassen und der Stichprobenumfang entsprechend zu verringern. Treten betragsmäßig gleiche Differenzen $|D_i|$ auf, so spricht man von *Bindungen (Ties)*. In diesem Fall werden Durchschnittsränge zugeordnet.

Die Wahrscheinlichkeitsverteilung von T_+ unter H_0 kann aufgrund kombinatorischer Überlegungen gewonnen werden. Die Quantile sind in den angegebenen Lehrbüchern vertafelt. Für den Erwartungswert und die Varianz von T_+ gilt

$$E(T_+) = \frac{1}{4}n(n+1), \quad Var(T_+) = \frac{1}{24}n(n+1)(2n+1).$$

Für $n \geq 20$ kann die Größe

$$\frac{T_+ - E(T_+)}{\sqrt{Var(T_+)}}$$

als näherungsweise $N(0,1)$-verteilt angesehen werden. Liegen Bindungen vor, so wird eine korrigierte Varianz verwendet; Einzelheiten sind bei Büning und Trenkler (1994), S. 99 zu finden. In SAS wird für $n > 20$ eine Approximation durch eine t-verteilte Zufallsvariable verwendet, die im SAS Procedures Guide (1999), S. 1396 näher beschrieben ist.

Testentscheidung. Statt T_+ wird in SAS die um den Erwartungswert korrigierte Größe $S = T_+ - \frac{1}{4}n(n+1)$ verwendet mit der Realisierung s. Die Testentscheidung kann dann mit Hilfe der Überschreitungswahrscheinlichkeit $Q = P(|S| \geq |s|)$ erfolgen. Die Nullhypothese H_0 ist abzulehnen, falls

a) $Q = P(|S| \geq |s|) \leq \alpha$ b) $P(S \geq s) = \frac{1}{2}Q \leq \alpha$ c) $P(S \leq s) = \frac{1}{2}Q \leq \alpha$.

Dabei wurde in den Fällen b) und c) die Symmetrie der Verteilung von S zur Berechnung der Überschreitungswahrscheinlichkeiten mit Hilfe von Q ausgenutzt. Zu beachten ist, daß dies in b) nur für s>0 und in c) nur für s<0 gültig ist. Das bedeutet keine Einschränkung, da nämlich andernfalls die Überschreitungswahrscheinlichkeiten größer als 0.5 sind und damit den Wert α sicher nicht unterschreiten.

Durchführung in SAS — Beispiel 5_6. Bei 10 Probanden einer Altersgruppe wurde der systolische Blutdruck am Morgen und am Abend eines Tages festgestellt (Werte in mm Hg):

Proband i	1	2	3	4	5	6	7	8	9	10
morgens x_i	107	110	129	130	129	140	120	139	111	149
abends y_i	115	122	111	128	140	135	127	143	129	148
Differenz d_i	-8	-12	18	2	-11	5	-7	-4	-18	1

Hat die Tageszeit einen Einfluß auf den Blutdruck?

Ordnet man die Beträge der Differenzen der Größe nach, dann ergibt sich

Vorzeichen	+	+	−	+	−	−	−	−	+	−
$|d_i|$ geordnet	1	2	4	5	7	8	11	12	18	18
Ränge	1	2	3	4	5	6	7	8	9.5	9.5

Damit erhält man als Realisierung von T_+ den Wert $1+2+4+9.5 = 16.5$ und für s den Wert $16.5 - \frac{1}{4} \cdot 10 \cdot 11 = -11$. Die Auswertung über SAS erfolgt mit der Prozedur UNIVARIATE.

Programm

```
DATA b5_6;                /* Vorzeichen-Rang-Test von Wilcoxon */
  INPUT x y @@;  d=x - y;
  CARDS;
  107 115   110 122   129 111   130 128   129 140
  140 135   120 127   139 143   111 129   149 148
RUN;
PROC UNIVARIATE DATA=b5_6;
  VAR d;
RUN;
```

In dem folgenden Output kann man in der Zeile *Signed Rank* sowohl den Wert $S = -11$ als auch die Überschreitungswahrscheinlichkeit zu diesem Wert $Q = P(|S| \geq 11) = 0.2852$ ablesen. Im Fall a) ist die Nullhypothese auf dem Niveau $\alpha = 0.05$ beispielsweise nicht abzulehnen: Unterschiede zwischen den Blutdruckwerten morgens und abends sind aufgrund der vorliegenden Stichprobe nicht nachweisbar.

5.3 Verteilungsfreie Verfahren - Nichtparametrische Methoden

Output (gekürzt)

```
                    The UNIVARIATE Procedure
                         Variable: d
                           Moments
N                10         Sum Weights         10
Mean            -3.4        Sum Observations   -34
Std Deviation   10.3085725  Variance          106.266667
Skewness         0.79930065 Kurtosis            0.89432573
                              ...
                  Tests for Location: Mu0=0
     Test         -Statistic-        -----p Value------
     Student's t  t   -1.04299       Pr > |t|    0.3242
     Sign         M   -1             Pr >= |M|   0.7539
     Signed Rank  S   -11            Pr >= |S|   0.2852
```

5.3.2.2 Vergleich zweier unverbundener Stichproben

Von unverbundenen Stichproben spricht man, wenn zwei unabhängige Stichproben $x_1,...,x_n$ und $y_1,...,y_m$ vorliegen, die durchaus unterschiedliche Umfänge besitzen können. Zwei Tests werden angesprochen, welche die Gleichheit der Verteilungen in beiden Stichproben überprüfen.

A   Der Run-Test von Wald und Wolfowitz

Voraussetzungen. Die Größen $X_1,...,X_n$ und $Y_1,...,Y_m$ sind unabhängige Zufallsvariablen. Die Variablen $X_1,...,X_n$ seien identisch verteilt gemäß der stetigen Verteilungsfunktion F und $Y_1,...,Y_m$ besitzen alle die gleiche stetige Verteilungsfunktion G.

Hypothesen.
H_0: $F(x) = G(x)$ für alle $x \in \mathbb{R}$ H_A: $F(x) \neq G(x)$ für mindestens ein x.

Teststatistik. Die zwei Stichproben der x- und y-Werte werden zu einer zusammengefaßt und dann der Größe nach geordnet. Eine Eins symbolisiert einen x-Wert, eine Null einen y-Wert, z.B. für n=11 und m=7:   1 1 1 1 1 0 1 1 1 0 0 1 1 0 0 0 0 1.
Unter der Nullhypothese gleicher Verteilungen F und G sollte eine zufällige Reihenfolge von Einsen und Nullen entstehen. Es kann also der in 5.3.1.2 besprochene Test auf Zufälligkeit angewandt werden, der auf der Anzahl R der Runs beruht.

Testentscheidung. In den meisten Fällen wird man einen einseitigen Test durchführen und bei einer geringen Zahl von Runs die Nullhypothese ablehnen. Ist r die Realisierung von R, dann ist H_0 zu vorgegebenem Niveau α abzulehnen, falls $P(R \leq r) \leq \alpha$ gilt. Zur Durchführung dieses Tests sei auf 5.3.1.2 verwiesen.

B   Der Wilcoxon-Rangsummentest

Dieser Test zum Vergleich zweier unabhängiger Stichproben beruht auf den Rangzahlen der Stichprobenwerte in der vereinigten Stichprobe und nutzt daher mehr Information aus der Stichprobe als der Run-Test von Wald und Wolfowitz. Allerdings ist der Wilcoxon-Test sinnvoll nur dann anzuwenden, wenn man zusätzliche Annahmen macht, die auf eine stärker eingeschränkte Alternativhypothese führen. Der Wilcoxon-Rangsummentest ist äquivalent zum hier nicht beschriebenen Mann-Whitney-U-Test, vgl. Büning und Trenkler (1994), S. 135 oder Schaich und Hamerle (1984), S. 116.

Voraussetzungen. Die Zufallsvariablen $X_1,...,X_n$ und $Y_1,...,Y_m$ sind unabhängig mit stetigen Verteilungsfunktionen F bzw. G. Die Verteilungsfunktion G geht aus F durch Verschiebung um einen Wert $\Delta \in \mathbb{R}$ hervor: $F(x) = G(x+\Delta)$ für alle $x \in \mathbb{R}$. Die Bezeichnungen werden im Einklang mit der Durchführung in SAS so gewählt, daß $n \leq m$ gilt, d.h. daß die x-Stichprobe diejenige mit kleinerem oder gleichem Stichprobenumfang ist.

Hypothesen.
a) H_0: $\Delta = 0$; H_A: $\Delta \neq 0$ b) H_0: $\Delta \leq 0$; H_A: $\Delta > 0$
c) H_0: $\Delta \geq 0$; H_A: $\Delta < 0$

Hierbei bedeutet $\Delta > 0$ beispielsweise, daß die Verteilungsfunktion G die um Δ nach rechts verschobene Funktion F ist, also die y-Werte in diesem Sinne größer ausfallen als die x-Werte.

Teststatistik. Die Stichproben $x_1,...,x_n$ und $y_1,...,y_m$ werden zu einer Stichprobe $z_1,...,z_{n+m}$ zusammengefaßt und dann der Größe nach geordnet
$$z_{(1)} \leq z_{(2)} \leq \cdots \leq z_{(n+m)}.$$
Den geordneten Werten werden Ränge zugeordnet in der Weise, daß der kleinste Wert den Rang 1 erhält, der zweitkleinste den Rang 2 usw. Wenn trotz der Voraussetzung stetiger Verteilungen gleiche Werte auftreten, sind Durchschnittsränge zu bilden. Die Summe der Rangzahlen

5.3 Verteilungsfreie Verfahren - Nichtparametrische Methoden

der x-Werte wird mit s bezeichnet. Dieser Wert s ist Realisierung einer Zufallsvariablen S. Für diese gilt unter H_0

$$E(S) = \tfrac{1}{2}n(n+m+1) \qquad Var(S) = \tfrac{1}{12}nm(n+m+1) \; .$$

Für große Werte n,m kann eine Normalapproximation verwendet werden. Als Faustregel gilt $n,m \geq 4$, $n+m \geq 30$ als ausreichend dafür, daß

$$Z = \frac{S - E(S)}{\sqrt{Var(S)}}$$

näherungsweise unter H_0 einer $N(0,1)$-Verteilung folgt. Da die Zufallsvariable S nur ganzzahlige Werte annimmt, wird zur besseren Approximation eine Stetigkeitskorrektur wie folgt verwendet:

Mit $z = \dfrac{s - E(S)+0.5}{\sqrt{Var(S)}}$ gilt $P(S \leq s) = P(S \leq s+0.5) = P(Z \leq z) \approx \Phi(z)$.

Zur Berechnung von $P(S \geq s)$ wird entsprechend die Korrektur -0.5 verwendet. SAS liefert im Falle $s > E(S)$ die Wahrscheinlichkeit $P(S \geq s)$, im Falle $s \leq E(S)$ die Wahrscheinlichkeit $P(S \leq s)$.

Liegen Bindungen vor, so wird für die Approximation eine korrigierte (kleinere) Varianz verwendet, vgl. Büning und Trenkler (1994) S. 134.

Testentscheidung. In SAS können ab Version 8 die exakten Überschreitungswahrscheinlichkeiten mit Hilfe der EXACT-Anweisung der Prozedur NPAR1WAY berechnet werden; außerdem wird die Testentscheidung auch mit Hilfe der Normalapproximation und einer Approximation mittels der t-Verteilung formuliert. Bezeichnet Q die Wahrscheinlichkeit $Q = P(|Z| \geq |z|)$, dann ist H_0 auf dem Niveau α abzulehnen, falls

a) $Q \leq \alpha$ b) $z > 0$: $P(Z \geq z) = \tfrac{1}{2}Q \leq \alpha$ c) $z < 0$: $P(Z \leq z) = \tfrac{1}{2}Q \leq \alpha$.

In den Fällen $z \leq 0$ in b) und $z \geq 0$ in c) ist für sinnvolle Werte von $\alpha \leq \tfrac{1}{2}$ die Nullhypothese nicht abzulehnen.

Durchführung in SAS — Beispiel 5_7. Zur Demonstration soll das Beispiel b5_3 zum Zwei-Stichproben t-Test, dem zum Wilcoxon-Test analogen Normalverteilungstest, verwendet werden. Hat man Zweifel an der Normalverteilungsannahme, so kann statt des t-Tests der Wilcoxon-Rangsummentest durchgeführt werden.

In dem folgenden Programm wird die Prozedur NPAR1WAY mit der Option WILCOXON verwendet.

Programm

```
DATA b5_7;                        /* Wilcoxon-Rangsummentest    */
  INPUT geschl$  fc @@;
  CARDS;
  w 23.01  w 38.98  w 29.65  w 25.69  w 37.17
  w 25.56  w 29.37  w 28.31  w 33.60  w 40.32
  m 43.41  m 37.39  m 65.11  m 39.26  m 48.79  m 26.63
  m 43.76  m 38.73  m 41.94  m 39.67  m 23.85
RUN;
PROC NPAR1WAY  DATA=b5_7 WILCOXON;
  CLASS geschl;        /* Angabe der Klassifizierungsvariablen,  */
                       /* welche die Stichproben kennzeichnet    */
  VAR  fc;             /* Angabe der zu analysierenden Variablen */
  EXACT;               /* exakte Überschreitungswahrscheinlichkeit */
RUN;
```

Stets anzugeben ist in der CLASS-Anweisung die Klassifizierungsvariable, hier *geschl*, mit den Werten w und m. Da n = 10 der kleinere Stichprobenumfang ist, werden die w-Werte als x-Stichprobe bezeichnet. Die Ränge der x-Werte in der Gesamtstichprobe sind:

x_i	23.01	25.56	25.69	28.31	29.37	29.65	33.60	37.17	38.98	40.32
Rang	1	3	4	6	7	8	9	10	13	16

Damit ergibt sich für die Rangsumme

$$s = 77 \text{ und } z = \frac{s - E(S) + 0.5}{\sqrt{\text{Var}(S)}} = -2.28858.$$

Diese Werte können auch dem folgenden Output entnommen werden.

Output

```
                    The NPAR1WAY Procedure
           Wilcoxon Scores (Rank Sums) for Variable fc
                   Classified by Variable geschl
                 Sum of    Expected    Std Dev       Mean
    geschl   N   Scores    Under H0    Under H0      Score
    w       10    77.0      110.0      14.200939      7.70
    m       11   154.0      121.0      14.200939     14.00
                    Wilcoxon Two-Sample Test
                    Statistic (S)        77.0000
```

5.3 Verteilungsfreie Verfahren - Nichtparametrische Methoden

Output (fortgesetzt und gekürzt)

	Normal Approximation	
	Z	-2.2886
	One-Sided Pr < Z	0.0111
	Two-Sided Pr > |Z|	0.0221
	...	
	Exact Test	
	One-Sided Pr <= S	0.0098
	Two-Sided Pr >= |S - Mean|	0.0197
	Z includes a continuity correction of 0.5.	
	...	

Die mittels der EXACT-Anweisung berechnete exakte Überschreitungswahrscheinlichkeit $Two\text{-}Sided\ Pr> = |S\text{-}Mean|=0.0197$ führt für $\alpha=0.05$ im Fall a) zur Ablehnung der Nullhypothese, geschlechtsspezifische Unterschiede sind erkennbar. Die Normalverteilungsapproximation (mit Stetigkeitskorrektur) liefert die Überschreitungswahrscheinlichkeit $Two\text{-}Sided\ Pr>|Z|=0.0221$ und führt hier ebenfalls zur Ablehnung der Nullhypothese.

Bemerkung. Im Output von NPAR1WAY wird unter $t\text{-}Approximation$ die Überschreitungswahrscheinlichkeit $Pr>|Z|=0.0331$ unter Zugrundelegung einer t-Verteilung mit n+m-1 Freiheitsgraden angegeben. Diese Approximation werden wir hier nicht verwenden, deshalb haben wir den entsprechenden Output nicht wiedergegeben.

5.3.2.3 Vergleich mehrerer unabhängiger Stichproben - Der Kruskal-Wallis Test

Der Kruskal-Wallis Test ist der bekannteste verteilungsfreie Test zum Vergleich von $k \geq 2$ stochastisch unabhängigen Stichproben. Er stellt eine Verallgemeinerung des Wilcoxon-Rangsummentests dar und basiert ebenfalls auf den Rangzahlen der Stichprobenwerte in der vereinigten Stichprobe.

Voraussetzungen. Die Werte der k Stichproben

$x_{11},...,x_{1n_1}$ (1. Stichprobe)

...

$x_{k1},...,x_{kn_k}$ (k-te Stichprobe)

mit den Stichprobenumfängen $n_1,...,n_k$ sind Realisierungen unabhängiger Zufallsvariablen $X_{11},...,X_{1n_1},...,X_{k1},...,X_{kn_k}$ mit stetigen Verteilungsfunktionen $F_1,...,F_k$. Weiter wird vorausgesetzt, daß alle Verteilungsfunktionen F_i aus einer Verteilung F durch Verschiebung um einen Wert $\Delta_i \in \mathbb{R}$ hervorgehen: $F_i(x) = F(x+\Delta_i)$ für alle $x \in \mathbb{R}$, wobei ohne Beschränkung der Allgemeinheit $\Delta_1=0$ gesetzt wird.

Hypothese. Einseitige Hypothesen sind beim Kruskal-Wallis Test nicht möglich. Es kann nur die globale Hypothese geprüft werden, ob alle Stichproben der gleichen Grundgesamtheit entstammen.
$H_0: \Delta_1 = \cdots = \Delta_k = 0$, d.h. $F_1(x) = \cdots = F_k(x) = F(x)$ für alle $x \in \mathbb{R}$.
$H_A: \Delta_i \neq \Delta_1$ für mindestens ein $i > 1$.

Teststatistik. Die k Stichproben werden vereinigt zu einer Stichprobe mit dem Umfang $n = n_1 + \cdots + n_k$. Dann werden die Werte der vereinigten Stichprobe der Größe nach geordnet. Den geordneten Werten werden wiederum in aufsteigender Folge Ränge zugewiesen. R_i bezeichne die Summe der Rangzahlen der i-ten Stichprobe. Unter H_0 gilt $E(R_i) = \frac{1}{2}n_i(n+1)$. Zur Prüfung von H_0 wird die Teststatistik

$$H_k = \frac{12}{n(n+1)} \sum_{i=1}^{k} \frac{1}{n_i}(R_i - E(R_i))^2$$

verwendet. Die Zufallsvariable H_k ist unter der Nullhypothese näherungsweise χ^2-verteilt mit k-1 Freiheitsgraden. Die Approximation ist auch für kleinere Stichprobenumfänge verwendbar. Nur für den Fall k=3 muß man $n_i>5$ verlangen, vgl. J. Pfanzagl S. 160 und Büning und Trenkler (1994), S. 187. Für $k = 2$ stimmt dieser Test mit dem Wilcoxon-Rangsummentest überein, der im vorhergehenden Abschnitt beschrieben wurde. Liegen Bindungen vor, so wird zur besseren Approximation die Größe H_k um einen Faktor korrigiert, vgl. Büning und Trenkler (1994), S. 187.

Testentscheidung. Bezeichnet h die Realisierung von H_k, dann ist H_0 zu vorgegebenem Niveau α abzulehnen, falls $P(H_k > h) \leq \alpha$ gilt.

Durchführung in SAS — Beispiel 5_8. Ab SAS-Version 8 kann die exakte Überschreitungswahrscheinlichkeit $P(H_k>h)$ mittels der EXACT-Anweisung der Prozedur NPAR1WAY ermittelt werden. Bei größeren Gruppenzahlen und Stichprobenumfängen führt diese Berechnung zu sehr langen Rechenzeiten. In diesen Fällen kann mit der SAS-Anweisung EXACT/MC; die Überschreitungswahrscheinlichkeit $P(H_k>h)$ durch Monte Carlo Simulationen approximativ berechnet werden. Zusätzlich

5.3 Verteilungsfreie Verfahren - Nichtparametrische Methoden

wird noch ein $(1-\alpha)$-Vertrauensintervall für den approximativen Wert von $P(H_k>h)$ aufgelistet, wobei standardmäßig $\alpha=0.01$ verwendet wird.

Der Kruskal-Wallis Test soll nun auf folgende drei Stichproben angewendet werden:

Stichprobe	Stichprobenwerte					
1	12	11	9	14	16	18
2	13	7	8	10	5	6
3	19	21	15	20	17	23

Damit ergeben sich die Rangsummen $R_1 = 56$, $R_2 = 25$, $R_3 = 90$ und für h der Wert $h = 12.362573$. Das folgende Programm liefert diese Werte ohne eigene Rechnung:

Programm

```
DATA b5_8;                        /*    Kruskal-Wallis Test   */
  INPUT gruppe @@;
  DO i=1 TO 6;
    INPUT wert @@; OUTPUT;
  END;  KEEP gruppe wert;
CARDS;
1  12 11  9 14 16 18
2  13  7  8 10  5  6
3  19 21 15 20 17 23
RUN;
PROC NPAR1WAY DATA=b5_8 WILCOXON;  /* WILCOXON */
  CLASS gruppe;         /* veranlaßt bei k ≥ 3 Kruskal-Wallis-Test */
  EXACT;                /* exakte Überschreitungswahrscheinlichkeit */
RUN;
```

Output

The NPAR1WAY Procedure
Wilcoxon Scores (Rank Sums) for Variable wert
Classified by Variable gruppe

gruppe	N	Sum of Scores	Expected Under H0	Std Dev Under H0	Mean Score
1	6	56.0	57.0	10.677078	9.333333
2	6	25.0	57.0	10.677078	4.166667
3	6	90.0	57.0	10.677078	15.000000

Output (fortgesetzt)

	Kruskal-Wallis Test
Chi-Square	12.3626
DF	2
Asymptotic Pr > Chi-square	0.0021
Exact Pr>=Chi-Square	9.619E-05

Als Ergebnis erhält man unter *Chi-Sqare* den Wert h = 12.3626 und mit *Asymptotic Pr>Chi-Square*=0.0021 die (zu ungenaue) asymptotische Überschreitungswahrscheinlichkeit $P(H_3>h) = 0.0021$. Wir verwenden deshalb zur Testentscheidung die exakte Überschreitungswahrscheinlichkeit *Exact Pr>=Chi-Square*=$9.619 \cdot 10^{-5}$. Auf dem Niveau $\alpha=0.01$ ist H_0 abzulehnen. Die Stichproben unterscheiden sich auf diesem Niveau signifikant.

5.3.2.4 Vergleich mehrerer verbundener Stichproben - Der Friedman Test

Dieser nichtparametrische Test zum Vergleich verbundener Stichproben wurde vom Nobelpreisträger und Ökonomen Milton Friedman vorgeschlagen. Es handelt sich dabei um das nichtparametrische Analogon zur zweifaktoriellen Varianzanalyse, genauer zu dem in 6.6.2 besprochenen Modell einer vollständigen Blockanlage. Möchte man k verschiedene Behandlungen an verschiedenen Versuchseinheiten (VE) vergleichen, so ist es oft sinnvoll, die VE in möglichst homogenen Blöcken zusammenzufassen.

Allgemein gehen wir davon aus, daß die Daten in folgender Form vorliegen:

Block	Behandlung			
	1	2	...	k
1	x_{11}	x_{12}	...	x_{1k}
⋮	...	...	...	...
n	x_{n1}	x_{n2}	...	x_{nk}

Beispiel 5_9. Will man das Preisniveau in verschiedenen Supermärkten vergleichen, so wird man zufällig einige ganz bestimmte Waren, die in allen Märkten vom gleichen Hersteller erhältlich sind, auswählen und die Preise feststellen. Der Test wäre sicher nicht so trennscharf, wenn man nur den Warentyp und nicht auch den Hersteller festlegen würde.

5.3 Verteilungsfreie Verfahren - Nichtparametrische Methoden

In vier Supermärkten wurden folgende Preise (DM) bestimmter zufällig ausgewählter Artikel festgestellt:

Ware (Block)	Supermarkt (Behandlung)			
	Aldy	Benni	Coob	Dixi
1 Colgate Zahnpasta	1.89	2.10	2.00	1.95
2 Müller's Nudeln	3.85	3.70	3.90	3.89
3 Hengstenberg Senf	1.90	1.95	2.10	2.00
4 Fleiner Riesling 99	8.90	8.50	9.05	7.99
5 Tempo Taschentücher	4.50	4.90	4.99	4.49

Voraussetzungen. Die Zufallsvektoren $(X_{i1}, X_{i2}, \ldots, X_{ik})$, $i=1,\ldots,n$ sind unabhängig, d.h. Unabhängigkeit der Beobachtungen zwischen den Blöcken. Alle Zufallsvariablen sind stetig.

Hypothesen.
H_0: Die Verteilungen der Beobachtungsgrößen sind für alle Behandlungen gleich, d.h. keine unterschiedlichen Behandlungseffekte.
H_A: Mindestens zwei Behandlungen haben unterschiedliche Effekte.

Teststatistik. Innerhalb der Blöcke werden die Beobachtungswerte x_{i1}, $x_{i2},\ldots,x_{ik}$ der Größe nach geordnet und mit Rangnummern $1,\ldots,k$ versehen. Der Größe x_{ij} wird der Rang r_{ij} zugewiesen. Treten Bindungen innerhalb eines Blockes auf, so sind Durchschnittsränge zuzuordnen. Man erhält dann folgendes Tableau der Rangzahlen:

Block	Behandlung			
	1	2	...	k
1	r_{11}	r_{12}	...	r_{1k}
⋮				
n	r_{n1}	r_{n2}	...	r_{nk}
Σ	r_1	r_2	...	r_k

In jeder Zeile steht also, wenn keine Durchschnittsränge zugeordnet werden mußten, eine Permutation der Zahlen $1,\ldots,k$. Unter H_0 kommt allen Permutationen die gleiche Wahrscheinlichkeit zu, so daß die Rangsummen, als Zufallsvariablen R_j aufgefaßt, für die einzelnen Behandlungen nur zufällig von ihrem Erwartungswert $E(R_j) = \frac{1}{2}n(k+1)$ abweichen. Als Teststatistik wird die Zufallsvariable

$$F_k = \frac{12}{nk(k+1)} \sum_{j=1}^{k} (R_j - E(R_j))^2 = \frac{12}{nk(k+1)} \sum_{j=1}^{k} R_j^2 - 3n(k+1)$$

verwendet. Diese Größe ist unter H_0 näherungsweise χ^2-verteilt mit $k-1$ Freiheitsgraden. Auch in diesem Fall gibt es in der Literatur unterschiedliche Empfehlungen, ab welchen Werten von n und k die Approximation als ausreichend angesehen werden kann. Pfanzagl (1974), S. 165 schlägt $k \geq 5$ vor, Schaich und Hamerle (1984), S. 226 sehen $n \geq 8$ als ausreichend an. Treten Bindungen auf, so kann eine um einen Faktor korrigierte Größe F_k für die Approximation verwendet werden, vgl. Büning und Trenkler (1994), S. 204.

Testentscheidung. Bezeichnet f_k die Realisierung von F_k, dann ist H_0 auf dem Niveau α abzulehnen, falls $P(F_k \geq f_k) \leq \alpha$ gilt.

Durchführung in SAS — Beispiel 5_9. Der Friedman Test wird in der SAS-Prozedur FREQ mittels der Option CMH2 der TABLES-Anweisung zur Verfügung gestellt. Anhand des Beispiels 5_9 soll die Auswertung demonstriert werden.

Programm

```
DATA b5_9;                /* Friedman Test, n=5 Bl., k=4 Beh. */
  INPUT block @@;
  DO beh=1 TO 4;
    INPUT preis @@; OUTPUT;
  END;
  CARDS;
1  1.89  2.10  2.00 1.95
2  3.85  3.70  3.90 3.89
3  1.90  1.95  2.10 2.00
4  8.90  8.50  9.05 7.99
5  4.50  4.90  4.99 4.49
RUN;
PROC FREQ DATA=b5_9;
  TABLES block*beh*preis/NOPRINT CMH2 SCORES=RANK;
RUN;
```

Der untenstehende Output enthält in der Zeile *Row Mean Scores Differ* unter *Value* den Wert der Teststatistik $f_4 = 7.32$ und unter *Prob* die (approx.) Überschreitungswahrscheinlichkeit $P(F_4 \geq f_4) = 0.0624$. Da der Stichprobenumfang die oben angesprochenen Empfehlungen nicht erreicht, sollte zusätzlich die Überschreitungswahrscheinlichkeit einer Tabelle entnommen werden. Diese findet man zum Wert $f_4 = 7.32$ mit $P(F_4 \geq f_4) = 0.055$ beispielsweise in der Tabelle von Büning und

Trenkler (1994), S. 425 ff. Daher sind Unterschiede zwischen den Preisniveaus der 4 Supermärkte bei einer Wahrscheinlichkeit von $\alpha=0.05$ für einen Fehler 1. Art nicht feststellbar.

Output (gekürzt)

The FREQ Procedure				
Summary Statistics for beh by preis				
Controlling for block				
Cochran-Mantel-Haenszel Statistics (Based on Rank Scores)				
Statistic	Alternative Hypothesis	DF	Value	Prob
1	Nonzero Correlation	1	0.6000	0.4386
2	Row Mean Scores Differ	3	7.3200	0.0624

5.3.3 Kontingenztafeln – Unabhängigkeits- und Homogenitätstests

Werden an den an einem Versuch beteiligten Untersuchungseinheiten zwei (oder mehr) Merkmale beobachtet, so wird oft die Frage nach dem Zusammenhang bzw. der Unabhängigkeit dieser Merkmale gestellt. Man denke etwa an die folgenden Merkmalspaare:

Geschlecht – Studienfach
Beruf – Wahlverhalten
Bildungsstand der Eltern – Körpergröße der Tochter
Nationalität – Auftreten einer bestimmten Krankheit
Geburtsmonat – Intelligenzquotient.

An den Beispielen erkennt man, daß es hier nicht darum gehen kann, Ursache- und Wirkungsbeziehungen aufzudecken, sondern nur darum, Zusammenhänge zwischen den Merkmalen festzustellen. Im Rahmen der Statistik können Tests auf stochastische Unabhängigkeit durchgeführt werden und Maßzahlen für den Grad des Zusammenhangs der Merkmale berechnet werden. Da ein weit verbreiteter Unabhängigkeitstest auf einer χ^2-verteilten Teststatistik beruht, spricht man auch von der χ^2-*Methode*. Der Vorteil dieses Tests liegt darin, daß nur nominales Skalenniveau vorliegen muß, wie es auch bei den meisten der oben beispielhaft genannten Merkmale der Fall ist.

Das gleiche Testverfahren kann auch in einer völlig anderen Situation angewandt werden, nämlich dann, wenn die Homogenität der Verteilungen eines Merkmals in verschiedenen Grundgesamtheiten überprüft werden soll. Typische Fragestellungen sind: Ist der Anteil der Studierenden an der Gesamtzahl der Bevölkerung in verschiedenen Ländern gleich? Ist das Wahlverhalten in Niedersachsen und Baden-Württemberg unterschiedlich?

Mathematische Hintergründe der in diesem Abschnitt beschriebenen Verfahren und weitergehende Auswertungstechniken findet man in Büning und Trenkler (1994) sowie Pruscha (1996).

5.3.3.1 Der Unabhängigkeitstest

Es werden zwei Merkmale betrachtet, die durch die Zufallsvariablen X und Y beschrieben werden mit Ausprägungen $a_1,...,a_m$ bzw. $b_1,...,b_l$. Bei metrisch skalierten Daten sind entsprechende Klasseneinteilungen vorzunehmen. Die Wahrscheinlichkeiten werden mit $P(X = a_i, Y = b_j) = p_{ij}$, $P(X = a_i) = p_i.$ und $P(Y = b_j) = p._j$, i=1,...,m , j=1,...,l bezeichnet. Wir gehen davon aus, daß die Daten aus einer zweidimensionalen Stichprobe vom Umfang n in Form einer Häufigkeitstabelle, die auch *Kontingenztafel* genannt wird, vorliegen: h_{ij} ist die absolute Klassen- oder Zellhäufigkeit der Kombination (a_i, b_j), also die Anzahl der Stichprobenpaare, bei denen das x-Merkmal a_i und das y-Merkmal b_j ist.

Häufigkeitstabelle (Kontingenztafel)

	b_1	b_2	...	b_j	...	b_l	
a_1	h_{11}	h_{12}	...	h_{1j}	...	h_{1l}	$h_1.$
a_2	h_{21}	h_{22}	...	h_{2j}	...	h_{2l}	$h_2.$
⋮							
a_i	h_{i1}	h_{i2}	...	h_{ij}	...	h_{il}	$h_i.$
⋮							
a_m	h_{m1}	h_{m2}	...	h_{mj}	...	h_{ml}	$h_m.$
	$h._1$	$h._2$	...	$h._j$	...	$h._l$	$h.. = n$

$$h_i. = \sum_{j=1}^{l} h_{ij}$$

$$h._j = \sum_{i=1}^{m} h_{ij}$$

$$h.. = \sum_{i=1}^{m} \sum_{j=1}^{l} h_{ij} = \sum_{i=1}^{m} h_i. = \sum_{j=1}^{l} h._j$$

Voraussetzungen. Eine einfache zweidimensionale Stichprobe vom Umfang n liegt vor als Realisierung unabhängiger, identisch verteilter Paare (X_i, Y_i), i=1,...,n von Zufallsvariablen. Jedes Skalenniveau ist zulässig.

5.3 Verteilungsfreie Verfahren - Nichtparametrische Methoden

Hypothesen.
H_0: Die Merkmale sind unabhängig, d.h.
$p_{ij} = p_i . p_{.j}$, i=1,...,m, j=1,...,l.
H_A: Die Merkmale sind abhängig, d.h.
$p_{ij} \neq p_i . p_{.j}$ für mindestens ein Paar (i,j).

Teststatistik. Angewandt werden soll der in Abschnitt 5.2.1 beschriebene χ^2-Anpassungstest mit der Stichprobenfunktion

$$\sum_{i=1}^{m} \sum_{j=1}^{l} \frac{(h_{ij} - np_{ij})^2}{np_{ij}}.$$

Hierbei werden die beobachteten Häufigkeiten h_{ij} mit den erwarteten Häufigkeiten np_{ij} verglichen. Unter H_0 gilt $p_{ij} = p_i . p_{.j}$. Die unbekannten Parameter p_i. und $p_{.j}$ müssen nach der Maximum-Likelihood-Methode geschätzt werden. Wegen der Beziehungen

$$\sum_{i=1}^{m} p_i. = 1 \text{ und } \sum_{j=1}^{l} p_{.j} = 1$$

sind dies nur m-1+l-1 Parameter. Die Maximum-Likelihood-Schätzer sind $\hat{p}_i. = \frac{h_i.}{n}$ und $\hat{p}_{.j} = \frac{h_{.j}}{n}$. Als Testgröße wird

$$v = \sum_{i=1}^{m} \sum_{j=1}^{l} \frac{(h_{ij} - n\hat{p}_i.\hat{p}_{.j})^2}{n\hat{p}_i.\hat{p}_{.j}} = n \sum_{i=1}^{m} \sum_{j=1}^{l} \frac{\left(h_{ij} - \frac{h_i.h_{.j}}{n}\right)^2}{h_i.h_{.j}}$$

verwendet. Die entsprechende Zufallsvariable V ist unter H_0 für 'große' n näherungsweise χ^2-verteilt mit $ml - 1 - (m-1+l-1) = (m-1)(l-1)$ Freiheitsgraden. Es gibt verschiedene Empfehlungen dafür, ab welchem Wert n als genügend groß anzusehen ist, vgl. Büning und Trenkler (1994), S. 224. Eine Faustformel lautet: Kein $n\hat{p}_{ij}$ ($= n\hat{p}_i.\hat{p}_{.j}$) soll kleiner als 1 sein und höchstens 20% der Zellen der Kontingenztafel weisen $n\hat{p}_{ij}$-Werte auf, die kleiner als 5 sind. Andernfalls sind Klassen zusammenzufassen, oder der Stichprobenumfang n muß erhöht werden. Bei kleinen Werten n (nicht kleiner als 40) kann die Approximation durch die χ^2-Verteilung durch eine Stetigkeitskorrektur noch verbessert werden, vgl. Büning und Trenkler (1994), S. 228. Sollte für sehr kleine Werte von n (kleiner als 40) eine Näherung durch die χ^2-Verteilung nicht angemessen erscheinen, so kann der im nächsten Abschnitt beschriebene exakte Test von Fisher angewandt werden. In der Prozedur FREQ der SAS-Version 8 bewirkt die EXACT-Anweisung die Durchführung dieses exakten Tests.

Testentscheidung. Die Nullhypothese wird auf dem Niveau α abgelehnt, falls die Überschreitungswahrscheinlichkeit $P(V \geq v)$ kleiner oder gleich α ausfällt.

Durchführung in SAS — Beispiel 5_10. Untersucht werden soll, ob ein Zusammenhang zwischen der Religionszugehörigkeit und dem Familienstand besteht. Dazu wurden dem Statistischen Jahrbuch 1990, S. 55 die folgenden Daten über die Bevölkerung am 25.5.1987 nach ausgewählten Religionszugehörigkeiten und Familienstand für Deutsche im Alter von 20 bis 21 Jahren entnommen:

Religion	Familienstand			
	ledig	verheiratet	verwitwet	geschieden
römisch-katholisch	429 773	21 765	140	445
evangelisch	428 990	19 238	170	558

Die Auswertung erfolgt mit Hilfe der Prozedur FREQ.

Programm

```
DATA b5_10;                    /* 2x4 Kontingenztafel,           */
  DO rel='rk', 'ev';           /* Chiquadrat-Unabhängigkeitstest */
    DO fam='ledig', 'verh', 'verw', 'gesch';
      INPUT anzahl @@; OUTPUT;
    END;
  END;
CARDS;
429773 21765 140 445
428990 19238 170 558
RUN;
PROC FREQ DATA=b5_10 ORDER=DATA;
  WEIGHT anzahl;               /* ORDER=DATA: Reihenfolge        */
  TABLES rel*fam / CHISQ;      /* der Stufen wie im DATA step    */
RUN;
```

Es wird eine Datei erzeugt mit den Variablen *rel* und *fam*, welche die Merkmalsausprägungen beschreiben, und der WEIGHT-Variablen *anzahl*, welche die Häufigkeiten h_{ij} angibt, mit der die Merkmalskombinationen auftreten. Mit der TABLES Anweisung wird angegeben, welche Merkmale zu kombinieren sind; die Datei könnte mehr als zwei Merkmalsvariable enthalten. Die Option CHISQ liefert schließlich den χ^2-Test.

5.3 Verteilungsfreie Verfahren - Nichtparametrische Methoden

Output (gekürzt)

```
                    The FREQ Procedure
                    Table of rel by fam
        rel       fam
        Frequency|
        Percent  |
        Row Pct  |
        Col Pct  | ledig  |  verh  |  verw  |  gesch | Total
        ---------+--------+--------+--------+--------+
             rk  | 429773 |  21765 |    140 |    445 | 452123
                 |  47.70 |   2.42 |   0.02 |   0.05 |  50.18
                 |  95.06 |   4.81 |   0.03 |   0.10 |
                 |  50.05 |  53.08 |  45.16 |  44.37 |
        ---------+--------+--------+--------+--------+
             ev  | 428990 |  19238 |    170 |    558 | 448956
                 |  47.61 |   2.13 |   0.02 |   0.06 |  49.82
                 |  95.55 |   4.29 |   0.04 |   0.12 |
                 |  49.95 |  46.92 |  54.84 |  55.63 |
        ---------+--------+--------+--------+--------+
        Total     858763    41003      310     1003   901079
                   95.30     4.55     0.03     0.11   100.00

             Statistics for Table of rel by fam

   Statistic                     DF     Value       Prob
   ----------------------------------------------------------
   Chi-Square                     3    160.9571    < .0001
   Likelihood Ratio Chi-Square    3    161.0854    < .0001
   Mantel-Haenszel Chi-Square     1     79.1982    < .0001
   Phi Coefficient                       0.0134
   Contingency Coefficient               0.0134
   Cramer's V                            0.0134

                  Sample Size = 901079
```

Zunächst wird die Kontingenztafel ausgegeben. In jeder Zelle sind die vier Werte Zellenhäufigkeit, prozentualer Anteil an der Gesamtstichprobe, Zeilen- und Spaltenprozentzahl aufgeführt. So entnimmt man beispielsweise der Zelle links unten (ev, ledig), daß von den in Frage stehenden Personen 428 990 evangelisch und ledig waren, das entspricht einem Anteil von 47.61% am Gesamtstichprobenumfang. 95.55% der Personen evangelischen Glaubens sind ledig und 49.95% aller ledigen Personen sind evangelisch (wobei daran erinnert sei, daß es sich um 20 bis 21-jährige Personen handelt). Unter *Statistic* findet man in der Zeile *Chi-Square* unter *Value* den Wert v=160.9571, unter *DF* die Anzahl der Freiheitsgrade $(m-1)(l-1) = (2-1)(4-1) = 3$ und unter *Prob* die Überschreitungswahrscheinlichkeit $P(V \geq v)$ mit einem Wert von <.0001. Die Nullhypothese, daß die Merkmale Religionszugehörigkeit und Familienstand unabhängig sind, muß also abgelehnt werden. Es sei allerdings davor gewarnt, aus dem hohen Wert von v und der geringen Überschreitungswahr-scheinlichkeit irgend welche Rückschlüsse über den Grad der Abhängig-keit zu ziehen. Auf die anderen aufgeführten Größen wird hier nicht weiter eingegangen (siehe SAS/STAT User's Guide (1999), S. 1282-1287).

5.3.3.2 Der exakte Test von Fisher

Bei kleinem Stichprobenumfang wird für das in 5.3.3.1 beschriebene Testproblem oft der sogenannte *exakte Test von Fisher* angewandt, für den die gleichen Voraussetzungen wie in 5.3.3.1 gelten und die gleichen Hypothesen zugrunde gelegt werden. Nur die Teststatistik ist eine andere. Der exakte Test wurde von R. A. Fisher ursprünglich für 2×2-Kontingenztafeln oder *Vierfeldertafeln* entwickelt und später auf größere Tafeln erweitert. Wir beschränken uns im folgenden auf den Fall einer solchen 2×2-Kontingenztafel. Der Test beruht auf der hypergeometrischen Verteilung der Zellhäufigkeiten, die sich bei gegebenen Randhäufigkeiten der Kontingenztafel hätten ergeben können.

	b_1	b_2	
a_1			$h_1._$
a_2			$h_2._$
	$h._1$	$h._2$	n

Die Zufallsvariable X beschreibe die Zellhäufigkeit in Zelle (a_1, b_1), wenn aus den n Untersuchungseinheiten zufällig $h_1._$ mit der Merkmalsausprägung a_1 gezogen worden sind. Mit X liegen aufgrund der bekannten Randhäufigkeiten auch die übrigen Zellhäufigkeiten fest. Diese Zufallsvariable folgt unter H_0 bei gegebenen Randhäufigkeiten einer sog. *hypergeometrischen* Verteilung, vgl. Büning und Trenkler (1994), S. 23.

5.3 Verteilungsfreie Verfahren - Nichtparametrische Methoden

$$P(X = x) = \frac{\binom{h_{\cdot 1}}{x} \cdot \binom{h_{\cdot 2}}{h_{1 \cdot} - x}}{\binom{n}{h_{1 \cdot}}}, \max(0, h_{1 \cdot} - h_{\cdot 2}) \leq x \leq \min(h_{\cdot 1}, h_{1 \cdot})$$

Für das vorliegende zweiseitige Testproblem wird die Überschreitungswahrscheinlichkeit *Prob* wie folgt berechnet:

$$\text{Prob} = \sum_{i \in A} P(X=i) \ .$$

Dabei wird summiert über die (Menge A der) Tafeln, für welche die Wahrscheinlichkeit $P(X=i)$ kleiner oder gleich $P(X=h_{11})$ ist. Es wird also mit Prob die Gesamtwahrscheinlichkeit dafür bestimmt, daß sich bei gegebenen Randhäufigkeiten aufgrund einer Zufallsauswahl eine Tafel ergibt, für welche die Wahrscheinlichkeit höchstens so groß ist wie für die vorliegende Tafel. Die Nullhypothese ist dann abzulehnen, falls Prob $\leq \alpha$ ist.

Mit Hilfe des exakten Tests von Fisher können auch einseitige Tests durchgeführt werden. Einzelheiten hierzu können dem SAS/STAT User's Guide (1999), S. 1259-1261, 1285-1286 entnommen werden.

Bemerkung. Der exakte Test von Fisher zählt zu den bedingten Tests, da die beobachtete 2×2-Felder Tafel nur mit solchen Tafeln verglichen wird, welche die gleichen Randhäufigkeiten aufweisen. Weitere Informationen zur Problematik und zu den Eigenschaften dieses Tests findet man in Witting (1985), S. 382 ff. und ausführlich in Basler (1989), S. 197 ff., wobei in dem Lehrbuch von H. Basler eine mögliche Alternative als Verbesserung des beschriebenen Tests angegeben wird.

Durchführung in SAS – Beispiel 5_11. Bei 40 an einer Krankheit leidenden Personen wurde der Heilungserfolg (geheilt: 1; nicht geheilt: 0) nach Verabreichung eines Medikamentes in niedriger (1 Tablette pro Tag) und hoher (2 Tabletten pro Tag) Dosierung beobachtet:

Heilung	Dosierung 1	2	
0	9	4	13
1	8	19	27
	17	23	40

Programm

```
DATA b5_11;                      /* Der exakte Test von Fisher    */
  DO erfolg=0 TO 1;
   DO dosis=1 TO 2;
    INPUT anzahl @@; OUTPUT;
   END;
  END;
 CARDS;
 9  4   8  19
RUN;
PROC FREQ DATA=b5_11;
  WEIGHT anzahl;
  TABLES erfolg*dosis / EXPECTED CHISQ NOPERCENT
                        NOROW NOCOL MEASURES;
  EXACT;
RUN;
```

In der TABLES-Anweisung sind einige zusätzliche Optionen aufgeführt, deren Bedeutung kurz erläutert werden soll:

EXPECTED − Berechnung der erwarteten Häufigkeiten.

CHISQ − Anforderung der Tests

NO... − Die Gesamt-, Zeilen- und Spaltenprozentanteile werden *nicht* ausgegeben.

MEASURES − Berechnung von Korrelations- und Assoziationsmaßen.

EXACT-Anweisung: Anforderung des exakten Tests von Fisher.

Output

```
                Table of erfolg by dosis
      erfolg              dosis
      Frequency|
      Expected  |    1     |    2    | Total
      ----------+----------+---------+
            0   |    9     |    4    |  13
                |  5.525   |  7.475  |
      ----------+----------+---------+
            1   |    8     |   19    |  27
                | 11.475   | 15.525  |
      ----------+----------+---------+
         Total       17         23       40
```

5.3 Verteilungsfreie Verfahren - Nichtparametrische Methoden

Output (fortgesetzt)

```
          Statistics for Table of erfolg by dosis
Statistic                        DF    Value       Prob
----------------------------------------------------------
Chi-Square                        1    5.6313      0.0176
Likelihood Ratio Chi-Square       1    5.6846      0.0171
Continuity Adj. Chi-Square        1    4.1273      0.0422
Mantel-Haenszel Chi-Square        1    5.4905      0.0191
Phi Coefficient                        0.3752
Contingency Coefficient                0.3513
Cramer's V                             0.3752

                 Fisher's Exact Test

      Cell (1,1)          Frequency (F)      9
      Left-sided Pr <=F                   0.9969
      Right-sided Pr >=F                  0.0210

      Table Probability (P)               0.0179
      Two-sided Pr <=P                    0.0383

Statistic                       Value        ASE
----------------------------------------------------------
                                 ...
Pearson Correlation             0.3752      0.1485
Spearman Correlation            0.3752      0.1485
                                 ...
                 Sample Size = 40
```

Die Wahrscheinlichkeit *Two-sided Pr<=P* von 0.0383 für den exakten Test von Fisher führt auf dem Niveau $\alpha=0.05$ zur Ablehnung der Nullhypothese, daß die Merkmale Dosierung und Heilungserfolg unabhängig sind. Über den Grad der Abhängigkeit können verschiedene Maßzahlen Auskunft geben. Von den in SAS berechneten Werten sind hier nur zwei der bekannteren Maße angegeben. Diese erfordern jedoch mindestens ordinales Skalenniveau der Merkmalsausprägungen:

Pearson Correlation − Der übliche in Abschnitt 3.2.2 erklärte empirische Korrelationskoeffizient.

Spearman Correlation − Dieser entspricht dem Pearson Korrelationskoeffizient, wobei die Zahlenwerte der Merkmalsausprägungen durch ihre Rangzahlen ersetzt werden, vgl. Abschnitt 3.2.2.

Aufgrund der besonderen Konstellation (jeweils nur zwei Merkmalsausprägungen) fallen bei einer Vierfeldertafel diese zwei Werte zusammen. Unter *ASE* ist der asymptotische Standardfehler dieser Größen aufgeführt.

Bei der Verwendung der Zusammenhangsmaße ist darauf zu achten, daß das erforderliche Skalenniveau vorliegt. Im Beispiel 5_11 ist zu überlegen, ob die Kodierung des Heilungserfolges als ordinales Skalenniveau angesehen werden kann, welches für die Verwendung des Spearman'schen Rangkorrelationskoeffizienten erforderlich wäre. Im Zweifelsfall sind andere Maßzahlen zu wählen, vgl. SAS/STAT User's Guide (1999), S. 1287 ff.

5.3.3.3 Der Homogenitätstest

Im Gegensatz zum Unabhängigkeitstest aus den beiden vorhergehenden Abschnitten soll mit einem *Homogenitätstest* geprüft werden, ob m verschiedene unabhängige Stichproben (Populationen) ein und derselben Wahrscheinlichkeitsverteilung folgen, d.h. ob die entsprechenden Zufallsvariablen $X_1,...,X_m$ die gleiche Verteilung besitzen. Bei einem Homogenitätstest wird die Zugehörigkeit zu einer Population oder Grundgesamtheit nicht als Realisierung einer Zufallsvariablen aufgefaßt. In Grenzfällen ist dies eine Sache der Interpretation.

Um den Unterschied deutlich zu machen, sei noch einmal an das zu Beginn des Abschnitts 5.3.3 erwähnte Merkmalspaar

Wohnort/Bundesland — Wahlverhalten (bevorzugte politische Partei)

erinnert. Ist man daran interessiert festzustellen, ob das Wahlverhalten in einer bestimmten Population, beispielsweise den Studenten einer Universität, unabhängig vom Bundesland ist, in dem der 1. Wohnsitz liegt, so kann man in diesem Beispiel eine Zufallsauswahl treffen und eine Befragung durchführen. Dabei wird z.B. die Anzahl der dabei befragten Niedersachsen als Realisierung einer Zufallsvariablen aufgefaßt.

Ist man dagegen daran interessiert festzustellen, ob das Wahlverhalten in Niedersachsen und Baden-Württemberg gleich ist, so wird man eine vorher festgelegte Anzahl von Bürgern dieser beiden Bundesländer befragen, d.h. man führt einen Zweistichprobenvergleich durch. Dies führt auf einen Homogenitätstest.

5.3 Verteilungsfreie Verfahren - Nichtparametrische Methoden

Voraussetzungen. Die Zufallsvariablen X_i, $i=1,...,m$ sind stochastisch unabhängig und haben alle den gleichen Wertevorrat, die Ausprägungen sind $b_1,...,b_l$. Es handelt sich also um Wahrscheinlichkeitsverteilungen mit $p_{ij} = P(X_i = b_j)$. Jedes Skalenniveau ist zulässig. Bei metrisch skalierten Daten sind vor der Auswertung geeignete Klassen zu bilden. Die Daten liegen wie in Abschnitt 5.3.3.1 in einer Häufigkeitstabelle (h_{ij}) vor, wobei hier die Werte in der i-ten Zeile die Häufigkeitsverteilung der i-ten Stichprobe beschreiben; h_{ij} gibt also an, wie oft in der Stichprobe i die Ausprägung b_j vorkommt.

Hypothesen.
H_0: Die Wahrscheinlichkeitsverteilungen sind gleich,
$$p_{1j} = p_{2j} = ... = p_{mj}, j=1,...,l.$$
H_A: Die Wahrscheinlichkeitsverteilungen sind verschieden.

Teststatistik. Es kann die gleiche Teststatistik wie in 5.3.3.1 verwendet werden:

$$v = n \sum_{i=1}^{m} \sum_{j=1}^{l} \frac{\left(h_{ij} - \frac{h_i \cdot h_{\cdot j}}{n}\right)^2}{h_i \cdot h_{\cdot j}}.$$

Die entsprechende Zufallsvariable V ist unter H_0 näherungsweise χ^2-verteilt mit $(m-1)(l-1)$ Freiheitsgraden. Die Hinweise zum erforderlichen Stichprobenumfang und die Testdurchführung können aus 5.3.3.1 direkt übernommen werden. Bei kleinen Stichprobenumfängen kann ebenfalls der exakte Test von Fisher angewandt werden, vgl. Witting (1985), S. 379 ff. und Basler (1989), S. 179 ff. Bei größeren Stichprobenumfängen kann mit der SAS-Anweisung EXACT/MC; die exakte Überschreitungswahrscheinlichkeit durch Monte Carlo Simulationen approximativ berechnet werden, wobei standardmäßig ein 0.99-Vertrauensintervall für diesen approximativen Wert aufgelistet wird.

Auf den ersten Blick ist es vielleicht überraschend, daß in verschiedenen Situationen (Unabhängigkeitstest – Homogenitätstest) die gleiche Teststatistik verwendet werden kann. Man macht sich allerdings schnell klar, daß in beiden Fällen die Abweichungen der beobachteten von den erwarteten Häufigkeiten zur Entscheidung über die Nullhypothese herangezogen werden können. Die unterschiedlichen Modellannahmen wirken sich jedoch stark bei der Berechnung einer Fehlerwahrscheinlichkeit 2. Art aus.

6 Varianzanalyse

Werden Versuche durchgeführt, bei denen ein oder mehrere *Faktoren* einen Einfluß auf eine *Beobachtungsvariable* haben können, dann kann in vielen Fällen zur Untersuchung der erhobenen Daten die *Varianzanalyse* als statistische Auswertungstechnik verwendet werden.

Beispielsweise kann die Wirkung verschiedener Diäten auf die Gewichtsabnahme von Personen, die Auswirkung verschiedener Werbekampagnen auf die Verkaufszahlen eines Produkts ein Untersuchungsziel sein. Dies sind Beispiele für *einfaktorielle* Fragestellungen, bei denen Modelle der einfachen Varianzanalyse verwendet werden können. Im ersten der obigen Beispiele wird der Faktor *Diät* auf verschiedene *Stufen* (hier verschiedene Diätpläne) gesetzt und deren Wirkung auf eine Zielvariable (hier Gewichtsabnahme) untersucht.

Werden gleichzeitig mehrere Faktoren auf verschiedenen Stufen variiert und deren Wirkung auf eine Zielvariable untersucht, verwendet man zur Auswertung ein Modell der *mehrfaktoriellen* Varianzanalyse. Wird beispielsweise der Einfluß verschiedener Düngerstufen und unterschiedlicher Bodenbearbeitungen auf den Ertrag einer Weizensorte untersucht, dann liegt ein *zweifaktorielles* Experiment mit den Faktoren *Düngung* und *Bodenbearbeitung* bezüglich der Zielvariablen Ertrag vor.

Erstes Ziel der varianzanalytischen Auswertung ist zumeist, zu testen, ob die verschiedenen Stufen eines oder mehrerer Einflußfaktoren eine statistisch signifikante unterschiedliche Wirkung auf die Beobachtungsvariable haben. Weiterhin soll in der Regel untersucht werden, zwischen welchen Stufen signifikante Unterschiede vorliegen. Diese Fragestellung kann durch *paarweise Vergleiche von Mittelwerten* beantwortet werden.

Begründer der Varianzanalyse ist Sir R. A. Fisher (1972), dessen grundlegende Monographie 1925 erschien. Von Fisher stammt auch die traditionelle *Varianzanalyse-Tabelle*, in der die rechentechnische Seite der Auswertung in übersichtlicher Form dargestellt wird.

Wir behandeln in den Abschnitten 6.1 und 6.2 die einfache Varianzanalyse, samt multiplen Vergleichen und einem Anwendungsbeispiel. Die einfache Varianzanalyse wird mit der Betrachtung eines Modells mit *zufälligen* Effekten in Abschnitt 6.3 abgeschlossen. Anschließend wird in 6.4 die *zweifaktorielle* Varianzanalyse mit einem Ausblick auf höherfaktorielle Anlagen behandelt. Dann folgt in 6.5 die *hierarchische Varianzanalyse*. In Abschnitt 6.6 besprechen wir *Vollständige Blockanlagen* und ein spezielles Versuchsdesign, die *Split-Plot* Anlage. Abschließend folgen in 6.7 Anmerkungen zur Auswertung *unbalancierter* Versuchsanlagen.

An deutschsprachigen Nachschlagewerken und Lehrbüchern verweisen wir auf Bosch (1998), Hartung et al. (1999), Köhler et al. (1996), Linder und Berchtold (1982) sowie Precht (1993). An englischsprachigen Werken erwähnen wir Freund et al. (1991), Milliken und Johnson (1992), Neter et al. (1990), sowie SAS/STAT User's Guide (1999). Etwas tiefergehende mathematische Kenntnisse werden in den Büchern von Graybill (1976), Pruscha (1996), Rasch (1976 a, b), Schach und Schäfer (1978), Scheffe (1999) sowie Searle (1971), (1987) vorausgesetzt.

6.1 Einfaktorielle Varianzanalyse – fixe Effekte

Es liege ein Versuch mit nur *einem Einflußfaktor* vor. Dieser Faktor kann k (≥ 2) fest vorgegebene verschiedene Stufen annehmen. Beispielsweise können dies verschiedene Altersstufen, verschiedene Dosierungen eines Medikaments, unterschiedliche Lehrmethoden, allgemeiner formuliert verschiedene 'Behandlungen' sein. Auf jeder der k Faktorstufen wird eine gewisse Anzahl von Beobachtungen einer *quantitativen stetigen Zielvariablen* ermittelt.

Ein erstes Ziel ist es, feststellen, ob global zwischen den Faktorstufen signifikant unterschiedliche Effekte hinsichtlich der Wirkung auf die Zielvariable bestehen. Aus statistischer Sicht wird diese Fragestellung mittels eines k-Stichprobenvergleichs behandelt. Im Falle k = 2 läßt sich dieser Vergleich unter gewissen Voraussetzungen mittels eines t-Tests, siehe Abschnitt 5.1.2.2, bearbeiten. Die Verallgemeinerung solcher Vergleiche auf k ≥ 3 ist Gegenstand dieses Abschnittes.

Beispiel. Es sollen k (≥ 2) Medikamente hinsichtlich ihrer Wirkung auf die Senkung des Blutdrucks miteinander verglichen werden. N Versuchspersonen stehen zur Verfügung. Das i-te Medikament wird an n_i Versuchspersonen (i = 1, 2,..., k) verabreicht, die beobachteten Wirkungen (Blutdrucksenkung in mm Hg) werden mit $y_{i1}, y_{i2},..., y_{in_i}$ bezeichnet. Versuchsfrage: Liegen signifikant unterschiedliche Wirkungen zwischen den k Medikamenten bezüglich der Zielvariablen Blutdruck vor?

6.1.1 Varianzanalysemodell und F-Test

Daten. Es liegen k Stufen eines Einflußfaktors vor. Auf der i-ten Stufe (Gruppe) werden n_i Beobachtungen y_{ij} einer zu untersuchenden Zielvariablen ermittelt. Mit $N = \sum n_i$ bezeichnen wir den Gesamtstichprobenumfang. Die Daten können dann in folgender Form dargestellt werden:

Gruppe i	Beobachtungen				Gruppenmittel
1	y_{11}	y_{12} .... y_{1j}	y_{1n_1}		$\bar{y}_{1\cdot}$
2	y_{21}	y_{22} .... y_{2j}	y_{2n_2}		$\bar{y}_{2\cdot}$
..	....				.....
i	y_{i1}	y_{i2} .... y_{ij}	y_{in_i}		$\bar{y}_{i\cdot}$
..	....				.....
k	y_{k1}	y_{k2} .... y_{kj}	y_{kn_k}		$\bar{y}_{k\cdot}$

(6.1)

$$\bar{y}_{i\cdot} = \frac{1}{n_i} \sum_{j=1}^{n_i} y_{ij} \qquad \text{Mittel der Gruppe i, } i = 1, 2, \ldots, k,$$

$$\bar{y}_{\cdot\cdot} = \frac{1}{N} \sum_{i=1}^{k} \sum_{j=1}^{n_i} y_{ij} = \frac{1}{N} \sum_{i=1}^{k} n_i \bar{y}_{i\cdot} \quad \text{Gesamtmittel aller Beobachtungen.}$$

Sind die Stichprobenumfänge der k Gruppen alle gleich groß ($n_i = n$), dann spricht man von *balanciertem* Daten. *Unbalancierte* Daten liegen vor, wenn die Stichprobenumfänge n_i unterschiedlich sind.

Modell. Es wird folgendes *lineare Modell* unterstellt:

Einfaktorielles Modell mit fixen Effekten (6.2)

$Y_{ij} = \mu_i + \varepsilon_{ij}, \qquad i = 1, 2, \ldots, k, \quad j = 1, 2, \ldots, n_i, \quad N = \sum n_i.$

$\mu_1, \mu_2, \ldots, \mu_k \in \mathbb{R}$: Unbekannte Erwartungswerte der k Gruppen,

ε_{ij} : unabhängig $N(0, \sigma_i^2)$-verteilte Zufallsvariablen mit
$\sigma_1^2 = \sigma_2^2 = \ldots = \sigma_k^2 = \sigma^2$, σ^2 unbekannt (*Homoskedastizität*).

Bemerkungen. 1. Bezeichnet y_{ij} die j-te Beobachtung auf der i-ten Faktorstufe, dann unterstellen wir im Rahmen obigen Modells, daß diese Beobachtung y_{ij} Realisation einer $N(\mu_i, \sigma_i^2)$-verteilten Zufallsvariablen Y_{ij} mit den unbekannten Parametern μ_i und σ_i^2 ist.

6.1 Einfaktorielle Varianzanalyse

2. Da der zu untersuchende Einflußfaktor k feste Stufen annehmen kann, werden die möglichen Auswirkungen der verschiedenen Stufen auf die Zielvariable durch die *fixen* (festen) Parameter $\mu_1, \mu_2, ..., \mu_k$ modelliert. Man spricht dann auch von einem *Modell mit fixen Effekten*. Eine andere Form der Parametrisierung, bei der $\mu_i = \mu + \tau_i$ gesetzt wird, besprechen wir in Abschnitt 6.1.6.

3. Eine wesentliche Modellvoraussetzung ist die *Homoskedastizität*, d. h. daß in jeder Gruppe dieselbe Varianz vorliegt:

$$\text{Var}(Y_{ij}) = \text{Var}(\varepsilon_{ij}) = \sigma_i^2 = \sigma^2.$$

4. Die Annahme der stochastischen Unabhängigkeit der Modellzufallsvariablen ist in vielen Fällen plausibel und läßt sich bei geplanten Versuchen über einen Randomisationsschritt etwa nach 6.2.5.1 rechtfertigen.

5. Die Zielvariable y ist eine stetige quantitative Variable, während die k Stufen des Einflußfaktors häufig qualitativ (z. B. unterschiedliche Tabletten), aber auch quantitativ (z. B. unterschiedliche Dosierungen einer Wirkstoffmenge) charakterisiert werden können.

6. Im Gegensatz zu mehrfaktoriellen Varianzanalysen (siehe Abschnitt 6.7) bereitet die Auswertung unbalancierter Daten bei der einfaktoriellen Varianzanalyse keine Schwierigkeiten. Unbalancierte Daten können auch bei einem balanciert geplanten Versuch auftreten, wenn Beobachtungen ausfallen (Fehlstellen).

Hypothesen. Es soll überprüft werden, ob global Unterschiede zwischen den unbekannten Erwartungswerten $\mu_1, \mu_2, ..., \mu_k$ bestehen oder nicht. Diese Versuchsfragestellung wird dadurch beantwortet, daß ein geeigneter statistischer Test durchgeführt wird. Dieser Test soll die Hypothese $H_0: \mu_1 = \mu_2 = ... = \mu_k$ gegen die Alternative $H_A: \mu_r \neq \mu_t$ (für mindestens ein Wertepaar $r \neq t$) zum vorgegebenen Niveau α prüfen.

Die Irrtumswahrscheinlichkeit (das Niveau) α für einen Fehler 1. Art muß vor der Durchführung des Tests festgelegt werden.

Quadratsummenzerlegung. Die technische Durchführung dieses Tests wird als *einfaktorielle* oder *einfache Varianzanalyse* bezeichnet, den Test selbst bezeichnet man als F-Test, da als Teststatistik eine unter H_0 zentral F-verteilte Zufallsvariable verwendet wird. Die Bezeichnung Varianzanalyse bezieht sich darauf, daß zur Herleitung der Teststatistik Varianzen (genauer Quadratsummen) analysiert werden. Die

Varianzanalyse dient bei fixen Effekten dazu, Erwartungswerte miteinander zu vergleichen. Die einfache Varianzanalyse beruht auf der Zerlegung der *Totalquadratsumme* in die Quadratsummen *Modell* und *Rest:*

$$\text{SS\_CTotal} = \text{SS\_Model} + \text{SS\_Error}$$

$$\sum_{i=1}^{k} \sum_{j=1}^{n_i} (y_{ij} - \bar{y}_{..})^2 = \sum_{i=1}^{k} n_i (\bar{y}_{i.} - \bar{y}_{..})^2 + \sum_{i=1}^{k} \sum_{j=1}^{n_i} (y_{ij} - \bar{y}_{i.})^2$$

Wir stellen die Zerlegung dieser Quadratsummen in einer tabellarischen Form dar, die in ähnlicher Gestalt im Output der von uns zur Auswertung verwendeten SAS-Prozedur GLM auftritt. Daher sind die deutschsprachigen und die angelsächsischen Bezeichnungen angegeben.

Quadratsummenzerlegung - Analysis of Variance				(6.3)
Quelle Source	Freiheitsgrade Degrees of Freedom (DF)	Quadratsummen Sum of Squares (SS)	Erwartungswerte Expected Mean Squares E(MS)	
Model	$k - 1$	$\sum_{i=1}^{k} n_i (\bar{y}_{i.} - \bar{y}_{..})^2$	$\sigma^2 + \frac{1}{k-1} \sum_{i=1}^{k} n_i (\mu_i - \bar{\mu})^2$	
Error	$N - k$	$\sum_{i=1}^{k} \sum_{j=1}^{n_i} (y_{ij} - \bar{y}_{i.})^2$	σ^2	
CTotal	$N - 1$	$\sum_{i=1}^{k} \sum_{j=1}^{n_i} (y_{ij} - \bar{y}_{..})^2$		

Dividiert man die Quadratsummen (SS) durch die Freiheitsgrade (DF), dann erhält man die entsprechenden Mittelquadrate (MS).

Bezeichnungen nach (6.1):

$\bar{y}_{..}$ arithmetisches Mittel aller Beobachtungen,
$\bar{y}_{i.}$ Mittel der i-ten Gruppe,   k   Anzahl der Gruppen,
n_i Stichprobenumfang Gruppe i,   N   Gesamtstichprobenumfang,
$\bar{\mu} = \frac{1}{N} \sum_{i=1}^{k} n_i \mu_i$ gewichtetes Mittel der Erwartungswerte μ_i.

6.1 Einfaktorielle Varianzanalyse

Ersetzt man die Realisierungen y_{ij}, $\bar{y}_{i.}$ und $\bar{y}_{..}$ durch ihre Zufallsvariablen Y_{ij}, $\bar{Y}_{i.}$ und $\bar{Y}_{..}$, dann sind die auftretenden Quadratsummen (SS) und Mittelquadrate (MS) ebenfalls Zufallsvariable.

Aus der letzten Spalte der Tabelle (6.3) entnehmen wir den Erwartungswert der Zufallsvariablen MS_Error zu $E(\text{MS\_Error}) = \sigma^2$. Eine erwartungstreue Schätzung für die unbekannte Modellvarianz σ^2 ist somit

$$s^2 = \frac{1}{N-k} \sum_{i=1}^{k} \sum_{j=1}^{n_i} (y_{ij} - \bar{y}_{i.})^2 = \frac{1}{N-k} \text{SS\_Error} = \text{MSE} . \qquad (6.4)$$

Als Abkürzung für das Mittelquadrat MS_Error verwenden wir MSE; σ^2 wird auch als *Fehler*-, *Rest*- oder *Error*-Varianz bezeichnet.

F-Test. Trifft die Nullhypothese $H_0: \mu_1 = \mu_2 = \ldots = \mu_k$ zu, dann sind die Zufallsvariablen $\text{SS\_Model}/\sigma^2$ und $\text{SS\_Error}/\sigma^2$ stochastisch unabhängig und zentral χ^2_{k-1}- bzw. χ^2_{N-k}-verteilt.

Somit folgt die Zufallsvariable

$$F = \frac{\text{MS\_Model}}{\text{MSE}} = \frac{\frac{1}{k-1} \text{SS\_Model}}{\frac{1}{N-k} \text{SS\_Error}} = \frac{\frac{1}{k-1} \sum_{i=1}^{k} n_i (\bar{Y}_{i.} - \bar{Y}_{..})^2}{\frac{1}{N-k} \sum_{i=1}^{k} \sum_{j=1}^{n_i} (Y_{ij} - \bar{Y}_{i.})^2} \qquad (6.5)$$

einer zentralen F-Verteilung mit $(k-1, N-k)$ Freiheitsgraden und wird als Teststatistik zur Prüfung von H_0 verwendet. Nähere Ausführungen zur χ^2- und F-Verteilung findet man in Abschnitt 4.1.6.

Wir bezeichnen hier in Übereinstimmung mit dem SAS-Output die Realisierung der Teststatistik F nicht mit f, sondern ebenfalls mit F. Die Entscheidungsvorschrift des F-Tests zum Niveau α lautet dann unter Verwendung des $(1-\alpha)$-Quantils der F-Verteilung:

Ist $F > F_{1-\alpha, k-1, N-k}$, dann verwerfe H_0. $\qquad (6.6)$

Daß man bei 'großen' F-Werten die Nullhypothese H_0 verwirft, wird plausibel, wenn man die erwarteten Mittelquadrate E(MS) der Zerlegung (6.3) betrachtet. In der Notation der SAS-Prozedur GLM wird die Überschreitungswahrscheinlichkeit $Pr>F$ angegeben, die zu einer äquivalenten Entscheidungsvorschrift verwendet werden kann:

Ist $Pr>F$ kleiner als α, dann verwerfe H_0. $\qquad (6.6a)$

Tritt dieser Fall ein, spricht man von *signifikanten* Gruppenunterschieden auf dem Niveau α.

Bemerkung. Im Output von SAS-Prozeduren werden Entscheidungsvorschriften der Form (6.6a) und nicht der Form (6.6) verwendet. Wir verwenden in der Regel beide Formen, im theoretischen Teil stets (6.6).

6.1.2 Gütefunktion und Wahl des Stichprobenumfangs

Trifft die Hypothese $H_0: \mu_1 = \mu_2 = \ldots = \mu_k$ nicht zu, dann ist die in (6.5) definierte Zufallsvariable *nichtzentral* F-verteilt (siehe 4.1.6.3). Der Nichtzentralitätsparameter nc hat die Gestalt:

$$\text{nc} = \frac{1}{\sigma^2} \sum_{i=1}^{k} n_i (\mu_i - \bar{\mu})^2 \quad \text{bzw.} \quad \text{nc} = \frac{n}{\sigma^2} \sum_{i=1}^{k} (\mu_i - \bar{\mu})^2 \quad \text{für } n_i = n. \tag{6.7}$$

Die Wahrscheinlichkeit, mit der man H_0 ablehnt, wenn die Modellparameter gerade die Werte $\mu_1, \mu_2, \ldots, \mu_k$ annehmen, nennt man *Güte*. Da wir die Modellparameter $\mu_1, \mu_2, \ldots, \mu_k$ nicht kennen, sehen wir diese im folgenden als reelle Variablen an. Das führt uns auf den Begriff der Gütefunktion, die allgemein bereits in Abschnitt 4.2.2 angesprochen wurde.

Die Gütefunktion des F-Tests zum Niveau α nach (6.6) hat die Gestalt

$$G(\mu_1, \ldots, \mu_k) = P(F > F_{1-\alpha,\,k-1,N-k} \mid \mu_1, \ldots, \mu_k; \sigma^2) \tag{6.8}$$
$$= 1 - \text{CDF}('F', F_{1-\alpha,\,k-1,N-k}, k-1, N-k, \text{nc}).$$

Die Verteilungsfunktion der nichtzentralen F-Verteilung ist als SAS-Funktion, siehe SAS Language Reference (1999), verfügbar, vgl. 4.1.6.3.

Wie aus (6.7) ersichtlich, hängt die Gütefunktion über den Nichtzentralitätsparameter nc nicht nur von den unbekannten Erwartungswerten μ_i, sondern auch von der im allgemeinen unbekannten Fehlervarianz σ^2 ab. In der Regel bleibt nichts anderes übrig, als σ^2 durch die Schätzung $s^2 = \text{MSE}$ nach (6.4) zu ersetzen, um einen Anhaltspunkt für die Güte zu bekommen.

Planen des Stichprobenumfangs. Bei geplanten Versuchen werden in der Regel die Stichprobenumfänge $n_i = n$ gewählt. Will man wissen, wie groß der Stichprobenumfang n pro Gruppe sein muß, damit vorgegebene Unterschiede zwischen den Erwartungswerten μ_i mit der vorgegebenen Wahrscheinlichkeit (Güte) $1-\beta$ aufgedeckt werden, dann benötigt man unbedingt Kenntnisse über die Fehlervarianz σ^2. Hat man keinerlei Information, dann muß ein Vorversuch durchgeführt werden, um wenigstens eine Schätzung für σ^2 zu bekommen.

6.1 Einfaktorielle Varianzanalyse

Wir geben ein SAS-Programm an, aus dem unter Vorgabe der Gruppenzahl k, der Fehlervarianz σ^2, dem Niveau α, der Güte 1-β und der Genauigkeitsvorgabe Δ der Stichprobenumfang n berechnet wird. Dabei bedeutet $\Delta = \text{Max}(\mu_1,\mu_2,...,\mu_k) - \text{Min}(\mu_1,\mu_2,...,\mu_k)$ die Spannweite zwischen größtem und kleinsten Erwartungswert, die auf jeden Fall mit der Wahrscheinlichkeit 1-β aufgedeckt werden soll. Es gilt

$$\frac{\Delta^2}{2} \leq \sum_{i=1}^{k}(\mu_i - \bar{\mu})^2 \leq k\frac{\Delta^2}{4}.$$

Im Programm verwenden wir die untere Schranke dieser Ungleichung.

Programm

```
DATA s_umfang;            /* Berechnung des Stichprobenumfangs */
  guete_v = 0.95 ;        /* Gütevorgabe                       */
  k = 3;                  /* Anzahl der Gruppen                */
  alpha = 0.05;           /* Niveau alpha                      */
  mse = 10;               /* Fehlervarianz                     */
  delta = 5;              /* Genauigkeitsvorgabe Δ             */
  mc = delta**2/(2*mse);  /* Hilfsgröße zu nc                  */
  DO n = 2 TO 10000;      /* n: Stichprobenumfang              */
    guete = 1-CDF('F',FINV(1-alpha,k-1,k*(n-1)),k-1, k*(n-1), n*mc);
    IF guete >= guete_v THEN DO;
       OUTPUT; STOP; END;
  END;
RUN;
PROC PRINT DATA=s_umfang;
ID k;  VAR alpha guete_v mse delta n;
RUN;
```

Output

k	alpha	guete_v	mse	delta	n
3	0.05	0.95	10	5	14

Aus dem Output entnehmen wir unter anderem den erforderlichen Stichprobenumfang n = 14.

Bemerkung. Ab der SAS - Version 8 ist das Modul SAS ANALYST APPLICATION im System integriert (vgl. 1.3). Damit kann über *Statistics* → *SAMPLE SIZE* der Stichprobenumfang n berechnet werden, siehe The Analyst Application, SAS User's Guide (1999), S. 324-329.

6.1.3 Durchführung in SAS – Beispiel 6_1

Die Prozedur GLM. Wir wollen anhand konstruierter Daten den Einsatz der SAS-Prozedur GLM (Generalized Linear Model) zur Durchführung eines einfachen Erwartungswertsvergleichs demonstrieren. Die Prozedur GLM, die in SAS/STAT User's Guide (1999), S. 1465-1636 ausführlich dokumentiert ist, geht von dem Konzept des allgemeinen linearen Modells in Matrizenform $Y = X\beta + \varepsilon$ (vgl. Freund et al. (1991), S. 1-6, 137 ff. und Abschnitt 7.2) aus.

Man könnte die einfache Varianzanalyse ohne weiteres und sogar effizienter auch mit der SAS-Prozedur ANOVA durchführen, siehe SAS/STAT User's Guide (1999), S. 337-392. Diese benötigt weniger Rechenzeit und Speicherplatz, da sie direkt die Quadratsummen nach (6.3) zur Berechnung verwendet. Der Vorteil der Prozedur GLM gegenüber ANOVA besteht in weitergehenden und tieferliegenden statistischen Auswertungsmöglichkeiten, auf die wir im folgenden zugreifen wollen. Wir verwenden deshalb schon hier, trotz der angesprochenen Speicherplatzprobleme, die Prozedur GLM.

Im folgenden wollen wir uns anhand von Beispielen sukzessive mit Anweisungen und Optionen der Prozedur GLM vertraut machen.

Beispiel 6_1. Die folgenden Daten sind so gewählt, daß man die entsprechenden Berechnungen leicht selbst nachvollziehen kann. Das Testniveau sei festgelegt auf $\alpha = 0.05$.

	Beobachtungen y_{ij}				n_i	$\bar{y}_{i.}$	$\bar{y}_{..}$	
Gruppe 1 :	15	17	19		3	17		
Gruppe 2 :	17	20	23		3	20	21.5	N = 10
Gruppe 3 :	22	25	27	30	4	26		

DATA step

```
DATA b6_1;                  /* Einfaktorielle Varianzanalyse  */
  INPUT gruppe y @@;        /* Gruppierungs- und Zielvariable */
  CARDS;                    /* sind unbedingt notwendig       */
1 15   1 17   1 19
2 17   2 20   2 23
3 22   3 25   3 27   3 30
RUN;
```

6.1 Einfaktorielle Varianzanalyse

PROC step

```
PROC GLM DATA = b6_1;
  CLASS gruppe;
  MODEL y = gruppe;      /* Output 1-4                           */
  MEANS gruppe;          /* Berechnung der Gruppenmittel und     */
RUN; QUIT;               /* Standardabweichungen, Output 5       */
```

Zur Auswertung wird den Daten das Modell (6.2) zugrundegelegt. Das Aufführen der CLASS- und MODEL-Anweisungen in dieser Reihenfolge ist zwingend notwendig, während die MEANS-Anweisung optional ist. In der CLASS-Anweisung ist die Klassifizierungsvariable *gruppe* anzugeben. In der MODEL-Anweisung ist das Modell (6.2) in der folgenden Form zu schreiben:

$$\text{Zielvariable} = \text{Klassifizierungsvariable.}$$

Bemerkung. Standardmäßig wird dadurch die Parametrisierung in der Form $\mu_i = \mu + \tau_i$ (siehe (6.14)) verwendet. Für die hier vorgenommene Auswertung ist dies jedoch nicht relevant. Man beachte hierzu auch die Ausführungen in Abschnitt 6.1.6.

Führt man obiges Programm aus, dann erhalten wir folgenden Output, den wir nach sachlichen Gesichtspunkten aufteilen. Diese Aufteilung muß nicht unbedingt mit der Seiteneinteilung im Output-Fenster übereinstimmen.

Output

```
              The GLM Procedure                1
           Class Level Information
         Class    Levels   Values
         gruppe     3       1 2 3
         Number of observations   10
```

Hier erhält man eine Information über die Klassifizierungsvariable (*Class*) gruppe und deren Stufenzahl (*Levels*), den 3 Werten (*Values*) der Stufen, sowie über die Gesamtzahl 10 der analysierten Beobachtungen. Damit hat man eine gewisse Kontrolle darüber, ob die Daten korrekt klassifiziert sind.

Die erste in folgendem Teil 2 des Output notierte Angabe *Dependent Variable: y* besagt, daß die analysierte Zielvariable y heißt.

		The GLM Procedure			
Dependent Variable: y					
Source	DF	Sum of Squares	Mean Square	F Value	Pr > F
Model	2	148.5000000	74.25000	8.66	0.0128
Error	7	60.0000000	8.571429		
Corrected Total	9	208.5000000			

Weiterhin erhält man in Teil 2 des Output in Tabellenform die Quadratsummenzerlegung (6.3) mit den Freiheitsgraden (DF), den Quadratsummen (SS), den Mittelquadraten (MS) sowie die beobachtete F-Statistik ($F\ Value$) F = 8.66 nach (6.5) samt der Überschreitungswahrscheinlichkeit $Pr>F$. Da der Wert 0.0128 von $Pr>F$ kleiner als das vorgegebene Niveau $\alpha = 0.05$ ist, lautet die Entscheidung: Zwischen den 3 Gruppen liegen signifikante Unterschiede bezüglich der Erwartungswerte auf dem Niveau $\alpha = 0.05$ vor. Außerdem erhält man gemäß (6.4) die Schätzung der Modellvarianz σ^2, nämlich s^2 = MSE = 8.571429.

R-Square	Coeff Var	Root MSE	y Mean
0.712230	13.61721	2.92770	21.5000000

Die Größen in Output 3 haben folgende Bedeutung:

$R\text{-}Square = \dfrac{\text{SS\_Model}}{\text{SS\_CTotal}} = 0.712 =$ Bestimmtheitsmaß, siehe auch 3.2.3.1.

$Root\ MSE = \sqrt{\text{MSE}} = \sqrt{8.571429}$, $y\ Mean =$ Gesamtmittel $= \bar{y}_{..} = 21.5$

Mit $Coeff\ Var$ (Coeff. of Variation) wird der sog. Variationskoeffizient bezeichnet. $Coeff\ Var = \dfrac{100\ \text{Root MSE}}{y\ \text{Mean}} = 13.61721$, vgl. auch 3.1.2.2.

		The GLM Procedure			
Dependent Variable: y					
Source	DF	Type I SS	Mean Square	F Value	Pr > F
gruppe	2	148.5000000	74.2500000	8.66	0.0128
Source	DF	Type III SS	Mean Square	F Value	Pr > F
gruppe	2	148.5000000	74.2500000	8.66	0.0128

Teil 4 des Output bringt erst bei mehrfaktoriellen Varianzanalysen weiterreichende Information, hier wird einfach die Zeile *Model* von

6.1 Einfaktorielle Varianzanalyse

Output 2 zweimal wiederholt. Unterschiede zwischen Type I und Type III treten bei der einfachen Varianzanalyse nicht auf, sondern erst bei der Auswertung mehrfaktorieller unbalancierter Daten, siehe 6.7.

	The GLM Procedure		5
Level of	---------------y---------------		
gruppe	N	Mean	Std Dev
1	3	17.0000000	2.00000000
2	3	20.0000000	3.00000000
3	4	26.0000000	3.36650165

Mit Hilfe der (optionalen) MEANS-Anweisung bekommt man die Gruppenmittel (*Mean*) $\bar{y}_1., \bar{y}_2., \bar{y}_3.$ sowie die empirischen Standardabweichungen (*Std Dev*) in den einzelnen Gruppen gemäß

$$s_i = \sqrt{s_i^2} = \sqrt{\frac{1}{n_i-1} \sum_{j=1}^{n_i} (y_{ij} - \bar{y}_i.)^2}, \quad i = 1,2,3. \tag{6.9}$$

Insbesondere ergibt sich die Schätzung s^2 der Varianz σ^2 nach (6.4) auch hieraus gemäß

$$s^2 = \frac{1}{N-k} \sum_{i=1}^{k} (n_i-1) s_i^2$$

sehr anschaulich als gewichtetes Mittel der empirischen Gruppenvarianzen. Diese vermitteln einen ersten Eindruck davon, wie realistisch die Modellannahme gleicher Gruppenvarianzen ist. Näheren Aufschluß über die Annahme gleicher Gruppenvarianzen ($\sigma_1^2 = \sigma_2^2 = ... = \sigma_k^2 = \sigma^2$) liefert der in Abschnitt 6.1.5 besprochene Levene-Test.

6.1.4 Abweichungen von den Modellvorausetzungen

Der in (6.6) vorgestellte F-Test hält das vorgegebene Niveau α nur unter den Modellvoraussetzungen von (6.2) exakt ein. Bei der Auswertung realer Daten, können diese Voraussetzungen nur näherungsweise erfüllt sein.

A. Madansky (1988) befaßt sich ausschließlich und in größerem Rahmen mit der Problematik der Überprüfung, ob vorliegendes Datenmaterial gewissen Modellvoraussetzungen genügt oder nicht. Wir wollen es bei folgenden Ausführungen bewenden lassen.

Normalverteilung der Fehlerzufallsvariablen. Der F-Test gemäß (6.5) und (6.6) ist bezüglich Abweichungen von der Normalverteilung in gewissem Rahmen *robust*. Ein Test heißt robust, wenn die Wahrscheinlichkeiten für Fehler 1. und 2. Art (siehe Abschnitt 4.2.2) bei Abweichungen von den Voraussetzungen, unter denen er abgeleitet wurde, relativ stabil bleiben. Wir verweisen auf theoretische Untersuchungen und Simulationsstudien von P. Ito, siehe Krishnaiah (1980), S. 199-236.

Bei geplanten Versuchen wird die approximative Gültigkeit des F-Tests durch sorgfältige Randomisation (siehe etwa 6.2.5.1) unterstützt.

Verwendet man zur Auswertung die SAS-Prozedur GLM, dann kann man die *Residuen* (siehe (6.10)) in eine SAS-Datei abspeichern und unter Verwendung der SAS-Prozedur UNIVARIATE einen Test auf Normalverteilung durchführen; hierbei sind die einschränkenden Bemerkungen in 6.1.5.1 zu beachten. Dieser Test wurde bereits in Abschnitt 5.2 näher behandelt. Im nächsten Abschnitt 6.1.5 wird die Anwendung dieses Tests am Beispiel 6_1 demonstriert.

Homoskedastizität - Gleichheit der Gruppenvarianzen. Abweichungen von der Voraussetzung der Homoskedastizität ($\sigma_1^2 = \sigma_2^2 = ... = \sigma_k^2 = \sigma^2$) sind bei *balancierten* Daten ($n_i = n$) nicht so schwerwiegend wie bei unbalancierten Daten. Wir verweisen auch hier auf Simulationsstudien von P. Ito, siehe Krishnaiah (1980), S. 199-236.

Durch eine geeignete *Transformation* der Zielvariablen läßt sich in gewissen Fällen eine *varianzstabilisierende Wirkung* erzielen. In Abschnitt 6.2.5 wird dies an einem Beispiel mit Hilfe der logarithmischen Transformation vorgeführt.

Es gibt auch Tests auf Homoskedastizität. Wir verwenden einen modifizierten Levene-Test, dessen Durchführung wird im nächsten Abschnitt 6.1.5 am Beispiel 6_1 demonstriert.

Stochastische Unabhängigkeit der Fehlerzufallsvariablen. Die *Abhängigkeit* der Fehlerzufallsvariablen ist die schwerwiegendste Verletzung der Modellvoraussetzungen. Dieser Sachverhalt tritt häufig bei Zeitreihen auf und erfordert eine spezielle Vorgehensweise, auf die in speziell dafür geeignete Prozeduren im für ökonometrische Problemstellungen konzipierten SAS-Modul ETS (1999) eingegangen wird.

Bei geplanten Versuchen kann durch Verwenden eines geeigneten Versuchsplans mit entsprechender Randomisation häufig ein Modell formuliert werden, bei dem die stochastische Unabhängigkeit der Fehlerzufallsvariablen plausibel erscheint.

6.1.5 Überprüfung von Modellvoraussetzungen

Wir wollen in diesem Abschnitt Tests angeben, mit denen man einige der in (6.2) verwendeten Modellannahmen nachprüfen kann.

6.1.5.1 Test der Normalverteilungsannahme

Eine wesentliche Modellannahme aus (6.2) ist: Die Zufallsvariablen ε_{ij} sind stochastisch unabhängig $N(0,\sigma^2)$-verteilt. Die Realisationen der ε_{ij} sind jedoch nicht beobachtbar. An deren Stelle verwenden wir deshalb die beobachtbaren *Residuen*

$$e_{ij} = y_{ij} - \bar{y}_{i.} \tag{6.10}$$

Man beachte, daß die entsprechenden Zufallsvariablen, die sog. *Residualvariablen* $E_{ij} = Y_{ij} - \bar{Y}_{i.}$ weder unabhängig noch im allgemeinen homoskedastisch sind. Es gilt

$$\begin{aligned} \text{Var}(E_{ij}) &= \sigma^2 \frac{n_i - 1}{n_i} \quad \text{für } i = 1,2,\ldots,k, \;\; j = 1,\ldots,n_i, \\ \text{cov}(E_{ij}, E_{sl}) &= \left\{ \begin{array}{ll} 0 & \text{für } i \neq s, \, j, \, l \text{ beliebig} \\ \text{Var}(E_{ij}) & \text{für } i = s, \, j = l \\ -\frac{\sigma^2}{n_i} & \text{für } i = s, \, j \neq l \, . \end{array} \right. \end{aligned} \tag{6.11}$$

Durchführung in SAS. Wir stellen die Durchführung des Tests auf Normalverteilung der Residuen mit Hilfe der Prozedur UNIVARIATE am Beispiel 6_1 vor, siehe 5.2.2. Dies soll nur zur Demonstration dienen, da die Stichprobenumfänge des Beispiels zu gering sind. Man beachte hierzu die einschränkenden Bemerkungen am Ende des Abschnitts.

Programm

```
PROC GLM DATA = b6_1;           /* Test auf Normalverteilung */
   CLASS gruppe;
   MODEL y = gruppe;
   OUTPUT OUT = res              /* Outputdatei res          */
          RESIDUAL = r;          /* enthält Residuen r       */
RUN; QUIT;
PROC UNIVARIATE DATA=res NORMAL; /* Option NORMAL:          */
   VAR r;                        /* Test von r auf Normalverteilung */
RUN;
```

Output (gekürzt)

```
              The UNIVARIATE Procedure
                    Variable: r
                        ...
                  Tests for Normality
Test              --Statistic-        ----p Value------
Shapiro Wilk      W  0.979591         Pr < W    0.9629
                        ...
```

Die Normalverteilungstests nach Kolmogorov-Smirnov, Cramer-von Mises und Anderson-Darling werden hier unterdrückt, nähere Einzelheiten zu diesen Tests siehe SAS Procedures Guide (1999), S. 1396-1400.

Da wir bei Nichtablehnung der Normalverteilungshypothese die Varianzanalyse durchführen, müssen wir auf die Wahrscheinlichkeit β für den *Fehler 2. Art* (siehe Abschnitt 4.2.2) achten. Die Wahrscheinlichkeit β hängt vom Niveau α, vom Stichprobenumfang und im besonderen Maße auch von der speziellen Verteilungsalternative ab. Bei Anpassungstests wählen wir das Testniveau in der Regel nicht kleiner als $\alpha = 0.1$. Wir einigen uns hier in Einklang mit den Ausführungen in Abschnitt 5.2 auf die häufig benutzte

Testentscheidung. Ist $Pr < W$ größer als 0.1, dann verwenden wir die Normalverteilungsannahme. Ist dagegen $Pr < W$ kleiner (oder gleich) als 0.1, dann bestehen Zweifel an der Normalverteilungsannahme.

Bei Ablehnung der Normalverteilungsannahme sollte auf ein verteilungsunabhängiges Verfahren wie den Kruskal-Wallis-Test zurückgegriffen werden, siehe Abschnitt 5.3.2.3.

Die hier beobachteten Residuen sind mit der Annahme, daß sie als Realisationen einer Normalverteilung aufgefaßt werden können, verträglich, da der Wert 0.9629 von $Pr < W$ größer als 0.1 ist. Die Güte des Tests ist natürlich bei den kleinen Stichprobenumfängen unseres Beispiels gering. Der verwendete Shapiro-Wilk Test (5.2.2) hat deshalb hier rein demonstrativen Charakter.

Korrelierte Residuen. Wir prüfen nicht die Zufallsvariablen $\varepsilon_{ij} = Y_{ij} - \mu_i$, sondern an deren Stelle die Residualvariablen $E_{ij} = Y_{ij} - \bar{Y}_{i\cdot}$ auf Normalverteilung. Die in der SAS-Prozedur UNIVARIATE verwendeten Tests setzen unabhängige, homoskedastische Zufallsvariablen voraus. Die E_{ij} sind nur bei balancierten Daten homoskedastisch und nur bei größeren

6.1 Einfaktorielle Varianzanalyse

n_i annähernd unkorreliert, wie aus (6.11) ersichtlich ist. Deshalb gilt der von uns verwendete Shapiro-Wilk-Test nur approximativ.

Unkorrelierte Residuen. Es ist möglich, die N korrelierten Residuen e_i nach (6.10) in N-k unkorrelierte und homoskedastische Residuen $\tilde{e}_i$ zu transformieren. Eine direkte Durchführung dieser Transformation ist in SAS/STAT nicht möglich, jedoch mit Hilfe des SAS-Moduls IML (1999). Weitergehende Einzelheiten sind Cook und Weisberg (1982), S. 34-35 zu entnehmen. Unter Verwendung der unkorrelierten Residuen $\tilde{e}_i$ kann ebenfalls ein Test auf Normalverteilung durchgeführt werden. Die Verfasser können ein auf dem Modul IML basierendes Programm zur Verfügung stellen.

Multiple Testprozedur. Das Vorschalten eines Tests auf Normalverteilung ist eigentlich als *multiple Testprozedur* anzusehen. Diese Problematik wird bereits in einer Bemerkung des Abschnitts 5.1.2.2 angesprochen, siehe auch Sonnemann (1982).

6.1.5.2 Der modifizierte Levene-Test

Häufig wird zur Prüfung der Homoskedastizität, das heißt der Nullhypothese $H_0: \sigma_1^2 = \sigma_2^2 = \ldots = \sigma_k^2$ der *Bartlett*-Test verwendet. Dieser Test ist jedoch nicht robust gegenüber Verletzungen der Normalverteilungsannahme, siehe Conover et al. (1981). Der nach H. Levene (1960) benannte Test auf Gleichheit der Varianzen ist, wie noch näher dargestellt wird, relativ unempfindlich (robust) gegenüber Abweichungen von der Normalverteilungsannahme.

Wir verwenden hier eine von Brown und Forsythe (1974) vorgeschlagene Modifikation dieses klassischen Levene-Tests. Dieser modifizierte Test hat gegenüber dem Levene-Test den Vorteil, daß er gegenüber einer noch umfangreicheren Klasse zugrundeliegender Wahrscheinlichkeitsverteilungen robust ist (näheres siehe unten). Wir unterstellen das Modell (6.2), jedoch ohne die Voraussetzung der Normalverteilung. Unter diesen Bedingungen wollen wir $H_0: \sigma_1^2 = \sigma_2^2 = \ldots = \sigma_k^2$ auf einem Niveau α testen. Beim klassischen Test von Levene (1960) werden die Zufallsvariablen $Z_{ij}^* = |Y_{ij} - \bar{Y}_{i\cdot}|$, $i = 1,2,\ldots,k$ und $j = 1,2,\ldots,n_i$ verwendet.

Brown-Forsythe Modifikation. Die von M. B. Brown und A. B. Forsythe vorgeschlagene Modifikation besteht darin, daß anstelle von $\bar{Y}_{i\cdot}$ der Median $\tilde{Y}_i$ der i-ten Gruppe benutzt wird. Wir führen die Zufallsvariablen $Z_{ij} = |Y_{ij} - \tilde{Y}_i|$ ein und definieren analog zu (6.5) die Teststatistik

$$W = \frac{\frac{1}{k-1} \sum_{i=1}^{k} n_i(\bar{Z}_{i.} - \bar{Z}_{..})^2}{\frac{1}{N-k} \sum_{i=1}^{k} \sum_{j=1}^{n_i} (Z_{ij} - \bar{Z}_{i.})^2} \ . \tag{6.12}$$

Die Entscheidungsvorschrift des modifizierten Levene-Tests zum Niveau α lautet unter Verwendung des $(1-\alpha)$-Quantils der F-Verteilung und der Realisation w der Teststatistik W:

$$\text{Ist } w > F_{1-\alpha,\, k-1, N-k}, \text{ dann verwerfe } H_0. \tag{6.13}$$

Der modifizierte Levene-Test führt eine einfache Varianzanalyse bezüglich der Absolutabweichungen Z_{ij} durch. Da aber die Zufallsvariablen Z_{ij} im allgemeinen weder normalverteilt noch stochastisch unabhängig sind, ist die exakte Verteilung von W unter H_0 *nicht* die F-Verteilung.

Robustheit. Der Levene-Test hat jedoch für eine Reihe von symmetrischen Verteilungen wie zum Beispiel die Normalverteilung selbst, die Laplace-(Doppelexponential-) Verteilung und t-Verteilungen mit mindestens 4 Freiheitsgraden die Eigenschaft, daß die gebräuchlichen Testniveaus $\alpha = 0.01, 0.05, 0.1$ 'gut' eingehalten (vgl. Conover et al. (1981)) werden, falls für die Stichprobenumfänge der einzelnen Gruppen wenigstens $n_i = 10$ gilt. Für Verteilungen mit extrem 'dicken Schwänzen' wie die Cauchy-Verteilung und extrem 'schiefe' Verteilungen wie die χ_1^2-Verteilung hält der Levene-Test das vorgegebene Testniveau α nicht mehr ein, jedoch der modifizierte Levene-Test. Wir verweisen hierzu auf Simulationsstudien von Conover et al. (1981), diese Arbeit enthält außerdem eine ausführliche Bibliographie zu diesem Thema. Der modifizierte Levene-Test ist danach robust in dem Sinne, daß das tatsächliche Testniveau gut mit dem nominell vorgegebenen Niveau α übereinstimmt. Weitere Untersuchungen von Olejnik und Algina (1987) ergaben, daß der modifizierte Levene-Test auch sehr trennscharf bezüglich der Aufdeckung von Varianzunterschieden zu sein scheint.

Durchführung in SAS. Etliche Varianzhomogenitätstests stehen ab SAS-Version 6.12, siehe SAS/STAT Software, Changes and Enhancements through Release 6.12 (1997) unter der Option HOVTEST der MEANS-Anweisung der Prozedur GLM zur Verfügung. Die Stichprobenumfänge n_i müssen bei den Levene-Tests größer oder gleich drei sein. Der Bartlett-Test wird durch Angabe von HOVTEST = BARTLETT veranlaßt. Der Levene - Test auf der Basis von $z_{ij}^* = |y_{ij} - \bar{y}_{i.}|$ wird mittels Option HOVTEST = LEVENE (TYPE = ABS) realisiert.

6.1 Einfaktorielle Varianzanalyse

Standardmäßig wird durch die Angabe HOVTEST allein bzw. HOVTEST = LEVENE (TYPE = SQUARE) der Levene-Test mit den Quadraten von z_{ij}^* durchgeführt. Wir verwenden den Levene-Test nach *B*rown und *F*orsythe durch Verwendung der Option HOVTEST = BF. Dies ist nur als Demonstration gedacht, in der Praxis sind die vorliegenden Stichprobenumfänge zu gering.

Programm

```
PROC GLM DATA = b6_1;         /* Modifizierter Levene-Test */
  CLASS gruppe;               /* nach Brown-Forsythe       */
  MODEL y = gruppe;
  MEANS gruppe/ HOVTEST = BF;
  MEANS gruppe/ HOVTEST = LEVENE (TYPE = SQUARE);
RUN; QUIT;
```

Output (gekürzt)

The GLM Procedure
Brown and Forsythe's Test for Homogeneity of y Variance
ANOVA of Absolute Deviations from Group Medians

Source	DF	Sum of Squares	Mean Square	F Value	Pr > F
gruppe	2	2.3333	1.1667	0.46	0.6478
Error	7	17.6667	2.5238		

Die zu (6.13) äquivalente Entscheidungsvorschrift lautet:

Ist $Pr > F$ kleiner als α, dann verwerfe H_0: $\sigma_1^2 = \sigma_2^2 = ... = \sigma_k^2$.

Unter Verwendung des Brown-Forsythe Tests widersprechen die Daten der Homoskedastizitätsannahme nicht, da der Wert 0.6478 für $Pr>F$ größer als das bei Anpassungstests gebräuchliche Niveau $\alpha = 0.10$ ist.

Levene's Test for Homogeneity of y Variance
ANOVA of Squared Deviations from Group Means

Source	DF	Sum of Squares	Mean Square	F Value	Pr > F
gruppe	2	58.3333	29.1667	0.70	0.5262
Error	7	289.7	41.3810		

Auch unter Verwendung des Levene-Tests mit den quadrierten Abweichungen vom Gruppenmittel widersprechen die Daten der Homoskedastizitätsannahme nicht, da der Wert 0.5262 für $Pr>F$ größer als das bei Anpassungstests gebräuchliche Niveau $\alpha = 0.10$ ist.

Stichprobenumfang. Diese Tests sollten bei Stichprobenumfängen von $n_i \leq 5$ nicht angewendet werden, vgl. auch Conover et al. (1981), S. 360. Wie bereits erwähnt, kann erst bei Stichprobenumfängen von $n_i \geq 10$ die Robustheit des Tests garantiert werden.

Multiples Testen. Führen die angesprochenen Tests auf Normalverteilung und Homoskedastizität nicht zur Ablehnung dieser Annahmen, dann wird anschließend der F-Test auf die Hypothese der Gleichheit der Erwartungswerte angewendet. Da wir mehrere Tests an denselben Daten durchführen, ist diese Vorgehensweise eigentlich als multiple Testprozedur anzusehen. Diese Problematik ist schon vorher angesprochen worden, siehe auch Sonnemann (1982).

Robustheit des F-Tests. Bei gleich großen Stichprobenumfängen der Gruppen (balancierten Daten) sind die oben genannten F-Test robust gegenüber Abweichungen sowohl von der Normalverteilungs- als auch von der Homoskedastizitäts-Annahme.

6.1.6 Überparametrisierung des Modells

In Modell (6.2) haben wir die Modellparameter $\mu_1,...,\mu_k$ verwendet, wobei $E(Y_{ij}) = \mu_i$ die Erwartungswerte der einzelnen Gruppen sind. Diese k Parameter können erwartungstreu durch die Stichprobenmittelwerte $\bar{y}_{1.}, \bar{y}_{2.},..., \bar{y}_{k.}$ geschätzt werden, wie im nächsten Abschnitt 6.2.1 näher ausgeführt wird. Häufig werden die Parameter μ_i weiter aufgespalten in

$$\mu_i = \mu + \tau_i \ . \tag{6.14}$$

Hierbei wird μ als *Allgemeinmittel* und τ_i als *fixer Effekt* der i-ten Faktorstufe bezeichnet.

Dadurch wird das Modell *überparametrisiert* in dem Sinne, daß die k+1 Modellparameter $\mu, \tau_1, \tau_2,..., \tau_k$ nicht mehr eindeutig schätzbar sind. Klammern wir die Schätzung von σ^2 einmal aus, dann lassen sich eben nur die k natürlichen Modellparameter $\mu_1, \mu_2,..., \mu_k$ durch die Stichprobenmittel $\bar{y}_{1.}, \bar{y}_{2.},..., \bar{y}_{k.}$ eindeutig schätzen. In der Angewandten Statistik wird dann häufig eine *Reparametrisierungsbedingung (Restriktion)* beispielsweise der Form $\sum \tau_i = 0$ eingeführt.

In der SAS-Prozedur GLM wird standardmäßig das Modell (6.14) ohne Restriktion verwendet. Benutzt man jedoch in der MODEL-Anweisung die Option SOLUTION, dann erhält man Schätzungen der Modellparameter unter der Restriktion $\tau_k = 0$. Hierbei ergibt sich folgender Zusammenhang zwischen den Modellparametern von (6.2) und (6.14):

$$\tau_i = \mu_i - \mu_k, \; i = 1,2,...,k, \qquad \mu = \mu_k.$$

Man beachte hierbei insbesondere die unterschiedlichen Bedeutungen des Allgemeinmittels μ. Daraus ersehen wir, daß die Bedeutung von μ und τ_i und die Schätzungen dieser Parameter von den Reparametrisierungsbedingungen abhängen. Wir wollen an dieser Stelle auf den Begriff der Schätzbarkeit nicht weiter eingehen, sondern verweisen hierzu auf den Abschnitt 6.7.

Die Nullhypothese $H_0: \mu_1 = \mu_2 = ... = \mu_k$ lautet im überparametrisierten Modell (6.14) $H_0: \tau_1 = \tau_2 = ... = \tau_k = 0$, welche der oben genannten Restriktionen auch verwendet wird. Der in (6.6) vorgestellte globale F-Test kann ohne Änderung auch zum Testen dieser umformulierten Nullhypothese verwendet werden.

Wir erwähnen diese Notation an dieser Stelle hauptsächlich wegen der Verallgemeinerung auf mehrfaktorielle Modelle, dort kommt die Bedeutung dieser Notation erst richtig zum Tragen, insbesondere im unbalancierten Fall, vgl. Searle (1987). Außerdem sind viele Anwender mehr mit der Parametrisierung (6.14) als mit (6.2) vertraut.

6.2 Multiple Mittelwertsvergleiche

Der F-Test zur Prüfung von $H_0: \mu_1 = \mu_2 = ... = \mu_k$ kann nur die Frage beantworten, ob global Gruppenunterschiede vorhanden sind oder nicht. Zumeist ist man aber auch daran interessiert zu erfahren, zwischen welchen Gruppen Unterschiede auftreten. Diese Fragestellung läßt sich mittels *paarweiser Mittelwertsvergleiche* oder noch allgemeiner durch Testen *linearer Kontraste* beantworten.

Bevor wir uns mit diesen sogenannten *multiplen Vergleichen* näher beschäftigen, wollen wir uns mit den Schätzungen der Modellparameter sowie gewissen linearen Funktionen (Kontrasten) dieser Parameter befassen.

6.2.1 Schätzung der Modellparameter

Wir unterstellen das Modell (6.2) mit $E(Y_{ij}) = \mu_i$. Hierbei sind die Erwartungswerte $\mu_1, \mu_2, ..., \mu_k$ sowie die Varianz σ^2 unbekannte Modellparameter.

Erwartungswerte. Die im Modell auftretenden Parameter $\mu_1, \mu_2, ..., \mu_k$ können durch die Gruppenmittelwerte $\bar{y}_{1.}, \bar{y}_{2.}, ..., \bar{y}_{k.}$ geschätzt werden. Für die entsprechenden Schätzfunktionen gilt:

$$E(\bar{Y}_{i.}) = \mu_i, \qquad Var(\bar{Y}_{i.}) = \sigma^2 \cdot \frac{1}{n_i}, \; i = 1, 2, ..., k. \tag{6.15}$$

Paardifferenzen. Erwartungstreue Schätzungen der Differenzen $\mu_r - \mu_t$ erhält man mittels $\bar{y}_{r.} - \bar{y}_{t.}$, den Differenzen der Stichprobenmittelwerte der r-ten und t-ten Gruppe. Für die entsprechenden Schätzfunktionen ergibt sich für $1 \leq r < t \leq k$:

$$E(\bar{Y}_{r.} - \bar{Y}_{t.}) = \mu_r - \mu_t, \qquad Var(\bar{Y}_{r.} - \bar{Y}_{t.}) = \sigma^2 \left(\frac{1}{n_r} + \frac{1}{n_t} \right). \tag{6.16}$$

Liegen k Gruppen vor, dann gibt es insgesamt k(k-1)/2 mögliche paarweise Vergleiche zwischen den Erwartungswerten.

Lineare Kontraste. Die folgende lineare Funktion der Erwartungswerte μ_i bezeichnet man als *linearen Kontrast* C:

$$C = \sum_{i=1}^{k} c_i \mu_i, \quad c_1, c_2, ..., c_k \in \mathbb{R} \text{ mit } \sum_{i=1}^{k} c_i = 0. \tag{6.17}$$

Die Aufgabe des Anwenders ist es, aus den unendlich vielen linearen Kontrasten diejenigen auszuwählen, die zur Beantwortung seiner Versuchsfrage beitragen.

Durch $\hat{c} = \sum c_i \bar{y}_{i.}$ erhält man eine erwartungstreue Schätzung des linearen Kontrastes C, für die Schätzfunktion $\hat{C} = \sum c_i \bar{Y}_{i.}$ gilt:

$$E(\hat{C}) = \sum_{i=1}^{k} c_i \mu_i, \qquad Var(\hat{C}) = \sigma^2 \sum_{i=1}^{k} \frac{c_i^2}{n_i}. \tag{6.18}$$

Bemerkungen. 1. Die Paardifferenzen $\mu_r - \mu_t$ sind spezielle lineare Kontraste mit $c_r = 1$, $c_t = -1$, alle anderen $c_i = 0$.

2. Ist es beispielweise von der Versuchsfragestellung her interessant, das Mittel der Erwartungswerte μ_1 und μ_2 mit dem Erwartungswert μ_3 zu vergleichen, dann setzt man $c_1 = c_2 = 0.5$, $c_3 = -1$ und $c_i = 0$, $i = 4, ..., k$. Man erhält den folgenden (in Abschnitt 6.2.4.2 näher betrachteten) linearen Kontrast: $C = 0.5\,\mu_1 + 0.5\,\mu_2 - \mu_3$.

6.2 Multiple Mittelwertsvergleiche

Modellvarianz σ^2. Ein erwartungstreuer Schätzer S^2 für die unbekannte Restvarianz σ^2 ist nach (6.4) beziehungsweise nach (6.9)

$$S^2 = \frac{1}{N-k} \sum_{i=1}^{k} \sum_{j=1}^{n_i} (Y_{ij} - \bar{Y}_{i.})^2 = \frac{1}{N-k} \sum_{i=1}^{k} (n_i - 1) S_i^2 \ . \quad (6.19)$$

Standardfehler. Verwendet man die Schätzung $s^2 = $ MSE aus (6.19) für σ^2 in (6.15), (6.16) und (6.18), dann ergeben sich die *geschätzten* Standardfehler der $\bar{Y}_{i.}$, wie auch der Differenzen $\bar{Y}_{r.} - \bar{Y}_{t.}$ und der linearen Kontraste $\hat{C} = \sum c_i \bar{Y}_{i.}$ zu

$$s_{\bar{y}_{i.}} = \frac{s}{\sqrt{n_i}} \ , \quad s_{\bar{y}_{r.}-\bar{y}_{t.}} = s \sqrt{\frac{1}{n_r} + \frac{1}{n_t}} \ , \quad s_{\hat{C}} = s \sqrt{\sum_{i=1}^{k} \frac{c_i^2}{n_i}} \ . \quad (6.20)$$

6.2.2 Vertrauensintervall und Test für eine Paardifferenz

Bei der Angabe von Tests und Vertrauensintervallen benötigen wir die Wahrscheinlichkeitsverteilung der Zufallsvariablen $\bar{Y}_{r.} - \bar{Y}_{t.}$. Es gilt:

$$\frac{\bar{Y}_{r.} - \bar{Y}_{t.} - (\mu_r - \mu_t)}{S \sqrt{\frac{1}{n_r} + \frac{1}{n_t}}} \ , \quad 1 \leq r < t \leq k. \quad (6.21)$$

ist t-verteilt mit N-k Freiheitsgraden. Damit läßt sich ein $(1-\alpha)$-Vertrauensintervall für eine Paardifferenz angeben:

$$\bar{y}_{r.} - \bar{y}_{t.} \mp t_{1-\frac{\alpha}{2}, N-k} \cdot s \sqrt{\frac{1}{n_r} + \frac{1}{n_t}} \ . \quad (6.22)$$

Das nach (6.22) berechnete $(1-\alpha)$-Vertrauensintervall läßt sich auch zur Durchführung eines Tests zum Niveau α für die Hypothese $H_0: \mu_r = \mu_t$ gegen die Alternative $H_A: \mu_r \neq \mu_t$ verwenden. Die Entscheidungsvorschrift lautet:

Überdeckt das berechnete Vertrauensintervall die Zahl 0 nicht, dann wird die entsprechende Nullhypothese $H_0: \mu_r - \mu_t = 0$ abgelehnt.

Dazu äquivalent ist, siehe auch Abschnitt 5.1.2.2:

$$\text{Gilt } |\bar{y}_{r.} - \bar{y}_{t.}| > t_{1-\frac{\alpha}{2}, N-k} \cdot s \sqrt{\frac{1}{n_r} + \frac{1}{n_t}} \ , \text{ dann verwerfe } H_0. \quad (6.23)$$

Bemerkung. Wir haben den einfachen t-Test an dieser Stelle vor allem deshalb nochmals aufgeführt, da er als Grundlage für die im nächsten Abschnitt folgenden multiplen Tests von Bonferroni und Sidak dient.

6.2.3 Multiple Tests und simultane Vertrauensintervalle

Soll nur *ein* paarweiser Vergleich durchgeführt werden, dann verwendet man einen t-Test, wie soeben in (6.22), (6.23) und in Abschnitt 5.1.2.2 besprochen. Dieses Vorgehen läßt sich jedoch nicht ohne weiteres auf mehrere (m ≥ 2) *multiple* paarweise Vergleiche ausweiten.

Multiples Niveau. Würde man für eine Gesamtzahl m (≥ 2) von paarweisen Vergleichen jeweils einen t-Test zum selben Niveau α^* durchführen, dann würde die *multiple Irrtumswahrscheinlichkeit α (multiples Niveau, Type I experimentwise error rate, Familywise Error Rate FWE)* einen weit höheren Wert als α^* annehmen. Dieses *multiple* Niveau α ist definiert als die Wahrscheinlichkeit, mit der mindestens eine der m Hypothesen H_0^r, r = 1,2,...,m irrtümlicherweise abgelehnt wird.

Eine Abschätzung für das multiple Niveau α ist gegeben durch (siehe Miller (1981), S. 101):

$$\alpha^* \leq \alpha \leq 1 - (1 - \alpha^*)^m \leq m \cdot \alpha^*, \, m \geq 2. \tag{6.24}$$

Würde man zum Beispiel m = 10 paarweise Vergleiche mittels t-Tests jeweils zum Niveau $\alpha^* = 0.05$ durchführen, dann kann das multiple Niveau α bis auf 0.4, im Falle m = 45 bereits bis auf 0.9 ansteigen.

Wir können hier auf die Problematik *simultaner Testprozeduren* nur ansatzweise eingehen und verweisen auf tiefergehende Darstellungen wie Bauer et al. (1987), Gabriel (1975), Hochberg und Tamhane (1987), Horn und Vollandt (1995), Hsu (1996), Miller (1981), Sonnemann (1982), Westfall und Young (1993), Westfall et al. (1999). Vergleichende Betrachtungen der im folgenden angesprochenen Tests von *Bonferroni, Sidak, Scheffe* und *Tukey* findet man in 6.2.6.

6.2.3.1 Bonferroni- und Sidak-Test

Es sollen die Nullhypothesen $H_0^{rt}: \mu_r = \mu_t$, $1 \leq r < t \leq k$ gegen die Alternativen $H_A^{rt}: \mu_r \neq \mu_t$ auf dem vorgegebenen multiplen Niveau α getestet werden. Man verwendet bei jedem einzelnen Vergleich den t-Test nach (6.23), jedoch nicht jeweils zum Niveau α, sondern nur zum Niveau

$$\begin{aligned}\alpha_{\text{bon}} &= \frac{\alpha}{m} &\quad (\textit{Bonferroni-Korrektur}) \\ \alpha_{\text{sid}} &= 1 - (1-\alpha)^{\frac{1}{m}} &\quad (\textit{Sidak-Korrektur})\,.\end{aligned} \tag{6.25}$$

In der Regel werden alle m = k(k−1)/2 Hypothesen H_0^{rt} getestet.

6.2 Multiple Mittelwertsvergleiche

Verwendet man diese korrigierten α-Werte im t-Quantil von (6.23), dann ist das tatsächliche *multiple Niveau* im Falle der Bonferroni-Korrektur kleiner als α und im Falle der Sidak-Korrektur kleiner (oder gleich) α, wobei α das vorgegebene nominelle multiple Niveau ist. Der Leser kann diese Abschätzung leicht über (6.24) verifizieren. Dies bedeutet, daß sowohl der Sidak-Test und in stärkerem Maße auch der Bonferroni-Test *konservative* multiple Testprozeduren sind, da sie das vorgegebene multiple Niveau α in der Regel nicht voll ausschöpfen.

Analog zu (6.22) erhält man *simultane Vertrauensintervalle* für die Differenzen $\mu_r - \mu_t$ zur *multiplen Vertrauenswahrscheinlichkeit* von mindestens $1-\alpha$, beispielsweise nach Sidak:

$$\bar{y}_{r \cdot} - \bar{y}_{t \cdot} \mp t_{1-\gamma, N-k} \cdot s \sqrt{\frac{1}{n_r} + \frac{1}{n_t}}, \gamma = \frac{\alpha_{sid}}{2}, 1 \leq r < t \leq k. \tag{6.26}$$

Die Nullhypothese $H_0^{rt}: \mu_r = \mu_t$, $1 \leq r < t \leq k$ wird abgelehnt, falls das Vertrauensintervall für $\mu_r - \mu_t$ die 0 nicht enthält.

Die Durchführung dieser Tests in der SAS-Prozedur GLM mittels der Optionen BON bzw. SIDAK besprechen wir in Abschnitt 6.2.4.

6.2.3.2 Scheffe-Test

Bei unbalancierten Daten, d.h. k Gruppen mit unterschiedlichen Stichprobenumfängen n_j, wird häufig auch der Scheffe-Test verwendet. Dieser beruht auf der $F_{k-1, N-k}$-verteilten Teststatistik F nach (6.5), N ist dabei der Gesamtstichprobenumfang. Der Scheffe-Test hat gegenüber den zuletzt genannten Tests den Vorteil, daß die Zahl m der simultanen Vergleiche nicht vorher festzulegen ist. Es werden simultane Scheffe-Tests der Hypothesen $H_0^{rt}: \mu_r = \mu_t$ auf dem multiplen Niveau α durchgeführt. Die Entscheidungsvorschrift lautet:

Ablehnung von $H_0^{rt}: \mu_r = \mu_t$, $1 \leq r < t \leq k$,

$$\text{falls } |\bar{y}_{r \cdot} - \bar{y}_{t \cdot}| > \sqrt{(k-1) F_{1-\alpha, k-1, N-k}} \cdot s \sqrt{\frac{1}{n_r} + \frac{1}{n_t}} . \tag{6.27}$$

Wir bevorzugen eine dazu äquivalente Aussage, welche über die simultanen Vertrauensintervalle für die Differenzen $\mu_r - \mu_t$ zur multiplen Vertrauenswahrscheinlichkeit $(1-\alpha)$ formuliert wird:

$$\bar{y}_{r \cdot} - \bar{y}_{t \cdot} \mp \sqrt{(k-1) F_{1-\alpha, k-1, N-k}} \cdot s \sqrt{\frac{1}{n_r} + \frac{1}{n_t}} . \tag{6.28}$$

Enthält dieses Intervall die 0 nicht, wird die entsprechende Nullhypothese abgelehnt.

Sowohl (6.27) als auch (6.28) lassen sich verallgemeinern auf die (unendliche) Gesamtheit aller möglichen linearen Kontraste $C = \sum c_i \mu_i$. Simultane Vertrauensintervalle zur multiplen Vertrauenswahrscheinlichkeit (1-α) *für alle* linearen Kontraste nach (6.17) haben unter Verwendung von (6.20) folgende Form:

$$\hat{c} \mp \sqrt{(k-1)\, F_{1-\alpha,\, k-1, N-k}} \cdot s_{\hat{c}} \,. \tag{6.29}$$

Den mathematisch interessierten Leser verweisen wir auf Miller (1981), S. 63-66, dort wird der Beweis von (6.29) explizit vorgeführt.

Bemerkung. Wendet man den Scheffe-Test nur für paarweise Vergleiche an, dann wird das multiple Niveau α nicht voll ausgeschöpft, der Test ist konservativ, siehe 6.2.6. Die Durchführung des Scheffe-Tests in der SAS-Prozedur GLM mittels der Option SCHEFFE erfolgt in 6.2.4.

6.2.3.3 Tukey-Test und Tukey-Kramer-Test

Bei balanciertem Datenmaterial, d.h. bei k Gruppen mit gleich großen Stichprobenumfängen $n_i = n$, verwenden wir in der Regel den Tukey-Test. Dieser Test beruht auf einer speziellen Teststatistik, der *Studentisierten Spannweite* $Q_{k,\nu}$, die folgendermaßen definiert ist:

Seien $X_1, X_2, ..., X_k$ ($k \geq 2$) unabhängig N(0,1)-verteilte Zufallsvariablen und U_ν eine davon stochastisch unabhängige χ^2-verteilte Zufallsvariable mit ν ($\in \mathbb{N}$) Freiheitsgraden, dann folgt die Zufallsvariable

$$Q_{k,\nu} = \frac{\max_{1 \leq i < j \leq k} |X_i - X_j|}{\sqrt{\frac{1}{\nu} U_\nu}}$$

einer *studentisierten Spannweiten-Verteilung*. Die Quantile $q_{1-\alpha,k,\nu}$ dieser Verteilung können mit Hilfe des SAS-Funktion PROBMC berechnet werden, siehe SAS Language Reference: Dictionary (1999), S. 490-500.

Tony Hayter (1984) hat den Beweis geliefert, daß die untenstehende Tukey-Kramer-Variante des Tukey-Tests auch bei unbalancierten Daten das multiple Niveau α einhält, siehe Hochberg und Tamhane (1987).

Simultane Tukey-Kramer-Tests der Nullhypothesen $H_0^{rt}: \mu_r = \mu_t$ auf dem multiplen Niveau α führen auf folgende Entscheidungsvorschrift:

Ablehnung von $H_0^{rt}: \mu_r = \mu_t$, $1 \leq r < t \leq k$,

falls $|\bar{y}_{r.} - \bar{y}_{t.}| > \frac{1}{\sqrt{2}}\, q_{1-\alpha,k,N-k}\, s\, \sqrt{\frac{1}{n_r} + \frac{1}{n_t}}$. \hfill (6.30)

6.2 Multiple Mittelwertsvergleiche

Für $n_1 = n_2 = \ldots = n_k = n$ geht dieser Test in den klassischen Tukey-Test über. Entsprechende simultane Vertrauensintervalle für die Differenzen $\mu_r - \mu_t$ zur multiplen Vertrauenswahrscheinlichkeit $(1-\alpha)$ ergeben sich zu:

$$\bar{y}_r. - \bar{y}_t. \mp \frac{1}{\sqrt{2}} \, q_{1-\alpha, k, N-k} \, s \sqrt{\frac{1}{n_r} + \frac{1}{n_t}} \, . \tag{6.31}$$

Enthält dieses Intervall den Wert 0 nicht, wird die entsprechende Nullhypothese H_0^{rt} abgelehnt.

Bemerkung. Wendet man den Tukey-Test bei balancierten Daten an, dann wird das multiple Niveau α voll ausgeschöpft. Bei unbalancierten Daten wird der Tukey-Kramer-Test verwendet, hier wird das multiple Niveau α nicht voll ausgeschöpft, vgl. 6.2.6. Die Durchführung in der Prozedur GLM mittels der Option TUKEY besprechen wir in 6.2.5.

6.2.3.4 Dunnett-Test für Vergleiche mit einer Kontrolle

Aus den in der Prozedur GLM möglichen multiplen Testverfahren soll hier noch der *Dunnett-Test* erwähnt werden, der den Erwartungswert μ_1 einer *Kontrollgruppe* mit den Erwartungswerten $\mu_2, \ldots, \mu_k$ von k-1 Behandlungsgruppen vergleicht.

Es wird eine sogenannte *Many-One t-Statistic* verwendet. Seien $X_1, X_2, \ldots, X_k$ unabhängig $N(0,1)$-verteilte Zufallsvariablen und U_ν eine davon unabhängige χ^2-verteilte Zufallsvariable mit ν ($\nu \in \mathbb{N}$) Freiheitsgraden, dann nennt man die Verteilung der Zufallsvariablen

$$\frac{\max_{2 \leq i \leq k} \frac{|X_i - X_1|}{\sqrt{2}}}{\sqrt{\frac{1}{\nu} U_\nu}}$$

Many-One t-Verteilung. Das $(1-\alpha)$-Quantil dieser Verteilung bezeichnen wir abweichend von Miller mit $d_{1-\alpha, k-1, \nu}$. Nähere Einzelheiten, insbesondere die Verteilungsfunktion dieser Zufallsvariablen und Tabellen der Quantile, findet man bei Miller (1981), S. 76-80 und 240-242.

Der folgende Test ist konzipiert für balancierte Daten ($n_i = n$), die Kontrollgruppe und alle k-1 Behandlungsgruppen haben denselben Stichprobenumfang. Simultane Tests der Nullhypothesen $H_0^i: \mu_i = \mu_1$ auf dem multiplen Niveau α verwenden folgende Entscheidungsvorschrift:

Ablehnung von $H_0^i: \mu_i = \mu_1$, $2 \leq i \leq k$,

$$\text{wenn } |\bar{y}_i. - \bar{y}_1.| > d_{1-\alpha, k-1, k(n-1)} \cdot s \sqrt{\frac{2}{n}} \, . \tag{6.32}$$

Simultane Vertrauensintervalle für die Differenzen $\mu_i-\mu_1$ zum multiplen Niveau (1-α) ergeben sich zu:

$$\bar{y}_i. - \bar{y}_1. \mp d_{1-\alpha,k-1,k(n-1)} \cdot s\sqrt{\tfrac{2}{n}} \quad, 2 \leq i \leq k. \tag{6.33}$$

Enthält dieses Intervall den Wert 0 nicht, wird die entsprechende Nullhypothese abgelehnt.

Die Anwendung dieses Tests ist häufig dadurch eingeschränkt, daß es aus folgenden Gründen sinnvoll ist, den Stichprobenumfang n_1 der Kontrollgruppe größer als den Stichprobenumfang n der Vergleichsgruppen zu wählen.

Optimale Stichprobenumfänge. Die Minimierung des Standardfehlers der Differenzen zwischen den Erwartungswerten der Kontrolle (Gruppe 1) mit den k-1 Mittelwerten der Vergleichsgruppen (Gruppen 2 bis k) bei vorgegebenem Gesamtstichprobenumfang N, wobei n der konstante Stichprobenumfang der k−1 Vergleichsgruppen ist, führt auf die Bedingungen $n \approx N/(\sqrt{k-1}+k-1)$ und $n_1 \approx n\sqrt{k-1}$. Im Falle N = 30 und k = 5 würde dies $n_1 = 10$ für die Kontrolle und für die vier Vergleichsgruppen n = 5 bedeuten. Damit liegt unbalanciertes Datenmaterial vor.

Im unbalancierten Fall wird Dunnett's Test folgendermaßen modifiziert.

Ablehnung von H_0^i: $\mu_i = \mu_1$, $2 \leq i \leq k$,

wenn $|\bar{y}_i. - \bar{y}_1.| > d^*_{1-\alpha,k-1,N-k} \cdot s\sqrt{\tfrac{1}{n_i}+\tfrac{1}{n_1}}$ \hfill (6.34)

Die hierbei verwendeten Quantile $d^*_{1-\alpha,k-1,N-k}$ können mit Hilfe der SAS-Funktion PROBMC berechnet werden, siehe Westfall et al. (1999), S. 78. Die Durchführung des Dunnett-Tests in der SAS-Prozedur GLM erfolgt mit Hilfe der Option DUNNETT im Abschnitt 6.2.5. Mit Hilfe der Optionen DUNNETTL und DUNNETTU lassen sich auch einseitige Tests durchführen, siehe SAS/STAT User's Guide (1999), S. 1500.

6.2.4 Sidak-, Scheffe-Tests und lineare Kontraste in SAS

6.2.4.1 Sidak- und Scheffe-Tests in SAS

Wir demonstrieren am Beispiel 6_1 die Durchführung der beiden Tests. Vor Durchführung des nachfolgenden Programms muß der DATA step zur Erzeugung der SAS-Datei b6_1 ausgeführt werden mit *gruppe* und *y* als Klassifizierungs- bzw. Zielvariable.

6.2 Multiple Mittelwertsvergleiche

PROC step

```
PROC GLM  DATA = b6_1 ;              /* Multiple Vergleiche */
CLASS  gruppe ;
MODEL y = gruppe ;
MEANS gruppe / SIDAK  SCHEFFE  ALPHA = 0.05;
RUN; QUIT;
```

Gegenüber dem Programm in 6.1.3 sind in der MEANS-Anweisung die Optionen SIDAK bzw. SCHEFFE und ALPHA = 0.05 einzufügen. Mit der Option ALPHA = α (0.0001 bis 0.9999) kontrolliert man das multiple Niveau α. Der Wert $\alpha = 0.05$ ist voreingestellt, muß also nicht explizit angegeben werden, obwohl wir es oben der Deutlichkeit halber aufgeführt haben. Bei unbalancierten Daten werden standardmäßig die Testresultate in der Form von simultanen Vertrauensintervallen für die Erwartungswertsdifferenzen $\mu_r - \mu_s$ gemäß (6.26) und (6.28) präsentiert.

Output (gekürzt)

```
                    Sidak t Tests for y                         1
NOTE: This test controls the type I experimentwise error rate but
      generally has a higher type II error rate than Tukey's for all
      pairwise comparisons.
              Alpha                        0.05
              Error Degrees of Freedom        7
              Error Mean Square        8.571429
              Critical Value of t       3.11540
Comparisons significant at the 0.05 level are indicated by ***.
                  Difference    Simultaneous
       gruppe      Between      95% Confidence
    Comparison      Means         Limits
       3 - 2         6.000     -0.966  12.966
       3 - 1         9.000      2.034  15.966  ***
       2 - 1         3.000     -4.447  10.447
```

Die Berechnung der simultanen Vertrauensintervalle nach SIDAK erfolgt nach (6.26), es muß das $(1-\frac{1}{2}\alpha_{sid})$-Quantil der t_7-Verteilung verwendet werden mit

$$1 - \tfrac{1}{2}\alpha_{sid} = 1 - \tfrac{1}{2}[1-(1-0.05)^{\frac{1}{3}}] = 0.9915238.$$

In der Zeile *Critical Value of t* bedeutet der aufgeführte Wert 3.11540 das 0.9915238-Quantil der t-Verteilung mit N-k = 10-3 = 7 Freiheitsgraden (DF). Wir verifizieren die Berechnung der unteren und oberen Grenze des Vertrauensintervalls am Beispiel der Differenz der Gruppen 3 und 2 nach (6.26):

$$\bar{y}_3 - \bar{y}_2 \mp t_{0.9915238,\,7} \cdot \sqrt{8.571429}\,\sqrt{\tfrac{1}{4}+\tfrac{1}{3}}$$

$$= (26\text{-}20) \mp 6.966 = 6 \mp 6.966 \doteq [-0.966,\,12.966].$$

```
                   Scheffe's Test for y                      1
NOTE: This test controls the type I experimentwise error rate but
    generally has a higher type II error rate than Tukey's for all
    pairwise comparisons.
             Alpha                           0.05
             Error Degrees of Freedom        7
             Error Mean Square               8.571429
             Critical Value of F             4.73741
Comparisons significant at the 0.05 level are indicated by ***.
                    Difference     Simultaneous
        gruppe      Between        95% Confidence
    Comparison      Means          Limits
      3  - 2        6.000          -0.883  12.883
      3  - 1        9.000           2.117  15.883   ***
      2  - 1        3.000          -4.358  10.358
```

In der Zeile *Critical Value of F* = 4.73741 steht das 0.95-Quantil der F-Verteilung mit 2 und 7 Freiheitsgraden. Der direkte Vergleich des kritischen Wertes des Sidak-Tests von 3.11540 muß mit dem Wert

$$\sqrt{(k\text{-}1)\,F_{1-\alpha,\,k\text{-}1,N\text{-}k}} = \sqrt{2 \cdot 4.73741} = 3.07812$$

des Scheffe-Tests erfolgen. Da $3.078 < 3.115$ ist, liefert in unserem Beispiel der Scheffe-Test die kürzeren simultanen Vertrauensintervalle und ist deshalb dem Sidak-Test vorzuziehen. Das muß nicht in allen Fällen so sein. Man beachte dazu die Bemerkungen in Abschnitt 6.2.6.

6.2.4.2 Lineare Kontraste in SAS
Mit Hilfe des nachstehenden Programms wird der im Anschluß an (6.17) erwähnte lineare Kontrast $C = 0.5\mu_1 + 0.5\mu_2 - \mu_3$ anhand des Beispiels 6_1 geschätzt. Vor Durchführung dieses Programms muß der DATA step zur Erzeugung der SAS-Datei b6_1 ausgeführt werden.

6.2 Multiple Mittelwertsvergleiche

PROC step

```
PROC GLM DATA=b6_1;                    /* Lineare Kontraste */
  CLASS gruppe;
  MODEL y = gruppe;
  ESTIMATE 'grp1 + 2 geg 3'  gruppe  0.5  0.5  -1;
RUN; QUIT;
```

Mit Hilfe von ESTIMATE-Anweisungen können beliebige lineare Kontraste der Form (6.17) geschätzt und deren Standardfehler nach (6.20) ausgegeben werden, siehe SAS/STAT Guide (1999), S. 1486-1487. Es muß in Hochkommata ein bis zu 20 Zeichen langer Kommentar eingegeben werden, dann muß die CLASS-Variable (hier: *gruppe*) angegeben werden, anschließend die Koeffizienten des linearen Kontrasts

$$0.5 \cdot \mu_1 + 0.5 \cdot \mu_2 - 1 \cdot \mu_3 \,.$$

Bemerkung. Um sicherzugehen, daß die Klassifizierung in derselben Reihenfolge der Stufen, wie sie in der analysierten SAS-Datei aufgeführt worden sind, erfolgt, sollte man die PROC-Option ORDER = DATA verwenden. Im vorliegenden Beispiel 6_1 ist dies nicht notwendig.

Output (gekürzt)

Parameter	Estimate	Standard Error	t Value	Pr > |t|
grp1 + 2 geg 3	-7.5000	1.88982237	-3.97	0.0054

Hieraus entnehmen wir die Schätzung (*Estimate*) des linearen Kontrasts

$$\hat{c} = \tfrac{1}{2}(\bar{y}_{1.} + \bar{y}_{2.}) - \bar{y}_{3.} = \tfrac{1}{2}(17 + 20) - 26 = -7.5$$

sowie der Standardabweichung (*Standard Error*)

$$s_{\hat{c}} = s\sqrt{\frac{(\tfrac{1}{2})^2}{3} + \frac{(\tfrac{1}{2})^2}{3} + \frac{(-1)^2}{4}} = \sqrt{8.571429} \cdot \sqrt{0.416667} = 1.88982237.$$

Außerdem wird ein t-Test zur Hypothese $H_0: \dfrac{\mu_1 + \mu_2}{2} = \mu_3$ durchgeführt.

Die Teststatistik (*t Value*) hat den Wert -3.97. Da die Überschreitungswahrscheinlichkeit *Pr>|t|* mit 0.0054 kleiner als das (beispielsweise) vorgegebene Niveau $\alpha = 0.01$ ist, kann H_0 abgelehnt werden.

Bemerkung. Standardmäßig wird in der Prozedur GLM mit der Parametrisierung des Modells (6.14) und nicht mit Modell (6.2) gearbeitet. Lineare Kontraste der Form (6.17) verhalten sich jedoch gegenüber dieser Modelländerung invariant. Das heißt, daß wir sowohl in der Parametrisierung (6.2) - realisierbar mit der Option NOINT, vgl. Abschnitt 7.1.6 - als auch nach (6.14) dieselben Schätzungen und Standardfehler sowie Tests für lineare Kontraste bekommen.

Simultantests linearer Kontraste. Die Prüfung mehrerer linearer Kontraste mittels des Scheffe-Tests nach (6.29) kann nicht unmittelbar mit der Prozedur GLM erfolgen, vgl. 6.2.6.

CONTRAST-Anweisung. Mit Hilfe der CONTRAST-Anweisung können lineare Kontraste formuliert und simultan getestet werden, vgl. SAS/STAT User's Guide (1999), S. 1483-1485. Wir geben für das Beispiel 6_1 die SAS-Anweisung des Tests eines zweidimensionalen Kontrasts $(0.5\mu_1 + 0.5\mu_2 - \mu_3 = 0,\ \mu_1 - \mu_2 = 0)$ an:

CONTRAST ' 2-dim Kontrast' gruppe 0.5 0.5 -1 , gruppe 1 -1 0;

Es wird analog zur ESTIMATE-Anweisung vorgegangen, jedoch werden die simultan zu betrachteten Kontraste durch Kommata getrennt.

6.2.5 Wachstumsversuch, Tukey- und Dunnett-Test in SAS

Wir wollen anhand eines biologischen Wachstumsversuchs mit Pilzkulturen vorführen, wie ein Versuch von der Planung (siehe auch Abschnitt 6.6) bis zur Auswertung durchgeführt werden kann. Im Rahmen dieses Beispiels wollen wir außerdem die Durchführung des Tukey- und Dunnett-Tests mit Hilfe der Prozedur GLM demonstrieren.

Beispiel 6_2. Es soll untersucht werden, ob verschiedene künstliche Nährböden, auf denen Pilzkulturen einen gewissen Zeitraum gehalten werden, zu unterschiedlichen Endtrockengewichten führen oder nicht. Sowohl globale Unterschiede als auch paarweise Unterschiede zwischen den 'Behandlungen' (künstliche Nährböden) sollen - falls vorhanden - aufgedeckt werden. Diese Versuchsfragen werden mit Hilfe von Tests und der Angabe von Vertrauensintervallen (Niveau $\alpha = 0.01$) beantwortet.

Versuchsbedingungen. $k = 5$ verschiedene künstliche Nährböden kommen in Betracht, $N = 20$ Pilzkulturen *Rhizopus oryzae* (Versuchseinheiten) stehen zur Verfügung. Qelle: Thöni (1963).

6.2 Multiple Mittelwertsvergleiche

Randomisation. Das Versuchsmaterial weist keine Struktur auf. Es bietet sich deshalb an, das Versuchsmaterial in Gruppen zu je n = 4 Versuchseinheiten vermittels *vollständig zufälliger Zuteilung* auf die k = 5 verschiedenen Behandlungen zu verteilen, d.h. wir entscheiden uns für ein *Complete Randomized Design CRD* (siehe auch Abschnitt 6.6).

6.2.5.1 Vollständig zufällige Zuteilung mittels PROC PLAN

Wir wollen für unseren Versuch eine vollständig zufällige Zuteilung der N = 20 Versuchseinheiten (VE) in k = 5 Behandlungsgruppen zu je $n_i = 4$ VE durchführen. Die SAS-Prozedur PLAN ist im SAS/STAT User's Guide (1999), S. 2659-2690 beschrieben und ermöglicht die Erzeugung von CRDs, siehe auch 6.6.1.

Programm

```
TITLE 'CRD-Design für 5 Behandlungen zu je 4 VE';
PROC PLAN SEED = 5783091;    /* Startwert für Zufallsgenerator */
  FACTORS ve = 20;           /* 20-er Zufallspermutation wird erzeugt */
RUN;
```

Die vorgegebene Zahl in der SEED-Option soll eine beliebige 5-,6- oder 7-stellige ungerade Zahl sein. Diese sollte bei verschiedenen Versuchen natürlich nicht immer gleich gewählt werden! Das Kernstück des CRDs ist die Erzeugung einer Zufallspermutation der natürlichen Zahlen 1,2,3,...,N. Anschließend zerlegt man diese Zufallspermutation in die Behandlungsgruppen des gewünschten Stichprobenumfangs.

Output (gekürzt)

```
         CRD-Design für 5 Behandlungen zu je 4 VE
                   The PLAN Procedure
Factor   Select    Levels    Order

ve         20        20      Random
------------------------------------ve------------------------------------

 8  1  9  20  14  7  4  16  13  5  19  6  12  17  15  11  3  10  2  18
```

Der Behandlung 1 werden die VE 8,1,9,20 zugeordnet. So verfährt man weiter bis zur Behandlung 5, der die VE 3,10,2,18 zugeordnet werden.

6.2.5.2 Auswertung in SAS

Die Beobachtungen der Zielvariablen Trockengewicht (in mg) sammeln wir in einer SAS-Datei.

DATA step

```
DATA b6_2;                    /* Wachstumsversuch           */
  INPUT gruppe gewicht @@;    /* Klassifizierungsvariable gruppe */
  CARDS;                      /* Zielvariable gewicht       */
  1  1.25   1  1.61   1  1.79   1  1.98
  2  3.25   2  2.68   2  4.37   2  3.73
  3 11.07   3 19.12   3 13.81   3 16.79
  4 24.16   4 21.53   4 29.49   4 18.98
  5 28.32   5 31.72   5 25.51   5 40.91
RUN;
```

a) Graphische Darstellung – PROC step

```
GOPTIONS DEVICE = WIN KEYMAP = WINANSI;
PROC GPLOT DATA = b6_2;
  SYMBOL1 V = square C = green;
  PLOT gewicht*gruppe = 1;
RUN; QUIT;
```

Nach Ausführen dieses Programms erscheinen in einem kartesischen Koordinatensystem auf der Abszissenachse die Gruppennummern 1 bis 5 und jeweils darüber als Ordinaten die Beobachtungen in den einzelnen Gruppen. Es wird ersichtlich, daß mit größer werdenden Gruppenmittelwerten auch die Streuung innerhalb der Gruppen stark zunimmt. Dieser Sachverhalt ist bei Wachstumsversuchen häufig vorzufinden.

Mit Hilfe der SAS-Prozedur MEANS (siehe Abschnitt 2.2.1) kann man die Gruppenmittelwerte $\bar{y}_{i\cdot}$ (*Mean*) nach (6.1) und die empirischen Standardabweichungen s_i (*Std Dev*) nach (6.9) berechnen.

Gruppe	Mean	Std Dev
1	1.6575000	0.3108456
2	3.5075000	0.7175131
3	15.1975000	3.5063502
4	23.5400000	4.4952049
5	31.6150000	6.6966683

6.2 Multiple Mittelwertsvergleiche

Man erkennt aus diesen Daten eine - bei vielen Wachstumsversuchen typische - annähernde Proportionalität zwischen den Standardabweichungen (*Std Dev*) und den Gruppenmittelwerten (*Mean*).

Führt man (zur Demonstration) einen modifizierten Levene-Test zur Überprüfung der Nullhypothese $H_0: \sigma_1^2 = \sigma_2^2 = ... = \sigma_5^2$ nach (6.13) durch, erhält man als Überschreitungswahrscheinlichkeit $Pr>F$ einen Wert von 0.0785. Dieser Wert ist kleiner als das beim modifizierten Levene-Test übliche vorgegebene Niveau $\alpha = 0.10$, deshalb wird die Homoskedastizitätsannahme abgelehnt. Zu bemerken ist, daß bei Stichprobenumfängen $n_i = 4$ die Güte gering ist und die Robustheitseigenschaften des modifizierten Levene-Tests erst ab $n_i \geq 10$ gelten.

b) Transformation zur Varianzstabilisierung. Wir versuchen, durch eine *Transformation* der Zielvariablen *gewicht* die Gruppenvarianzen einander anzugleichen. Erfahrungsgemäß kann bei Versuchen vorliegender Art, bei denen die Standardabweichungen ungefähr proportional zu den Mittelwerten der Gruppen zunehmen, eine *logarithmische* Transformation zum gewünschten Ziel führen. Näheres zu Transformationen findet man bei Madansky (1988), Kapitel 5 und Thöni (1967).

DATA step

```
DATA b6_2_log;              /* Logarithmische Transformation */
  SET b6_2; log_gew = LOG(gewicht);
RUN;
```

Stellt man die Beobachtungen (*gruppe, log_gew*) der in diesem DATA step gebildeten Datei *b6_2_log* wie im letzten Programm mittels GPLOT graphisch dar, so wird daraus die Angleichung der empirischen Gruppenvarianzen ersichtlich.

Der modifizierte Levene-Test nach (6.13) (es gelten hierbei dieselben einschränkenden Bemerkungen wie oben), ergibt als Überschreitungswahrscheinlichkeit $Pr>F$ einen Wert von 0.9738, diese ist weitaus größer als das Niveau $\alpha = 0.10$.

Wir nehmen an, daß für die Zielvariable *log_gew* das statistische Modell (6.2) eine vernünftige Auswertungsbasis darstellt. Später, wenn wir mit Hilfe der OUTPUT-Anweisung der Prozedur GLM eine SAS-Datei mit den Residuen gebildet haben, prüfen wir die Normalverteilungsannahme der Residuen.

c) **Durchführung der Varianzanalyse – Programm**

```
PROC GLM DATA = b6_2_log;
  CLASS gruppe;
  MODEL log_gew = gruppe;                        /* Output 1 */
  MEANS gruppe;                                   /* Output 2 */
  MEANS gruppe/TUKEY ALPHA=0.01 CLDIFF NOSORT;   /*3*/
  MEANS gruppe/DUNNETT ('5') ALPHA = 0.01;       /* Output 4 */
  OUTPUT OUT = res RESIDUAL = r;
RUN; QUIT;
PROC UNIVARIATE DATA = res NORMAL;               /* Output 5 */
  VAR r;
RUN;
```

Output (gekürzt)

The GLM Procedure 1
Class Level Information

Class	Levels	Values
gruppe	5	1 2 3 4 5

Number of observations 20

Dependent Variable: log_gew

Source	DF	Sum of Squares	Mean Square	F Value	Pr > F
Model	4	26.07923460	6.51980865	151.47	<.0001
Error	15	0.64566314	0.04304421		
Corrected Total	19	26.72489774			

R-Square	Coeff Var	Root MSE	log_gew Mean
0.975840	9.418934	0.207471	2.202701

Source	DF	Type I SS	Mean Square	F Value	Pr > F
gruppe	4	26.0792346	6.51980865	151.47	<.0001

Source	DF	Type III SS	Mean Square	F Value	Pr > F
gruppe	4	26.0792346	6.51980865	151.47	<.0001

Hierbei erhält man zuerst eine Information über die Klassifizierungsvariable (*Class*) gruppe und deren Stufenzahl (*Levels*), den Werten (*Values*) der Stufen, sowie über die Gesamtzahl 20 der Beobachtungen. Dann wird angemerkt, daß die Zielgröße (*Dep. Var.*) log_gew heißt.

6.2 Multiple Mittelwertsvergleiche

Weiterhin erhält man in Tabellenform die Quadratsummenzerlegung (6.3) mit den Freiheitsgraden (DF), den Quadratsummen (SS), den Mittelquadraten (MS), dem F-Wert ($F\,Value$) 151.47. Da der Wert der Überschreitungswahrscheinlichkeit $Pr>F$ von ($<.0001$) kleiner als das vorgegebene Niveau $\alpha = 0.01$ ist, lautet die Entscheidung: Zwischen den 5 Behandlungsgruppen liegen signifikante Unterschiede bezüglich der Erwartungswerte auf dem Niveau $\alpha = 0.01$ vor.

Unter R-$Square$ entnehmen wir das Bestimmtheitsmaß mit einem Wert von 0.976, eine 'gute' Beschreibung der Daten durch Modell (6.2) liegt vor. Das heißt, daß die Streuung der Beobachtungswerte zum größten Teil auf die unterschiedlichen Erwartungswerte zurückzuführen ist. Die letzten 4 Zeilen des Output bringen erst bei mehrfaktoriellen Varianzanalysen weiterreichende Information.

		The GLM Procedure		2
Level of		-----------log_gew-----------		
gruppe	N	Mean	Std Dev	
1	4	0.49117255	0.19764149	
2	4	1.23891076	0.20762101	
3	4	2.70028752	0.23839550	
4	4	3.14539568	0.18715174	
5	4	3.43774018	0.20296359	

Die erste MEANS-Anweisung bewirkt in Teil 2 die Ausgabe der Gruppenmittelwerte ($Mean$) nach (6.1) samt deren - annähernd gleich großen - empirischen Standardabweichungen ($Std\,Dev$) nach (6.9).

Tukey-Test. Im folgenden Teil 3 des Output werden mit Hilfe der Optionen TUKEY CLDIFF und ALPHA = 0.01 der zweiten MEANS-Anweisung die 10 paarweisen Mittelwertsvergleiche in der Form simultaner Konfidenzintervalle dargestellt, bis auf die Vergleiche 3-4 und 4-5 sind alle anderen Vergleiche auf dem 0.01-Niveau signifikant. Durch die Option NOSORT werden die Differenzen analog der im DATA step angegebenen Reihenfolge von 1-2, 1-3,..., 2-1,..., 4-5 ausgegeben.

In der Zeile *Critical Value of Studentized Range* bedeutet der Wert 5.55578 das Quantil $q_{0.99,5,15}$ der studentisierten Spannweite nach (6.30). In der nächsten Zeile *Minimum Significant Difference* bedeutet der Wert 0.5763 die *Grenzdifferenz* des Tukey-Tests, die nach (6.30) gemäß $q_{0.99,5,15} \cdot \sqrt{0.043044/4} = 0.5763$ berechnet wird.

```
                    The GLM Procedure                        3
         Tukey's Studentized Range (HSD) Test for log_gew
  NOTE: This test controls the type I experimentwise error rate
           Alpha                                   0.01
           Error Degrees of Freedom                 15
           Error Mean Square                   0.043044
           Critical Value of Studentized Range  5.55578
           Minimum Significant Difference        0.5763
    Comparisons significant at the 0.01 level are indicated by ***.
```

gruppe Comparison	Difference Between Means	Simultaneous 99% Confidence Limit		
1 - 2	-0.7477	-1.3241	-0.1714	***
1 - 3	-2.2091	-2.7854	-1.6328	***
1 - 4	-2.6542	-3.2306	-2.0779	***
1 - 5	-2.9466	-3.5229	-2.3702	***
2 - 3	-1.4614	-2.0377	-0.8850	***
2 - 4	-1.9065	-2.4828	-1.3302	***
2 - 5	-2.1988	-2.7752	-1.6225	***
3 - 4	-0.4451	-1.0214	0.1312	
3 - 5	-0.7375	-1.3138	-0.1611	***
4 - 5	-0.2923	-0.8687	0.2840	

```
                 Dunnett's t tests for log_gew                4
   NOTE: This tests controls the type I experimentwise error for
         comparisons of all treatments against a control.
           Alpha                                   0.01
           Error Degrees of Freedom                 15
           Error Mean Square                   0.043044
           Critical Value of Dunnett's t        3.54708
           Minimum Significant Difference        0.5204
    Comparisons significant at the 0.01 level are indicated by ***.
```

gruppe Comparison	Difference Between Means	Simultaneous 99% Confidence Limits		
4 - 5	-0.2923	-0.8127	0.2280	
3 - 5	-0.7375	-1.2578	-0.2171	***
2 - 5	-2.1988	-2.7192	-1.6785	***
1 - 5	-2.9466	-3.4669	-2.4262	***

6.2 Multiple Mittelwertsvergleiche

Dunnett-Test. In Teil 4 des Output wird mit Hilfe der beiden Optionen DUNNETT ('5') und ALPHA = 0.01 der dritten MEANS-Anweisung ein Dunnett-Test zum Niveau $\alpha = 0.01$ nach (6.33) durchgeführt, wobei durch die Angabe ('5') die Gruppe 5 als Kontrollgruppe spezifiziert wird. Ohne diese Angabe wird standardmäßig die Gruppe 1 als Kontrollgruppe benutzt. Zu betonen ist, daß die Verwendung des Dunnett-Tests in dieser Fallstudie von der Sachlage her nicht gerechtfertigt ist. Wir wollten einfach diese Daten verwenden, um die Durchführung des Dunnett-Tests mit Hilfe der Prozedur GLM zu demonstrieren.

Test auf Normalverteilung der Residuen.

```
                  The UNIVARIATE Procedure              5
                         Variable: r
                            ...
                      Tests for Normality
   Test          --Statistic-         ----p Value------
   Shapiro Wilk   W  0.943404         Pr < W    0.2778
                            ...
```

Die Daten sind mit der Normalverteilungsannahme verträglich, da der für den Test entscheidende Wert von $Pr < W$ gleich 0.2778 ist. Dieser Wert ist größer als das beim Shapiro-Wilk Test übliche vorgegebene Niveau $\alpha = 0.10$, deshalb wird die Normalverteilungsannahme nicht abgelehnt. Man beachte die einschränkenden Bemerkungen aus 6.1.5.

6.2.6 Vergleich simultaner Testprozeduren

Wir haben in Abschnitt 6.2.3 fünf verschiedene simultane Tests zu paarweisen Vergleichen oder linearen Kontrasten betrachtet. Wir wollen in diesem Abschnitt Vor- und Nachteile dieser Tests gegeneinander abwägen und einen Ausblick auf sequentielle Testprozeduren geben.

6.2.6.1 Die Tests nach Bonferroni, Sidak, Scheffe, Tukey

In der Prozedur GLM werden mit Hilfe der Optionen BON, SIDAK, SCHEFFE und TUKEY der MEANS-Anweisung genau k(k-1)/2 (dabei ist k die Zahl der Faktorstufen) simultane paarweise Mittelwertsvergleiche durchgeführt. Lineare Kontraste werden mit Hilfe der Anweisungen ESTIMATE bzw. CONTRAST geschätzt oder getestet, siehe 6.2.4.

Vergleich Bonferroni-, Sidak-, Scheffe-Test. Der Sidak-Test ist stets *trennschärfer* als der Bonferroni-Test (das heißt er hat gleichmäßig höhere Güte), jedoch ist die Bonferroni-Korrektur leichter zu handhaben. Sind nur wenige Paarvergleiche oder lineare Kontraste zu prüfen, können beide Tests trennschärfer als der Scheffe-Test sein. Der Sidak-Test (vgl. (6.26)) ist trennschärfer als der Scheffe-Test, falls gilt:

$$t_{1-\gamma,\,N-k} < \sqrt{(k-1)\,F_{1-\alpha,\,k-1,N-k}}\ , \quad \gamma = \frac{\alpha_{sid}}{2}\ . \tag{6.35}$$

Da diese Ungleichung nicht von den Daten, sondern nur vom Niveau α, der Gruppenzahl k, dem Gesamtstichprobenumfang N und von der Zahl m der Paarvergleiche abhängt, ist es erlaubt, den trennschärferen Test auszuwählen und durchzuführen.

Vergleich Scheffe-, Tukey-Test. Der Tukey-Test ergibt im Falle gleicher Stichprobenumfänge bei paarweisen Vergleichen stets kürzere simultane Vertrauensintervalle als der Scheffe-Test und ist deswegen bei balancierten Daten vorzuziehen. Unter der Option TUKEY der Prozedur GLM wird aufgrund eines Vorschlags von Tukey und Kramer dieser Test auch bei *ungleichen* Stichprobenumfängen angewendet, siehe (6.30) und (6.31). Hayter (1984) hat den theoretischen Beweis erbracht, daß auch in diesem Falle das multiple Niveau α eingehalten wird. Die Tukey-Kramer Variante sollte jedoch nur in Verbindung mit der Option CLDIFF verwendet werden. Der Tukey-Test hat auch bei unbalancierten Daten gleichmäßig höhere Güte, ist also trennschärfer als der Scheffe-Test und deshalb diesem bei Paarvergleichen vorzuziehen.

6.2.6.2 Lineare Kontraste

Soll eine Menge von linearen Kontrasten der Form $C = \sum c_i \mu_i$ mit $\sum c_i = 0$ getestet werden, dann ist in der Regel der Scheffe-Test auch bei balancierten Daten die gegenüber dem Tukey-Test trennschärfere Testprozedur. Die Verallgemeinerung des Tukey-Tests auf lineare Kontraste der Form $C = \sum c_i \mu_i$ im Falle $n_i = n$ ergibt folgende simultanen Vertrauensintervalle zur multiplen Vertrauenswahrscheinlichkeit (1-α):

$$\hat{c} \mp q_{1-\alpha,k,k(n-1)} \cdot \frac{s}{\sqrt{n}} \left(\frac{1}{2} \sum_{i=1}^{k} |c_i|\right). \tag{6.36}$$

Gilt

$$\sqrt{(k-1)F_{1-\alpha,k-1,N-k} \cdot \sum c_i^2} < q_{1-\alpha,k,k(n-1)} \cdot \left(\frac{1}{2} \sum_{i=1}^{k} |c_i|\right),$$

dann ergibt die Scheffe-Methode die kürzeren Vertrauensintervalle.

6.2 Multiple Mittelwertsvergleiche

ESTIMATE-Anweisung. Eine direkte Durchführung des Scheffe-Tests für beliebige lineare Kontraste ist in der SAS-Prozedur GLM nicht möglich, jedoch erhält man mit Hilfe der ESTIMATE-Anweisung die Schätzung $\hat{c} = \Sigma c_i \bar{y}_{i\cdot}$ jedes beliebigen linearen Kontrasts und dessen Standardfehlers, siehe 6.2.4.2. Das $(1-\alpha)$-Quantil der F-Verteilung mit (df1, df2) Freiheitsgraden steht als SAS-Funktion FINV$(1-\alpha,$ df1, df2) zur Verfügung. Berechnet man noch $\sqrt{(k-1)F_{1-\alpha,k-1,N-k}}$, dann kann man den Scheffe-Test nach (6.29) selbst durchführen.

CONTRAST-Anweisung. Lineare Kontraste (zumeist werden bis zu k-1 linear unabhängige gewählt) können mit der CONTRAST-Anweisung simultan getestet werden, vgl. 6.2.4.2, 6.7.3.1 und 6.7.3.4.

Globaler F-Test und simultane Tests. Ergibt der globale F-Test aus (6.6) Signifikanz auf dem Niveau α, dann kann es ohne weiteres sein, daß alle besprochenen simultanen Tests keinen paarweisen Mittelwertsvergleich als signifikant auf dem multiplen Niveau α ausweisen.

Hat man globale Signifikanz, dann kann man nur sicher sein, daß auf jeden Fall irgendein linearer Kontrast C^* existiert, für den die Hypothese $H_0\colon C^* = c_1^* \mu_1 + \ldots + c_k^* \mu_k = 0$ aufgrund des Scheffe-Tests auf dem multiplen Niveau α abgelehnt wird.

Ergibt der globale F-Test jedoch keine Signifikanz, dann wird der Scheffe-Test keinen linearen Kontrast auf demselben α-Niveau als signifikant deklarieren. Globaler F-Test und Scheffe-Test sind also in diesem Sinne äquivalent.

Diese Verträglichkeit ist bei anderen multiplen Testverfahren *nicht* gewährleistet. Es ist also auch möglich, daß ein paarweiser Mittelwertsvergleich nach Tukey Signifikanz ergibt, obwohl der globale F-Test nicht zur Ablehnung führt, vgl. Beispiel 6_6 in 6.6.2.2.

6.2.6.3 Sequentielle Testprozeduren

Konservative Tests. Alle bisher aufgeführten Testverfahren (bis auf den Tukey-Test) sind konservativ in dem Sinne, daß sie das vorgegebene multiple Niveau α nicht voll ausschöpfen. Jedoch haben sie den Vorteil, daß mit ihnen nicht nur Signifikanztests durchgeführt, sondern auch simultane Vertrauensintervalle mit einer Vertrauenswahrscheinlichkeit von mindestens $(1-\alpha)$ angegeben werden können. Diese Darstellungsweise bringt mehr Information als Signifikanztests, wir verweisen hierzu insbesondere auf Gabriel (1978), Hsu (1996) und Thöni (1985).

Sequentielle Tests. Verzichtet man jedoch auf die Angabe von simultanen Vertrauensintervallen, dann können über sogenannte *sequentielle* Testprozeduren Signifikanztests mit höherer Güte als die bisher angesprochenen Tests angegeben werden, siehe Gabriel (1975) und Sonnemann (1982). Die aus der Literatur wohlbekannten sequentiellen Tests von *Duncan* und *Student-Newman-Keuls* halten das multiple Niveau α nicht ein und werden deshalb nicht empfohlen, siehe SAS/STAT User's Guide (1999), S. 1548-1550.

Durchführung (Step Down Procedure). Wir beschränken uns auf die Auswertung balancierter Daten. Am Beispiel von k = 4 Gruppen wollen wir das Vorgehen bei sequentiellen Testprozeduren erklären.

1. Schritt (p = 4): Zuerst werden die Gruppenmittelwerte der Größe nach geordnet. Es gilt dann $\bar{y}_{(1)} \leq \bar{y}_{(2)} \leq \bar{y}_{(3)} \leq \bar{y}_{(4)}$. Die Globalhypothese ist

$$H_0^{1234}: \mu_{(1)} = \mu_{(2)} = \mu_{(3)} = \mu_{(4)}.$$

Diese Hypothese wird auf dem Niveau γ_4 (siehe unten) geprüft. Falls H_0^{1234} nicht abgelehnt wird, bricht das Verfahren ab.

2. Schritt (p = 3): Falls H_0^{1234} abgelehnt wird, prüft man jeweils auf dem Niveau γ_3 $H_0^{123}: \mu_{(1)} = \mu_{(2)} = \mu_{(3)}$ und $H_0^{234}: \mu_{(2)} = \mu_{(3)} = \mu_{(4)}$, bestehend aus Untermengen von je drei Erwartungswerten. Wenn diese beiden Hypothesen nicht abgelehnt werden, bricht das Verfahren ab und als Resultat erhält man signifikante Unterschiede zwischen $\mu_{(1)}$ und $\mu_{(4)}$.

3. Schritt (p = 2): Nehmen wir nun dagegen an, daß die Hypothese H_0^{234} abgelehnt wird, jedoch H_0^{123} nicht. Dann werden noch die speziellen (Unter-) Hypothesen $H_0^{23}: \mu_{(2)} = \mu_{(3)}$ und $H_0^{34}: \mu_{(3)} = \mu_{(4)}$ auf dem Niveau γ_2 geprüft.

Werden die beiden letztgenannten Hypthesen nicht abgelehnt, erhält man als Endresultat signifikante Unterschiede zwischen $\mu_{(1)}$, $\mu_{(4)}$ und $\mu_{(2)}$, $\mu_{(4)}$. Ähnlich lassen sich andere Fälle durchspielen.

Das multiple Niveau α einer solchen sequentiellen Testprozedur ist eine Funktion der Testniveaus $\gamma_4, \gamma_3, \gamma_2$ auf den einzelnen Stufen p = 4,3,2. Die vorgeschlagenen Testprozeduren unterscheiden sich in der Wahl der γ_p auf den Stufen p = k, k-1,...,3, 2 und der verwendeten Teststatistiken.

Das vorgegebene multiple Testniveau α wird eingehalten, wenn man nach einem Vorschlag von Welsch (1977) das Testniveau γ_p auf der p-ten Stufe wie folgt wählt:

6.2 Multiple Mittelwertsvergleiche

Auf den Stufen p = k, k-1 $\quad: \gamma_p = \alpha$,

auf den Stufen p = k-2,...,3,2 $\quad: \gamma_p = 1-(1-\alpha)^{p/k}$.

Im Falle k = 4 wäre $\gamma_4 = \gamma_3 = \alpha$ sowie $\gamma_2 = 1 - \sqrt{1-\alpha}$ zu wählen. Die beiden folgenden Tests verwenden diese Testniveaus γ_p.

SAS-Option REGWQ. Die Abkürzung REGWQ geht auf *R*yan (1959, 1960), *E*inot, *G*abriel (1975), sowie *W*elsch (1977) zurück. Der Buchstabe Q deutet an, daß als Teststatistik eine Form der studentisierten Spannweite verwendet wird. Unter der Option REGWQ der MEANS-Anweisung der Prozedur GLM ist eine sequentielle Variante des Tukey-Tests (vgl. (6.30)) implementiert, die das multiple Niveau α einhält. Tests auf der p-ten Stufe werden nur durchgeführt, wenn auf der (p+1)-ten Stufe eine Hypothese abgelehnt worden ist.

Ablehnung von $H_0^{i,i+1,\ldots,i+p-1}$: $\mu_{(i)} = \mu_{(i+1)} = \cdots = \mu_{(i+p-1)}$, falls

$$|\bar{y}_{(i+p-1.)} - \bar{y}_{(i.)}| > q_{1-\gamma_p, p, k(n-1)} \cdot s\sqrt{\frac{1}{n}}$$

für $1 \leq i \leq k-p+1$, $2 \leq p \leq k$.

SAS-Option LSD. Eine weitere mit Hilfe der MEANS-Anweisung durchführbare sequentielle Testprozedur wird mittels der Option LSD angesprochen. Diese Methode der *protected least significant difference* wurde von Sir R. A. Fisher eingeführt und wird immer noch von vielen Anwendern verwendet.

Im Spezialfall von genau k=3 Gruppen hält die LSD-Methode das multiple Niveau α ein. Dieses Verfahren von Fisher beginnt (p = 3) mit dem F-Test der Hypothese H_0: $\mu_1 = \mu_2 = \mu_3$ zum Niveau $\gamma_3 = \alpha$ nach (6.6). Nur bei Ablehnung von H_0 werden dann anschließend drei t-Tests jeweils zum Niveau $\gamma_2 = \alpha$ nach (6.22) zur Prüfung von H_0^{12}: $\mu_1 = \mu_2$, H_0^{13}: $\mu_1 = \mu_3$, H_0^{23}: $\mu_2 = \mu_3$ durchgeführt.

Für den Fall $k \geq 4$ hält die LSD-Methode das multiple Niveau α nicht mehr ein, siehe Sonnemann (1982). Im Falle k=4 beginnt das Verfahren von Fisher (p = 4) mit dem F-Test der Hypothese H_0: $\mu_1 = \mu_2 = \mu_3 = \mu_4$ zum Niveau $\gamma_4 = \alpha$ nach (6.6). Bei Ablehnung von H_0 werden dann anschließend sechs t-Tests jeweils zum Niveau α nach (6.22) zur Prüfung von H_0^{12}: $\mu_1 = \mu_2$, H_0^{13}: $\mu_1 = \mu_3$, H_0^{14}: $\mu_1 = \mu_4$, H_0^{23}: $\mu_2 = \mu_3$, H_0^{24}: $\mu_2 = \mu_4$, H_0^{34}: $\mu_3 = \mu_4$ durchgeführt. Das multiple Niveau α wird hierbei nicht eingehalten, so daß wir diese Methode ab k=4 nicht empfehlen.

6.2.6.4 Zusammenfassung

Paarweise Vergleiche bei balancierten Daten. Sollen (alle) paarweisen Vergleiche in der Form simultaner Vertrauensintervalle durchgeführt werden, verwendet man den Tukey-Test, realisiert durch die Optionen TUKEY und CLDIFF der MEANS-Anweisung der Prozedur GLM. Beschränkt man sich auf reine Signifikanztests, kann bei balancierten Daten die in 6.2.6.3 erwähnte sequentielle Variante des Tukey-Tests unter der Option REGWQ verwendet werden.

Paarweise Vergleiche bei unbalancierten Daten. Sind die Daten unbalanciert, verwendet man den Tukey-Kramer-Test, realisiert durch die Optionen TUKEY und CLDIFF (nicht die Option LINES verwenden) der MEANS-Anweisung der Prozedur GLM. Die in 6.2.6.3 besprochene sequentielle Variante des Tukey-Tests (mit Hilfe der Option REGWQ) sollte jedoch nur bei balancierten Daten verwendet werden.

Prozedur MULTTEST. Neuere Entwicklungen des multiplen Testens unter Verwendung sog. Resampling-Methoden werden bei Westfall und Young (1993) beschrieben. Die Durchführung dieser Tests erfolgt mit Hilfe von PROC MULTTEST, siehe SAS/STAT User's Guide (1999).

Lineare Kontraste. In der Regel wird zum Testen linearer Kontraste der Scheffe-Test verwendet, bei *wenigen* linearen Kontrasten kann der Sidak-Test, bei *einfachen* (wenige Koeffizienten $c_i \neq 0$) linearen Kontrasten der Tukey-Test höhere Güte haben. Es empfiehlt sich zumeist, diese Tests in der Form simultaner Vertrauensintervalle durchzuführen. Mittels der ESTIMATE-Anweisung von GLM können lineare Kontraste formuliert und geschätzt, sowie deren Standardfehler ermittelt werden. Die direkte Durchführung des Scheffe-Tests für lineare Kontraste ist in der SAS-Prozedur GLM nicht möglich, dasselbe gilt für Tukey-Tests. Mit Hilfe der CONTRAST-Anweisung können jedoch lineare Kontraste (zumeist bis zu k-1 linear unabhängige) formuliert und simultan getestet werden, vgl. SAS/STAT User's Guide (1999), S.1483-1485.

6.3 Einfaktorielle Varianzanalyse – zufällige Effekte

In gewissen Fällen sind bei einem einfaktoriellen Versuch die Stufen des Einflußfaktors nicht systematisch und bewußt festgelegt oder vorgegeben, sondern zufällig ausgewählt. Wir wollen an einem typischen Beispiel aus der Züchtung diesen Sachverhalt veranschaulichen.

6.3 Einfaktorielle Varianzanalyse – zufällige Effekte

Beispiel 6_3. Quelle: Köhler et al. (1996), S. 173. Zur Schätzung der genetischen Variabilität von Hennen einer gewissen Rasse bezüglich der Zielvariablen Eigewicht werden aus einer Zuchtpopulation k Hennen zufällig ausgewählt und anschließend von der i-ten Henne die Gewichte (Zielvariable) von n_i Eiern bestimmt. Wir stellen uns vor, daß sich die totale Variabilität (Varianz) der Eigewichte zusammensetzt aus der genetischen Variabilität zwischen den Hennen und einer Variabilität, die auf 'zufällige' Schwankungen der Eigewichte zurückzuführen ist. Dieser Sachverhalt soll durch ein stochastisches Modell beschrieben werden.

Modell. Die in Modell (6.14) verwendeten fixen Effekte $\tau_1, \tau_2, ..., \tau_k$ müssen durch zufällige Effekte ersetzt werden. Wir modellieren diese zufälligen Effekte durch Zufallsvariablen $T_1, T_2, ..., T_k$.

Einfaktorielles Modell mit zufälligen Effekten (6.37)

$Y_{ij} = \mu + T_i + \varepsilon_{ij}$, $i = 1,2...,k$, $j = 1,2,...,n_i$, $N = \sum n_i$.

$\mu \in \mathbb{R}$: Allgemeinmittel,
T_i : unabhängig $N(0, \sigma_t^2)$-verteilte Zufallsvariablen,
ε_{ij} : unabhängig $N(0, \sigma_{ij}^2)$-verteilte Zufallsvariablen.

$\sigma_{ij}^2 = \sigma^2$ (Homoskedastizität).

Die im Modell auftretenden Zufallsvariablen T_i, ε_{ij} sind unabhängig für alle i,j.

Der (feste) unbekannte Modellparameter μ spielt in diesem Zusammenhang keine wesentliche Rolle. Unter unseren Modellvoraussetzungen gilt:

$\text{Var}(Y_{ij}) = \sigma_{total}^2 = \text{Var}(T_i) + \text{Var}(\varepsilon_{ij}) = \sigma_t^2 + \sigma^2$,

$\text{cov}(Y_{ij}, Y_{rt}) = 0$ für $i \neq r$, j und t beliebig,

$\text{cov}(Y_{ij}, Y_{rt}) = \sigma_t^2$ für $i = r$, $j \neq t$.

Aus der stochastischen Unabhängigkeit der Zufallsvariablen ε_{ij} folgt im allgemeinen nicht die Unabhängigkeit der Zufallsvariablen Y_{ij}. Die Zufallsvariablen Y_{ij} und Y_{it} ($j \neq t$) sind positiv korreliert.

Die wesentlichen unbekannten Modellparameter sind hier die sogenannten *Varianzkomponenten* σ_t^2 und σ^2, die man aus der obigen Aufspaltung der Totalvarianz bekommt.

Hypothesen. Hat der (genetische) Einflußfaktor keinen Einfluß auf die Zielvariable (Eigewicht), dann wird dies durch die Formulierung der Hypothese $H_0: \sigma_t^2 = 0$ wiedergegeben, die Alternative lautet $H_A: \sigma_t^2 > 0$.

F-Test. Auch zum Testen dieser Nullhypothese kann der in (6.6) vorgestellte globale F-Test verwendet werden, da die Zerlegung (6.3) auch hier gilt bis auf folgende Modifikation der erwarteten Mittelquadrate:

$$E(MS\_Model) = \sigma^2 + n^*\sigma_t^2, \quad n^* = \frac{1}{k-1}\left(N - \frac{\sum n_i^2}{N}\right) \quad (6.38)$$
$$E(MS\_Error) = \sigma^2$$

Im balancierten Fall $n_i = n$ gilt $n^* = n$.

Schätzen der Varianzkomponenten. In Modellen mit zufälligen Effekten sind vor allem die Schätzungen der Varianzkomponenten von Interesse, um einen Eindruck von der Varianz σ_t^2 'zwischen' und der Varianz σ^2 'innerhalb' der Faktorstufen zu erhalten.

Ersetzt man in (6.38) die erwarteten Mittelquadrate durch die beobachteten Mittelquadrate, dann erhält man aus dem linearen Gleichungssystem

$$MS\_Model = \hat{\sigma}^2 + n^*\hat{\sigma}_t^2$$
$$MSE = \hat{\sigma}^2$$

Schätzungen der Varianzkomponenten σ^2 und σ_t^2:

$$\hat{\sigma}^2 = s^2 = MSE, \quad \hat{\sigma}_t^2 = \frac{MS\_Model - MSE}{n^*}. \quad (6.39)$$

In unserem Beispiel ist die Kenntnis der geschätzten Varianzkomponente $\hat{\sigma}_t^2$ für einen Züchter von besonderer Bedeutung. Nur wenn genetische Unterschiede zwischen den Hennen vorhanden sind, ist es möglich, durch Selektion das mittlere Eigewicht pro Henne zu erhöhen.

Durchführung in SAS. Die Schätzungen der Varianzkomponenten kann man mit Hilfe der Prozedur VARCOMP, siehe SAS/STAT User's Guide (1999), S. 3621-3640 erhalten.

Programmschema

```
PROC VARCOMP DATA = ..... ;
 CLASS  gruppe ;
 MODEL  zielvar = gruppe ;
RUN;
```

6.4 Zweifaktorielle Varianzanalyse – Kreuzklassifikation

In den vorherigen Abschnitten haben wir Versuche betrachtet, bei denen die Wirkung der k Stufen *eines* Einfluß-Faktors auf eine Beobachtungsvariable untersucht wurde.

Nun wollen wir uns mit der Auswertung von Experimenten befassen, bei denen der gemeinsame Effekt von *zwei* Einflußfaktoren A und B, die beide auf mehreren Stufen variieren können, analysiert werden soll. Wird jede Stufe des Faktors A mit jeder Stufe des Faktors B kombiniert, dann sprechen wir von einem vollständigen *zweifaktoriellen kreuzklassifizierten* Versuch. Ein Vorteil dieser komplexeren Experimente liegt darin, daß neben den Auswirkungen der verschiedenen Stufen der beiden Faktoren (den sogenannten *Haupteffekten*) auch etwaige *Wechselwirkungen* (in Abschnitt 6.4.1 näher erläutert) zwischen den beiden Faktoren aufgedeckt werden können.

Sind die Versuche beziehungsweise Daten *balanciert*, d.h. liegen auf jeder Faktorkombination gleich viele Beobachtungen einer Zielvariablen vor, dann kann unter entsprechenden Voraussetzungen die statistische Analyse der Daten mit Hilfe einer sogenannten *zweifaktoriellen* Varianzanalyse ohne Schwierigkeiten erfolgen. Liegen jedoch auf verschiedenen Faktorkombinationen unterschiedlich viele Beobachtungen vor (*unbalancierte* Daten), dann muß in Kauf genommen werden, daß die statistische Auswertung erheblich komplizierter wird. In diesem Falle benötigt man tiefergehende statistische Kenntnisse, um die mit Hilfe der SAS-Prozedur GLM durchführbaren statistischen Analysen sinnvoll interpretieren zu können. Darauf gehen wir ausführlicher in 6.7 ein.

Wir beschränken uns sowohl in diesem Abschnitt 6.4 als auch in den beiden folgenden Abschnitten 6.5 und 6.6 auf die Auswertung von Versuchen mit balancierten Daten.

Auswertung balancierter Versuche. Die Analyse von Versuchen mit Hilfe einer zweifaktoriellen Varianzanalyse hängt darüberhinaus auch davon ab, ob die betrachteten Einflußfaktoren *fix* (siehe 6.4.1) oder *zufällig* (siehe 6.4.2) sind. Diese Unterscheidung ist für die Auswahl eines geeigneten Modells wesentlich, da zur Modellierung fixer Effekte (Zahlen-) Parameter, zur Modellierung zufälliger Effekte Zufallsvariable verwendet werden. Wir sprechen dann von einem Modell *mit fixen* bzw. *zufälligen* Effekten.

Auch ein *gemischtes* Modell (siehe Abschnitt 6.4.3), bei dem einer der beiden Faktor fix, der andere zufällig ist, kann zur Auswertung zweifaktorieller Versuche Verwendung finden.

Außerdem muß beachtet werden, welches Verhältnis die beiden Faktoren zueinander haben. Stehen sie (wie in diesem Abschnitt betrachtet) gleichberechtigt nebeneinander, spricht man von *kreuzklassifizierten* Faktoren. Ist hingegen der Faktor B dem Faktor A untergeordnet, dann spricht man von *hierarchisch* ineinandergeschachtelten Faktoren. Solche Modelle mit hierarchischen Faktoren betrachten wir in Abschnitt 6.5.

Inhaltlich besprechen wir in Abschnitt 6.4.4 noch den Spezialfall, daß bei einer Kreuzklassifikation nur eine Beobachtung pro Faktorkombination vorliegt. Ein Ausblick auf höherfaktorielle kreuzklassifizierte Anlagen schließt diesen Abschnitt 6.4 ab.

6.4.1 Zweifaktorielle Varianzanalyse, fixe Effekte

Wir wollen mit einem Beispiel für einen zweifaktoriellen Versuch beginnen, damit die einzuführenden allgemeinen Begriffe und Sprechweisen einen anschaulichen Hintergrund aufweisen.

Beispiel 6_4. In einem Fütterungsversuch soll die Abhängigkeit des Gewichtszuwachses von Ratten durch verschiedene Futtermischungen untersucht werden. Einem Basisfutter werden einerseits drei verschiedene Vitaminzusätze beigemengt, andererseits wird das Futter in zwei Darreichungsformen 'pelletiert' bzw. 'gemahlen' angeboten. Der Faktor A (Vitaminzusatz) nimmt hier $a = 3$, der Faktor B (Darreichungsform) hingegen $b = 2$ Stufen an. Es liegen zwei fixe Faktoren vor, da die jeweiligen Stufen vom Experimentator bewußt ausgewählt worden sind. Auf jeder der $6 = 3 \cdot 2$ möglichen Faktorkombinationen sollen jeweils $n = 2$ Beobachtungen der Zielvariablen Gewichtszuwachs ermittelt werden. Es liegt somit ein vollständig kreuzklassifizierter, zweifaktorieller, balancierter Versuch vor, bei dem $N = 12$ Versuchseinheiten (Ratten) benötigt werden. Diese werden vollständig zufällig auf die $a \cdot b = 6$ Faktorkombinationen in Gruppen zu je $n = 2$ Tieren verteilt.

Durch diesen Versuch sollen folgende Fragen beantwortet werden:

- Zeigen die verschiedenen Stufen der beiden Haupt-Faktoren A bzw. B (Vitaminzusatz bzw. Darreichungsform) global unterschiedliche Effekte bezüglich des Gewichtszuwachses ?

6.4 Zweifaktorielle Varianzanalyse – Kreuzklassifikation

– Gibt es Wechselwirkungen zwischen den beiden Faktoren?
  Wechselwirkungen liegen vor, wenn die Auswirkung der verschiedenen Stufen von A auf die Zielvariable auf der 1. Stufe von B eine andere ist als auf der 2. Stufe von B. Umgekehrt können ebenso die beiden Stufen von B auf jeder der drei Stufen von A unterschiedliche Effekte auf die Zielvariable haben.

– Zwischen welchen Stufen der Hauptwirkungen A und B liegen unterschiedliche Effekte vor ? (Durchführen paarweiser Vergleiche)

Wir stellen zunächst ein zur Auswertung unseres Versuches passendes Modell auf. Die Versuchsfragen beantworten wir dadurch, daß wir Hypothesen formulieren und diese mit Hilfe statistischer Tests prüfen.

6.4.1.1 Modell, F-Tests und paarweise Vergleiche

Wir erweitern das einfache Varianzanalysemodell auf zwei Faktoren. Die Faktoren A und B besitzen a (≥ 2) bzw. b (≥ 2) fest vorgegebene Stufen. Eine Faktorkombination ij (i-te Stufe von A, j-te Stufe von B) wird auch *Zelle* oder *Behandlung* genannt. In jeder Zelle sollen gleich viele, nämlich n(≥ 2) Beobachtungen der Zielvariablen ermittelt werden, wir sprechen dann von *balancierten* Daten.

Daten. Die Struktur der Beobachtungen erfassen wir durch die Notation

$$y_{ijk}, \quad i=1,2,\ldots,a, \; j=1,2,\ldots,b, \; k=1,2,\ldots,n, \; N=abn.$$

Dabei bedeutet y_{ijk} die k-te Beobachtung der Zielvariablen für die Faktorkombination ij.

Zweifaktorielles Modell mit fixen Effekten (6.40)

$Y_{ijk} = \mu_{ij} + \varepsilon_{ijk}$, $i=1,2\ldots,a, j=1,2,\ldots,b, k=1,2,\ldots,n.$

$\mu_{ij} \in \mathbb{R}$: Feste Parameter zur Modellierung der unbekannten
  Erwartungswerte der $a \cdot b$ Faktorkombinationen,

ε_{ijk} : unabhängige $N(0,\sigma_{ijk}^2)$-verteilte Fehlerzufallsvariablen
  mit $\sigma_{ijk}^2 = \sigma^2$ (Homoskedastizität), σ^2 unbekannt.

Überparametrisierung: $\mu_{ij} = \mu + \alpha_i + \beta_j + \gamma_{ij}$.

$\mu \in \mathbb{R}$: Allgemeinmittel,
$\alpha_i \in \mathbb{R}$: Effekt des (Haupt-) Faktors A auf Stufe i,
$\beta_j \in \mathbb{R}$: Effekt des (Haupt-) Faktors B auf Stufe j,
$\gamma_{ij} \in \mathbb{R}$: Wechselwirkungen zwischen der i-ten Stufe
  von A und der j-ten Stufe von B.

Bemerkungen. 1. Die Beobachtungen y_{ijk} fassen wir als Realisationen von unabhängigen $N(\mu_{ij}, \sigma^2)$-verteilten Zufallsvariablen Y_{ijk} auf.

2. Durch die Aufspaltung $\mu_{ij} = \mu + \alpha_i + \beta_j + \gamma_{ij}$ der $a \cdot b$ Erwartungswerte der Zellmittel wird eine *Überparametrisierung* des Modells bewirkt, jetzt sind nämlich $1+a+b+a \cdot b$ unbekannte Parameter (ohne die Restvarianz σ^2) im Modell vorhanden. Durch Einführen von $1+a+b$ Reparametrisierungsbedingungen (Restriktionen) lassen sich die Parameter eindeutig identifizieren und (in Abhängigkeit dieser Restriktionen) auch schätzen. Wir verwenden die *Summen-Restriktionen*

$$\sum_{i=1}^{a} \alpha_i = 0, \quad \sum_{j=1}^{b} \beta_j = 0, \quad \sum_{j=1}^{b} \gamma_{ij} = 0, i=1,...,a, \quad \sum_{i=1}^{a} \gamma_{ij} = 0, j=1,2,...,b-1. \quad (6.41)$$

Auch andere Restriktionen sind möglich. In der SAS-Prozedur GLM werden, falls man in der MODEL-Anweisung die Option SOLUTION verwendet, folgende Restriktionen benutzt.

$$\alpha_a = 0, \quad \beta_b = 0, \quad \gamma_{ib} = 0, i = 1,2,...,a, \quad \gamma_{aj} = 0, j = 1,2,...,b-1.$$

3. Eine andere Möglichkeit, der Überparametrisierung des Modells durch die Aufspaltung $\mu_{ij} = \mu + \alpha_i + \beta_j + \gamma_{ij}$ Rechnung zu tragen, besteht darin, nur sogenannte *schätzbare Funktionen* (siehe Abschnitt 6.7.3.1) der Modellparameter zu betrachten. Das bedeutet, daß die (unrestringierten) Modellparameter selbst nicht eindeutig schätzbar sind, sondern nur gewisse lineare Funktionen derselben. Diese Vorgehensweise wollen wir hier nicht näher verfolgen.

Hypothesen. Die im einleitenden Beispiel 6_4 angesprochenen Versuchsfragen bezüglich der Haupteffekte und der Wechselwirkungen werden durch Tests über Hypothesen der Modellparameter unter den Restriktionen (6.41) beantwortet.

$$H_{0\alpha}: \alpha_1 = \alpha_2 = ... = \alpha_a = 0, \quad H_{0\beta}: \beta_1 = \beta_2 = ... = \beta_b = 0,$$

$$H_{0\gamma}: \gamma_{ij} = 0 \text{ für alle } i,j.$$

Quadratsummenzerlegung. Die technische Durchführung dieser gerade angesprochenen Tests wird als *zweifaktorielle Varianzanalyse* bezeichnet. Die Totalquadratsumme SS_CTotal wird zerlegt in die Quadratsummen bezüglich Faktor A (SS_A), Faktor B (SS_B), Wechselwirkung (SS_A*B) und Fehler (SS_Error). In folgender Tabelle sind die Berechnungsformeln der Quadratsummen aufgeführt. Wir verwenden Bezeichnungen, wie sie auch im Output der SAS-Prozedur GLM auftreten.

6.4 Zweifaktorielle Varianzanalyse – Kreuzklassifikation

Quadratsummenzerlegung - Analysis of Variance (6.42)

Quelle / Source	Freiheitsgrade Degrees of Freedom (DF)	Quadratsummen Sum of Squares (SS)	Erwartete Mittelquadrate Expected Mean Squares E(MS)
A	$a-1$	$bn \sum_{i=1}^{a} (\bar{y}_{i..} - \bar{y}_{...})^2$	$\sigma^2 + \frac{nb}{a-1} \sum \alpha_i^2$
B	$b-1$	$an \sum_{j=1}^{b} (\bar{y}_{.j.} - \bar{y}_{...})^2$	$\sigma^2 + \frac{na}{b-1} \sum \beta_j^2$
A∗B	$(a-1)(b-1)$	$n \sum_{i=1}^{a} \sum_{j=1}^{b} (\bar{y}_{ij.} - \bar{y}_{i..} - \bar{y}_{.j.} + \bar{y}_{...})^2$	$\sigma^2 + \frac{n}{(a-1)(b-1)} \sum_i \sum_j \gamma_{ij}^2$
Error	$ab(n-1)$	$\sum_{i=1}^{a} \sum_{j=1}^{b} \sum_{k=1}^{n} (y_{ijk} - \bar{y}_{ij.})^2$	σ^2
CTotal	$abn-1$	$\sum_{i=1}^{a} \sum_{j=1}^{b} \sum_{k=1}^{n} (y_{ijk} - \bar{y}_{...})^2$	

Dividiert man die Quadratsummen (SS) durch die Freiheitsgrade DF, dann erhält man die entsprechenden Mittelquadrate (MS).

Bezeichnungen:

$\bar{y}_{...} = \frac{1}{N} \sum_{i=1}^{a} \sum_{j=1}^{b} \sum_{k=1}^{n} y_{ijk}$ arithmetisches Mittel aller Beobachtungen,

$\bar{y}_{i..} = \frac{1}{bn} \sum_{j=1}^{b} \sum_{k=1}^{n} y_{ijk}$ arithmetisches Mittel der i-ten Stufe von A,

$\bar{y}_{.j.} = \frac{1}{an} \sum_{i=1}^{a} \sum_{k=1}^{n} y_{ijk}$ arithmetisches Mittel der j-ten Stufe von B,

$\bar{y}_{ij.} = \frac{1}{n} \sum_{k=1}^{n} y_{ijk}$ arithmetisches Mittel der ij-ten Zelle.

Aus obiger Quadratsummenzerlegung entnimmt man eine erwartungstreue Schätzung der Modellvarianz σ^2, nämlich

$$s^2 = \text{MS\_Error} = \frac{1}{ab(n-1)} \sum_{i=1}^{a} \sum_{j=1}^{b} \sum_{k=1}^{n} (y_{ijk} - \bar{y}_{ij.})^2 \:. \quad (6.43)$$

F-Tests. Aus den erwarteten Mittelquadraten von (6.42) wird plausibel, daß man zur Prüfung von $H_{0\alpha}$, $H_{0\beta}$ und $H_{0\gamma}$ die folgenden, unter den jeweiligen Hypothesen (zentral) F-verteilten Teststatistiken, verwendet.

Die Zählerfreiheitsgrade sind a-1, b-1 bzw. (a-1)(b-1), der Nennerfreiheitsgrad ist stets ab(n-1), vgl. Neter et al. (1990), S. 707-709.

$$F_1 = \frac{MS\_A}{MS\_Error}, \quad F_2 = \frac{MS\_B}{MS\_Error}, \quad F_3 = \frac{MS\_A*B}{MS\_Error} \qquad (6.44)$$

Die Realisationen einer F-verteilten Zufallsvariablen F bezeichnen wir abweichend von der üblichen Notation nicht mit f, sondern in Einklang mit dem SAS-Output ebenfalls mit F. Damit erhält man folgende Entscheidungsvorschriften bei vorgegebenem Niveau α:

Ist $F_1 > F_{1-\alpha,\, a-1,\, ab(n-1)}$,   dann verwerfe $H_{0\alpha}$.   (6.45a)

Ist $F_2 > F_{1-\alpha,\, b-1,\, ab(n-1)}$,   dann verwerfe $H_{0\beta}$.   (6.45b)

Ist $F_3 > F_{1-\alpha,\, (a-1)(b-1),\, ab(n-1)}$,   dann verwerfe $H_{0\gamma}$.   (6.45c)

Paarweise Vergleiche. Da hier balancierte Daten vorliegen, können paarweise Vergleiche zwischen den Stufen der Hauptwirkungen A und B mit Hilfe des Tukey-Tests durchgeführt werden (siehe Abschnitt 6.2.3).

Ablehnung von $H_{0\alpha}^{rt}$: $\alpha_r - \alpha_t = 0$, $1 \leq r < t \leq a$,

wenn $|\bar{y}_{r..} - \bar{y}_{t..}| > q_{1-\alpha,\, a,\, ab(n-1)} \cdot \frac{s}{\sqrt{bn}}$.   (6.46)

Ablehnung von $H_{0\beta}^{uv}$: $\beta_u - \beta_v = 0$, $1 \leq u < v \leq b$,

wenn $|\bar{y}_{.u.} - \bar{y}_{.v.}| > q_{1-\alpha,\, b,\, ab(n-1)} \cdot \frac{s}{\sqrt{an}}$.

Bei signifikanten Wechselwirkungen kann die Betrachtung der Haupteffekte jeweils für sich allein zu irreführenden Interpretationen verleiten. Es kann in diesem Falle sinnvoller sein, Unterschiede $\alpha_r - \alpha_t$ nur bei gleicher j-Stufe von B zu betrachten, ebenso Unterschiede $\beta_u - \beta_v$ nur bei fester i-Stufe von A zu betrachten. Solche Vergleiche können über die ESTIMATE-Anweisung der SAS-Prozedur GLM formuliert und durchgeführt werden, siehe auch 6.6.3.

6.4.1.2 Durchführung in SAS – Beispiel 6_4

Wir wollen das eingangs erwähnte Beispiel 6_4 mit Hilfe der SAS-Prozeduren PROC PLAN und PROC GLM analysieren.

a) Vollständig zufällige Zuteilung. Es wird eine 12-er Zufallspermutation erzeugt und in 6 Paare zu je 2 Versuchseinheiten (VE) zerlegt, diese dann den Faktorkombinationen (1,1), (1,2),..., (3,2) zugeordnet.

6.4 Zweifaktorielle Varianzanalyse – Kreuzklassifikation

```
TITLE 'CRD-Design für 3*2 = 6 Behandlungen zu je 2 VE';
PROC PLAN  SEED = 1149527;
  FACTORS ve = 12;
RUN;
```

Output (gekürzt)

```
            CRD-Design für 3*2 = 6 Behandlungen zu je 2 VE
                       The PLAN Procedure
   Factor      Select     Levels    Order
   ve            12         12      Random

   -----------------------------------ve----------------------------------
      6    3   11   10    5    9    8   12    2    4    7    1
```

Der Zelle (1,1) werden die VE 6 und 3, der Zelle (1,2) die VE 11 und 10 zugewiesen. Der letzten Zelle (3,2) schließlich werden die VE 7 und 1 zugeordnet.

b) Analyse mittels GLM. In der SAS-Datei b6_4 werden die Klassifizierungsvariablen A und B im Gegensatz zu den sonst angewendeten Bezeichnungen ausnahmsweise durch Großbuchstaben gekennzeichnet, die Zielvariable *wird zu_gew* genannt.

Programm

```
DATA b6_4;                              /* Zweifaktorielles Modell, */
  INPUT A B  zu_gew @@;                 /* fixe Effekte             */
  CARDS;
  1 1  13    1 1  15    1 2  14    1 2  18
  2 1  15    2 1  21    2 2  27    2 2  29
  3 1  14    3 1  18    3 2  25    3 2  31
RUN;
PROC GLM DATA = b6_4;
  CLASS A B;
  MODEL zu_gew = A  B  A*B;                      /* Output 1-2 */
  MEANS A B;                                     /* Output 3   */
  MEANS A B / TUKEY CLDIFF NOSORT;               /* Output 4   */
RUN;
QUIT;
```

Wir unterstellen das Modell (6.40). Die Angabe der CLASS-Anweisung und der MODEL-Anweisung in PROC GLM in dieser Reihenfolge ist zwingend. Beachten Sie die Modellschreibweise:

Zielvariable = Faktor A   Faktor B   Wechselwirkung A∗B

Output (gekürzt)

```
                  The GLM Procedure                         1
                Class Level Information
                Class   Levels   Values
                  A       3      1 2 3
                  B       2      1 2
              Number of observations   12

Dependent Variable: zu_gew
                        Sum of       Mean
Source          DF      Squares      Square      F Value    Pr > F
Model            5      400.0000     80.0000      8.57      0.0105
Error            6       56.0000      9.3333
Corrected Total 11      456.0000

           R-Square    Coeff Var    Root MSE    zu_gew Mean
           0.877193    15.27525     3.055050    20.00000
```

In Teil 1 des Output kommt zuerst eine Information über die CLASS-Variablen A und B, deren Stufenzahlen 3 bzw. 2 und die Werte der Stufen sowie über die Gesamtzahl der Beobachtungen N = 12.

Anschließend wird eine vorläufige Zerlegung wie bei einer einfachen Varianzanalyse mit $3 \cdot 2 = 6$ Faktorenstufen vorgenommen. Wir entnehmen dem Output außerdem noch die Schätzung der Restvarianz s^2 = MSE = 9.333. Das aufgeführte Bestimmtheitsmaß *R-Square* von 0.8772 deutet auf eine zufriedenstellende Anpassung des Modells an die vorliegenden Daten hin.

```
                  The GLM Procedure                         2
Dependent Variable: zu_gew
Source       DF    Type I SS      Mean Square    F Value    Pr > F
A             2    152.00000       76.00000       8.14      0.0195
B             1    192.00000      192.00000      20.57      0.0040
A∗B           2     56.00000       28.00000       3.00      0.1250
```

6.4 Zweifaktorielle Varianzanalyse – Kreuzklassifikation

Teil 2 des Output enthält die weitergehende Aufspaltung der Quadratsumme SS_Model in SS_A, SS_B und SS_A*B samt den Mittelquadraten (MS), den beobachteten Werten ($F\, Value$) der F-verteilten Teststatistiken und deren Überschreitungswahrscheinlichkeiten nach (6.42) und (6.45 a, b, c). Die Type III-Zerlegung ist hier weggelassen worden, da sie bei balancierten Daten stets mit Type I identisch ist.

Die Wechselwirkung ist nichtsignifikant, da $Pr>F$ einen Wert von 0.125 aufweist und somit größer als $\alpha = 0.05$ ist. Die Hauptwirkungen A und B dagegen sind signifikant (auf dem Niveau $\alpha = 0.05$).

		The GLM Procedure		3
Level of		------------zu_gew-----------		
A	N	Mean	Std Dev	
1	4	15.0000000	2.16024690	
2	4	23.0000000	6.32455532	
3	4	22.0000000	7.52772653	
Level of		------------zu_gew-----------		
B	N	Mean	Std Dev	
1	6	16.0000000	2.96647939	
2	6	24.0000000	6.63324958	

Die erste MEANS-Anweisung bewirkt in Output 3 eine Liste der Mittelwerte ($Mean\ \bar{y}_{i\cdot\cdot}$, i = 1,2,3 bzw. $\bar{y}_{\cdot j\cdot}$, j = 1,2 gemäß (6.42)) und den empirischen Standardabweichungen ($Std\ Dev$), nach A und B getrennt.

Tukey's Studentized Range (HSD) Test for zu_gew				4a
NOTE: This test controls the type I experimentwise error rate.				
Alpha			0.05	
Error Degrees of Freedom			6	
Error Mean Square			9.33333	
Critical Value of Studentized Range			4.33902	
Minimum Significant Difference			6.628	
Comparisons significant at the 0.05 level are indicated by ***.				
A Comparison	Difference Between Means	Simultaneous 95% Confidence Limits		
1 - 2	-8.000	-14.628	-1.372	***
1 - 3	-7.000	-13.628	-0.372	***
2 - 3	1.000	-5.628	7.628	

			4b
Alpha		0.05	
...			
Critical Value of Studentized Range		3.46046	
Minimum Significant Difference		4.3159	
B Comparison	Difference Between Means	Simultaneous 95% Confidence Limits	
1 - 2	-8.000	-12.316 -3.684	***

In den Teilen 4a und 4b (gekürzt) des Output werden mit Hilfe der Optionen TUKEY, CLDIFF und NOSORT der zweiten MEANS-Anweisung Tukey-Tests für die Hauptwirkungen A und B in der Form von simultanen Vertrauensintervallen (siehe (6.31)) jeweils auf dem multiplen Niveau $\alpha = 0.05$ durchgeführt.

Bemerkung. Da der Faktor B nur 2 Stufen annimmt, ist der durchgeführte Tukey-Test unnötig, der in Output 2 aufgeführte F-Test ist zum Tukey-Test äquivalent. Auch alle anderen Tests über paarweise Mittelwertsvergleiche sind bei Stufenzahl 2 zueinander äquivalent.

6.4.2 Zweifaktorielle Varianzanalyse, zufällige Effekte

Wir wenden uns nun der Auswertung zweifaktorieller Versuche zu, bei denen beide Einflußfaktoren A und B *zufällige Faktoren* sind.

Beispiel. Aus einer großen Anzahl von Weizensorten (Faktor A) und Standorten (Faktor B) werden $a = 3$ Sorten bzw. $b = 2$ Orte zufällig ausgewählt. Jede Sorte wird an jedem Ort genau zweimal ($n = 2$) angebaut, die beobachtete Zielvariable sei der Ertrag. Wir merken an, daß bei zufälligen Faktoren in der Regel mehr als nur zwei Stufen ausgewählt werden. Der unterschiedliche Einfluß der verschiedenen Sorten und Orte auf die Zielvariable wird hier im Gegensatz zum Modell mit fixen Effekten nicht durch unterschiedliche Erwartungswerte, sondern durch unterschiedliche Realisationen von Zufallsvariablen modelliert. Daher spricht man von einem Modell mit zufälligen Effekten.

6.4.2.1 Modell und F-Tests

Die Effekte der Zufallsstufen der Faktoren A und B auf die Zielvariable werden nicht mehr durch unbekannte, feste Parameter $\alpha_i \in \mathbb{R}$ und $\beta_j \in \mathbb{R}$ modelliert, sondern selbst durch Zufallsvariable. Auf jeder Faktorkom-

6.4 Zweifaktorielle Varianzanalyse – Kreuzklassifikation

bination ij sollen gleich viele, nämlich n ≥ 2 Beobachtungen ermittelt werden.

Daten. Die Struktur der Beobachtungen der Zielvariablen erfassen wir wie in Abschnitt 6.4.1 durch die Notation

y_{ijk} , $i = 1,2,...,a$, $j = 1,2,...,b$, $k = 1,2,...,n$, $N = abn$.

Zweifaktorielles Modell mit zufälligen Effekten (6.47)

$Y_{ijk} = \mu + A_i + B_j + C_{ij} + \varepsilon_{ijk}$, $i = 1,2...,a$, $j = 1,2,...,b$, $k = 1,2,...,n$.

$\mu \in \mathbb{R}$: Allgemeinmittel,

A_i : unabhängig $N(0,\sigma_a^2)$-verteilte,

B_j : unabhängig $N(0,\sigma_b^2)$-verteilte,

C_{ij} : unabhängig $N(0,\sigma_c^2)$-verteilte,

ε_{ijk} : unabhängig $N(0,\sigma_{ijk}^2)$-verteilte Zufallsvariablen.

$\sigma_{ijk}^2 = \sigma^2$ (Homoskedastizität).

Die im Modell auftretenden Zufallsvariablen A_i, B_j, C_{ij}, ε_{ijk} sind unabhängig für alle i, j, k.

Bemerkungen. 1. Zu beachten ist, daß bei Modellen mit zufälligen Effekten aus der stochastischen Unabhängigkeit der Zufallsvariablen ε_{ijk} in der Regel nicht notwendig die Unabhängigkeit der Zufallsvariablen Y_{ijk} folgt, vgl. Bemerkung zu (6.37).

2. Wechselwirkungen liegen vor, falls die Auswirkung der i-ten Stufe von A auf verschiedenen Stufen von B nicht mehr dieselbe ist. Da wir in jeder Zelle n ≥ 2 Beobachtungen haben, kann eine zufällige Wechselwirkung zwischen A und B in das Modell aufgenommen werden.

3. Die Zufallsvariablen A_i, B_j sowie C_{ij} modellieren die zufälligen Effekte der verschiedenen Stufen der Hauptfaktoren A und B sowie der Wechselwirkungen zwischen A und B.

4. Die wesentlichen unbekannten Modellparameter sind hier σ_a^2, σ_b^2, σ_c^2 und σ^2. Diese Parameter heißen Varianzkomponenten, da für die Total - Varianz der Zufallsvariablen Y_{ijk} gilt:

$\text{Var}(Y_{ijk}) = \sigma_a^2 + \sigma_b^2 + \sigma_c^2 + \sigma^2$.

Hypothesen. Die Fragen, ob die zufälligen Effekte einen signifikanten Einfluß auf die Zielvariable haben, beantworten wir durch statistische Tests der Hypothesen

$$H_{0a}: \sigma_a^2 = 0, \quad H_{0b}: \sigma_b^2 = 0, \quad H_{0c}: \sigma_c^2 = 0.$$

Quadratsummenzerlegung und F-Tests. Auch diese Hypothesen können analog zu 6.4.1 mittels geeigneter F-Tests geprüft werden, jedoch mit folgender Modifikation: Bei den F-Prüfgrößen zum Testen von H_{0a} und H_{0b} muß im Nenner anstelle von MS_Error das Mittelquadrat MS_A*B verwendet werden. Diese Modifikation wird plausibel, wenn man sich die unten stehenden erwarteten Mittelquadrate anschaut. Die Quadratsummenzerlegung nach (6.42) gilt auch hier, jedoch ergeben sich für die erwarteten Mittelquadrate E(MS) folgende Werte:

$$
\begin{aligned}
E(MS\_A) &= \sigma^2 + n \cdot \sigma_c^2 + nb \cdot \sigma_a^2 \\
E(MS\_B) &= \sigma^2 + n \cdot \sigma_c^2 + na \cdot \sigma_b^2 \\
E(MS\_A*B) &= \sigma^2 + n \cdot \sigma_c^2 \\
E(MS\_Error) &= \sigma^2
\end{aligned}
\qquad (6.48)
$$

Die zum Testen obiger Hypothesen verwendeten Teststatistiken sind:

$$F_1 = \frac{MS\_A}{MS\_A*B}, \quad F_2 = \frac{MS\_B}{MS\_A*B}, \quad F_3 = \frac{MS\_A*B}{MS\_Error}. \qquad (6.49)$$

Diese folgen unter den entsprechenden Nullhypothesen jeweils einer zentralen F-Verteilung mit den aus (6.42) ersichtlichen Freiheitsgraden, vgl. Neter et al. (1990), S. 800-807.

6.4.2.2 Durchführung in SAS

Würde man die beiden Faktoren A und B im Beispiel 6_4, wie eingangs erwähnt, als zufällige 'Sorten-' bzw. 'Standort-' Faktoren interpretieren, so könnte man die Auswertung der Daten des Beispiels 6_4 (zu Demonstrationszwecken) folgendermaßen durchführen:

Programm

```
PROC GLM DATA = b6_4;              /* Zweifaktorielles Modell, */
   CLASS A B;                      /* zufällige Effekte        */
   MODEL zu_gew = A B A*B;
   RANDOM A B A*B/ TEST;           /* Korrekte F-Tests, Output 3, 4*/
RUN; QUIT;
```

6.4 Zweifaktorielle Varianzanalyse – Kreuzklassifikation

Führt man obiges Programm aus, dann erhält man als erstes denselben (hier nicht aufgeführten) Output 1 und 2 wie beim Modell mit fixen Effekten (vgl. 6.4.1.2) mit den 'unkorrekten' F-Tests nach (6.45 a, b, c) anstelle der korrekten F-Tests nach (6.49).

Die RANDOM-Anweisung mit der Option TEST bewirkt die Ausgabe der erwarteten Mittelquadrate E(MS) nach (6.48) und der korrekten F-Tests für die Nullhypothesen H_{0a}, H_{0b}, H_{0c} nach (6.49), wie aus den folgenden Teilen 3 und 4 des Output zu entnehmen ist.

Output (zusätzlich)

	The GLM Procedure	3
Source	Type III Expected Mean Square	
A	Var(Error) + 2 Var(A*B) + 4 Var(A)	
B	Var(Error) + 2 Var(A*B) + 6 Var(B)	
A*B	Var(Error) + 2 Var(A*B)	

In Teil 3 werden standardmäßig die erwarteten Mittelquadrate Type III aufgelistet. Bei balancierten Daten sind die in der Prozedur GLM prinzipiell verfügbaren Typen I, II, III und IV stets identisch und führen alle auf die Resultate gemäß (6.48). Dies gilt auch für die vier Typen von Quadratsummenzerlegungen. Erst bei der Auswertung unbalancierter Daten (siehe Abschnitt 6.7) muß zwischen den vier verschiedenen Typen differenziert werden.

		The GLM Procedure			4
Tests of Hypotheses for Random Model Analysis of Variance					
Dependent Variable: zu_gew					
Source	DF	Type III SS	Mean Square	F Value	Pr > F
A	2	152.00000	76.00000	2.71	0.2692
B	1	192.00000	192.00000	6.86	0.1201
Error:MS(A*B)	2	56.00000	28.00000		
Source	DF	Type III SS	Mean Square	F Value	Pr > F
A*B	2	56.00000	28.00000	3.00	0.1250
Error:MS(Error)	6	56.00000	9.33333		

Werden die Hauptfaktoren A und B als zufällig interpretiert, dann erhalten wir nichtsignifikante Hauptwirkungseffekte ($\alpha = 0.05$) im Gegensatz zu den Resultaten beim fixen Modell aus Abschnitt 6.4.1.2. Beide Überschreitungswahrscheinlichkeiten $Pr>F$, nämlich 0.2692 (zu H_{0a}) und 0.1201 (zu H_{0b}) sind größer als $\alpha = 0.05$. Der Test auf signifikante Wechselwirkungen ist beim Modell mit fixen und beim Modell mit zufälligen Effekten derselbe, es liegen keine signifikanten Wechselwirkungen auf dem Niveau $\alpha = 0.05$ vor.

Bemerkung. Wie sind die unterschiedlichen Testentscheidungen bei fixem bzw. zufälligem Modell zu erklären? Eine signifikant von Null verschiedene Varianzkomponente (z.B.) σ_a^2 wird dahingehend interpretiert, daß bei einem Testniveau α eine signifikante Auswirkung von 'zufällig' herausgegriffenen Faktorstufen von A auf die Zielvariable vorliegt. Verwirft man dagegen auf einem Niveau α die Hypothese $H_{0\alpha}$ über fixe Effekte, heißt das, daß eine signifikante Auswirkung von fest vorgegebenen Faktorstufen von A auf die Zielvariable vorliegt. Bereits bei der Planung von Versuchen ist festzulegen, welche Einflußfaktoren fixe Stufen und welche Faktoren zufällig herausgegriffene Stufen besitzen. Es sind Situationen denkbar, bei denen die Einteilung in fixe und zufällige Faktoren nicht in eindeutiger Weise vorgenommen werden kann, sondern dies eine Frage der Interpretation ist.

6.4.3 Zweifaktorielles gemischtes Modell

Wir haben in 6.4.1 und 6.4.2 Modelle betrachtet, bei denen die Faktoren A und B entweder beide fix oder beide zufällig waren. Nun behandeln wir den Fall, daß A ein fixer, B ein zufälliger Faktor ist. Dann sprechen wir von einem gemischten Modell.

Beispiel. Der Faktor A besteht aus $a = 3$ bewußt ausgewählten Sorten (feste Faktorstufen). Aus einer großen Anzahl von Standorten (Faktor B) werden $b = 2$ Orte zufällig ausgewählt. An jedem Ort wird jede Sorte zweimal ($n = 2$) angebaut, die beobachtete Zielvariable sei der Ertrag. Die Faktor Sorte ist somit ein fixer, der Fakror Standort ein zufälliger Faktor.

6.4.3.1 Gemischtes Modell und F-Tests

Daten. Es bezeichnet y_{ijk} die k-te Beobachtung der Zielvariablen für die Faktorkombination ij:

$$y_{ijk}, \quad i = 1,2,...,a, \quad j = 1,2,...,b, \quad k = 1,2,...,n \ (\geq 2), \quad N = abn.$$

6.4 Zweifaktorielle Varianzanalyse – Kreuzklassifikation

> **Zweifaktorielles gemischtes Modell** (6.50)
>
> $Y_{ijk} = \mu + \alpha_i + B_j + C_{ij} + \varepsilon_{ijk}$, $i = 1,2...,a$, $j = 1,2,...,b$, $k = 1,2,...,n$
>
> $\mu \in \mathbb{R}$: Allgemeinmittel,
>
> $\alpha_i \in \mathbb{R}$: Effekt des fixen Haupt-Faktors A auf Stufe i,
>
> B_j : unabhängig $N(0,\sigma_b^2)$-verteilte,
>
> C_{ij} : unabhängig $N(0,\sigma_c^2)$-verteilte,
>
> ε_{ijk} : unabhängig $N(0,\sigma_{ijk}^2)$-verteilte Zufallsvariablen, $\sigma_{ijk}^2 = \sigma^2$ (Homoskedastizität).
>
> Die Zufallsvariablen B_j, C_{ij}, ε_{ijk} sind unabhängig für alle i, j, k.

Bemerkungen. 1. Die Zufallsvariablen B_j sowie C_{ij} modellieren die zufälligen Effekte der verschiedenen Stufen des Hauptfaktors B sowie der Wechselwirkung zwischen A und B. Eine Wechselwirkung zwischen einem fixen und einem zufälligen Effekt wird stets als zufälliger Effekt angesehen.

2. Da in jeder Zelle $n \geq 2$ Beobachtungen vorliegen, kann hier eine zufällige Wechselwirkung zwischen A und B in das Modell aufgenommen werden. Diese nimmt man deshalb auf, weil die Auswirkung der r-ten Stufe von A auf die verschiedenen zufälligen Stufen von B möglicherweise eine andere ist als auf der t-ten Stufe von A ($t \neq r$).

3. Für die Effekte α_i verwenden wir die Summenrestriktion $\sum_{i=1}^{a} \alpha_i = 0$.

Hypothesen. Folgende Hypothesen sollen getestet werden:

$$H_{0\alpha}: \alpha_1 = \alpha_2 = ... = \alpha_a = 0, \quad H_{0b}: \sigma_b^2 = 0, \quad H_{0c}: \sigma_c^2 = 0.$$

Hier treten zum ersten Mal tieferliegende Probleme über das Testen von Hypothesen auf. Es gibt zwei verschiedene Auswertungsmöglichkeiten, je nachdem, ob an die Zufallsvariablen C_{ij} Restriktionen gestellt werden oder nicht! Eine ausführliche Diskussion dieser beiden alternativen Modelle findet man bei Searle (1971), S. 400-404. Wir verwenden hier das Modell ohne Restriktionen an die Wechselwirkungen C_{ij}. Falls man Summenrestriktionen an die Wechselwirkungen C_{ij} stellen würde, dann müsste man bei dem F-Test zur Prüfung der Nullhypothese $H_{0b}: \sigma_b^2 = 0$ im Nenner der entsprechenden F-Statistik nicht das Mittelquadrat MS_A*B, sondern das Mittelquadrat MS_Error verwenden.

Quadratsummenzerlegung und F-Tests. Auch hier wird dieselbe Quadratsummenzerlegung (6.42) wie bei den Modellen (6.40) und (6.47) verwendet. Die erwarteten Mittelquadrate lauten jedoch:

$$\begin{aligned} E(MS\_A) &= \sigma^2 + n \cdot \sigma_c^2 + \frac{nb}{a-1} \sum_{i=1}^{a} \alpha_i^2 \\ E(MS\_B) &= \sigma^2 + n \cdot \sigma_c^2 + na \cdot \sigma_b^2 \\ E(MS\_A*B) &= \sigma^2 + n \cdot \sigma_c^2 \\ E(MS\_Error) &= \sigma^2 \end{aligned} \qquad (6.51)$$

Nach dieser Struktur der erwarteten Mittelquadrate wird bei den F-Teststatistiken zur Prüfung von $H_{0\alpha}$ und H_{0b} im Nenner in beiden Fällen das Mittelquadrat MS_A*B verwendet, vgl. (6.49).

6.4.3.2 Durchführung in SAS

Interpretiert man die beiden Faktoren A und B im Beispiel 6_4 wie eingangs erwähnt zur Demonstration als fixen 'Sorten-' bzw. als zufälligen 'Standort-' Faktor, ergibt sich folgende Auswertung:

Programm

```
PROC GLM DATA = b6_4;              /* Gemischtes Modell */
  CLASS A B;
  MODEL zu_gew = A B A*B;
  RANDOM B A*B / TEST;             /* Korrekte F-Tests */
RUN; QUIT;
```

In der RANDOM-Anweisung werden die zufälligen Faktoren B und A*B aufgeführt, die Option TEST bewirkt die Durchführung der F-Tests gemäß der Struktur der erwarteten Mittelquadrate E(MS) aus (6.51). Der durch das Programm erzeugte Output stimmt im wesentlichen mit demjenigen aus Abschnitt 6.4.2.2 überein. Wir führen hier nur die Struktur der erwarteten Mittelquadrate E(MS) auf:

Output (gekürzt)

Source	Type III Expected Mean Square
A	Var(Error) + 2 Var(A*B) + Q(a)
B	Var(Error) + 2 Var(A*B) + 6 Var(B)
A*B	Var(Error) + 2 Var(A*B)

6.4.4 Eine Beobachtung pro Zelle

Es soll hier die Auswertung eines vollständig kreuzklassifizierten, zweifaktoriellen, balancierten Versuchs, jedoch mit nur *einer* Beobachtung auf jeder Faktorkombination, besprochen werden.

Beispiel. Wir modifizieren das zu Beginn des Abschnitts 6.4.1 erwähnte Beispiel 6_4 wie folgt: In einem Fütterungsversuch soll die Abhängigkeit des Gewichtszuwachses von Ratten durch verschiedene Futtermischungen untersucht werden. Einem Basisfutter werden einerseits 3 verschiedene Vitaminzusätze beigemengt, andererseits wird das Futter in 2 Darreichungsformen angeboten. Der fixe Faktor A nimmt hier a = 3, der fixe Faktor B hingegen b = 2 Stufen an. Wir haben jedoch auf jeder der 6 = 3·2 möglichen Faktorkombinationen nur genau eine (n = 1) Beobachtung der Zielvariablen Gewichtszuwachs.

Durch den Versuch sollen folgende Fragen beantwortet werden: Zeigen die verschiedenen Stufen der beiden Faktoren A bzw. B unterschiedliche Effekte bezüglich des Gewichtszuwachses ?

Im Gegensatz zu Versuchen mit $n \geq 2$ Beobachtungen je Zelle können Wechselwirkungen zwischen den beiden Faktoren hier nicht ohne weiteres untersucht werden. Verwendet man das Modell (6.40) mit der Quadratsummenzerlegung (6.42), dann ist nach (6.43) keine Schätzung der Restvarianz σ^2 möglich, da für n = 1 gilt:

$$SS\_Error = \sum_{i=1}^{a} \sum_{j=1}^{b} \sum_{k=1}^{n} (y_{ijk} - \bar{y}_{ij.})^2 = 0.$$

Aus (6.42) entnehmen wir das erwartete Mittelquadrat

$$E(MS\_A*B) = \sigma^2 + \frac{n}{(a-1)(b-1)} \sum \sum \gamma_{ij}^2 .$$

Das Mittelquadrat MS_A*B kann man im Falle n = 1 als erwartungstreue Schätzung für σ^2 verwenden, falls alle Wechselwirkungen $\gamma_{ij} = 0$ sind. Gibt es Wechselwirkungen $\gamma_{ij} \neq 0$, dann sind gemäß obiger Formel Modellvarianz und (quadrierte) Wechselwirkungseffekte miteinander vermengt.

Bemerkung. Es besteht die Möglichkeit, einer Idee von Tukey folgend, auch im Falle n = 1 Wechselwirkungen der speziellen mulipliktativen Form $\gamma_{ij} = D \cdot \alpha_i \cdot \beta_j$ in das Modell aufzunehmen und zu testen, siehe Neter et al. (1990), S. 790-792 und Milliken und Johnson (1989), S. 7-12. Wir wollen diese Vorgehensweise hier nicht weiter verfolgen.

6.4.4.1 Modell und F-Tests

Daten. In jeder Zelle wird nur eine Beobachtung der Zielvariablen ermittelt. Die Struktur der Beobachtungen erfassen wir durch die Notation

$$y_{ij}, \quad i = 1,2,...,a, \ j = 1,2,...,b, \ N = ab.$$

Dabei bezeichnet y_{ij} die Beobachtung der Zielvariablen für die Faktorkombination ij.

Zweifaktorielles Modell mit fixen Effekten, n = 1 (6.52)

$Y_{ij} = \mu_{ij} + \varepsilon_{ij}, \quad i = 1,2...,a, \ j = 1,2,...,b.$

$\mu_{ij} \in \mathbb{R}$: Feste Parameter zur Modellierung der unbekannten
  Erwartungswerte der $a \cdot b$ Faktorkombinationen,
ε_{ij} : unabhängige $N(0,\sigma_{ij}^2)$-verteilte Fehlerzufallsvariablen
  mit $\sigma_{ij}^2 = \sigma^2$ (Homoskedastizität), σ^2 unbekannt.

Überparametrisierung: $\mu_{ij} = \mu + \alpha_i + \beta_j$.
$\mu \in \mathbb{R}$: Allgemeinmittel,
$\alpha_i \in \mathbb{R}$: Effekt des (Haupt-) Faktors A auf Stufe i,
$\beta_j \in \mathbb{R}$: Effekt des (Haupt-) Faktors B auf Stufe j.

In diesem Modell gehen wir von einer rein additiven Wirkung der beiden Faktoren aus. Die Auswirkung der i-ten Stufe von A auf μ_{ij} ist für alle Stufen von B dieselbe, dasselbe gilt für den Faktor B. Es werden die folgenden Summenrestriktionen verwendet:

$$\sum_{i=1}^{a} \alpha_i = 0, \quad \sum_{j=1}^{b} \beta_j = 0.$$

In der SAS-Prozedur GLM werden jedoch bei Verwendung der Option SOLUTION die Restriktionen $\alpha_a = 0$ und $\beta_b = 0$ benutzt.

Hypothesen. Es soll geprüft werden, ob zwischen den Stufen der beiden Faktoren A und B signifikante Unterschiede bestehen. Zu diesem Zweck formulieren wir folgende Nullhypothesen, wobei wir eine der oben genannten Restriktionen unterstellen.

$$H_{0\alpha}: \alpha_1 = \alpha_2 = ... = \alpha_a = 0, \quad H_{0\beta}: \beta_1 = \beta_2 = ... = \beta_b = 0.$$

Quadratsummenzerlegung. In folgender Tabelle wird die Totalquadratsumme SS_CTotal in zwei Modellquadratsummen SS_A und SS_B sowie einer Fehlerquadratsumme SS_Error aufgespalten. Diese drei Summen sind untereinander stochastisch unabhängig.

6.4 Zweifaktorielle Varianzanalyse – Kreuzklassifikation

Quadratsummenzerlegung - Analysis of Variance			(6.53)
Quelle Source	Freiheitsgrade Degrees of Freedom(DF)	Quadratsummen Sum of Squares (SS)	Erwartete Mittelquadrate Expected Mean Squares E(MS)
A	a−1	$b\sum_{i=1}^{a}(\bar{y}_{i.}-\bar{y}_{..})^2$	$\sigma^2 + \frac{b}{a-1}\sum \alpha_i^2$
B	b−1	$a\sum_{j=1}^{b}(\bar{y}_{.j}-\bar{y}_{..})^2$	$\sigma^2 + \frac{a}{b-1}\sum \beta_j^2$
Error	(a−1)(b−1)	$\sum_{i=1}^{a}\sum_{j=1}^{b}(y_{ij}-\bar{y}_{i.}-\bar{y}_{.j}+\bar{y}_{..})^2$	σ^2
CTotal	ab−1	$\sum_{i=1}^{a}\sum_{j=1}^{b}(y_{ij}-\bar{y}_{..})^2$	

Dividiert man die Quadratsummen (SS) durch die Freiheitsgrade DF, dann erhält man die entsprechenden Mittelquadrate (MS).

Bezeichnungen:

$\bar{y}_{..} = \frac{1}{ab}\sum_{i=1}^{a}\sum_{j=1}^{b} y_{ij}$ arithmetisches Mittel aller Beobachtungen,

$\bar{y}_{i.} = \frac{1}{b}\sum_{j=1}^{b} y_{ij}$ arithmetisches Mittel der i-ten Stufe von A,

$\bar{y}_{.j} = \frac{1}{a}\sum_{i=1}^{a} y_{ij}$ arithmetisches Mittel der j-ten Stufe von B.

Wir entnehmen der Tabelle (6.53) E(MS_Error) = σ^2. Somit erhält man eine erwartungstreue Schätzung für die Modellvarianz σ^2:

$$s^2 = \text{MS\_Error} = \frac{1}{(a-1)(b-1)} \sum_{i=1}^{a}\sum_{j=1}^{b}(y_{ij}-\bar{y}_{i.}-\bar{y}_{.j}+\bar{y}_{..})^2 \quad (6.54)$$

F-Tests. Unter den Hypothesen $H_{0\alpha}$ und $H_{0\beta}$ sind die Teststatistiken

$$F_1 = \frac{\text{MS\_A}}{\text{MS\_Error}}, \quad F_2 = \frac{\text{MS\_B}}{\text{MS\_Error}} \quad (6.55)$$

Realisationen von zentral F-verteilten Zufallsvariablen mit Zählerfreiheitsgraden a-1 bzw. b-1 und Nennerfreiheitsgrad (a-1)(b-1). Daß man bei 'großen' F-Werten die Nullhypothesen ablehnt, ist aus den erwarteten Mittelquadraten (6.53) ersichtlich.

Die Entscheidungsvorschriften lauten:

Ist $F_1 > F_{1-\alpha,\,a-1,\,(a-1)(b-1)}$, dann verwerfe $H_{0\alpha}$. (6.56a)

Ist $F_2 > F_{1-\alpha,\,b-1,\,(a-1)(b-1)}$, dann verwerfe $H_{0\beta}$. (6.56b)

6.4.4.2 Durchführung in SAS

Programm

```
DATA b6_4_mod;                    /* Eine Beobachtung pro Zelle */
  INPUT  A  B  zu_gew @@;
  CARDS;
  1 1 13    1 2 14    2 1 15    2 2 27    3 1 14    3 2 25
RUN;
PROC GLM DATA = b6_4_mod;
  CLASS A B;
  MODEL zu_gew = A B;  /* Keine Wechselwirkung im Modell */
RUN; QUIT;
```

Schreibweise eines Haupteffektmodells ohne Wechselwirkungen:

$$\text{Zielvariable} = \text{Faktor\_A} \quad \text{Faktor\_B}.$$

Output (gekürzt)

Dependent Variable: zu_gew						1
Source	DF	Sum of Squares	Mean Square	F Value	Pr > F	
Model	3	159.00000	53.0000000	2.86	0.2693	
Error	2	37.00000	18.5000000			
Corrected Total	5	196.00000				

Teil 1 des Output entnimmt man die vorläufige Quadratsummenzerlegung SS_CTotal = SS_Model + SS_Error sowie die Schätzung der Modellvarianz mit dem Wert 18.5.

Source	DF	Type I SS	Mean Square	F Value	Pr > F	2
A	2	63.000000	31.5000000	1.70	0.3700	
B	1	96.000000	96.0000000	5.19	0.1504	

In Teil 2 wird SS_Model in SS_A und SS_B aufgespalten. Weiter werden die berechneten F-Statistiken (*F Value*) nach (6.55) $F_1 = 1.70$

6.4 Zweifaktorielle Varianzanalyse – Kreuzklassifikation

und $F_2 = 5.19$ samt den Überschreitungswahrscheinlichkeiten $Pr>F$ mit den Werten 0.37 bzw. 0.15 aufgelistet. Auf dem Niveau $\alpha = 0.05$ können die Nullhypothesen $H_{0\alpha}$ und $H_{0\beta}$ nicht abgelehnt werden.

6.4.5 Höherfaktorielle kreuzklassifizierte Versuche

Wir wollen abschließend auf die Auswertung von Versuchen eingehen, bei denen mehr als zwei Einfluß-Faktoren auftreten.

6.4.5.1 Dreifaktorielle kreuzklassifizierte Varianzanalyse

Es liege ein *dreifaktorieller,* kreuzklassifizierter Versuch mit den fixen Faktoren A, B und C und $n \geq 2$ Beobachtungen der Zielvariablen Y je (3-facher) Faktorkombination ijk vor.

Dreifaktorielles Modell, fixe Effekte (6.57)

$Y_{ijkl} = \mu_{ijk} + \varepsilon_{ijkl}$, $i = 1,2...,a$, $j = 1,2,...,b$, $k = 1,2,...,c$, $l = 1,2,...,n$.

$\mu_{ijk} \in \mathbb{R}$: Feste Parameter zur Modellierung der unbekannten Erwartungswerte der $a \cdot b \cdot c$ Faktorkombinationen,

ε_{ijk} : unabhängige $N(0,\sigma^2_{ijkl})$-verteilte Fehlerzufallsvariablen mit $\sigma^2_{ijkl} = \sigma^2$ (Homoskedastizität), σ^2 unbekannt.

Überparametrisierung:
$$\mu_{ijk} = \mu + \alpha_i + \beta_j + \gamma_k + (\alpha\beta)_{ij} + (\alpha\gamma)_{ik} + (\beta\gamma)_{jk} + (\alpha\beta\gamma)_{ijk}.$$

$\mu \in \mathbb{R}$: Allgemeinmittel,

$\alpha_i, \beta_j, \gamma_k \in \mathbb{R}$: Effekte der Haupt-Faktoren A, B, C,

$(\alpha\beta)_{ij}, (\alpha\gamma)_{ik}, (\beta\gamma)_{jk} \in \mathbb{R}$: 2-fache Wechselwirkungen,

$(\alpha\beta\gamma)_{ijk} \in \mathbb{R}$: 3-fache Wechselwirkung.

Summenrestriktionen werden analog zu (6.41) formuliert.

Hypothesen. In der Regel sollen folgende Hypothesen getestet werden.

$H_{0\alpha}$: $\alpha_i \equiv 0$, $H_{0\beta}$: $\beta_j \equiv 0$, $H_{0\gamma}$: $\gamma_k \equiv 0$,

$H_{0\alpha\beta}$: $(\alpha\beta)_{ij} \equiv 0$, $H_{0\alpha\gamma}$: $(\alpha\gamma)_{ik} \equiv 0$, $H_{0\beta\gamma}$: $(\beta\gamma)_{jk} \equiv 0$,

$H_{0\alpha\beta\gamma}$: $(\alpha\beta\gamma)_{ijk} \equiv 0$.

F-Tests. Die Gestalt der Quadratsummenzerlegung und die Teststatistiken sind Neter et al. (1990), S. 818-836 zu entnehmen.

6.4.5.2 Durchführung in SAS.

Die Auswertung eines dreifaktoriellen kreuzklassifizierten Versuchs mit fixen Faktoren kann mit Hilfe folgenden Programmschemas erfolgen.

Programmschema

```
PROC GLM DATA = ...;     /* 3-faktorielles Modell              */
  CLASS A  B  C;         /* Angabe der Klassifizierungsvariablen*/
  MODEL y = A  B  C  A*B  A*C  B*C  A*B*C;
RUN; QUIT;
```

Um Schreibarbeit zu sparen, kann die MODEL-Anweisung auch in der Form MODEL y = A | B | C ; geschrieben werden. Ebenso kann auch das zweifaktorielle Modell mit einer Wechselwirkung A*B in der Form MODEL y = A | B ; angegeben werden.

6.4.5.3 r-faktorielle kreuzklassifizierte Varianzanalyse

Die Verallgemeinerung auf kreuzklassifizierte Modelle mit r (≥ 4) Faktoren ist nun naheliegend. Es ist jedoch von der Sachlage her zu hinterfragen, ob bei solchen höherstrukturierten Modellen die auftretenden (zwei, drei- und mehrfachen) Wechselwirkungen überhaupt noch sinnvoll interpretiert werden können.

Die Auswertung höherfaktorieller Modelle mit ausschließlich fixen Faktoren sollte mit Hilfe der Prozedur GLM durchgeführt werden.

Liegt ein gemischtes lineares Modell vor, d.h. treten zufällige Faktoren im Modell auf, dann sollte die Auswertung mit Hilfe der SAS-Prozedur MIXED - siehe SAS/STAT User' s Guide (1999), S. 2083-2226, sowie Littel et al. (1996) - durchgeführt werden. An dieser Stelle wollen wir nicht näher auf die Prozedur MIXED eingehen. Ein Einblick in die Verwendung und die Syntax der Prozedur MIXED wird anhand der Analyse einer Split-Plot Anlage im Abschnitt 6.6.4 vermittelt.

Bei der Verwendung der Prozedur GLM, mehr noch bei Benutzung der Prozedur MIXED in Verbindung mit einer RANDOM-Anweisung, kann es auf einem PC Speicherplatzprobleme geben. Abhilfe kann im Falle balancierter Versuche die weniger Speicherplatz benötigende SAS-Prozedur ANOVA schaffen, welche standardmäßig auf die Auswertung von Modellen mit fixen Effekten voreingestellt ist.

6.5 Zweifaktorielle hierarchische Varianzanalyse

Bei kreuzklassifizierten Daten - wie in Abschnitt 6.4 betrachtet - stehen die Faktoren A und B gleichberechtigt nebeneinander und jede Stufe von A ist mit jeder Stufe von B kombiniert, so daß alle möglichen a·b Faktorkombinationen auftreten.

Es gibt jedoch Fälle, in denen die Faktoren nicht gleichberechtigt sind, sondern in einer hierarchischen Ordnung vorliegen, etwa folgendermaßen:

		A						
	A1			A2			A3	
B	B11	B12	B13	B21	B22	B23	B31	B32	B33

Im Gegensatz zur Kreuzklassifikation kommen bei einer hierarchischen Klassifikation auch nicht mehr alle möglichen Faktorkombinationen vor. In unserem Beispiel werden mit jeder Stufe von A jeweils nur 3 (von insgesamt 9) Stufen von B kombiniert.

Anhand des nachfolgenden Beispiels zeigen wir exemplarisch das Vorgehen bei der Analyse hierarchisch klassifizierter Daten auf.

Beispiel 6_5. Wir wollen den Calcium-Gehalt von verschiedenen Pflanzen und von verschiedenen Blättern innerhalb der Pflanzen miteinander vergleichen. Wir wählen zuerst a = 4 Pflanzen zufällig aus, dann werden von jeder Pflanze b = 3 Blätter zufällig ausgewählt. Von jedem Blatt werden n = 2 Stichproben zu je 100 mg entnommen und die Calcium-Konzentration (% Trockenmasse) bestimmt. Die Versuchsfragestellungen lauten: Gibt es zwischen den Pflanzen (Faktor A) und zwischen den Blättern (Faktor B) innerhalb der Pflanzen signifikant unterschiedliche (Niveau $\alpha = 0.01$) Calcium-Konzentrationen?

In diesem Beispiel sind A und B als zufällige Faktoren anzusehen. In anderen Versuchen können A und B auch fixe Faktoren sein. Natürlich ist auch ein gemischtes Modell denkbar mit einem fixen Faktor und einem zufälligen Faktor. Wir beschränken uns hier vorerst auf die Analyse eines Modells mit zufälligen Faktoren.

Damit obige Fragestellungen mit Hilfe von statistischen Methoden beantwortet werden können, stellen wir zunächst ein zur Auswertung unseres Versuches passendes hierarchisches Varianzanalyse-Modell auf.

6.5.1 Modell und F-Tests

Daten. Die Struktur der Daten wird durch folgende Notation erfaßt:

y_{ijk}, $i = 1,2...,a$, $j = 1,2,...,b$, $k = 1,2,...,n$.

Dabei ist y_{ijk} die k-te Beobachtung auf der i-ten Stufe des Oberfaktors A und der j-ten Stufe des Unterfaktors B.

Hierarchisches Modell mit zufälligen Effekten (6.58)

$Y_{ijk} = \mu + A_i + B_{ij} + \varepsilon_{ijk}$, $i = 1,2...,a, j = 1,2,...,b, k = 1,2,...,n$.

$\mu \in \mathbb{R}$: Allgemeinmittel,

A_i : unabhängig $N(0,\sigma_a^2)$-verteilte,

B_{ij} : unabhängig $N(0,\sigma_b^2)$-verteilte,

ε_{ijk} : unabhängig $N(0,\sigma_{ijk}^2)$-verteilte Zufallsvariablen.

Es gilt $\sigma_{ijk}^2 = \sigma^2$ (Homoskedastizität).

Die im Modell auftretenden Zufallsvariablen A_i, B_{ij}, ε_{ijk} sind unabhängig für alle in Frage kommenden Indices i, j, k.

Bemerkungen. 1. Die Zufallsvariablen A_i sowie B_{ij} modellieren die zufälligen Effekte der verschiedenen Stufen des Oberfaktors A bzw. die zufälligen Effekte des Faktors B auf Stufe j innerhalb der i-ten Stufe von A. Wechselwirkungen können in solchen rein hierarchischen Klassifikationen nicht sinnvoll definiert werden.

2. Die Beobachtungen y_{ijk} werden im Rahmen unseres Modells als Realisationen von (teilweise korrelierten) $N(\mu,\sigma_{total}^2)$-verteilten Zufallsvariablen Y_{ijk} angesehen. Es gilt folgende Aufspaltung der Totalvarianz in die sogenannten Varianzkomponenten:

$$\text{Var}(Y_{ijk}) = \sigma_{total}^2 = \text{Var}(A_i) + \text{Var}(B_{ij}) + \text{Var}(\varepsilon_{ijk}) = \sigma_a^2 + \sigma_b^2 + \sigma^2.$$

Hypothesen. Die Versuchsfragestellungen - haben die zufälligen Faktoren A und B innerhalb A einen signifikanten Einfluß auf die Zielvariable ? - werden durch noch näher zu formulierende Tests folgender Hypothesen beantwortet:

$$H_{0a}: \sigma_a^2 = 0 , \quad H_{0b(a)}: \sigma_b^2 = 0 .$$

Außerdem sollen hier in der Regel noch die Schätzungen $\hat{\sigma}_a^2$, $\hat{\sigma}_b^2$ und $\hat{\sigma}^2$ für die unbekannten Modellparameter σ_a^2, σ_b^2 und σ^2 angegeben werden.

6.5 Zweifaktorielle hierarchische Varianzanalyse

Diese Test- und Schätzprobleme werden mit Hilfe einer *zweifaktoriellen hierarchischen Varianzanalyse* gelöst.

Quadratsummenzerlegung. Geeignete Teststatistiken zur Prüfung der erwähnten Hypothesen können aus folgender Zerlegung der Totalquadratsumme SS_CTotal in die Modellquadratsummen SS_A, SS_B(A) und der Fehlerquadratsumme SS_Error entnommen werden.

	Quadratsummenzerlegung - Analysis of Variance		(6.59)
Quelle Source	Freiheitsgrade Degrees of Freedom (DF)	Quadratsummen Sum of Squares (SS)	Erwartete Mittelquadrate Expected Mean Squares E(MS)
A	$a-1$	$bn \sum_{i=1}^{a} (\bar{y}_{i..} - \bar{y}_{...})^2$	$\sigma^2 + n \cdot \sigma_b^2 + nb \cdot \sigma_a^2$
B(A)	$a(b-1)$	$n \sum_{i=1}^{a} \sum_{j=1}^{b} (\bar{y}_{ij.} - \bar{y}_{i..})^2$	$\sigma^2 + n \cdot \sigma_b^2$
Error	$ab(n-1)$	$\sum_{i=1}^{a} \sum_{j=1}^{b} \sum_{k=1}^{n} (y_{ijk} - \bar{y}_{ij.})^2$	σ^2
CTotal	$abn-1$	$\sum_{i=1}^{a} \sum_{j=1}^{b} \sum_{k=1}^{n} (y_{ijk} - \bar{y}_{...})^2$	σ_{total}^2

Dividiert man die Quadratsummen (SS) durch die Freiheitsgrade DF, dann erhält man die entsprechenden Mittelquadrate(MS).

Bezeichnungen:

$\bar{y}_{...} = \frac{1}{N} \sum_{i=1}^{a} \sum_{j=1}^{b} \sum_{k=1}^{n} y_{ijk}$ arithmetisches Mittel aller Beobachtungen,

$\bar{y}_{i..} = \frac{1}{bn} \sum_{j=1}^{b} \sum_{k=1}^{n} y_{ijk}$ arithmetisches Mittel der i-ten Stufe von A,

$\bar{y}_{ij.} = \frac{1}{n} \sum_{k=1}^{n} y_{ijk}$ arithmetisches Mittel der ij-ten Zelle.

Die in obigem Tableau aufgeführten erwarteten Mittelquadrate E(MS) gelten für das Modell (6.58) mit zufälligen Effekten.

F-Tests. Aus der Struktur der erwarteten Mittelquadrate entnehmen wir geeignete Test-Statistiken zur Prüfung der beiden Nullhypothesen

$H_{0a}: \sigma_a^2 = 0$, $H_{0b(a)}: \sigma_b^2 = 0$.

$$F_1 = \frac{MS\_A}{MS\_B(A)}, \quad F_2 = \frac{MS\_B(A)}{MS\_Error}. \tag{6.60}$$

Unter den obigen Nullhypothesen sind F_1 und F_2 zentral F-verteilt. Damit ergeben sich folgende Entscheidungsvorschriften zum Niveau α:

Ist $F_1 > F_{1-\alpha,\,a-1,\,a(b-1)}$, dann verwerfe H_{0a}, (6.61a)

Ist $F_2 > F_{1-\alpha,\,a(b-1),\,ab(n-1)}$, dann verwerfe $H_{0b(a)}$. (6.61b)

Varianzkomponentenschätzung. Die Schätzungen von $\hat{\sigma}_a^2$, $\hat{\sigma}_b^2$ und $\hat{\sigma}^2$ erhält man aus (6.59) dadurch, daß man die erwarteten Mittelquadrate durch die berechneten Mittelquadrate ersetzt und folgendes lineares Gleichungssystem löst:

$$\begin{aligned} MS\_A &= \hat{\sigma}^2 + n \cdot \hat{\sigma}_b^2 + nb \cdot \hat{\sigma}_a^2 \\ MS\_B(A) &= \hat{\sigma}^2 + n \cdot \hat{\sigma}_b^2 \\ MS\_Error &= \hat{\sigma}^2 \end{aligned} \tag{6.62}$$

Modell mit fixen Effekten. Hierbei wird im Nenner der F-Prüfgrößen stets das Mittelquadrat 'Mean Square Error' (MSE) verwendet. Die Teststatistik und die Entscheidungsvorschrift nach (6.61b) bleibt für die Hypothese $H_{0\beta(\alpha)}: \beta_{11} = \beta_{12} = \ldots = \beta_{ab} = 0$ dieselbe. Zur Prüfung von $H_{0\alpha}: \alpha_1 = \alpha_2 = \ldots = \alpha_a = 0$ wird folgende Vorschrift verwendet:

$$F_1^* = \frac{MS\_A}{MS\_Error} > F_{1-\alpha,a-1,ab(n-1)}, \text{ dann verwerfe } H_{0\alpha}. \tag{6.63}$$

6.5.2 Durchführung in SAS – Beispiel 6_5

6.5.2.1 F-Tests

Wir setzen das eingangs erwähnte Beispiel 6_5 fort. Es handelt sich speziell um a=4 zufällig herausgegriffene Rübenpflanzen (Faktor A), von denen je b=3 Blätter zufällig ausgewählt werden, dann werden von jedem Blatt n=2 Stichproben zufällig entnommen. Die Zielvariable ist die Calciumkonzentration Y. Quelle: Snedecor und Cochran (1980), S. 248.

Beispiel 6_5 (fortgesetzt). Im folgenden Programm wird die Klassifizierung der Daten mit Hilfe von drei DO ... END – Schleifen vorgenommen. Um Schreibarbeit zu sparen, geben wir das hundertfache der Daten ein. Beispielsweise ergeben sich die Beobachtungen $y_{121} = 3.52$, $y_{232} = 2.19$ und $y_{412} = 3.87$. In solchen Fällen sollte man sich stets mit Hilfe der Prozedur PRINT vergewissern, ob die erzeugte SAS-Datei tatsächlich die korrekte Klassifikation der Daten aufweist.

6.5 Zweifaktorielle hierarchische Varianzanalyse

Programm

```
DATA b6_5;                          /* Hierarchisches Modell  */
  DO A = 1 TO 4;                    /* zufällige Effekte       */
   DO B = 1 TO 3;
    DO n = 1 TO 2;
     INPUT y @@; y = y/100;  OUTPUT;
    END;
   END;
  END;
  CARDS;
  328 309 352 348 288 280
  246 244 187 192 219 219
  277 266 374 344 255 255
  378 387 407 412 331 331
RUN;
PROC GLM DATA = b6_5;
  CLASS A  B;                       /* Klassifizierungsvariable */
  MODEL y =  A  B(A);               /* Output 1-3               */
  RANDOM A B(A) / TEST;             /* Output 4,5               */
RUN; QUIT;
```

Die Angabe der CLASS- und der MODEL-Anweisung in dieser Reihenfolge sind notwendig. Die Schreibweise des 2-faktoriellen hierarchischen Modells erfolgt in folgender Form, vgl. SAS/STAT User's Guide (1999):

Zielvariable = Oberfaktor Unterfaktor(Oberfaktor).

In der Prozedur GLM werden die Faktoren standardmäßig als fixe Faktoren aufgefaßt. Zufällige Faktoren sind in der RANDOM-Anweisung aufzuführen. Gibt man noch dazu die Option TEST an, werden die korrekten F-Tests nach (6.60) und (6.61 a, b) durchgeführt.

Output (gekürzt)

```
              The GLM Procedure                 1
            Class Level Information
           Class   Levels    Values
             A       4       1 2 3 4
             B       3       1 2 3
           Number of observations   24
```

		Sum of	Mean			
Dependent Variable: y						2
Source	DF	Squares	Square	F Value	Pr > F	
Model	11	10.190546	0.926413	139.22	<.0001	
Error	12	0.07985	0.006654			
Corrected Total	23	10.270396				
		R-Square	Coeff Var	Root MSE	y Mean	
		0.992225	2.708195	0.081573	3.0120833	

Teil 1 enthält die üblichen Klassifizierungsinformationen der Daten. GLM berücksichtigt zuerst nicht die hierarchische Struktur der Faktoren, sondern führt eine vorläufige Zerlegung in eine *Model*- und eine *Error*-Quadratsumme wie bei einer einfaktoriellen Varianzanalyse mit Stufenzahl k = a·b durch. Teil 2 des Output zeigt diese Quadratsummenzerlegung wie bei einer einfachen Varianzanalyse mit einer Schätzung der Restvarianz σ^2, nämlich $s^2 = \hat{\sigma}^2 = \text{MSE} = 0.006654$. Das Bestimmtheitsmaß *R-Square* mit einem Wert von 0.992 läßt auf eine gute Anpassung des Modells an die Daten schließen.

Source	DF	Type III SS	Mean Square	F Value	Pr > F	3
A	3	7.56034583	2.52011528	378.73	<.0001	
B(A)	8	2.63020000	0.32877500	49.41	<.0001	

In Teil 3 wird die Quadratsumme SS_Model = 10.190546 weiter zerlegt in zwei Quadratsummen SS_A und SS_B(A). Entsprechende F-Prüfgrößen für A und B(A) samt Überschreitungswahrscheinlichkeiten werden berechnet, um die zugehörigen Hypothesen zu testen. Standardmäßig werden die beiden F-Tests zu den Hypothesen $H_{0\alpha}$ und $H_{0\beta(\alpha)}$, jedoch für ein Modell mit *fixen* Effekten nach (6.63) aufgeführt. Deshalb ist der F-Test für $H_{0a}: \sigma_a^2 = 0$ *nicht* zu verwenden, nähere Einzelheiten sind Output 4 zu entnehmen. Der Type I SS-Output wurde weggelassen, da Typ III und Typ I hier identisch sind.

Source	Type III Expected Mean Square	4a
A	Var(Error) + 2 Var(B(A)) + 6 Var(A)	
B(A)	Var(Error) + 2 Var(B(A))	

Teil 4a bringt zuerst die Struktur der erwarteteten Mittelquadrate (standardmäßig Typ III, hier identisch mit Typ I).

6.5 Zweifaktorielle hierarchische Varianzanalyse

```
                    The GLM Procedure                    4b
         Tests of Hypotheses for Random Model Analysis of Variance
Dependent Variable: y

Source           DF  Type III SS  Mean Square  F Value  Pr > F
A                 3    7.560346     2.520115     7.67   0.0097

Error:MS(B(A))    8    2.630200     0.328775

Source           DF  Type III SS  Mean Square  F Value  Pr > F
B(A)              8    2.630200     0.328775    49.41   <.0001

Error:MS(Error)  15    0.079850     0.006654
```

Weiter werden in Output 4b die korrekten F-Tests der Nullhypothesen H_{0a}: $\sigma_a^2 = 0$ und $H_{0b(a)}$: $\sigma_b^2 = 0$ angegeben. Standardmäßig wird hier nur die Type III-Zerlegung aufgeführt, die jedoch bei balancierten Daten wie in unserem Falle mit der Type I-Zerlegung identisch ist. Es werden die beiden Hypothesen H_{0a} und $H_{0b(a)}$ auf dem Niveau $\alpha = 0.01$ abgelehnt, da die Überschreitungswahrscheinlichkeiten $Pr>F$ von 0.0097 für den zufälligen (Ober-) Faktor A als auch $Pr>F$ von (<.0001) für Faktor B(A) kleiner als $\alpha = 0.01$ ausfallen.

6.5.2.2 Schätzung der Varianzkomponenten

Man kann die SAS-Prozedur VARCOMP zur Schätzung der Varianzkomponenten σ_a^2 und σ_b^2 verwenden.

Programm

```
PROC VARCOMP DATA = b6_5 METHOD = TYPE1;
  CLASS A B ;
  MODEL y = A  B(A) ;
RUN;
```

Die Angabe der PROC-Option METHOD = TYPE1 besagt, daß die Prozedur VARCOMP die Schätzungen der Varianzkomponenten durch Lösen des linearen Gleichungssystems (6.62) vornimmt. Es gibt in der Prozedur VARCOMP auch andere Schätzmethoden, wir verweisen auf SAS/STAT User's Guide (1999), S. 3621-3640.

Output (gekürzt)

> Variance Components Estimation Procedure
> Variance Component   Estimate
> Var(A)   0.36522
> Var(B(A))   0.16106
> Var(Error)   0.0066542

Die Schätzung für σ^2 ist $s^2 = \hat{\sigma}^2 = \text{MSE} = 0.0066542$, wie bereits aus Output 2 ersichtlich ist. Die Schätzungen für σ_a^2 und σ_b^2 ergeben sich zu $\hat{\sigma}_a^2 = 0.3652$ bzw. $\hat{\sigma}_b^2 = 0.161$.

Diese Lösungen lassen sich leicht nachrechnen gemäß

$$\hat{\sigma}_b^2 = \frac{0.328775 - 0.0066542}{2} = 0.161 \quad \text{und}$$

$$\hat{\sigma}_a^2 = \frac{2.52011528 - 2 \cdot 0.161 - 0.0066542}{6} = 0.3652.$$

Bemerkung. Das vorliegende Modell mit zufälligen Effekten ließe sich auch über die Prozedur NESTED auswerten, siehe SAS/STAT User's Guide (1999), S. 2357-2370. Bei höherfaktoriellen rein hierarchischen Modellen mit nur zufälligen Effekten ist NESTED effizienter als GLM.

6.5.3 Höherfaktorielle Modelle

Sind nicht nur r = 2, sondern zum Beispiel r = 3 Faktoren hierarchisch ineinandergeschachtelt, dann spricht man von einem 3-faktoriellen hierarchischen Versuch. Es gibt auch höherfaktorielle (r ≥ 4) hierarchische Modelle und solche, bei denen kreuzklassifizierte und hierarchische Faktoren gleichzeitig auftreten können, vgl. Rasch (1976 b). Wir wollen hier nur noch das Schema einer 3-faktoriellen hierarchischen Varianzanalyse mit Hilfe der Prozedur GLM angeben.

Programmschema

```
PROC GLM DATA = ... ;        /* 3-faktorielles hierarchisches Modell */
  CLASS A B C ;
  MODEL y = A  B(A)  C(A B) ;
  RANDOM ... / TEST;          /* bei zufälligen Effekten */
RUN; QUIT;
```

6.6 Versuchsplanung – spezielle Randomisationsstrukturen

In den bisherigen Abschnitten haben wir die Auswertung ein- und zweifaktorieller Versuche behandelt, ohne zumeist näher darauf einzugehen, ob es sich um *geplante* Versuche oder um *Beobachtungsreihen* handelt.

Bei geplanten Versuchen können die Stufen der Einflußfaktoren vom Experimentator zufällig auf die Versuchseinheiten verteilt werden. Diesen Vorgang nennt man *Randomisation*. In Abschnitt 6.2.5 haben wir beispielsweise aus dem biologischen Bereich einen geplanten einfaktoriellen Wachstumsversuch, in 6.4.1 einen geplanten zweifaktoriellen Fütterungsversuch aus der Ernährungswissenschaft ausführlich behandelt.

Bei Beobachtungsreihen hingegen ist in der Regel die Faktorstufe bereits ein Charakteristikum der Versuchseinheit und kann nicht vom Experimentator beeinflußt werden. Soll beispielsweise in einer Studie der Einfluß der beiden Faktoren *Bildung* und *Erfahrung* von Außendienstmitarbeitern eines Unternehmens auf das Volumen ihrer Vertragsabschlüsse untersucht werden und nehmen wir die gerade beschäftigten Mitarbeiter als Stichprobe, dann ist klar, daß die Faktorstufen mit den Versuchseinheiten festliegen und nicht von uns frei zugeteilt werden können.

Wir wollen uns in diesem Abschnitt etwas näher mit geplanten Versuchen befassen, ohne jedoch in größerem Rahmen auf die allgemeinen Prinzipien der Versuchsplanung einzugehen. Wir verweisen auf eine Vielzahl von Lehrbüchern, an deutschsprachigen unter anderem auf Linder (1969), Rasch (1976 b), Rasch und Herrendörfer (1982), an englischsprachigen auf Cochran und Cox (1957), John (1971), Milliken und Johnson (1992), Neter et al. (1990), Steel und Torrie (1980).

Randomisation. Einen wesentlichen Aspekt geplanter Versuche wollen wir hier herausgreifen, nämlich den Begriff der Randomisation, der von R.A. Fisher eingeführt worden ist. Randomisation bedeutet, daß die Versuchseinheiten den untersuchten Faktorstufen nicht systematisch oder willkürlich, sondern *zufällig* zugeteilt werden. Die Verwendung der Randomisation soll unter anderem dazu dienen, den Einfluß von Faktoren, die nicht der Kontrolle des Experimentators unterliegen, als 'zufällige Schwankung' interpretieren zu können und eine systematische Verzerrung der Beobachtungen zu verhindern.

Die Beobachtungen der Zielvariablen werden in statistischen Modellen zumeist als Realisationen von stochastisch unabhängigen Zufallsvariablen angesehen. Diese Modellvoraussetzung kann häufig durch sorgfältiges Randomisieren der Versuchseinheiten abgesichert werden.

Die im folgenden besprochenen Versuchspläne unterscheiden sich in der Art und Weise, wie die zufällige Zuteilung (Randomisation) der Versuchseinheiten auf die Faktorstufen vorgenommen wird.

Zunächst gehen wir kurz auf die *vollständig zufällige Zuteilung* ein, ausführlicher besprechen wir eine *randomisierte vollständige Blockanlage* mit einem Einflußfaktor. Bemerkungen zu mehrfaktoriellen Blockanlagen schließen sich an. Abschließend behandeln wir mit der sogenannten *Split-Plot Anlage* einen Versuchsplan, bei dem die Randomisation in zwei aufeinanderfolgenden Schritten erfolgt.

Zur Durchführung der in Frage kommenden Randomisationsschritte verwenden wir die SAS-Prozedur PLAN, die im SAS/STAT User's Guide (1999), S. 2659-2690 näher beschrieben ist.

6.6.1 Complete Randomized Designs

Sollen N Versuchseinheiten vollständig zufällig auf k Faktorstufen (Behandlungsgruppen) aufgeteilt werden, dann spricht man von einem *Complete Randomized Design (CRD)*. Weist das Versuchsmaterial keine Struktur auf, ist ein CRD als Versuchsplan ohne weiteres zu empfehlen. Insbesondere wird die statistische Analyse von CRD's im Gegensatz zu restriktiveren Versuchsplänen durch den Ausfall von Beobachtungen (Fehlstellen) im einfaktoriellen Fall nicht komplizierter.

Ein Beispiel der vollständig zufälligen Zuteilung bei einer einfaktoriellen Behandlungsstruktur haben wir bereits im Abschnitt 6.2.5 ausführlich kennengelernt. Ein weiteres Beispiel eines CRD's bei einer zweifaktoriellen Behandlungsstruktur haben wir im Abschnitt 6.4.1 behandelt. Dort wurde auch demonstriert, wie mit Hilfe der SAS-Prozedur PLAN die vollständig zufällige Randomisation vorgenommen werden kann. Diese angeführten Beispiele sollen hier genügen.

6.6.2 Randomisierte vollständige Blockanlagen

Im Abschnitt 6.2.5 haben wir einen Versuch betrachtet, bei dem die Wirkung von k = 5 verschiedenen Behandlungen auf das Wachstum von Pilzkulturen untersucht worden ist. Ein Complete Randomized Design mit vollständig zufälliger Zuteilung der N = 20 Versuchseinheiten (Pilz-

6.6 Versuchsplanung – spezielle Randomisationsstrukturen

kulturen) wurde gewählt, da keine erkennbare Struktur der Pilzkulturen ersichtlich war.

In vielen Fällen jedoch weist die Menge der Versuchseinheiten, an denen man die Beobachtungen ermittelt, eine gewisse Struktur auf. Häufig kann man das Versuchsmaterial in sogenannte *Blöcke* zerlegen. Diese Blöcke haben die Eigenschaft, daß die Versuchseinheiten innerhalb eines Blocks einander ähnlicher sind als solche aus verschiedenen Blöcken. Das Versuchsmaterial kann in natürlicher Weise in Blöcke zerfallen, beispielsweise in

- Tiere verschiedener Würfe, ein Block wäre hier ein Wurf von Geschwistern,
- Personen verschiedener Altersstufen oder Gewichtsklassen,
- Versuchsparzellen an verschiedenen Standorten.

Soll Versuchsmaterial mit solcher Struktur auf k Behandlungsgruppen verteilt werden, dann empfiehlt es sich, nicht mehr eine vollständig zufällige Zuteilung vorzunehmen, sondern getrennt für jeden Block die Versuchseinheiten den k Behandlungen zufällig zuzuteilen.

Besitzt jeder Block ebensoviele Versuchseinheiten wie Behandlungen vorliegen, so spricht man von einer *randomisierten vollständigen Blockanlage (Randomized Complete Block Design*, kurz *RCBD)*. Ein Faktor, dessen verschiedene Stufen die einzelnen Blöcke kennzeichnet, heißt *Blockfaktor*. Er zieht gegenüber der vollständig zufälligen Zuteilung eine Randomisationsbeschränkung nach sich. Von der Einführung des zusätzlichen Blockfaktors erhoffen wir uns gegenüber der vollständig zufälligen Zuteilung eine Verminderung der Modellvarianz σ^2.

Beispiel 6_6. Vier verschiedene Weizensorten sollen hinsichtlich der Zielvariablen Ertrag miteinander verglichen werden. Jede Sorte soll auf n = 3 Versuchsparzellen angebaut werden, so daß für diesen Versuch N = 12 Parzellen benötigt werden. Aus organisatorischen Gründen muß man den Versuch auf b = 3 Versuchsstationen durchführen, dort stehen jeweils a = 4 Parzellen zur Verfügung. Getrennt für jede Versuchsstation werden die a = 4 Sorten den vier Parzellen zufällig zugeteilt. Beobachtet wird der Ertrag in einer gewissen Gewichtseinheit pro Fläche. Die Versuchsstationen sind die Blockfaktorstufen, die Sorten sind die Behandlungsstufen. Die wesentliche Versuchsfragestellung, ob es hinsichtlich des Ertrags signifikante Sortenunterschiede gibt, soll durch einen geeigneten Test beantwortet werden.

6.6.2.1 Modell, F-Tests und paarweise Vergleiche

> **Modell einer Blockanlage** (6.64)
>
> $Y_{ij} = \mu + \tau_i + \beta_j + \varepsilon_{ij}$, $i = 1,2...,a$, $j = 1,2,...,b$.
>
> $\mu \in \mathbb{R}$: Allgemeinmittel,
> $\tau_i \in \mathbb{R}$: Effekt der Behandlung auf Stufe i,
> $\beta_j \in \mathbb{R}$: Effekt des j-ten Blocks,
> ε_{ij} : unabhängige $N(0,\sigma_{ij}^2)$-verteilte Fehlerzufallsvariablen
> mit $\sigma_{ij}^2 = \sigma^2$ (Homoskedastizität), σ^2 unbekannt.

Wir verwenden folgende Summenrestriktionen:

$$\sum_{j=1}^{b} \beta_j = 0, \qquad \sum_{i=1}^{a} \tau_i = 0.$$

Formal ist dieses Modell mit dem zweifaktoriellen Modell (6.52) identisch. Bei einer Blockanlage steht jedoch die Frage nach Behandlungsunterschieden im Vordergrund, etwaige Blockunterschiede interessieren in der Regel erst in zweiter Linie.

Hypothesen. Wir formalisieren die Versuchsfragestellungen dadurch, daß wir geeignete Hypothesen zu vorgegebenem Niveau α testen. Die globale Hypothese ist $H_0: \tau_1 = \tau_2 = ... = \tau_a = 0$. Ferner kann auch die Hypothese $H_0: \beta_1 = \beta_2 = \beta_3 = 0$ (keine Blockeffekte) getestet werden.

Quadratsummenzerlegung. Die technische Durchführung des soeben angesprochenen Tests wird als *Blockauswertung* bezeichnet, man benötigt eine spezielle Quadratsummenzerlegung, die wir in anderem Zusammenhang bereits in Abschnitt 6.4.4 behandelt haben.

Ersetzt man in der Quadratsummenzerlegung (6.53) für das kreuzklassifizierte zweifaktorielle Modell mit einer (n = 1) Beobachtung je Faktorkombination den Faktor *A* durch *Behandlung*, den Faktor *B* durch *Block*, dann kann (6.53) direkt verwendet werden.

Analog zu (6.54) erhält man als Schätzung für σ^2

$$s^2 = MS\_Error = \frac{1}{(a-1)(b-1)} \sum_{i=1}^{a} \sum_{j=1}^{b} (y_{ij} - \bar{y}_{i.} - \bar{y}_{.j} + \bar{y}_{..})^2. \qquad (6.65)$$

F-Test. Die Entscheidungsvorschrift basiert auf der (6.55) entsprechenden und unter H_0 F-verteilten Teststatistik und lautet:

Ist $F > F_{1-\alpha, a-1, (a-1)(b-1)}$, so verwerfe $H_0: \tau_1 = \tau_2 = ... = \tau_a = 0$. (6.66)

6.6 Versuchsplanung – spezielle Randomisationsstrukturen

Paarweise Vergleiche. Zur Durchführung von Paarvergleichen auf dem multiplen Niveau α formulieren wir die Hypothesen $H_0^{rt}: \tau_r = \tau_t$. Da balancierte Daten vorliegen, verwenden wir den Tukey-Test analog zu (6.30) mit $n_r = n_t = b$. Die Entscheidungsvorschrift lautet:

Ablehnung von $H_0^{rt}: \tau_r - \tau_t = 0$, $1 \leq r < t \leq a$,

falls $|\bar{y}_{r.} - \bar{y}_{t.}| > q_{1-\alpha, a, (a-1)(b-1)} \cdot \dfrac{s}{\sqrt{b}}$. (6.67)

6.6.2.2 Durchführung in SAS – Beispiel 6_6

a) Randomisation. Wir demonstrieren die Auswertung an Beispiel 6_6. Mit Hilfe der Prozedur PLAN, siehe SAS/STAT User's Guide (1999), S. 2659-2690, werden in jedem Block einzeln die 4 Sorten den Parzellen zugeordnet.

Programm

```
TITLE 'RCBD für 4 Behandlungen in 3 Blöcken';
PROC PLAN
  SEED = 1554641;     /* Vorgabe 5-,6-,7-stellige ungerade Zahl*/
  FACTORS  station = 3 ORDERED     sorte = 4 RANDOM;
RUN;
```

Die FACTORS-Anweisung bewirkt, daß durch die Option *station* $= 3$ ORDERED getrennt in jedem der drei Blöcke mit Hilfe der Option *sorte* $= 4$ RANDOM eine Zufallspermutation der Länge 4 erzeugt wird. Die SEED-Option steuert den Anfangswert des Zufallsgenerators.

Output (gekürzt)

RCBD für 4 Behandlungen in 3 Blöcken
The PLAN Procedure

Factor	Select	Levels	Order
station	3	3	Ordered
sorte	4	4	Random

station	-sorte-			
1	2	4	3	1
2	1	2	4	3
3	4	2	3	1

Blockauswertung. Im folgenden SAS-Programm werden die Stufen der Einflußfaktoren durch die zwei Klassifizierungsvariablen *station* und *sorte* wiedergegeben. Die Zielgröße wird durch die quantitative Variable *ertrag* erfaßt. Wir unterstellen das Modell (6.64). Etwaige Tests sollen auf dem Niveau $\alpha = 0.01$ durchgeführt werden.

Programm

```
DATA b6_6;                                       /* Blockanlage */
  INPUT station sorte ertrag @@;
  CARDS;
  1 1  5.18    1 2  4.71    1 3  5.85    1 4  5.50
  2 1  5.76    2 2  5.18    2 3  5.94    2 4  5.05
  3 1  5.38    3 2  4.50    3 3  5.91    3 4  5.38
RUN;
PROC GLM DATA = b6_6;
  CLASS sorte station;
  MODEL ertrag = sorte station;                  /* Output 1-3 */
  MEANS sorte / TUKEY CLDIFF NOSORT ALPHA = 0.01; /* 4 */
RUN; QUIT;
```

Output (gekürzt)

The GLM Procedure		1
Class Level Information		
Class	Levels	Values
sorte	4	1 2 3 4
station	3	1 2 3
Number of observations 12		

In Teil 1 erhält man Information über die Einflußfaktoren (*Class*) und ihre Stufenzahl (*Levels*), deren Werte (*Values*) sowie über die Gesamtzahl N = 12 der Beobachtungen in der Auswertung.

In folgendem Teil 2 wird für die in der MODEL-Anweisung aufgeführte Zielvariable *ertrag* eine vorläufige Quadratsummenzerlegung nach (6.53) durchgeführt mit nur einer Modellquadratsumme. Wir entnehmen dem Output die Schätzung der Restvarianz $s^2 = MSE = 0.07344167$ und das Bestimmtheitsmaß *R-Square* mit einem Wert von 0.815.

6.6 Versuchsplanung – spezielle Randomisationsstrukturen

		The GLM Procedure			2
Dependent Variable: ertrag					
Source	DF	Sum of Squares	Mean Square	F Value	Pr > F
Model	5	1.9417167	0.38834333	5.29	0.0332
Error	6	0.4406500	0.07344167		
Corrected Total	11	2.3823667			
	R-Square	Coeff Var	Root MSE	ertrag Mean	
	0.815037	5.054421	0.271001	5.36166	

Source	DF	Type I SS	Mean Square	F Value	Pr > F	3
sorte	3	1.8535000	0.61783333	8.41	0.0143	
station	2	0.0882167	0.04410833	0.60	0.5784	

In Teil 3 des Output wird SS_Model weiter zerlegt. Die zugehörigen F-Prüfgrößen samt den entsprechenden Überschreitungswahrscheinlichkeiten stehen in den letzten beiden Spalten. Type I und Type III bringen bei balancierten Plänen wie dem RCBD stets identische Zerlegungen, deshalb wurde die Type III-Zerlegung weggelassen. Aus der Zeile *sorte* entnehmen wir für *Pr>F* einen Wert von 0.0143, dieser ist größer als $\alpha = 0.01$, somit gibt es global keine signifikante Sortenunterschiede.

Tukey's Studentized Range (HSD) Test for ertrag			4
NOTE: This test controls the type I experimentwise error rate.			
Alpha		0.01	
Error Degrees of Freedom		6	
Error Mean Square		0.073442	
Critical Value of Studentized Range		7.03327	
Minimum Significant Difference		1.1004	
Comparisons significant at the 0.01 level are indicated by ***.			
sorte Comparison	Difference Between Means	Simultaneous 99% Confidence Limits	
1 - 2	0.6433	-0.4571 1.7438	
1 - 3	-0.4600	-1.5604 0.6404	
1 - 4	0.1300	-0.9704 1.2304	
2 - 3	-1.1033	-2.2038 -0.0029	***
2 - 4	-0.5133	-1.6138 0.5871	
3 - 4	0.5900	-0.5104 1.6904	

Obwohl der entsprechende F-Test die Hypothese $H_0: \tau_1=\tau_2=\tau_3=\tau_4=0$ auf dem Niveau α nicht ablehnt, führen wir mit Hilfe der Option TUKEY einen Tukey-Test auf dem multiplen Niveau $\alpha = 0.01$ (Option ALPHA $= 0.01$) durch. Teil 4 des Output zeigt, daß man einen signifikanten Unterschied zwischen den Sorten 2 und 3 erhält. Wie bereits in Abschnitt 6.2.6 näher ausgeführt worden ist, liegt eine Äquivalenz zwischen F-Test und Scheffe-Test vor, jedoch nicht zwischen F-Test und Tukey-Test. Sind paarweise Vergleiche von vorneherein geplant, sollte man bei Verwendung des Tukey-Tests diese unabhängig von der Testentscheidung des globalen F-Tests stets durchführen.

Bemerkung. Weiterhin liefert uns Output 3 in der Zeile *station* einen F-Wert (F *Value*) und dessen Überschreitungswahrscheinlichkeit $Pr>F$ von 0.5784. Hiermit kann die Hypothese $H_0: \beta_1 = \beta_2 = \beta_3 = 0$ (keine Blockeffekte) geprüft werden. Im Vordergrund bei der Auswertung einer Blockanlage steht jedoch vor allem die Analyse der Behandlungseffekte.

6.6.2.3 Modell mit zufälligen Blockeffekten

In gewissen Fällen ist es von der Sache her eher angebracht, den Blockfaktor als zufälligen Faktor anzusehen. Dann muß das Modell (6.64) etwa analog zum zweifaktoriellen gemischten Modell (6.50) modifiziert werden. Das hat zur Folge, daß die Zufallsvariablen Y_{ij}, Y_{rj} (für $i \neq r$ und festem Block j) untereinander korreliert sind. Der globale F-Test nach (6.66) und die Tukey-Tests nach (6.67) zur Prüfung der entsprechenden Hypothesen über Behandlungseffekte werden von dieser Modifikation nicht berührt. Deshalb wollen wir auf dieses Modell nicht näher eingehen.

6.6.3 Zweifaktorielle Anlage in Blöcken

Der Einfluß zweier Faktoren A und B mit a bzw. b Stufen auf eine Zielvariable Y soll untersucht werden. Auf jeder Faktorkombinationsstufe ij sollen n Beobachtungen ermittelt werden. Dazu benötigt man N=a·b·n Versuchseinheiten. Oftmals ist N eine größere Zahl, sodaß nicht genügend homogenes Versuchsmaterial zur Verfügung steht. Jedoch lassen sich n natürliche Blöcke zu je a·b homogenen Versuchseinheiten finden. In jedem Block wird man dann getrennt randomisieren. Die a·b Faktorkombinationen können (mittels einer Zufallspermutation) vollständig zufällig auf die a·b VE des Blocks verteilt werden. Es liegt dann eine *balancierte zweifaktorielle Versuchsanlage in n Blöcken* vor.

6.6 Versuchsplanung – spezielle Randomisationsstrukturen

Zweifaktorielle Blockanlage mit fixen Effekten (6.68)

$Y_{ijk} = \mu + \alpha_i + \beta_j + \gamma_{ij} + bl_k + \varepsilon_{ijk}.$

$\mu \in \mathbb{R}$: Allgemeinmittel,
$\alpha_i \in \mathbb{R}$: Effekt des (Haupt-) Faktors A auf Stufe i, i = 1,2,...,a,
$\beta_j \in \mathbb{R}$: Effekt des (Haupt-) Faktors B auf Stufe j, j = 1,2,...,b,
$\gamma_{ij} \in \mathbb{R}$: Wechselwirkung zwischen der i-ten Stufe
von A und der j-ten Stufe von B,
$bl_k \in \mathbb{R}$: Effekt des k-ten Blocks, k = 1,2,...,n.
ε_{ijk} : Unabhängige $N(0,\sigma^2_{ijk})$-verteilte Fehlerzufallsvariablen
mit $\sigma^2_{ijk} = \sigma^2$ (Homoskedastizität), σ^2 unbekannt.

In der Regel werden Summenrestriktionen analog zu (6.64) verwendet.

Durchführung in SAS - Programmschema

```
PROC GLM DATA = ... ;         /* 2-faktorielle Blockanlage   */
  CLASS block A B ;           /* Klass. Variable: block, a, b */
  MODEL y = block A B A*B ;   /* Zielvariable: y              */
  MEANS A B / TUKEY  CLDIFF  NOSORT  ALPHA = 0.01;
RUN; QUIT;
```

Formal liegt ein spezielles dreifaktorielles Modell vor. Wesentlich ist, daß keine Wechselwirkungen zwischen *block* und den Haupteffekten *A* und *B* in das Modell eingehen. In einem Modell mit fixen Effekten können analog zu Abschnitt 6.4.1 dem SAS-Output die entsprechenden Tests der Hypothesen $H_{0\alpha}$, $H_{0\beta}$, $H_{0\gamma}$ entnommen werden.

Bemerkungen. 1. Nähere Einzelheiten zu randomisierten vollständigen Blockanlagen können beispielsweise Neter et al. (1990), Kapitel 24 entnommen werden.

2. Vollständige Blockanlagen werden verwendet, wenn die Anzahl der Versuchseinheiten je Block so umfangreich ist, daß jede 'Behandlung' in jedem Block genau einmal angewendet werden kann. Liegen mehr Behandlungen vor als Versuchseinheiten pro Block vorhanden sind, spricht man von *unvollständigen Blockanlagen*. Wir verweisen auf John (1971), dort werden in den Kapiteln 11 bis 15 unvollständige Blockanlagen, insbesondere *balancierte unvollständige Blockanlagen* sehr ausführlich besprochen.

6.6.4 Split-Plot Anlage in Blöcken

Die hier vorgestellte *Split-Plot Anlage* (Spaltanlage) ist eine spezielle zweifaktorielle Versuchsanlage in Blöcken (siehe auch Abschnitt 6.6.3). Es soll der Einfluß zweier Faktoren A und B (a bzw. b Stufen) auf eine Zielvariable Y untersucht werden. Das Versuchsmaterial zerfalle in n natürliche Blöcke zu je a·b homogenen Versuchseinheiten.

Randomisation. Auch hier wird man in jedem Block getrennt randomisieren. Jedoch gehen wir jetzt davon aus, daß man die a·b Faktorkombinationen nicht mehr einzeln vollständig zufällig auf die a·b Versuchseinheiten des Blocks verteilen kann, sondern daß man aus zumeist technischen Gründen die Zuteilung (Randomisation) in zwei aufeinanderfolgenden Schritten durchführen muß.

Wir verwenden im folgenden eine traditionelle Terminologie, die aus dem Feldversuchswesen stammt. Split-Plot Anlagen werden aber auch in anderen Sachgebieten als Versuchsanlagen verwendet.

Zuerst zerlegt man einen Block in a *Großparzellen* (*main plots*) und teilt diesen rein zufällig die a Stufen des *Großparzellenfaktors A* zu, erst dann zerlegt man jede Großparzelle in b *Kleinparzellen* (*sub plots*). Getrennt für jede Großparzelle werden dann den b Kleinparzellen die b Stufen des *Kleinparzellenfaktors B* zugeteilt. Dieses zweistufige Randomisationsverfahren wird dann für jeden der restlichen Blöcke neu begonnen. Eine Versuchsanlage mit dieser speziellen Randomisationsstruktur nennt man *Split-Plot Anlage in Blöcken*.

Beispiel 6_7. Ein Pflanzenschutzversuch wird mit a = 4 Hafersorten als Großparzellenfaktor und b = 4 Saatschutzbehandlungen als Kleinparzellenfaktor angelegt. Die Großparzellen sind in n = 4 Blöcken zu je a = 4 Großparzellen zusammengefaßt. Zielgröße ist der Ertrag. Quelle: Steel und Torrie (1980), S. 384.

6.6.4.1 Modell und F-Tests

Daten. Die Struktur der Beobachtungen erfassen wir durch die Notation

y_{ijk} , i = 1,2,...,a, j = 1,2,...,b, k = 1,2,...,n (n ≥ 2) , N = abn.

Dabei ist y_{ijk} die Beobachtung der Zielvariablen auf der j-ten Kleinparzelle der i-ten Großparzelle im k-ten Block.

6.6 Versuchsplanung – spezielle Randomisationsstrukturen

Split-Plot Anlage mit fixen Effekten (6.69)

$Y_{ijk} = \mu + bl_k + \alpha_i + G_{ik} + \beta_j + \gamma_{ij} + \varepsilon_{ijk}$

$\mu \in \mathbb{R}$: Allgemeinmittel,
$\alpha_i \in \mathbb{R}$: Effekt des Großparzellen-Faktors A auf Stufe i, i = 1,2,....,a
$\beta_j \in \mathbb{R}$: Effekt des Kleinparzellen-Faktors B auf Stufe j, j = 1,2,...,b
$\gamma_{ij} \in \mathbb{R}$: Wechselwirkung zwischen der i-ten Stufe
   von A und der j-ten Stufe von B,
$bl_k \in \mathbb{R}$: Effekt des k-ten Blocks, k = 1,...,n.
G_{ik} : Unabhängige $N(0,\sigma_G^2)$-verteilte Fehlerzufallsvariablen,
   die Varianzkomponente σ_G^2 heißt Großparzellenvarianz.
ε_{ijk} : Unabhängige $N(0,\sigma_\varepsilon^2)$-verteilte Fehlerzufallsvariablen,
   die Varianzkomponente σ_ε^2 heißt Kleinparzellenvarianz.

Bemerkungen. 1. Wir verwenden die Summen (Σ)-Restriktionen

$$\sum_{i=1}^{a} \alpha_i = \sum_{j=1}^{b} \beta_j = \sum_{k=1}^{n} bl_k = 0, \qquad (6.70)$$

$$\sum_{j=1}^{b} \gamma_{ij} = 0,\ i = 1,2,...,a, \quad \sum_{i=1}^{a} \gamma_{ij} = 0,\ j = 1,2,...,b\text{-}1.$$

2. In obigem Modell werden die Beobachtungen y_{ijk} als Realisationen der entsprechenden (zum Teil korrelierten) normalverteilten Zufallsvariablen Y_{ijk} betrachtet. Es gilt:

$$\text{Var}(Y_{ijk}) = \sigma_G^2 + \sigma_\varepsilon^2, \quad \text{cov}(Y_{ijk}, Y_{itk}) = \sigma_G^2,\ j \neq t. \qquad (6.70a)$$

3. In gewissen Fällen kann es angebracht sein, den Blockfaktor als zufälligen Faktor anzusehen. Dann muß das Modell (6.69) analog zum zweifaktoriellen gemischten Modell (6.50) modifiziert werden. Die noch zu entwickelnden globalen F-Tests und Tukey-Tests zur Prüfung der entsprechenden Hypothesen über Groß- und Kleinparzelleneffekte werden von dieser Modifikation nicht berührt. Deshalb wollen wir darauf an dieser Stelle nicht näher eingehen.

Hypothesen. In der Regel sollen folgende Hypothesen getestet werden:

$H_{0\alpha}: \alpha_1 = \alpha_2 = ... = \alpha_a = 0$, $H_{0\beta}: \beta_1 = \beta_2 = ... = \beta_b = 0$, $H_{0\gamma}: \gamma_{ij} \equiv 0$.

Quadratsummenzerlegung. Die technische Durchführung dieser Tests wird als Split-Plot-Auswertung bezeichnet, man benötigt dazu eine spezielle Quadratsummenzerlegung der Totalquadratsumme:

$$SS\_CTotal = SS\_Block + SS\_A + SS\_ErrorA + \\ + SS\_B + SS\_A*B + SS\_ErrorB.$$

Quadratsummenzerlegung - Analysis of Variance (6.71)

Quelle Source	Freiheitsgr. Degrees of Freed.(DF)	Quadratsummen Sum of Squares (SS)	Erwartete Mittelquadrate Expected Mean Squares E(MS)
Block	$n-1$	$ab\sum_{k=1}^{n}(\bar{y}_{..k}-\bar{y}_{...})^2$	$\sigma_\varepsilon^2 + b\sigma_G^2 + \frac{ab}{n-1}\sum bl_k^2$
A	$a-1$	$bn\sum_{j=1}^{b}(\bar{y}_{i..}-\bar{y}_{...})^2$	$\sigma_\varepsilon^2 + b\sigma_G^2 + \frac{nb}{a-1}\sum \alpha_i^2$
ErrorA	$(n-1)(a-1)$	$b\sum_{i=1}^{a}\sum_{k=1}^{n}(\bar{y}_{i.k}-\bar{y}_{i..}-\bar{y}_{..k}+\bar{y}_{...})^2$	$\sigma_\varepsilon^2 + b\sigma_G^2$
B	$b-1$	$an\sum_{j=1}^{b}(\bar{y}_{.j.}-\bar{y}_{...})^2$	$\sigma_\varepsilon^2 + \frac{na}{b-1}\sum \beta_j^2$
A*B	$(a-1)(b-1)$	$n\sum_{i=1}^{a}\sum_{j=1}^{b}(\bar{y}_{ij.}-\bar{y}_{i..}-\bar{y}_{.j.}+\bar{y}_{...})^2$	$\sigma_\varepsilon^2 + \frac{\sum\sum \gamma_{ij}^2}{(a-1)(b-1)}$
ErrorB	$a(b-1)(n-1)$	$\sum_{i=1}^{a}\sum_{j=1}^{b}\sum_{k=1}^{n}(y_{ijk}-\bar{y}_{ij.}-\bar{y}_{i.k}+\bar{y}_{i..})^2$	σ_ε^2
CTotal	$abn-1$	$\sum_{i=1}^{a}\sum_{j=1}^{b}\sum_{k=1}^{n}(y_{ijk}-\bar{y}_{...})^2$	

Dividiert man die Quadratsummen (SS) durch die Freiheitsgrade DF, dann erhält man die entsprechenden Mittelquadrate (MS).

Bezeichnungen: Die Summenformeln für das Gesamtmittel $\bar{y}_{...}$, des Mittels $\bar{y}_{i..}$ der i-ten Stufe von A, des Mittels $\bar{y}_{.j.}$ der j-ten Stufe von B sowie des Mittels $\bar{y}_{ij.}$ der ij-ten Faktorkombination entnimmt man den Bezeichnungen zur Tabelle (6.42). Zusätzlich benötigt man:

$$\bar{y}_{..k} = \frac{1}{ab}\sum_{i=1}^{a}\sum_{j=1}^{b}y_{ijk} \quad \text{Mittel des k-ten Blocks,}$$

$$\bar{y}_{i.k} = \frac{1}{b}\sum_{j=1}^{b}y_{ijk} \quad \text{Mittel der i-ten Stufe von A im k-ten Block.}$$

Ersetzt man die Realisierungen y_{ijk} durch ihre zugehörigen Zufallsvariablen Y_{ijk}, dann sind die in (6.71) auftretenden Quadratsummen SS und

6.6 Versuchsplanung – spezielle Randomisationsstrukturen

Mittelquadrate MS ebenfalls Zufallsvariable. In der letzten Spalte obiger Tabelle sind die erwarteten Mittelquadrate E(MS) für fixe Effekte A und B und unter den angegebenen Summenrestriktionen aufgeführt.

F-Tests. Zur Prüfung der Hypothesen werden gemäß der Struktur der erwarteten Mittelquadrate E(MS) unter den entsprechenden Nullhypothesen zentral F-verteilte Teststatistiken verwendet. Die Entscheidungsvorschriften zu vorgegebenem Niveau α lauten:

$$\text{Ist } F_1 = \frac{\text{MS\_A}}{\text{MS\_ErrorA}} > F_{1-\alpha,\, a-1,\, (n-1)(a-1)}, \quad \text{so verwerfe } H_{0\alpha} \quad (6.72)$$

$$\text{Ist } F_2 = \frac{\text{MS\_B}}{\text{MS\_ErrorB}} > F_{1-\alpha,\, b-1,\, (n-1)a(b-1)}, \quad \text{so verwerfe } H_{0\beta} \quad (6.73)$$

$$\text{Ist } F_3 = \frac{\text{MS\_A}*\text{B}}{\text{MS\_ErrorB}} > F_{1-\alpha,\, (a-1)(b-1),\, (n-1)a(b-1)}, \quad \text{so verwerfe } H_{0\gamma} \quad (6.74)$$

In der Regel wird der Test von $H_{0\alpha}$ eine geringere Güte als die beiden anderen Tests aufweisen, da zum einen für die Erwartungswerte E(MS_ErrorA) > E(MS_ErrorB) gilt, zum anderen für die Freiheitsgrade DF_ErrorA < DF_ErrorB ist.

6.6.4.2 Multiple Vergleiche

Sollen paarweise Vergleiche zwischen den Stufen der beiden Hauptwirkungen A und B durchgeführt werden, dann können bei den vorliegenden balancierten Daten Tukey-Tests gemäß (6.30) auf dem multiplen Niveau α durchgeführt werden.

a) Großparzelleneffekte. Unter Verwendung des Modells (6.69) und der Restriktionen (6.70) läßt sich zeigen, daß für die Zufallsvariable $\bar{Y}_{r..} - \bar{Y}_{t..}$ gilt:

$$E(\bar{Y}_{r..} - \bar{Y}_{t..}) = \alpha_r - \alpha_t, \quad \text{Var}(\bar{Y}_{r..} - \bar{Y}_{t..}) = \frac{2}{bn}(\sigma_\varepsilon^2 + b\sigma_G^2).$$

Das Mittelquadrat $s_A^2 = $ MS_ErrorA mit $(a-1)(n-1)$ Freiheitsgraden ist eine erwartungstreue Schätzung von $\sigma_\varepsilon^2 + b\sigma_G^2$.

Paarweise Vergleiche der Großparzelleneffekte mit Hilfe des Tukey-Tests auf dem multiplen Niveau α führen auf die folgende Entscheidungsvorschrift.

Ablehnung von $H_{0\alpha}^{rt}: \alpha_r - \alpha_t = 0$, $1 \leq r < t \leq a$,

wenn $|\bar{y}_{r..} - \bar{y}_{t..}| > q_{1-\alpha,\, a,\, (a-1)(n-1)} \cdot s_A \sqrt{\frac{1}{bn}}$. (6.75)

b) Kleinparzelleneffekte. Analog läßt sich zeigen, daß für $\bar{Y}_{.r.}-\bar{Y}_{.t.}$ gilt:

$$E(\bar{Y}_{.r.}-\bar{Y}_{.t.}) = \beta_r-\beta_t \,, \qquad \text{Var}(\bar{Y}_{.r.}-\bar{Y}_{.t.}) = \frac{2}{an}\sigma_\varepsilon^2.$$

Das Mittelquadrat $s_B^2 = \text{MS\_ErrorB}$ mit $a(b-1)(n-1)$ Freiheitsgraden ist eine erwartungstreue Schätzung der Kleinparzellenvarianz σ_ε^2. Der Tukey-Test für paarweise Vergleiche der Kleinparzelleneffekte führt auf

Ablehnung von $H_{0\beta}^{rt}$: $\beta_r-\beta_t = 0$, $1 \le r < t \le b$,

falls $|\bar{y}_{.r.}-\bar{y}_{.t.}| > q_{1-\alpha,\,b,\,a(b-1)(n-1)} \cdot s_B\sqrt{\frac{1}{an}}$. (6.76)

Treten signifikante Wechselwirkungen (siehe Test (6.74)) auf, ist zu bedenken, ob überhaupt paarweise Vergleiche der Hauptwirkungen durchgeführt werden sollen, man vergleiche dazu auch die entsprechenden Bemerkungen in Abschnitt 6.4.1. In diesen Fällen sollte man dann paarweise Vergleiche zwischen Kleinparzellenstufen bei fester Großparzellenstufe oder umgekehrt zwischen Großparzellenstufen bei fester Kleinparzellenstufe durchführen.

c) Paarweise Vergleiche bei fester Großparzellenstufe. Beim paarweisen Vergleich zwischen Kleinparzellenstufe r und t bei fester Großparzellenstufe i muß man die Differenz der beiden arithmetischen Mittel $\bar{y}_{ir.}-\bar{y}_{it.}$ beurteilen. Unter Verwendung von Modell (6.69) kann gezeigt werden, daß für die Zufallsvariable $\bar{Y}_{ir.}-\bar{Y}_{it.}$ gilt:

$$E(\bar{Y}_{ir.}-\bar{Y}_{it.}) = \beta_r-\beta_t + \gamma_{ir}-\gamma_{it}, \text{Var}(\bar{Y}_{ir.}-\bar{Y}_{it.}) = \frac{2}{n}\sigma_\varepsilon^2 \,. \quad (6.77)$$

Ersetzt man σ_ε^2 durch die erwartungstreue Schätzung $s_B^2 = \text{MS\_ErrorB}$, dann besitzt die folgende Zufallsvariable eine $t_{a(b-1)(n-1)}$ - Verteilung:

$$\frac{(\bar{Y}_{ir.}-\bar{Y}_{it.})-(\beta_r-\beta_t+\gamma_{ir}-\gamma_{it})}{s_B\sqrt{\frac{2}{n}}} \quad . \quad (6.78)$$

Mit Hilfe von (6.78) lassen sich simultan $m = \frac{1}{2}ab(b-1)$ Hypothesen folgender Form testen:

$H_{0\beta}^{i,rt}$: $\beta_r-\beta_t+\gamma_{ir}-\gamma_{it} = 0$; $1 \le i \le a$, $1 \le r < t \le b$.

Falls $|\bar{y}_{ir.}-\bar{y}_{it.}| > K_\alpha \cdot s_B\sqrt{\frac{2}{n}}$ ist, lehnt man $H_{0\beta}^{i,rt}$ ab. (6.79)

Damit bei Durchführung eines Bonferroni-Tests bzw. Sidak-Tests das multiple Niveau α eingehalten wird, wird $K_\alpha = t_{1-\gamma/2,\,a(b-1)(n-1)}$ mit $\gamma = \alpha/m$ bzw. $\gamma = 1-(1-\alpha)^{1/m}$ gesetzt.
Es ist auch die Verwendung von Tukey-Kramer Tests möglich, hierbei verwendet SAS jedoch $K_\alpha = (1/\sqrt{2})\, q_{1-\alpha,\,ab\cdot(ab-1)/2,\,a(b-1)(n-1)}$.

6.6 Versuchsplanung – spezielle Randomisationsstrukturen

d) Paarweise Vergleiche bei fester Kleinparzellenstufe. Beim paarweisen Vergleich zwischen Großparzellenstufe r und t bei fester Kleinparzellenstufe j muß man die Differenz der beiden arithmetischen Mittel $\bar{y}_{rj.} - \bar{y}_{tj.}$ beurteilen. Unter Verwendung von Modell (6.69) kann gezeigt werden, daß gilt:

$$\bar{Y}_{rj.} - \bar{Y}_{tj.} = \alpha_r - \alpha_t + \gamma_{rj} - \gamma_{tj} + \frac{1}{n}\sum_{k=1}^{n}(G_{rk} - G_{tk} + \varepsilon_{rjk} - \varepsilon_{tjk}) .$$

Insbesondere erhält man hieraus

$$E(\bar{Y}_{rj.} - \bar{Y}_{tj.}) = \alpha_r - \alpha_t + \gamma_{rj} - \gamma_{tj} ,$$
$$\text{Var}(\bar{Y}_{rj.} - \bar{Y}_{tj.}) = \frac{2}{n}(\sigma_\varepsilon^2 + \sigma_G^2). \tag{6.80}$$

Aus der Tabelle (6.71) entnehmen wir $E(S_A^2) = \sigma_\varepsilon^2 + b\sigma_G^2$, $E(S_B^2) = \sigma_\varepsilon^2$. Daraus läßt sich eine erwartungstreue Schätzfunktion für $\sigma_\varepsilon^2 + \sigma_G^2$ konstruieren, nämlich

$$\tilde{S}^2 = \frac{1}{b}\left(S_A^2 + (b-1)S_B^2\right). \tag{6.81}$$

Die Zufallsvariablen $\dfrac{(n-1)(a-1)}{\sigma_\varepsilon^2 + b\sigma_G^2}S_A^2$ und $\dfrac{(n-1)(b-1)a}{\sigma_\varepsilon^2}S_B^2$ sind unabhängig $\chi^2_{(n-1)(a-1)}$- und $\chi^2_{a(n-1)(b-1)}$-verteilt, jedoch ist die Zufallsvariable $\tilde{S}^2$ aus (6.81) nicht mehr exakt χ^2-verteilt, sondern folgt einer gewissen Linearkombination von zwei χ^2-Verteilungen. Die normierte Zufallsvariable

$$X^2 = (\nu \cdot \tilde{S}^2)/(\sigma_\varepsilon^2 + \sigma_G^2)$$

folgt nach Satterthwaite (1946) approximativ einer verallgemeinerten χ^2-Verteilung mit im allgemeinen nichtganzzahligem Freiheitsgrad

$$\nu = \frac{\tilde{S}^4}{\dfrac{1}{(n-1)(a-1)}\left(\dfrac{1}{b}S_A^2\right) + \dfrac{1}{a(n-1)(b-1)}\left(\dfrac{b-1}{b}S_B^2\right)} . \tag{6.82}$$

Es sollen folgende $m = \frac{1}{2}ba(a-1)$ Hypothesen getestet werden:

$$H_{0\alpha}^{j,rt}: \alpha_r - \alpha_t + \gamma_{rj} - \gamma_{tj} = 0, \ (1 \leq j \leq b), \ 1 \leq r < t \leq a.$$

Es können verschiedene simultane Testprozeduren zur Prüfung der Hypothesen verwendet werden. Die Entscheidungsvorschrift lautet:

Falls $|\bar{y}_{rj.} - \bar{y}_{tj.}| > K_\alpha \cdot \tilde{s}\sqrt{\dfrac{2}{n}}$ ist, lehnt man $H_{0\alpha}^{j,rt}$ ab . $\tag{6.83}$

Verwendet man für K_α die Werte
$$K_\alpha = t_{1-\gamma/2,\nu} \text{ mit } \gamma = \alpha/m \text{ bzw. } \gamma = 1 - (1-\alpha)^{1/m}, \qquad (6.84)$$
dann werden approximative t-Tests, korrigiert nach Bonferroni bzw. Sidak, durchgeführt, welche das multiple Niveau α nur approximativ einhalten. Eine weitere Möglichkeit ist die Verwendung von Tukey-Kramer Tests, näheres siehe 6.6.4.3. Alle diese Tests sind wegen ihres approximativen Charakters mit Vorbehalten zu betrachten.

6.6.4.3 Durchführung in SAS – Beispiel 6_7

a) Randomisation. Wir erläutern die Analyse einer Split-Plot Anlage am bereits erwähnten Beispiel 6_7 mit Hafersorten als Großparzellenfaktor (GP) und Saatschutzbehandlungen als Kleinparzellenfaktor (KP). Mit Hilfe der Prozedur PLAN, siehe SAS/STAT User's Guide (1999), können wir die Randomisation durchführen.

Programm

```
PROC PLAN
SEED = 7804193;    /* Anfangswert des Zufallsgenerators */
FACTORS blk = 4    ORDERED
        gp = 4     RANDOM     kp = 4    RANDOM;
RUN;
```

Output (gekürzt)

```
                    The PLAN Procedure
Factor   Select    Levels    Order
blk        4         4       Ordered
gp         4         4       Random
kp         4         4       Random
     blk    gp    -----kp-----     blk    gp    -----kp-----
      1      3    3  2  1  4        2     4    4  2  3  1
             1    2  4  3  1              3    3  4  2  1
             2    3  4  1  2              2    3  1  2  4
             4    1  4  2  3              1    3  1  2  4

      3      4    3  2  4  1        4     2    1  2  4  3
             1    4  1  3  2              1    4  1  3  2
             3    1  4  2  3              3    4  2  1  3
             2    1  2  3  4              4    2  4  1  3
```

Mittels der FACTORS-Anweisung bewirken wir, daß durch die Option blk = 4 ORDERED separat in jedem der vier Blöcke zuerst der Großparzellenfaktor über eine 4-er Zufallspermutation mit Hilfe der Option gp = 4 RANDOM randomisiert wird. Dann wird einzeln innerhalb jeder Großparzelle durch 4-er Zufallspermutationen, die mittels der Option kp = 4 RANDOM erzeugt werden, der Kleinparzellenfaktor randomisiert. Zum Beispiel werden im Block 3 auf den Großparzellen die Hafersorten in der Reihenfolge 4,1,3,2 angebaut. In der 1. Großparzelle dieses Blocks (Anbau von Sorte 4) werden die Saatschutzbehandlungen in der Reihenfolge 3,2,4,1 auf die Kleinparzellen verteilt.

b) Auswertung der Split-Plot Anlage. Im nachfolgenden DATA step werden die Daten nach den Werten der Variablen *sor*, *blk* und *beh* mit Hilfe von drei ineinandergeschachtelten DO ... END-Schleifen klassifiziert und in der SAS-Datei *b6_7* abgelegt. Die Versuchsergebnisse werden also nicht in der Reihenfolge des Randomisationsschemas erfaßt, sondern in diesem Falle (hierarchisch) nach *sor*, *blk* und *beh* sortiert.

DATA step

```
DATA b6_7;
  DO sor = 1 TO 4;      /* Klassifizierungsvariablen: sor, blk, beh */
    DO blk = 1 TO 4;
      DO beh = 1 TO 4;                        /* Zielvariable: */
        INPUT ertrag @@; ertrag = ertrag/10; OUTPUT;  /* ertrag */
      END;
    END;
  END;
  CARDS;
  429 538 495 444 416 585 538 418 289 439 407 283 308 463 394 347
  533 576 598 641 696 696 658 574 454 424 414 441 351 519 454 516
  623 634 645 636 585 504 461 561 446 450 626 527 503 467 503 518
  754 703 688 716 656 673 653 694 540 576 456 566 527 585 510 474
RUN;
```

Man überzeuge sich mit Hilfe der Prozedur PRINT von der Struktur der erzeugten SAS-Datei *b6_7*. Zum Beispiel gehört zu *sor = 1*, *blk = 1*, *beh = 2* die Beobachtung 53.8 und zu *sor = 3*, *blk = 2*, *beh = 4* die Beobachtung 56.1. An dieser Stelle verwenden wir die SAS-Prozedur MIXED, da sie zur Auswertung von Spaltanlagen besser geeignet ist als die Prozedur GLM. PROC MIXED ist dokumentiert in SAS/STAT

User's Guide (1999), S. 2083-2226 sowie in Littel et al. (1996). Auf *b6_7* wird nun die Prozedur MIXED angewendet. Die Option ORDER = DATA in der PROC-Anweisung garantiert, daß die Faktorstufen die im DATA step festgelegte Reihenfolge beibehalten.

PROC step

```
PROC MIXED  DATA = b6_7  ORDER = DATA;
  CLASS blk sor beh;
  MODEL ertrag = blk sor beh sor*beh/DDFM=SATTERTHWAITE;
  RANDOM blk*sor;
  ESTIMATE 'b1-b2 bei s1' beh 1 -1  0  0 sor*beh 1 -1;
  ESTIMATE 'b1-b3 bei s1' beh 1  0 -1  0 sor*beh 1 0 -1;
  ESTIMATE 'b2-b4 bei s1' beh 0  1  0 -1 sor*beh 0 1 0 -1;
  ESTIMATE 's1-s2 bei b1' sor 1 -1  0  0 sor*beh 1 0 0 -1;
  ESTIMATE 's1-s3 bei b1' sor 1  0 -1  0 sor*beh 1 0 0 0 0 0 0 -1;
  LSMEANS sor / PDIFF  ADJUST = TUKEY CL ALPHA = 0.05;
  LSMEANS beh / PDIFF  ADJUST = TUKEY CL ALPHA = 0.05;
RUN;
```

In der CLASS-Anweisung müssen die 3 Klassifizierungsvariablen *blk*, *sor* und *beh* angegeben werden. In der MODEL-Anweisung werden auf der rechten Seite der Modellgleichung nur die fixen Effekte des Modells (6.69) aufgelistet. Die RANDOM-Anweisung enthält den Großparzellenfehler, formal duch die Wechselwirkung *blk*sor* (siehe auch (6.71)) charakterisiert. Die restlichen Anweisungen erläutern wir im entsprechenden Teil des Output.

Output (gekürzt)

```
              The MIXED Procedure                    1
           Class Level Information
         Class    Levels    Values
          blk        4      1 2 3 4
          sor        4      1 2 3 4
          beh        4      1 2 3 4

        Covariance Parameter Estimates
           Cov Parm      Estimate
           blk*sor       12.0970
           Residual      20.3112
```

6.6 Versuchsplanung – spezielle Randomisationsstrukturen

Aus Teil 1 des Output entnehmen wir aus der Spalte 'Estimate' die sog. *REML*-Schätzungen für die Varianzkomponenten σ_ε^2 und σ_G^2, nämlich $s_\varepsilon^2 = Estimate\ Residual = 20.31$ und $s_G^2 = Estimate\ blk*sor = 12.097$. Bei balancierten Daten stimmen die (iterativ) berechneten *RE*stricted *M*aximum *L*ikelihood-Schätzungen mit den aus der Quadratsummenzerlegung (6.71) zu ermittelnden sog. ANOVA-Schätzungen dann überein, wenn die ANOVA-Schätzungen s_ε^2 und s_G^2 nicht negativ sind. Den mathematisch interessierten Leser verweisen wir auf die Monographie von Searle et al. (1992), dort werden die erwähnten Schätzverfahren ausführlich besprochen. Den zusätzlichen Output zur *REML Estimation Iteration History* sowie die *Model Fitting Information for ertrag* unterdrücken wir an dieser Stelle.

		Type 3	Tests of Fixed Effects	2
	Num	Den		
Effect	DF	DF	F Value	Pr > F
blk	3	9	13.79	0.0010
sor	3	9	13.82	0.0010
beh	3	36	2.80	0.0539
sor*beh	3	36	3.21	0.0059

In Teil 2 werden zu den fixen Effekten *blk*, *sor*, *beh* und *sor*beh* die Zähler- und Nenner-Freiheitsgrade (*Num DF* und *Den DF*), die zur Type 3 - Zerlegung gehörenden Werte der F-Statistiken (*F Value*) sowie deren Überschreitungswahrscheinlichkeiten (*Pr > F*) ausgegeben. Die F-Tests für die *blk*- und *sor*-Zeile (siehe (6.72)) sind bereits im Gegensatz zum Output der Prozedur GLM die korrekten Tests der Hypothesen $H_{0bl}: bl_1 = bl_2 = \ldots = bl_n = 0$ und $H_{0\alpha}: \alpha_1 = \alpha_2 = \ldots = \alpha_a = 0$. Die Stufen des Großparzellenfaktors *sor* sind signifikant unterschiedlich, da die Überschreitungswahrscheinlichkeit *Pr > F* von 0.0010 kleiner als das vorgegebene Niveau $\alpha = 0.05$ ist. Aus den beiden letzten Zeilen des Output entnehmen wir die F-Tests gemäß (6.73) und (6.74) der Hypothesen $H_{0\beta}: \beta_1 = \beta_2 = \ldots = \beta_b = 0$ und $H_{0\gamma}: \gamma_{ij} \equiv 0$. Die Überschreitungswahrscheinlichkeiten *Pr>F* sind 0.0539 und 0.0059. Vergleicht man diese mit dem vorgegebenen Niveau $\alpha = 0.05$, dann ergibt sich, daß die Stufen des Kleinparzellenfaktors *beh* nichtsignifikant sind. Dagegen liegen signifikant von 0 verschiedene Wechselwirkungen *sor*beh* vor ($\alpha = 0.05$), deshalb sind paarweise Vergleiche der Hauptwirkungen von fragwürdiger statistischer Bedeutung.

		Estimates			3
Label	Estimate	Standard Errror	DF	t Value	Pr > |t|
b1-b2 bei s1	-14.5750	3.1868	36	-4.57	0.0001
b1-b3 bei s1	-9.8000	3.1868	36	-3.08	0.0040
b2-b4 bei s1	13.3250	3.1868	36	4.18	0.0002

ESTIMATE-Anweisung. Mit Hilfe der sog. ESTIMATE-Anweisung können Kontraste formuliert und geschätzt werden. Solche Kontraste können verwendet werden, um paarweise Vergleiche zwischen Behandlungsstufen bei fester Sortenstufe durchzuführen (siehe (6.79)).

Soll beispielsweise der Kontrast $1 \cdot \beta_2 - 1 \cdot \beta_4 + 1 \cdot \gamma_{12} - 1 \cdot \gamma_{14}$ geschätzt, dessen Standardfehler berechnet und ein t-Test nach (6.79) durchgeführt werden, dann benutzt man folgende Anweisung:

ESTIMATE 'b2-b4 bei s1'   beh 0 1 0 -1   sor*beh 0 1 0 -1 ;

In Hochkommata muß ein bis zu 20 Zeichen langer Text stehen. Die CLASS-Variable *beh* hat 4 Stufen, an der 2. Stelle wird *1*, an der 4. Stelle *-1* eingesetzt. Der Wechselwirkungsfaktor *sor*beh* hat 16 Stufen. Sie treten im DATA step in der Reihenfolge 11,12,13,14, 21,22,23,24,31,...,34,41,...,44 auf. Diese Reihenfolge wird zum einen durch die Option ORDER = DATA der PROC-Anweisung, zum anderen durch die Reihenfolge *sor beh* in der CLASS-Anweisung so beibehalten. Wir müssen deshalb an der 2. Stelle eine *1*, an der 4. Stelle eine *-1* eintragen, sonst lauter Nullen. Stehen ab einer gewissen Stelle nur noch Nullen, können diese auch weggelassen werden.

Es gibt m = 24 solcher paarweiser Vergleiche (je $4 \cdot 3/2 = 6$ für jede Sorte). Soll das globale Niveau $\alpha = 0.05$ einhalten werden, dann darf man nach (6.79) für jeden Einzelvergleich nur $\gamma = 0.05/24 = 0.002083$ zulassen (Bonferroni-Korrektur). Nur 'b1-b2 bei s1' und 'b2-b4 bei s1' sind signifikant. Wir haben 21 dieser paarweisen Vergleiche hier nicht aufgeführt, sie sind alle auf dem multiplen Niveau 0.05 nichtsignifikant. Der Standardfehler des Kontrastes (*Standard Error*) beträgt 3.1868, dies läßt sich ohne weiteres nach (6.78) verifizieren:

$$s_B\sqrt{\tfrac{2}{n}} = \sqrt{2 \cdot \text{MS\_ErrorB}/\ 4} = \sqrt{20.31181/2} = 3.1868 \ .$$

Bei balancierten Daten wie in unserem Falle ist die ANOVA-Schätzung $s_B^2 = \text{MS\_ErrorB}$ identisch mit der REML-Schätzung $s_\varepsilon^2 = 20.31181$, welche also hier eine erwartungstreue Schätzung von σ_ε^2 ist.

6.6 Versuchsplanung – spezielle Randomisationsstrukturen

		Estimates			4
Label	Estimate	Standard Errror	DF	t Value	Pr > |t|
s1-s2 bei b1	-14.8000	4.0254	26.8	-3.68	0.0010
s1-s3 bei b1	-17.8750	4.0254	26.8	-4.44	0.0001

Die hier aufgeführten Kontraste können verwendet werden, um paarweise Vergleiche zwischen Sortenstufen bei fester Behandlungsstufe durchzuführen (siehe (6.83)). Wollen wir beispielsweise den linearen Kontrast $1\cdot\alpha_1 - 1\cdot\alpha_3 + 1\cdot\gamma_{11} - 1\cdot\gamma_{31}$ schätzen, dessen Standardfehler nach (6.82) berechnen und einen t-Test nach (6.83) durchführen, dann verwenden wir die Anweisung:

ESTIMATE 's1-s3 bei b1'   sor 1 0 -1   sor*beh 1 0 0 0 0 0 0 0 -1 ;

Die CLASS-Variable *sor* hat 4 Stufen, an der 1. Stelle wird *1*, an der 3. Stelle *-1* eingesetzt. Der Wechselwirkungsfaktor *sor*beh* hat 16 Stufen, wir müssen an der 1. Stelle *1*, an der 9. Stelle *-1* eintragen und sonst lauter Nullen.

Output 4 liefert (im Gegensatz zum entsprechenden Output der PROC GLM) den Schätzwert des obigen Kontrasts von -17.875 mit der korrekten Standardabweichung (Standard Error) von 4.0254. Den 'Standard Error' erhält man gemäß (6.81) und (6.83) zu

$$\tilde{s}\sqrt{\tfrac{2}{n}} = \sqrt{2/4\cdot[\text{MS\_ErrorA} + (4-1)\text{MS\_ErrorB}]\,/\,4} = 4.02542.$$

Bei multiplem Niveau 0.05 sind bei 24 Paarvergleichen wieder nur die Irrtumswahrscheinlichkeiten $\gamma = \alpha_{\text{bon}} = 0.05/24 = 0.00208$ für jeden Einzelvergleich zugelassen, wenn Bonferroni-korrigierte t-Tests durchgeführt werden sollen. Die Option DDFM = SATTERTHWAITE bewirkt die Verwendung der approximativen Freiheitsgrade nach (6.82). Die *approximative* Grenzdifferenz nach (6.83) ergibt sich mittels (6.84) zu

$$t_{1-0.00104,\,26.8}\cdot\tilde{s}\sqrt{\tfrac{2}{4}} = 3.40835\cdot 4.02542 = 13.72.$$

Das t-Quantil wird durch folgendes Programm geliefert:

```
DATA quantil;
  t_quan= TINV(1-0.00104, 26.8); RUN;
PROC PRINT DATA=quantil; RUN;
```

Übersteigt eine Paardifferenz betragsmäßig diese Grenze, liegt Signifikanz vor auf dem (nur approximativ eingehaltenen) multiplen Niveau $\alpha = 0.05$. Dieser Test ist mit Vorbehalten zu betrachten!

In den beiden LSMEANS-Anweisungen des Programms bewirken die Optionen ADJUST=TUKEY PDIFF, daß im folgenden Teil 5 des Output alle paarweisen Sortenvergleiche mit Hilfe des Tukey-Tests nach (6.75) mit korrektem Großparzellenfehlerterm MS_ErrorA sowie alle paarweisen Behandlungsvergleiche nach (6.76) durchgeführt werden. Die zusätzlichen Optionen CL und ALPHA=0.05 veranlassen, daß die Resultate in Form von 0.95-Vertrauensintervallen aufgelistet werden. Der folgende Output ist an etlichen Stellen gekürzt.

		Differences of Least Squares Means						5
					Standard			
Effect	sor	beh	_sor	_beh	Estimate	Error	DF	t Value	Pr > |t|
sor	1		2		-10.9500	2.9304	9	-3.74	0.0046
sor	1		3		-11.8500	2.9304	9	-4.04	0.0029
sor	1		4		-18.6125	2.9304	9	-6.35	0.0001
sor	2		3		-0.9000	2.9304	9	-0.31	0.7657
sor	2		4		-7.6625	2.9304	9	-2.61	0.0280
sor	3		4		-6.7625	2.9304	9	-2.31	0.0464
beh		1		2	-4.5125	1.59339	36	-2.83	0.0075
beh		1		3	-2.4375	1.59339	36	-1.53	0.1348
beh		1		4	-1.5375	1.59339	36	-0.96	0.3410
beh		2		3	2.0750	1.59339	36	1.30	0.2011
beh		2		4	2.9750	1.59339	36	1.87	0.0700
beh		3		4	0.9000	1.59339	36	0.56	0.5757

Adjustment	Adj P	Alpha	Lower	Upper	Adj Low	Adj Upp
Tukey	0.0200	0.05	-17.5791	-4.3209	-20.0982	-1.8018
Tukey	0.0127	0.05	-18.4791	-5.2209	-20.9982	-2.7018
Tukey	0.0006	0.05	-25.2416	-11.9834	-27.7607	-9.4643
Tukey	0.9893	0.05	-7.5291	5.7291	-10.0482	8.2482
Tukey	0.1069	0.05	-14.2916	-1.0334	-16.8107	1.4857
Tukey	0.1673	0.05	-13.3916	-0.1334	-15.9107	2.3857
Tukey-Kramer	0.0362	0.05	-7.7440	-1.2810	-8.8039	-0.2211
Tukey-Kramer	0.4308	0.05	-5.6690	0.7940	-6.7289	1.8539
Tukey-Kramer	0.7700	0.05	-4.7690	1.6940	-5.8289	2.7539
Tukey-Kramer	0.5675	0.05	-1.1565	5.3065	-2.2164	6.3664
Tukey-Kramer	0.2600	0.05	-0.2565	6.2065	-1.3164	7.2664
Tukey-Kramer	0.9418	0.05	-2.3315	4.1315	-3.3914	5.1914

6.6 Versuchsplanung – spezielle Randomisationsstrukturen

Output 5 wird am Beispiel des Vergleichs der beiden Sortenmittel 1 und 2 erklärt. Die beobachtete Differenz *(Estimate)* der Sortenmittel 1 und 2 *(sor1 _ sor2)* beträgt -10.95, der Standardfehler *(Standard Error)* dieser Differenz hat den Wert 2.9304. Unter $H_{0\alpha}^{12}: \alpha_1-\alpha_2 = 0$ folgt die Zufallsvariable T einer t-Verteilung mit 9 *(DF)* Freiheitsgraden, siehe (6.75). Der berechnete t-Wert *(t Value)* von -3.74 führt auf eine Überschreitungswahrscheinlichkeit *(Pr>|t|)* von 0.0046 und damit zur Signifikanz auf dem univariaten Niveau *(Alpha)* 0.05. Das univariate 0.95-Vertrauensintervall zur Differenz $\alpha_1-\alpha_2$, basierend auf der t_9-Verteilung, besitzt die untere Grenze *(Lower)* -17.5791 und die obere Grenze *(Upper)* -4.3209. Zu allen anderen Sorten- und Behandlungsdifferenzen sind aus den entsprechenden Spalten und Zeilen des Output die beobachteten Differenzen, die Standardfehler, die univariaten Überschreitungswahrscheinlichkeiten der t-Tests und die univariaten 0.95-Vertrauensintervalle zu entnehmen. Sollen jedoch multiple Tests nach Tukey bzw. Tukey-Kramer gemäß (6.75) und (6.76) auf dem multiplen Niveau $\alpha = 0.05$ durchgeführt werden, dann dürfen nicht die univariaten Werte *(Pr>|t|)* mit $\alpha = 0.05$ verglichen werden, sondern die multiplen Überschreitungswahrscheinlichkeiten *(Adj P)*. Für den speziellen Vergleich *(sor1 _ sor2)* ergibt dies ein *Adj P* von 0.0200. Mit Hilfe des folgenden SAS-Codes können die *Adj P*-Werte auch direkt berechnet werden.

```
DATA tuk;                      /* Beispiel SOR1_SOR2 */
   t = -3.74; df = 9; sturange = abs(t)*SQRT(2); a=4;
   p_adj = 1 - PROBMC('RANGE', sturange, . , df, a); RUN;
PROC PRINT DATA=tuk; RUN;
```

Der Output liefert p_adj = 0.019854 = 0.02 (auf 2 Dezimalen genau). Die unteren und oberen Grenzen entsprechender simultaner 0.95-Vertrauensintervalle gemäß (6.75), (6.76) liest man aus den Spalten *Adj Low* und *Adj Upp* ab. Für den Vergleich *(sor1 _ sor2)* erhält man ein *Adj Low* von -20.0982 und die obere Grenze *Adj Upp* von -1.8018. Die multiplen Tukey-Tests und simultane 0.95-Vertrauensintervalle zu den restlichen Vergleichen sind aus dem Output 5 zu entnehmen.

Bemerkung. Mit Hilfe der LSMEANS-Anweisung in PROC MIXED
     LSMEANS sor*beh / PDIFF ADJUST=TUKEY ALPHA = 0.05 ;
lassen sich insgesamt ab(ab-1)/2 = 120 paarweise Vergleiche der Gestalt sor*beh_rs gegen sor*beh_r's' (r,s,r',s' = 1,...,4) durchführen, jedoch durchgehend basierend auf 'Tukey-Quantilen' der Form $q_{0.95,16,36}$, die Satterthwaite-Korrektur wird also nicht berücksichtigt.

6.7 Unbalancierte Daten

Bei mehrfaktoriellen Varianzanalysen gehen wir üblicherweise davon aus, daß für jede Faktorkombination gleich viele Beobachtungen vorliegen. Wir sprechen dann von *balancierten* Daten. Ist dies nicht der Fall, spricht man von *unbalancierten* Daten.

Liegen Beobachtungsreihen vor, dann hat der Experimentator häufig nicht direkt Einfluß darauf, wieviele Beobachtungen auf einer Faktorkombinationsstufe (Zelle) anfallen. Hier muß in der Regel mit unbalancierten Daten mit eventuell sehr stark schwankenden Zellbesetzungszahlen gerechnet werden. Aber auch bei Experimenten, die balanciert geplant werden, können durch den Ausfall von Beobachtungen (Fehlstellen) Unbalanciertheiten auftreten. Hierbei gibt es auch noch graduelle Unterschiede. Man unterscheidet zwischen Versuchen, bei denen in jeder Zelle mindestens eine Beobachtung vorliegt und solchen, bei denen auch leere Zellen auftreten können.

In dem hier gesteckten Rahmen können wir dieses Thema nur anreißen und die Problematik nicht allgemein abhandeln. Tiefergehende Kenntnisse über die Theorie der linearen Modelle, insbesondere eine gewisse Vertrautheit mit der linearen Algebra und Matrizenrechnung sind dazu Grundvoraussetzung.

Wir wollen uns zunächst anhand der zweifachen Kreuzklassifikation mit Wechselwirkungen mit dem Problem unbalancierter Daten befassen, wobei jedoch alle Zellen belegt sein sollen. Hierbei werden drei verschiedene Typen von Quadratsummen eingeführt und deren Eigenschaften diskutiert. Anschließend gehen wir auf simultane Paarvergleiche von sogenannten *adjustierten Erwartungswerten* ein. Danach erörtern wir die Vorgehensweise bei Auftreten von leeren Zellen und gehen dabei auf die Typ IV-Quadratsummenzerlegung ein.

Die Auswertung unbalancierter, mehrfaktorieller Versuche erfolgt mit Hilfe der SAS-Prozedur GLM.

Dem mathematisch orientierten Leser empfehlen wir die Monographie von Searle (1987), die eine ausschließliche Betrachtung unbalancierter Daten und deren Auswertung über lineare Modelle enthält. Vor allem an Anwendungen interessierte Leser verweisen wir auf Milliken und Johnson (1992). Bei Freund et al. (1991), Kapitel 4 findet man Hinweise zur Analyse unbalancierter Daten mit Hilfe der Prozedur GLM.

6.7.1 Zweifaktorielle Kreuzklassifikation, unbalancierte Daten, keine leeren Zellen

In Abschnitt 6.4 haben wir die Analyse von kreuzklassifizierten zweifaktoriellen Versuchen bei balancierten Daten betrachtet. Liegen zwei Faktoren A und B vor, die jeweils fest vorgegebene Stufen annehmen, dann verwenden wir in Analogie zu (6.40) ein zweifaktorielles Modell mit fixen Effekten. Die Struktur der Daten erfassen wir durch

$$y_{ijk}, \quad i=1,2,\ldots,a, \quad j=1,2,\ldots,b, \quad k=1,2,\ldots,n_{ij}. \tag{6.85}$$

Dabei bedeutet y_{ijk} die k-te Beobachtung der Zielvariablen auf der i-ten Stufe von A und der j-ten Stufe von B. Liegt für die Faktorkombination ij keine Beobachtung vor, ist $n_{ij} = 0$.

6.7.1.1 Modell

Vorerst wollen wir Daten auswerten, die in jeder Zelle mindestens eine Beobachtung aufweisen ($n_{ij} > 0$).

Zweifaktorielles Modell mit fixen Effekten (6.86)

$Y_{ijk} = \mu_{ij} + \varepsilon_{ijk}$, $i=1,2,\ldots,a, j=1,2,\ldots,b, \quad k=1,2,\ldots,n_{ij}$ (>0).

$\mu_{ij} \in \mathbb{R}$: Unbekannte Erwartungswerte der Zellen ij,
ε_{ijk} : unabhängige, $N(0,\sigma^2)$-verteilte Zufallsvariablen für alle i, j, k.

Überparametrisierung: $\mu_{ij} = \mu + \alpha_i + \beta_j + \gamma_{ij}$.
$\mu \in \mathbb{R}$: Allgemeinmittel,
$\alpha_i \in \mathbb{R}$ bzw. $\beta_j \in \mathbb{R}$: feste Haupteffekte auf der i-ten bzw. j-ten Stufe,
$\gamma_{ij} \in \mathbb{R}$: feste Wechselwirkungen zwischen der i-ten Stufe von A und der j-ten Stufe von B.

Die ausführlichen Modellannahmen und die Bedeutung der Modellparameter sind (6.40) zu entnehmen. Der wesentliche Unterschied zu (6.86) besteht darin, daß die Zellbelegungszahlen n_{ij} verschieden sein können. Häufig wird im überparametrisierten Modell mit den sogenannten Σ-*Restriktionen* der Parameter gearbeitet. Zur besseren Unterscheidung werden in diesem Falle die Bezeichnungen $\dot\alpha_i$, $\dot\beta_j$ und $\dot\gamma_{ij}$ verwendet.

$$\sum_{i=1}^{a}\dot\alpha_i = 0, \quad \sum_{j=1}^{b}\dot\beta_j = 0, \quad \sum_{i=1}^{a}\dot\gamma_{ij} = 0, \; j=1,2,\ldots,b, \tag{6.87}$$

$$\sum_{j=1}^{b}\dot\gamma_{ij} = 0, \quad i=1,2,\ldots,a-1.$$

Vorläufige Quadratsummenzerlegung. Faßt man das Modell (6.86) als einfaktorielles Modell mit $a \cdot b$ Faktorstufen auf, dann erhält man in Analogie zu (6.3) folgende vorläufige Zerlegung:

Quadratsummenzerlegung - Analysis of Variance   (6.88)

Quelle Source	Freiheitsgrade Degrees of Freedom (DF)	Quadratsummen Sum of Squares (SS)	Erwartete Mittelquadrate Expected Mean Squares E(MS)
Model	$ab-1$	$\sum\limits_{i=1}^{a}\sum\limits_{j=1}^{b} n_{ij}(\bar{y}_{ij.}-\bar{y}_{...})^2$	$\sigma^2 + \dfrac{\sum\limits_{i}\sum\limits_{j} n_{ij}(\mu_{ij}-\bar{\mu})^2}{ab-1}$
Error	$N-ab$	$\sum\limits_{i=1}^{a}\sum\limits_{j=1}^{b}\sum\limits_{k=1}^{n_{ij}} (y_{ijk}-\bar{y}_{ij.})^2$	σ^2
CTotal	$N-1$	$\sum\limits_{i=1}^{a}\sum\limits_{j=1}^{b}\sum\limits_{k=1}^{n_{ij}} (y_{ijk}-\bar{y}_{...})^2$	

Mittels Division der Quadratsummen (SS) durch die Freiheitsgrade (DF) erhält man die entsprechenden Mittelquadrate (MS).

Bezeichnungen:

$$n_{i.} = \sum_{j=1}^{b} n_{ij}\,,\quad n_{.j} = \sum_{i=1}^{a} n_{ij}\,,\quad N = n_{..} = \sum_{i=1}^{a}\sum_{j=1}^{b} n_{ij},$$

$\bar{\mu} = \dfrac{1}{N}\sum\limits_{i=1}^{a}\sum\limits_{j=1}^{b} n_{ij}\mu_{ij}$ gewichtetes Mittel der μ_{ij},

$\bar{y}_{...} = \dfrac{1}{N}\sum\limits_{i=1}^{a}\sum\limits_{j=1}^{b}\sum\limits_{k=1}^{n_{ij}} y_{ijk}$ Mittel aller Beobachtungen,

$\bar{y}_{i..} = \dfrac{1}{n_{i.}}\sum\limits_{j=1}^{b}\sum\limits_{k=1}^{n_{ij}} y_{ijk}$ Mittel der i-ten Stufe von A,

$\bar{y}_{.j.} = \dfrac{1}{n_{.j}}\sum\limits_{i=1}^{a}\sum\limits_{k=1}^{n_{ij}} y_{ijk}$ Mittel der j-ten Stufe von B,

$\bar{y}_{ij.} = \dfrac{1}{n_{ij}}\sum\limits_{k=1}^{n_{ij}} y_{ijk}$ Mittel der ij-ten Zelle (Behandlung).

6.7 Unbalancierte Daten

Aus obiger Quadratsummenzerlegung entnimmt man insbesondere eine erwartungstreue Schätzung der Modellvarianz σ^2, nämlich

$$s^2 = \mathrm{MS\_Error} = \frac{1}{N-ab} \sum_{i=1}^{a} \sum_{j=1}^{b} \sum_{k=1}^{n_{ij}} (y_{ijk} - \bar{y}_{ij.})^2 \;. \tag{6.89}$$

Ersetzt man die Beobachtungen durch ihre entsprechenden Zufallsvariablen, dann ist unter $H_0: \mu_{11} = \mu_{12} = \ldots = \mu_{1b} = \mu_{21} = \ldots = \mu_{2b} = \ldots = \mu_{ab}$ die Zufallsvariable $\mathrm{SS\_Model}/\sigma^2$ χ^2_{ab-1}-verteilt und stochastisch unabhängig von der χ^2_{N-ab}-verteilten Zufallsvariablen $\mathrm{SS\_Error}/\sigma^2$.

Unter der Hypothese H_0 besitzt folgende Zufallsvariable eine $F_{ab-1,N-ab}$-Verteilung:

$$F = \frac{\mathrm{MS\_Model}}{\mathrm{MS\_Error}} = \frac{\frac{1}{ab-1} \sum_{i=1}^{a} \sum_{j=1}^{b} n_{ij}(\bar{Y}_{ij.} - \bar{Y}_{...})^2}{\frac{1}{N-ab} \sum_{i=1}^{a} \sum_{j=1}^{b} \sum_{k=1}^{n_{ij}} (Y_{ijk} - \bar{Y}_{ij.})^2} \;.$$

Die Entscheidungsvorschrift des Tests von H_0 zum Niveau α lautet:

Ist $F > F_{1-\alpha,ab-1,N-ab}$, dann verwerfe H_0. \hfill (6.90)

In der Regel ist diese Nullhypothese jedoch sachlich nicht relevant. Bei einer zweifaktoriellen Analyse wollen wir in erster Linie getrennt Hypothesen über die Haupteffekte α_i und β_j sowie über die Wechselwirkungen γ_{ij} testen. Hierzu ist eine weitergehende Aufspaltung der Modell-Quadratsumme SS_Model in die drei Quadratsummen SS_A, SS_B und SS_A*B vorzunehmen.

Bei balancierten Daten ist diese Aufspaltung gemäß (6.42) auf eine sehr anschauliche und eindeutige Art und Weise möglich, vgl. Searle (1987), S. 12. Liegen hingegen unbalancierte Daten vor, dann gibt es verschiedene (in der SAS-Prozedur GLM vier) Typen von möglichen Zerlegungen der Modellquadratsumme SS_Model.

6.7.1.2 Beispiel 6_8 und R-Notation

Wir wollen zunächst anhand eines einfachen Beispiels mit unbalancierten Daten die Probleme aufzeigen, die bei der Analyse der Daten auftreten und anschließend allgemeine Quadratsummen mit Hilfe der sogenannten *R-Notation* definieren.

Beispiel 6_8. Die beiden Faktoren A und B besitzen jeweils 2 Stufen, jedoch sind die Besetzungszahlen der Zellen unterschiedlich, nämlich $n_{11}=n_{12}=n_{21}=2, n_{22}=1$, der Gesamtstichprobenumfang ist damit $N = 7$. Für die Stichprobenumfänge der Stufen von A und B erhält man: $n_1. = n_{11} + n_{12} = 4$, $n_2. = n_{21} + n_{22} = 3$, $n_{.1} = n_{11} + n_{21} = 4$, $n_{.2} = 3$.

Beobachtungen: Faktor B

	$j = 1$	$j = 2$	$\bar{y}_{i..}$
Faktor A $i = 1$	7 9	4 8	$\bar{y}_{1..} = 7 = \frac{1}{4}(7+9+4+8)$
$i = 2$	6 4	6	$\bar{y}_{2..} = 5.333 = \frac{1}{3}(6+4+6)$
$\bar{y}_{.j.}$	6.5	6	$\bar{y}_{...} = 6.2857 = \frac{1}{7}(4 \cdot 7 + 3 \cdot 5.333)$

(6.91)

Erwartungswert $E(\bar{Y}_{1..} - \bar{Y}_{2..})$. Es soll an diesem Beispiel gezeigt werden, daß im Gegensatz zu balancierten Daten einfache Differenzen von Gruppenmittelwerten nicht auf Schätzungen der entsprechenden Funktionen der Modellparameter führen.

Für die Erwartungswerte folgender Mittelwerte erhält man:

$$E(\bar{Y}_{1..}) = \mu + \alpha_1 + \tfrac{1}{2}(\beta_1 + \beta_2) + \tfrac{1}{2}(\gamma_{11} + \gamma_{12}),$$

$$E(\bar{Y}_{2..}) = \mu + \alpha_2 + \tfrac{1}{3}(2\beta_1 + \beta_2) + \tfrac{1}{3}(2\gamma_{21} + \gamma_{22}), \quad (6.92)$$

$$E(\bar{Y}_{1..} - \bar{Y}_{2..}) = \alpha_1 - \alpha_2 + \tfrac{1}{6}(-\beta_1 + \beta_2) + \tfrac{1}{6}(3\gamma_{11} + 3\gamma_{12} - 4\gamma_{21} - 2\gamma_{22}).$$

Im Falle balancierter Daten (z.B. für $n_{ij} \equiv 2$) würde man erhalten:

$$E(\bar{Y}_{1..} - \bar{Y}_{2..}) = \alpha_1 - \alpha_2 + \tfrac{1}{2}(\gamma_{11} + \gamma_{12} - \gamma_{21} - \gamma_{22}). \quad (6.93)$$

Bei balancierten Daten enthält der Erwartungswert der Differenz $\bar{Y}_{1..} - \bar{Y}_{2..}$ der beiden Gruppenmittel des Faktors A die Effekte des Faktors B nicht. Verwendet man keine Restriktionen, dann sind auch im balancierten Fall die Hauptwirkungen mit den Wechselwirkungseffekten gemäß (6.93) stets vermengt, jedoch in einer 'ausgewogenen' Art und Weise mit gleichen Gewichten (hier $\tfrac{1}{2}$). Unter den Σ-Restriktionen (6.87) erhält man im balancierten Fall

$$E(\bar{Y}_{1..} - \bar{Y}_{2..}) = \dot{\alpha}_1 - \dot{\alpha}_2. \quad (6.94)$$

Die restringierten Wechselwirkungseffekte $\dot{\gamma}_{ij}$ heben sich also gegenseitig auf und es wird durch $\bar{y}_{1..} - \bar{y}_{2..}$ die Effektdifferenz $\dot{\alpha}_1 - \dot{\alpha}_2$ geschätzt.

6.7 Unbalancierte Daten

Bei unbalancierten Daten hingegen enthält der Erwartungswert der Differenz $\bar{Y}_{1..}-\bar{Y}_{2..}$ des Faktors A sowohl Effekte des Faktors B und (auch unter den Σ-Restriktionen) noch Wechselwirkungseffekte, wie man aus (6.92) entnehmen kann. Somit ist ersichtlich, daß die anschauliche Methode, Differenzen von Gruppenmittelwerten zu bilden, hier nicht auf Schätzungen der Differenzen der entsprechenden Modellparameter führen, sondern daß deren Erwartungswerte in der Regel noch durch andere Modellparameter 'verschmutzt' sind. Für das Testen von Hypothesen bedeutet dieser Sachverhalt, daß man beispielsweise die Teststatistik zur Prüfung der Nullhypothese $H_0: \dot{\alpha}_1-\dot{\alpha}_2 = 0$ beziehungsweise der Hypothese $H_0: \alpha_1-\alpha_2+\frac{1}{2}(\gamma_{11}+\gamma_{12}-\gamma_{21}-\gamma_{22}) = 0$ nicht ohne weiteres auf der folgenden Quadratsumme aufbauen kann:

$$\sum_{i=1}^{a} n_i \cdot (\bar{y}_{i..} - \bar{y}_{...})^2 = \sum_{i=1}^{a} n_i \cdot \bar{y}_{i..}^2 - N\bar{y}_{...}^2 \tag{6.95}$$

R-Notation. Wir müssen, um sachlich relevante Hypothesen testen zu können, allgemeinere Quadratsummen als solche von der Art (6.95) definieren. Man kann aus (7.38) entnehmen, daß sich im linearen Modell $\mathbf{Y} = \mathbf{X}\beta + \varepsilon$ in Matrizenschreibweise - wie etwa bei Searle (1987), Kapitel 8 beschrieben - die unkorrigierte Quadratsumme SS_Model in der Form $R(\beta) = \hat{\beta}'\mathbf{X}'\mathbf{y}$ schreiben läßt. Dies gilt auch für Modelle mit einer Designmatrix $\mathbf{X}$, die nicht vollen Spaltenrang hat, vgl. Searle (1987), S. 259. Wir wollen diese allgemeine Definition der R-Notation hier nur zur Kenntnis nehmen und für das Modell (6.86) in einfacher Form angeben. Dazu passen wir den Daten schrittweise Modelle mit immer mehr Modellparametern an.

Modellgleichung	Modellquadratsumme in R-Notation (6.96)
(M1) $E(Y_{ijk}) = \mu$	$R(\mu) = N\bar{y}_{...}^2$
(M2) $E(Y_{ijk}) = \mu + \alpha_i$	$R(\mu,\alpha) = \sum_{i=1}^{a} n_i \cdot \bar{y}_{i..}^2$
(M3) $E(Y_{ijk}) = \mu + \beta_j$	$R(\mu,\beta) = \sum_{j=1}^{b} n_{\cdot j} \bar{y}_{\cdot j.}^2$
(M4) $E(Y_{ijk}) = \mu + \alpha_i + \beta_j$	$R(\mu,\alpha,\beta) = \sum_{i=1}^{a} n_i \cdot \bar{y}_{i..}^2 + \mathbf{r}'\mathbf{C}^{-1}\mathbf{r}$
(M5) $E(Y_{ijk}) = \mu + \alpha_i + \beta_j + \gamma_{ij}$	$R(\mu,\alpha,\beta,\gamma) = \sum_{i=1}^{a} \sum_{j=1}^{b} n_{ij} \bar{y}_{ij.}^2$

Bei der Berechnung von $R(\mu,\alpha,\beta)$ benötigt man die Matrizenrechnung. Der (b-1)-dimensionale Vektor $\mathbf{r'} = [r_1, r_2, ..., r_{b-1}]$ und die $(b-1) \times (b-1)$ Matrix $\mathbf{C} = (c_{jj'})$ sind folgendermaßen definiert:

$$r_j = n_{\cdot j} \, \bar{y}_{\cdot j \cdot} - \sum_{i=1}^{a} n_{ij} \, \bar{y}_{i \cdot \cdot} \,, \quad j = 1, 2, ..., b-1$$

$$c_{jj} = n_{\cdot j} - \sum_{i=1}^{a} \frac{n_{ij}^2}{n_{i \cdot}} \,, \quad c_{jj'} = -\sum_{i=1}^{a} \frac{n_{ij} \, n_{ij'}}{n_{i \cdot}} \,, \quad j, j' = 1, 2, ..., b-1 \; (j \neq j').$$

Mit $R(\alpha|\mu) = R(\mu,\alpha) - R(\mu)$ wird der Zuwachs der Modellquadratsumme bezeichnet, wenn obiges Modell (M2) mit den Parametern μ und α_i nach Modell (M1), das nur den Parameter μ enthält, angepaßt wird. Eine äquivalente Interpretation ist, $R(\alpha|\mu)$ als *Reduktion* (deshalb auch die Bezeichnung $R(\cdot)$) in der Fehlerquadratsumme des Modells (M2) gegenüber (M1) anzusehen.

Weiterhin benötigen wir Quadratsummen wie $R(\beta|\mu) = R(\mu,\beta) - R(\mu)$, außerdem $R(\beta|\mu,\alpha) = R(\mu,\alpha,\beta) - R(\mu,\alpha)$, $R(\alpha|\mu,\beta) = R(\mu,\alpha,\beta) - R(\mu,\beta)$ sowie $R(\gamma|\mu,\alpha,\beta) = R(\mu,\alpha,\beta,\gamma) - R(\mu,\alpha,\beta)$. Die letzte Quadratsumme gibt den Anstieg der Modellquadratsumme wieder, wenn zusätzlich noch der Effekt γ nach den bereits sich im Modell befindlichen Effekten μ,α,β angepaßt wird.

R-Notation am Beispiel 6_8. Der Leser kann als Übungsaufgabe leicht nachvollziehen, daß man für die Beobachtungen des Zahlenbeispiels (6.91) folgende Werte erhält: $R(\mu) = 276.57143$, $R(\mu,\alpha) = 281.33333$, $R(\mu,\beta) = 277.00000$, $R(\mu,\alpha,\beta,\gamma) = 286.00000$.

Die quadratische Form $\mathbf{r'C^{-1}r}$ ergibt mit dem hier 1-dimensionalen Vektor $r_1 = \frac{4}{3}$ und der (1×1)-Matrix $c_{11} = \frac{5}{3}$ den Wert $\frac{4}{3} \cdot (\frac{5}{3})^{-1} \cdot \frac{4}{3} = 1.06667$. Damit erhält man $R(\mu,\alpha,\beta) = 282.40000$.

Mit Hilfe der R-Notation läßt sich auch die vorläufige Quadratsummenzerlegung (6.88) darstellen. Berechnet man noch die Quadratsumme

$$\text{SS\_UTotal} = \sum_{i=1}^{a} \sum_{j=1}^{b} \sum_{k=1}^{n_{ij}} y_{ijk}^2 = 298.0000,$$

dann gilt gemäß (6.88) und (6.96):

SS_Model = $R(\alpha,\beta,\gamma|\mu) = R(\mu,\alpha,\beta,\gamma) - R(\mu) = 286 - 276.5714 = 9.4286$.
SS_Error = SS_UTotal $- R(\mu,\alpha,\beta,\gamma) = 298 - 286$ = 12.0000.
SS_CTotal = SS_UTotal $- R(\mu) = 298 - 276.5714$ = 21.4286.

6.7.1.3 Typ I-Quadratsummenzerlegung

Mit der Einführung der R-Notation haben wir eine geeignete Darstellungsart der bei unbalancierten Daten verwendeten verschiedenen Typen von Quadratsummenzerlegungen zur Hand. Da wir zur Auswertung die SAS-Prozedur GLM verwenden, halten wir uns in der Terminologie weitgehend an die Bezeichnungen aus SAS/STAT User's Guide (1999). Wir wollen in tabellarischer Form die Aufspaltung der Quadratsumme SS_Model in Typ I-Quadratsummen auflisten, mit deren Hilfe man die aufgeführten Hypothesen testen kann, vgl. Searle (1987), Tabelle 9.1.

Quelle	Typ I SS	Getestete Hypothesen	(6.97)
A	$R(\alpha\|\mu)$	$H_0: \alpha_1 + \sum_{j=1}^{b} \frac{n_{1j}}{n_{1\cdot}}(\beta_j+\gamma_{1j}) = \ldots = \alpha_a + \sum_{j=1}^{b} \frac{n_{aj}}{n_{a\cdot}}(\beta_j+\gamma_{aj})$	
B	$R(\beta\|\mu,\alpha)$	$H_0: \sum_{i=1}^{a} n_{ij}(\beta_j+\gamma_{ij}) = \sum_{i=1}^{a}\sum_{t=1}^{b} \frac{n_{ij}\,n_{it}}{n_{i\cdot}}(\beta_t+\gamma_{it})$, $j=1,2,\ldots,b$	
A*B	$R(\gamma\|\mu,\alpha,\beta)$	$H_0: \gamma_{ij}-\gamma_{ij'} = \gamma_{i'j}-\gamma_{i'j'}$ für alle i, j, i', j'	

Mit Hilfe der unter der jeweiligen Hypothese F-verteilten Teststatistiken

$$F_1 = \frac{\frac{1}{a-1}R(\alpha|\mu)}{\frac{1}{N-ab}SS\_Error}, \quad F_2 = \frac{\frac{1}{b-1}R(\beta|\mu,\alpha)}{\frac{1}{N-ab}SS\_Error}, \quad F_3 = \frac{\frac{R(\gamma|\mu,\alpha,\beta)}{(a-1)(b-1)}}{\frac{1}{N-ab}SS\_Error} \qquad (6.98)$$

lassen sich die in (6.97) aufgeführten Hypothesen testen, zu SS_Error vgl. (6.88). Die Hypothesen sind für unrestringierte Parameter formuliert. Auch wenn man die Σ-Restriktionen verwendet, testen sowohl F_1 und F_2 Hypothesen, die in der Regel sachlich nicht relevant sind.

Typ I-Quadratsummen am Beispiel 6_8. Der Leser möge nachvollziehen, daß sich für das Zahlenbeispiel (6.91) folgende Zerlegung ergibt:

Quelle Source	Freiheits- grad DF	Quadrat- summe Type I SS	Getestete Hypothesen	(6.99)
a	1	4.7619	$H_0: \alpha_1-\alpha_2 + \frac{1}{6}(-\beta_1+\beta_2)$ $+ \frac{1}{6}(3\gamma_{11}+3\gamma_{12}-4\gamma_{21}-2\gamma_{22}) = 0$	
b	1	1.0667	$H_0: \beta_1-\beta_2+\frac{3}{5}(\gamma_{11}-\gamma_{12})+\frac{2}{5}(\gamma_{21}-\gamma_{22})=0$	
a*b	1	3.6000	$H_0: \gamma_{11}-\gamma_{12}-\gamma_{21}+\gamma_{22} = 0$	

Die drei Quadratsummen $R(\alpha|\mu)$, $R(\beta|\mu,\alpha)$, $R(\gamma|\mu,\alpha,\beta)$ addieren sich zu SS_Model = 9.4286 auf. Auch unter Verwendung der Σ-Restriktionen enthält die Hypothese zum Faktor A noch β- und γ-Effekte, sie ist außerdem identisch mit H_0: $E(\bar{Y}_{1..} - \bar{Y}_{2..}) = 0$, siehe (6.92). Die Hypothese zum Faktor B enthält noch γ-Effekte, nur die Hypothese zur Wechselwirkung A*B vereinfacht sich mit den Σ-Restriktionen zu H_0: $\dot{\gamma}_{ij} = 0$ für alle i,j. Im Abschnitt 6.7.1.6 werden wir die Typ I-Zerlegung mit Hilfe der Prozedur GLM berechnen.

Eigenschaften der Typ I-Quadratsummen. Folgende Eigenschaften gelten nicht nur für eine zweifache Kreuzklassifikation, sondern allgemeiner auch für mehrfaktorielle Versuche:

1. Die Quadratsummen Typ I SS (einschließlich SS_Error) addieren sich zur Totalquadratsumme SS_CTotal auf. Wir sprechen auch von einer sequentiellen Zerlegung, da die Typ I Quadratsummen (beispielsweise bei einer 2-fachen Klassifikation $R(\alpha|\mu)$, $R(\beta|\mu,\alpha)$ und $R(\gamma|\mu,\alpha,\beta)$) dadurch entstehen, daß schrittweise jeweils eine zusätzliche Parametergruppe in das Modell aufgenommen und dann Differenzen entsprechender Modellquadratsummen gebildet werden, vgl. (6.96). Diese Zerlegung wird häufig verwendet bei hierarchischen Varianzanalysen.

2. Die als Zufallsvariablen aufgefaßten Quadratsummen SS sind untereinander stochastisch unabhängig.

3. Die Quadratsummenzerlegung hängt von der Reihenfolge der Effekte ab, wie sie in der MODEL-Anweisung der SAS-Prozedur GLM aufgeführt sind. Die Aufspaltung in anderer Reihenfolge - SS_Model = = $R(\beta|\mu)+R(\alpha|\mu,\beta)+R(\gamma|\mu,\alpha,\beta)$ - führt auf eine andere Zerlegung. Außerdem müssen die Hypothesen für die Faktoren A und B modifiziert werden. Man erhält sie im wesentlichen aus den Hypothesen (6.97) durch Vertauschen von α- und β-Effekten.

4. Die Quadratsumme zu einem Effekt ist um die in der MODEL-Anweisung voranstehenden Effekte *bereinigt*, aber nicht bereinigt um die nachfolgenden Effekte. Beispielsweise ist die Quadratsumme $R(\beta|\mu,\alpha)$ um die Effekte μ,α bereinigt, im Erwartungswert dieser Quadratsumme tauchen nur die Effekte β (und γ), aber nicht μ und α auf.

5. In die Hypothesen über Effekte gehen die Zellhäufigkeiten ein.

6. Im balancierten Fall ist die Typ I-Zerlegung mit der klassischen Quadratsummenzerlegung (Prozedur ANOVA) identisch.

6.7.1.4 Typ II - Quadratsummen

Wir geben anhand der zweifachen Kreuzklassifikation in tabellarischer Form die Typ II - Quadratsummen und die mit deren Hilfe getesteten Hypothesen an, vgl. Searle (1987), S. 343.

Quelle	Typ II SS	Getestete Hypothesen	(6.100)
a	$R(\alpha\|\mu,\beta)$	$H_0: \sum_{t=1}^{b} n_{it}(\alpha_i+\gamma_{it}) = \sum_{r=1}^{a}\sum_{t=1}^{b} \frac{n_{it}\,n_{rt}}{n \cdot t}(\alpha_r+\gamma_{rt})$, i=1,2,..,a	
b	$R(\beta\|\mu,\alpha)$	$H_0: \sum_{r=1}^{a} n_{rj}(\beta_j+\gamma_{rj}) = \sum_{r=1}^{a}\sum_{t=1}^{b} \frac{n_{rj}\,n_{rt}}{n_r}(\beta_t+\gamma_{rt})$, j=1,2,..,b	
a∗b	$R(\gamma\|\mu,\alpha,\beta)$	$H_0: \gamma_{ij}-\gamma_{ij'} = \gamma_{i'j}-\gamma_{i'j'}$ für alle i,j,i',j'	

Die Quadratsumme SS_Error mit den Freiheitsgraden (N-ab) ist (6.88) bzw. (6.89) zu entnehmen. Mit Hilfe der unter der jeweiligen Hypothese zentral F-verteilten Teststatistiken

$$F_1 = \frac{\frac{1}{a-1}R(\alpha|\mu,\beta)}{\frac{1}{N-ab}SS\_Error},\, F_2 = \frac{\frac{1}{b-1}R(\beta|\mu,\alpha)}{\frac{1}{N-ab}SS\_Error},\, F_3 = \frac{\frac{R(\gamma|\mu,\alpha,\beta)}{(a-1)(b-1)}}{\frac{1}{N-ab}SS\_Error} \quad (6.101)$$

lassen sich die oben aufgeführte Hypothesen testen.

Die Hypothesen in (6.100) sind für unrestringierte Parameter formuliert. Auch wenn man die Σ-Restriktionen verwendet, testen sowohl F_1 und F_2 Hypothesen, die in der Regel sachlich nicht relevant sind, da in die Hypothesen die Zellbelegungszahlen n_{ij} eingehen. Die Teststatistik F_3 prüft eine sachlich relevante Hypothese über die Wechselwirkungen.

Typ II - Quadratsummen am Beispiel 6_8.

Quelle Source	Freiheits-grad DF	Quadrat-summe Type II SS	Getestete Hypothesen	(6.102)
a	1	5.40000	$H_0: \alpha_1-\alpha_2+\frac{3}{5}(\gamma_{11}-\gamma_{21})+\frac{2}{5}(\gamma_{12}-\gamma_{22})=0$	
b	1	1.06667	$H_0: \beta_1-\beta_2+\frac{3}{5}(\gamma_{11}-\gamma_{12})+\frac{2}{5}(\gamma_{21}-\gamma_{22})=0$	
a∗b	1	3.60000	$H_0: \gamma_{11}-\gamma_{12}-\gamma_{21}+\gamma_{22}=0$	

Die drei Quadratsummen $R(\alpha|\mu,\beta)$, $R(\beta|\mu,\alpha)$, $R(\gamma|\mu,\alpha,\beta)$ addieren sich *nicht* zu SS_Model = 9.4286 auf. Auch unter Verwendung der Σ-Restriktionen enthalten die Hypothesen zu den Faktoren A und B noch von den Zellhäufigkeiten abhängige γ-Effekte, jedoch nicht mehr den jeweiligen anderen Haupteffekt. Im Abschnitt 6.7.1.6 werden wir die Typ II-Zerlegung mit Hilfe der Prozedur GLM berechnen.

Eigenschaften der Typ II-Quadratsummen. Folgende Eigenschaften gelten nicht nur für eine zweifache Kreuzklassifikation, sondern allgemeiner auch für andere mehrfaktorielle Versuche:

1. Die Quadratsummen SS (einschließlich SS_Error) addieren sich im allgemeinen nicht zur Totalquadratsumme auf.

2. Die als Zufallsvariable aufgefaßten Quadratsummen SS sind, soweit sie den Effekten des Modells zugeordnet werden können (beispielsweise SS_A, SS_B, SS_A*B), im allgemeinen untereinander stochastisch *abhängig*. Jedoch ist die Quadratsumme SS_Error von den zum Modell gehörenden Quadratsummen stochastisch unabhängig.

3. Die Zerlegung hängt nicht von der Reihenfolge der Effekte ab, wie sie in der MODEL-Anweisung der SAS-Prozedur GLM aufgeführt sind.

4. Die Quadratsumme zu einem Effekt ist um alle in der MODEL-Anweisung stehenden anderen Effekte bereinigt, bis auf diejenigen, die den zu testenden Effekt enthalten. Beispielsweise sind die Effekte A, B in der Wechselwirkung A*B enthalten, deshalb ist SS_A um B bereinigt, aber nicht um A*B. Die Typ II-Quadratsummen werden deshalb häufig verwendet bei reinen Haupteffektmodellen und bei Regressionsmodellen, d.h. bei Modellen ohne Wechselwirkungen.

5. Ist ein Effekt in einem anderen Effekt enthalten (z. B. A in A*B), dann ist die Typ II-Hypothese über diesen Effekt abhängig von den Zellhäufigkeiten.

6. Im balancierten Fall ist die Typ II-Zerlegung mit der klassischen Quadratsummenzerlegung, wie sie auch in der SAS-Prozedur ANOVA verwendet wird, identisch.

7. Liegen zwischen den Zellhäufigkeiten n_{ij} Proportionalitäten der Form
$$\frac{n_{ij}}{n_{il}} = \frac{n_{kj}}{n_{kl}}, \quad i,k = 1,2,...,a, \quad j,l = 1,2,...,b \tag{6.103}$$
vor, dann sind die Typ I- und Typ II- Quadratsummen identisch.

6.7.1.5 Typ III - Quadratsummenzerlegung

Wir benötigen hier noch speziellere Quadratsummen, die nur für das speziell Σ-restringierte Modell (6.86) eine Bedeutung haben.

R_Σ- Notation. Die bisher verwendeten Quadratsummen $R(\mu)$, $R(\mu,\alpha)$, $R(\mu,\beta)$, $R(\mu,\alpha,\beta)$, $R(\mu,\alpha,\beta,\gamma)$ und damit auch die Differenzen $R(\alpha|\mu)$, $R(\beta|\mu)$, $R(\beta|\mu,\alpha)$, $R(\gamma|\mu,\alpha,\beta)$ bleiben eindeutig bestimmt und davon unberührt, ob Restriktionen an die Modellparameter gestellt werden oder nicht. Eine Folge der Überparametrisierung des Modells (6.86) in der Form $\mu_{ij} = \mu + \alpha_i + \beta_j + \gamma_{ij}$ ist, daß z. B. ohne Restriktionen gilt:

$$R(\alpha|\mu,\beta,\gamma) = R(\mu,\alpha,\beta,\gamma) - R(\mu,\beta,\gamma) \equiv 0.$$

Unter Verwendung der Σ-Restriktionen (6.87) haben jedoch die entsprechenden R_Σ- Größen einen (in der Regel positiven) Wert:

$$R(\dot\alpha|\dot\mu,\dot\beta,\dot\gamma)_\Sigma = R(\dot\mu,\dot\alpha,\dot\beta,\dot\gamma)_\Sigma - R(\dot\mu,\dot\beta,\dot\gamma)_\Sigma \geq 0 \qquad (6.104)$$
$$R(\dot\beta|\dot\mu,\dot\alpha,\dot\gamma)_\Sigma = R(\dot\mu,\dot\alpha,\dot\beta,\dot\gamma)_\Sigma - R(\dot\mu,\dot\alpha,\dot\gamma)_\Sigma \geq 0.$$

Wir wollen anhand der zweifachen Kreuzklassifikation in tabellarischer Form die Typ III - Quadratsummen und die mit deren Hilfe getesteten Hypothesen (nur gültig für $n_{ij} > 0$) auflisten, vgl. Searle (1987), Tab. 9.3.

Quelle	Typ III SS	Getestete Hypothesen	(6.105a)
A	$R(\dot\alpha|\dot\mu,\dot\beta,\dot\gamma)_\Sigma$	H_0: $\dot\alpha_1 = \dot\alpha_2 = ... = \dot\alpha_a = 0$	
B	$R(\dot\beta|\dot\mu,\dot\alpha,\dot\gamma)_\Sigma$	H_0: $\dot\beta_1 = \dot\beta_2 = ... = \dot\beta_b = 0$	
A*B	$R(\dot\gamma|\dot\mu,\dot\alpha,\dot\beta)_\Sigma$	H_0: $\dot\gamma_{ij} = 0$ für alle i,j.	

Die Quadratsumme SS_Error mit den Freiheitsgraden (N-ab) ist (6.88) bzw. (6.89) zu entnehmen. Mit Hilfe der unter der jeweiligen Hypothese zentral F-verteilten Teststatistiken

$$F_1 = \frac{\frac{1}{a-1}R(\dot\alpha|\dot\mu,\dot\beta,\dot\gamma)_\Sigma}{\frac{1}{N-ab}\text{SS\_Error}}, F_2 = \frac{\frac{1}{b-1}R(\dot\beta|\dot\mu,\dot\alpha,\dot\gamma)_\Sigma}{\frac{1}{N-ab}\text{SS\_Error}}, F_3 = \frac{\frac{R(\dot\gamma|\dot\mu,\dot\alpha,\dot\beta)_\Sigma}{(a-1)(b-1)}}{\frac{1}{N-ab}\text{SS\_Error}} \quad (6.106)$$

lassen sich oben aufgeführte Hypothesen testen. Die Hypothesen in (6.105a) sind für Σ-restringierte Parameter formuliert und sind genau diejenigen, welche wir auch im balancierten Fall (siehe 6.4.1) formuliert und getestet haben. In der Regel werden wir die Typ III-Quadratsummen für die Auswertung von Versuchen ohne leere Zellen verwenden. Treten jedoch leere Zellen ($n_{ij} = 0$) auf, sind auch die Typ III-Hypothesen im allgemeinen sachlich nicht relevant.

Bemerkung. Die Hypothesen aus (6.105a) haben für die unrestringierten Modellparameter folgende Gestalt:

$$H_0: \alpha_1 + \frac{1}{b}\sum_{j=1}^{b}\gamma_{1j} = \alpha_2 + \frac{1}{b}\sum_{j=1}^{b}\gamma_{2j} = \ldots = \alpha_a + \frac{1}{b}\sum_{j=1}^{b}\gamma_{aj}$$

$$H_0: \beta_1 + \frac{1}{a}\sum_{i=1}^{a}\gamma_{i1} = \beta_2 + \frac{1}{a}\sum_{i=1}^{a}\gamma_{i2} = \ldots = \beta_b + \frac{1}{a}\sum_{i=1}^{a}\gamma_{ib} \qquad (6.105\,b)$$

$$H_0: \gamma_{ij} - \gamma_{ij'} = \gamma_{i'j} - \gamma_{i'j'} \quad \text{für alle } i, j, i', j'$$

Typ III-Quadratsummen am Beispiel 6_8. Für das Zahlenbeispiel (6.91) müssen wir noch die Modellquadratsummen $R(\dot\mu,\dot\alpha,\dot\gamma)_\Sigma$ und $R(\dot\mu,\dot\beta,\dot\gamma)_\Sigma$ berechnen. Der fortgeschrittene Leser kann sich mit Hilfe der SAS-Prozedur REG über einen multiplen Regressionsansatz (siehe 7.2) diese Summen beschaffen. Man erhält dann $R(\dot\mu,\dot\alpha,\dot\gamma)_\Sigma = 285.600$ sowie $R(\dot\mu,\dot\beta,\dot\gamma)_\Sigma = 282.400$. In Abschnitt 6.7.1.6 werden wir diese Berechnungen mit Hilfe der Prozedur GLM durchführen.

Quelle Source	Freiheits- grad DF	Quadrat- summe Type III SS	Getestete Hypothesen	(6.107)
a	1	3.60000	$H_0: \dot\alpha_1 - \dot\alpha_2 = 0$	
b	1	0.40000	$H_0: \dot\beta_1 - \dot\beta_2 = 0$	
a*b	1	3.60000	$H_0: \dot\gamma_{11} = \dot\gamma_{12} = \dot\gamma_{21} = \dot\gamma_{22} = 0$	

Die drei Quadratsummen $R(\dot\alpha|\dot\mu,\dot\beta,\dot\gamma)_\Sigma$, $R(\dot\beta|\dot\mu,\dot\alpha,\dot\gamma)_\Sigma$, $R(\dot\gamma|\dot\mu,\dot\alpha,\dot\beta)_\Sigma$ addieren sich nicht zu $SS\_Model = 9.4286$ auf. Unter Verwendung der Σ-Restriktionen enthalten die Hypothesen zu den Faktoren A und B (sowie natürlich auch zu A*B) nur noch diese Effekte selbst.

Eigenschaften der Typ III-Quadratsummen. Folgende Eigenschaften gelten allgemein für mehrfaktorielle Versuche:

1. Die Quadratsummen SS (einschließlich SS_Error) addieren sich im allgemeinen nicht zur Totalquadratsumme auf.

2. Die als Zufallsvariable aufgefaßten Quadratsummen SS sind, soweit sie den Effekten des Modells zugeordnet werden können (beispielsweise SS_A, SS_B, SS_A*B), im allgemeinen untereinander stochastisch

6.7 Unbalancierte Daten

abhängig. Jedoch ist die Quadratsumme SS_Error von den zum Modell gehörenden Quadratsummen stochastisch unabhängig.

3. Die Zerlegung ist von der Reihenfolge der Effekte, wie sie in der MODEL-Anweisung der Prozedur GLM aufgeführt sind, nicht abhängig.

4. Die Quadratsumme zu einem Effekt ist um alle anderen in der MODEL-Anweisung von GLM stehenden Effekte bereinigt, jedoch werden die Σ-Restriktionen der Modellparameter verwendet, siehe (6.87).

5. Typ III-Hypothesen sind nicht von den Zellhäufigkeiten abhängig.

6. Im balancierten Fall gilt Typ I = Typ II = Typ III.

7. In der SAS-Prozedur GLM wird auch noch ein Typ IV (siehe 6.7.3) angeboten. Bei Versuchen, in denen jede Zelle besetzt ist, ist dieser Typ IV stets mit Typ III identisch. Außerdem gilt bei rein kreuzklassifizierten Modellen ohne Wechselwirkungen: Typ II = Typ III = Typ IV.

8. Die Typ III-Zerlegung ist bei Modellen mit nichtleeren Zellen äquivalent zu Yates' Methode der gewichteten Quadratsummen, vgl. Searle (1987), S. 363 und Yates (1934).

6.7.1.6 Durchführung in SAS – Beispiel 6_8 (fortgesetzt)

Wir wollen anhand des Beispiels 6_8 die unterschiedlichen Auswertungsmöglichkeiten unbalancierter Daten mit Hilfe der Prozedur GLM demonstrieren.

Programm

```
DATA b6_8;
 INPUT a b y @@;
 CARDS ;
 1 1 7  1 1 9  1 2 4  1 2 8
 2 1 6  2 1 4  2 2 6
RUN;
PROC GLM DATA = b6_8;
 CLASS a b;
 MODEL y = a b a*b / SS1 SS2 SS3;
RUN; QUIT;
```

Die Typ I, II und III-Quadratsummen erhält man in GLM mit Hilfe der Optionen SS1, SS2 und SS3 der MODEL-Anweisung.

Output (gekürzt)

```
                    The GLM Procedure                           1
                    Class Level Information
                    Class   Levels   Values
                      a        2      1 2
                      b        2      1 2
                    Number of observations  7
Dependent Variable: y
                    Sum of        Mean
Source         DF   Squares       Square        F Value   Pr > F
Model          3    9.42857143    3.14285714    0.79      0.5762
Error          3    12.0000000    4.00000000
Corrected Total 6   21.4285714
```

Teil 1 des Output entnehmen wir die vorläufige Quadratsummenzerlegung nach (6.88), insbesonders das Mittelquadrat MS_Error mit einem Wert von 4.000 und den Freiheitsgraden DF = 3.

```
Dependent Variable: y                                           2
Source    DF   Type I SS      Mean Square    F Value   Pr > F
a         1    4.76190476     4.76190476     1.19      0.3550
b         1    1.06666667     1.06666667     0.27      0.6412
a*b       1    3.60000000     3.60000000     0.90      0.4128

Source    DF   Type II SS     Mean Square    F Value   Pr > F
a         1    5.40000000     5.40000000     1.35      0.3293
b         1    1.06666667     1.06666667     0.27      0.6412
a*b       1    3.60000000     3.60000000     0.90      0.4128

Source    DF   Type III SS    Mean Square    F Value   Pr > F
a         1    3.60000000     3.60000000     0.90      0.4128
b         1    0.40000000     0.40000000     0.10      0.7726
a*b       1    3.60000000     3.60000000     0.90      0.4128
```

Diesem Teil des Output entnehmen wir die drei Typen von Zerlegungen, wie sie bereits in (6.99), (6.102) und (6.107) aufgelistet worden sind. Zur Auswertung verwenden wir Typ III, d.h. die getesteten Hypothesen sind H_0: $\dot{\alpha}_1 - \dot{\alpha}_2 = 0$ und H_0: $\dot{\beta}_1 - \dot{\beta}_2 = 0$. Die Überschreitungswahrscheinlichkeiten $Pr>F$ von 0.4128 für den Faktor A und 0.7726 für Faktor B besagen, daß die Hypothesen auf dem Niveau $\alpha = 0.05$ nicht abgelehnt werden können. Auch die Hypothese H_0: $\dot{\gamma}_{11} = \dot{\gamma}_{12} = \dot{\gamma}_{21} = \dot{\gamma}_{22} = 0$ kann bei einer Überschreitungswahrscheinlichkeit $Pr>F$ von 0.4128 auf dem vorgegebenen Niveau $\alpha = 0.05$ nicht abgelehnt werden.

6.7.2 Paarweise Vergleiche adjustierter Erwartungswerte

Wie schon aus (6.92) zu entnehmen ist, schätzt in unserem Zahlenbeispiel die Differenz der Mittelwerte $\bar{y}_{1..} - \bar{y}_{2..}$ nicht die Σ-restringierten Modellparameter $\dot{\alpha}_1 - \dot{\alpha}_2$, sondern die Linerkombination der Parameter $\dot{\alpha}_1 - \dot{\alpha}_2 - \frac{1}{3}\dot{\beta}_1 + \frac{1}{3}\dot{\gamma}_{11}$. Wir definieren deshalb *adjustierte* Mittelwerte, die *LSMeans* genannt werden und in der Regel sachlich relevante lineare Kontraste schätzen.

Im Modell (6.86) ist es anschaulich plausibel und läßt sich auch formal mit Hilfe der Schätzmethode der kleinsten Quadrate bestätigen, daß die Erwartungswerte μ_{ij} von Zellen mit $n_{ij} > 0$ durch die Zellmittel

$$\bar{y}_{ij.} = \frac{1}{n_{ij}} \sum_{k=1}^{n_{ij}} y_{ijk}$$

eindeutig schätzbar sind, d.h. $\hat{\mu}_{ij} = \bar{y}_{ij.}$. Im Beispiel 6_8 ergeben sich die Schätzungen $\hat{\mu}_{11} = 8$, $\hat{\mu}_{12} = 6$, $\hat{\mu}_{21} = 5$ und $\hat{\mu}_{22} = 6$.

6.7.2.1 Adjustierte Erwartungswerte – LSMeans

Wir führen adjustierte Erwartungswerte ein, die von den ungleichen Besetzungszahlen n_{ij} nicht beeinflußt werden. Man nennt

$$\bar{\mu}_{i.} = \frac{1}{b}\sum_{j=1}^{b}\mu_{ij}, \quad \bar{\mu}_{.j} = \frac{1}{a}\sum_{i=1}^{a}\mu_{ij} \tag{6.108}$$

die *adjustierten Erwartungswerte (Least Square Means)* der Haupteffekte A und B. In Modellen mit nichtleeren Zellen sind dies stets schätzbare Funktionen (siehe 6.7.3.1). Treten leere Zellen auf, dann sind diejenigen adjustierten Erwartungswerte nicht schätzbar, welche eine leere Zelle in ihrer Summe aufweisen würden. Die Darstellung in der üblichen Parametrisierung $\mu_{ij} = \mu + \alpha_i + \beta_j + \gamma_{ij}$ ergibt (nur gültig für $n_{ij} > 0$):

$$\bar{\mu}_{i.} = \mu + \alpha_i + \frac{1}{b}\sum_{j=1}^{b}\beta_j + \frac{1}{b}\sum_{j=1}^{b}\gamma_{ij} \quad \text{für } i = 1,2,...,a. \tag{6.109}$$

$$\bar{\mu}_{.j} = \mu + \beta_j + \frac{1}{a}\sum_{i=1}^{a}\alpha_i + \frac{1}{a}\sum_{i=1}^{a}\gamma_{ij} \quad \text{für } j = 1,2,...,b. \tag{6.110}$$

Mit Hilfe dieser adjustierten Erwartungswerte lassen sich die Hypothesen zu den Hauptfaktoren A und B der Typ III-Quadratsummen (6.105 b) in folgender Form schreiben:

$$H_0: \bar{\mu}_{1.} = \bar{\mu}_{2.} = \ldots = \bar{\mu}_{a.}\,, \qquad H_0: \bar{\mu}_{.1} = \bar{\mu}_{.2} = \ldots = \bar{\mu}_{.b}\,. \qquad (6.111)$$

Schätzungen. Schätzungen $\hat{\bar{\mu}}_{i.}$ und $\hat{\bar{\mu}}_{.j}$ der unbekannten adjustierten Erwartungswerte $\bar{\mu}_{i.}$ und $\bar{\mu}_{.j}$ erhält man anschaulich über folgende ungewichtete Mittelwerte:

$$\hat{\bar{\mu}}_{i.} = \frac{1}{b}\sum_{j=1}^{b}\bar{y}_{ij.}\,, \qquad \hat{\bar{\mu}}_{.j} = \frac{1}{a}\sum_{i=1}^{a}\bar{y}_{ij.}\,. \qquad (6.112)$$

Für die Standardfehler dieser Schätzungen ergibt sich (vgl. Milliken und Johnson (1992)):

$$s_{\hat{\bar{\mu}}_{i.}} = \frac{s}{b}\sqrt{\sum_{j=1}^{b}\frac{1}{n_{ij}}}\,, \qquad s_{\hat{\bar{\mu}}_{.j}} = \frac{s}{a}\sqrt{\sum_{i=1}^{a}\frac{1}{n_{ij}}}\,. \qquad (6.113)$$

Hierbei ist $s = \sqrt{MS\_Error}$ aus (6.89) zu entnehmen.

Für das Beispiel 6_8 erhält man unter Verwendung von $s = 2$, $a = b = 2$ die Schätzungen $\hat{\bar{\mu}}_{1.} = 7$, $\hat{\bar{\mu}}_{2.} = 5.5$, $\hat{\bar{\mu}}_{.1} = 6.5$, $\hat{\bar{\mu}}_{.2} = 6$ und für die Standardabweichungen die Werte $1, \sqrt{1.5}, 1, \sqrt{1.5}$.

Bemerkung. Im Modell (6.86) mit nichtleeren Zellen gilt für obige Schätzfunktionen:

$$\text{cov}(\hat{\bar{\mu}}_{i.}, \hat{\bar{\mu}}_{t.}) = 0, i \neq t\,, \qquad \text{cov}(\hat{\bar{\mu}}_{.j}, \hat{\bar{\mu}}_{.l}) = 0, j \neq l. \qquad (6.114)$$

Bei anderen Modellen verschwinden die Kovarianzen in der Regel nicht, beispielsweise bei einem unbalancierten zweifaktoriellen kreuzklassifizierten Modell ohne Wechselwirkungen. In solchen Modellen stimmt außerdem der Kleinste-Quadrate-Schätzer $\hat{\mu} + \hat{\alpha}_i + \hat{\beta}_j$ für $\mu_{ij} = \mu + \alpha_i + \beta_j$ in der Regel nicht mit $\bar{y}_{ij.}$ überein.

Paarweise Vergleiche. Wir wollen simultane Paarvergleiche zum multiplen Niveau α in Form von Hypothesen $H_0^{rt}: \bar{\mu}_{r.} - \bar{\mu}_{t.} = 0$ durchführen. Diese sind äquivalent zu $H_0^{rt}: \dot{\alpha}_r - \dot{\alpha}_t = 0$, $1 \leq r < t \leq a$. Die Entscheidungsvorschrift der Simultantests zum multiplen Niveau α lautet:

Ist $|\hat{\bar{\mu}}_{r.} - \hat{\bar{\mu}}_{t.}| > K_\alpha \cdot s_{\hat{\bar{\mu}}_{r.} - \hat{\bar{\mu}}_{t.}}$, dann verwerfe H_0^{rt}. $\qquad (6.115)$

Bei unbalancierten Daten kann der Scheffe-Test verwendet werden, hierbei ist $K_\alpha = \sqrt{(a-1)F_{1-\alpha, a-1, N-ab}}$ zu setzen. Unter gewissen

6.7 Unbalancierte Daten

Voraussetzungen - siehe Hochberg und Tamhane (1987), S. 93 - kann auch der Tukey-Kramer-Test verwendet werden, hierbei wird $K_\alpha = (1/\sqrt{2}) \cdot q_{1-\alpha,a,\text{N-ab}}$ gesetzt. Außerdem kann auch mit dem nach Bonferroni oder Sidak korrigierten t-Quantil gearbeitet werden. Den Bonferroni-Test erhält man unter Verwendung von $K_\alpha = t_{1-\gamma,\text{N-ab}}$ mit $\gamma = \alpha/2m$, vgl. (6.25). Nähere Einzelheiten zu multiplen Tests sind Abschnitt 6.2.3 zu entnehmen. Die Standardabweichungen $s_{\hat{\mu}_r - \hat{\mu}_t}$ der Differenzen lassen sich aus (6.113) und (6.114) ermitteln.

Paarweise Vergleiche über die adjustierten Erwartungswertsdifferenzen des Hauptfaktors B lassen sich analog dazu mittels der Nullhypothesen $H_0^{rt}: \bar{\mu}._r - \bar{\mu}._t = 0$, $1 \leq r < t \leq b$ testen.

6.7.2.2 Durchführung in SAS – Beispiel 6_8 (fortgesetzt)

Sowohl Schätzungen als auch paarweise Vergleiche der adjustierten Mittelwerte lassen sich mit Hilfe der Prozedur GLM durchführen. Wir wollen dies anhand des Beispiels 6_8 demonstrieren. Die verwendete SAS-Datei *b6_8* wurde in 6.7.1.6 erzeugt.

Programm

```
PROC GLM DATA = b6_8;
 CLASS a b;
 MODEL y = a b a*b;
 MEANS a b;
 LSMEANS a b / PDIFF STDERR ADJUST = TUKEY ;
 ESTIMATE 'ls_a1' INTERCEPT 1 a 1 0   b .5 .5 a*b .5 .5 0 0 ;
 ESTIMATE 'ls_b2' INTERCEPT 1 a .5 .5 b 0 1 a*b 0 .5 0 .5 ;
 ESTIMATE 'a1-a2' a 1 -1 a*b .5 .5 -.5 -.5 ;
 ESTIMATE 'b1-b2' b 1 -1 a*b .5 -.5 .5 -.5 ;
RUN; QUIT;
```

Da wir einen Teil dieses Programms schon in 6.7.1.6 verwendet haben, wollen wir den ersten Teil des Output hier nicht wiederholen, sondern nur den zusätzlich von den MEANS-, LSMEANS- und ESTIMATE-Anweisungen erzeugten Output.

Gemäß (6.109) ergibt sich beispielsweise der adjustierte Erwartungswert $\bar{\mu}_1.$ bezüglich der 1. Stufe des Faktors A zu:

$$\bar{\mu}_1. = 1 \cdot \mu + 1 \cdot \alpha_1 + 0 \cdot \alpha_2 + \tfrac{1}{2}\beta_1 + \tfrac{1}{2}\beta_2 + \tfrac{1}{2}\gamma_{11} + \tfrac{1}{2}\gamma_{12} + 0 \cdot \gamma_{21} + 0 \cdot \gamma_{22}.$$

Die ESTIMATE-Anweisung, welche zur Schätzung ls_a1 von $\overline{\mu}_1.$ führt, hat deshalb folgende Gestalt:

ESTIMATE 'ls_a1' INTERCEPT 1 a 1 0 b .5 .5 a*b .5 .5 0 0;

In Hochkommata wird ein bis zu 20 Zeichen langer Text verlangt. Die Koeffizienten von INTERCEPT (entspricht μ), sowie der Klassifizierungsvariablen a bzw. b und der Wechselwirkung $a*b$ werden der Formel für $\overline{\mu}_1.$ entnommen. Es ist insbesondere auf die korrekte Reihenfolge der Klassifizierungsstufen (Class Levels) zu achten. Analog formuliert man die drei weiteren Estimate-Anweisungen.

Output (gekürzt)

		The GLM Procedure		1
Level of		------------------y------------------		
a	N	Mean	Std Dev	
1	4	7.00000000	2.16024690	
2	3	5.33333333	1.15470054	
Level of		------------------y------------------		
b	N	Mean	Std Dev	
1	4	6.50000000	2.08166600	
2	3	6.00000000	2.00000000	

Die MEANS-Anweisung bewirkt in Teil 1 des Output die Ausgabe der Gruppenmittel (*Mean*) und der empirischen Standardabweichungen (*Std Dev*) der nichtadjustierten Schätzwerte $\overline{y}_{i..}$ und $\overline{y}_{.j.}$.

		The GLM Procedure		2
		Least Squares Means		
	Adjustment for Multiple Comparisons:		Tukey-Kramer	
			H0: LSMean1=	
a		Standard	H0:LSMEAN=0	LSMean2
	y LSMEAN	Error	Pr > |t|	Pr > |t|
1	7.000000	1.00000000	0.0060	0.4128
2	5.500000	1.22474487	0.0206	
				H0: LSMean1=
b		Standard	H0:LSMEAN=0	LSMean2
	y LSMEAN	Error	Pr > |t|	Pr > |t|
1	6.50000	1.00000000	0.0074	0.7726
2	6.00000	1.22474487	0.0163	

6.7 Unbalancierte Daten

Durch die LSMEANS-Anweisung werden in Output 2 die adjustierten Mittelwerte nach (6.112) berechnet und mit Hilfe der Option STDERR deren Standardfehler nach (6.113). Die Option PDIFF bewirkt die Durchführung paarweiser Vergleiche. Die Option ADJUST=TUKEY erzwingt, daß die Überschreitungswahrscheinlichkeiten $Pr>|T|$ von 0.4128 und 0.7726 über die studentisierte Spannweitenverteilung berechnet werden, siehe Miller (1981). Da sowohl Faktor A als auch B nur zwei Stufen besitzen, sind die hier aufgeführten Tukey-Kramer-Tests mit den gewöhnlichen t-Tests äquivalent. Die Adjustierung wirkt sich erst ab 3 Stufen aus.

Dependent Variable: y				3
Parameter	Estimate	Standard Error	t Value	$Pr > \lvert t \rvert$
ls_a1	7.00000000	1.00000000	7.00	0.0060
ls_b2	6.00000000	1.22474487	4.90	0.0163
a1-a2	1.50000000	1.58113883	0.95	0.4128
b1-b2	0.50000000	1.58113883	0.32	0.7726

In Teil 3 des Output reproduzieren wir mit Hilfe der ersten zwei ESTIMATE-Anweisungen zwei der LSMeans samt Standardfehlern von Output 2. Mit den letzten beiden ESTIMATE-Anweisungen werden die paarweisen Vergleiche aus Output 2 mittels t-Tests durchgeführt und noch die Standardfehler der Differenzen der LSMeans aufgelistet.

6.7.3 Modelle mit leeren Zellen – die Typ IV-Zerlegung

Wir verwenden das Modell (6.88), lassen aber jetzt zu, daß Zellen unbelegt ($n_{ij} = 0$) sein können. Die Modellgleichung lautet:

$$Y_{ijk} = \mu_{ij} + \varepsilon_{ijk}, \quad i = 1,2,...,a, \quad j = 1,2,...,b, \quad k = 1,2,...,n_{ij}. \tag{6.116}$$

Bezeichnet man mit $p \in \mathbb{N}$ die Anzahl der besetzten Zellen, dann ist $p \leq ab$. Die geschätzten Zellmittel sind nur für $n_{ij} > 0$ definiert:

$$\hat{\mu}_{ij} = \bar{y}_{ij.} = \frac{1}{n_{ij}} \sum_{k=1}^{n_{ij}} y_{ijk} . \tag{6.117}$$

In den verwendeten Formeln (6.86) bis (6.106) sind die Freiheitsgrade DF_Model = ab-1 durch p-1, DF_Error = N-ab durch N-p sowie DF_A∗B = (a-1)(b-1) = ab-a-b+1 durch p-a-b+1 zu ersetzen. Insbesondere lassen sich auch die drei verschiedenen Typen von Quadratsummen samt den Tests zu den entsprechenden Hypothesen unter Berücksichtigung dieser Modifikation (a·b ⇒ p) übernehmen. In der Regel werden die Typ III-Hypothesen nicht mehr sachlich relevant sein. Dies wird im folgenden näher erläutert.

Typ III-Quadratsummen im Falle leerer Zellen. In der Typ III-Zerlegung (6.105) hat beispielsweise die Hypothese zum Faktor A nach (6.105 b) bei $n_{ij} > 0$ für die unrestringierten Parameter die Form

$$H_0: \alpha_1 + \frac{1}{b}\sum_{j=1}^{b}\gamma_{1j} = \ldots = \alpha_a + \frac{1}{b}\sum_{j=1}^{b}\gamma_{aj}.$$

Jede der b Wechselwirkungen ist mit dem gleichen Gewicht $\frac{1}{b}$ versehen. Es lassen sich im Falle des Auftretens von leeren Zellen mit den Typ III-Quadratsummen für die Σ-restringierten Parameter zwar weiterhin die Hypothesen

$$H_0: \dot\alpha_1 = \dot\alpha_2 = \ldots = \dot\alpha_a, \quad H_0: \dot\beta_1 = \dot\beta_2 = \ldots = \dot\beta_b, \quad H_0: \dot\gamma_{ij} = 0 \text{ für alle } i,j$$

testen, diese sind jedoch im Falle des Auftretens leerer Zellen in aller Regel keine praktisch relevanten Hypothesen, da die Σ-restringierten Parameter von der Struktur der leeren Zellen abhängen. Deshalb arbeiten wir hier vor allem mit dem unrestringierten überparametrisierten Modell oder direkt mit den Zellen-Erwartungswerten μ_{ij}. Verwendet man die Parametrisierung über die Zellmittel, dann ist die Hypothese $H_0: \dot\alpha_1 = \dot\alpha_2 = \ldots = \dot\alpha_a$ äquivalent zu

$H_0: \bar\mu_{1.} = \bar\mu_{2.} = \ldots = \bar\mu_{a.}$, jedoch nur im Falle $n_{ij} > 0$.

Treten leere Zellen auf, geht diese Äquivalenz verloren, vgl. Searle (1987), S. 367-372 sowie Milliken und Johnson (1992).

Wir werden am Beispiel 6_9 erläutern, daß die Typ III-Quadratsummen bei Auftreten von leeren Zellen Hypothesen testen, die in aller Regel nicht von sachlicher Relevanz sind.

6.7.3.1 Schätzbare Funktionen und testbare Hypothesen

Es ist anschaulich klar, daß alle μ_{ij} mit $n_{ij} > 0$ schätzbar sind. Im Falle überparametrisierter Modelle wollen wir jetzt in formaler Weise auf die Schätzbarkeit von Parametern eingehen. In diesem Abschnitt setzen wir Kenntnisse der Matrizenrechnung voraus (siehe auch 7.2).

Lineares Modell. Wir gehen von dem allgemeinen linearen Modell $Y = X\beta + \varepsilon$ in Matrizenform aus, wie etwa in Searle (1987), Kapitel 7 und 8 beschrieben. Die *Designmatrix* X hat hier in der Regel nicht vol-

6.7 Unbalancierte Daten

len Spaltenrang. Soll der Parametervektor β nach der Methode der kleinsten Quadrate geschätzt werden, dann kann analog zu Abschnitt 7.2 vorgegangen werden. Die Lösung des entsprechenden Minimierungsproblems führt auf die Normalgleichungen $(\mathbf{X'X})\beta = \mathbf{X'y}$. Da $(\mathbf{X'X})$ bei überparametrisierten Modellen nicht vollen Rang hat, haben die Normalgleichungen keine eindeutige Lösung, und damit ist der Parametervektor β nicht eindeutig schätzbar.

Bezeichnet $(\mathbf{X'X})^-$ eine *verallgemeinerte Inverse* von $(\mathbf{X'X})$, dann ist $\beta^0 = (\mathbf{X'X})^-\mathbf{X'y}$ eine nicht eindeutige Kleinste-Quadrate-Schätzung des Parametervektors β im allgemeinen linearen Modell $\mathbf{Y} = \mathbf{X}\beta + \varepsilon$. Nähere Einzelheiten sind Searle (1987), S. 254-259 zu entnehmen.

Schätzbare Funktionen. In linearen Modellen, bei denen die Designmatrix $\mathbf{X}$ nicht vollen Spaltenrang hat, sucht man dann geeignete lineare Funktionen $\mathbf{c'}\beta$ ($\mathbf{c'}$ ist ein Zeilenvektor derselben Dimension wie β) der Modellparameter, die eindeutig schätzbar sind.

Formal lassen sich die *schätzbaren Funktionen* $\mathbf{c'}\beta$ der Parameter dadurch charakterisieren, daß der Zeilenvektor $\mathbf{c'}$ eine Linearkombination der Zeilen der Designmatrix $\mathbf{X}$ sein muß.

Wir betrachten im folgenden eine Menge von k schätzbaren Funktionen der Form $\mathbf{c'_1}\beta, \mathbf{c'_2}\beta, ..., \mathbf{c'_k}\beta$, wobei wir annehmen, daß die Vektoren $\mathbf{c'_1}, \mathbf{c'_2}, ..., \mathbf{c'_k}$ linear unabhängig sind. Unter Verwendung der Matrix $\mathbf{K} = (\mathbf{c_1}, \mathbf{c_2}, ..., \mathbf{c_k})'$ mit Rang$(\mathbf{K})$ = k lassen sich diese schätzbaren Funktionen zusammenfassen zu einer *k-dimensionalen schätzbaren Funktion* $\mathbf{K}\beta$. Die Maximalzahl linear unabhängiger schätzbarer Funktionen ist nach oben durch Rang$(\mathbf{X})$ beschränkt.

Verwendet man die SAS-Prozedur GLM, dann kann man mit Hilfe von Optionen die allgemeine Form der schätzbaren Funktionen sowie die schätzbaren Funktionen vom Typ I, II, III und dem im folgenden eingeführten Typ IV erhalten, vgl. SAS/STAT User's Guide (1999), Kap. 12.

Testbare Hypothesen. Die *k-dimensionale Hypothese* H_0: $\mathbf{K}\beta = \mathbf{0}$ ist *testbar*, falls $\mathbf{K}\beta$ (k = Rang$(\mathbf{K}) \leq$ Rang$(\mathbf{X})$) eine k-dimensionale schätzbare Funktion ist; $\mathbf{0}$ bezeichnet dabei den Nullvektor. Zur Prüfung dieser Hypothese wird folgende, unter H_0 zentral F-verteilte Zufallsvariable mit (k, N-ab) bzw. (k, N-p) Freiheitsgraden verwendet:

$$F = \frac{\frac{1}{k}(\mathbf{K}\hat{\beta})'(\mathbf{K}(\mathbf{X'X})^-\mathbf{K'})^{-1}(\mathbf{K}\hat{\beta})}{S^2}. \tag{6.118}$$

Dabei bedeutet S^2 die in (6.89) angegebene Schätzung der Modellvarianz σ^2. Den Beweis für die Gültigkeit von (6.118) findet der mathematisch interessierte Leser bei Searle (1987), S. 288-292. Dort wird außerdem die Teststatistik (6.118) dahingehend verallgemeinert, daß die Hypothese H_0: $K\beta = t$ (t: beliebiger fester Vektor) getestet werden kann.

6.7.3.2 Typ IV-Quadratsummen

Allgemeines. Die Typ IV-Quadratsummen werden von der SAS-Prozedur GLM selbst erzeugt (siehe Searle (1987), S. 463-465, sowie Freund (1991), S. 178-190) und sind so definiert, daß sie solche Hypothesen testen, die eine gewisse Balance in den Gewichten der Zellmittel μ_{ij} und damit eine anschauliche Bedeutung haben. Welche Hypothesen jedoch getestet werden, hängt von der Konfiguration der leeren Zellen ab. Je nachdem, wie die Faktorstufen von A und B numeriert werden, können dies unterschiedliche Hypothesen mit unterschiedlichen zugehörigen Quadratsummen sein, d.h. diese Vorgehensweise erzeugt in der Regel keine eindeutige Zerlegung. Nähere Einzelheiten sind dem folgenden Abschnitt 6.7.3.3 zu entnehmen.

Jede k-dimensionale Typ IV-Hypothese der Form H_0: $K\beta = 0$ (mit einer geeigneten Matrix K) läßt sich mit Hilfe einer F-verteilten Teststatistik der Gestalt (6.118) prüfen, vgl. Searle (1987), S. 293. Damit man sicher weiß, welche Hypothesen durch die Typ IV-Quadratsummen getestet werden, muß man die Typ IV-schätzbaren Funktionen, welche in der Prozedur GLM unter der Option E4 der MODEL-Anweisung erhältlich sind, näher betrachten.

Empfehlung. Man sollte nicht unbedingt die Typ IV-Quadratsummen verwenden, sondern gezielt selbst mit Hilfe der ESTIMATE- und CONTRAST-Anweisungen für die Auswertung sachlich relevante lineare Kontraste formulieren und testen, vgl. Searle (1987), S. 463-465.

Anhand des folgenden Beispiels wollen wir sowohl auf die (SAS-spezifische) Typ IV-Quadratsummenzerlegung als auch die dadurch getesteten Typ IV-Hypothesen näher eingehen.

6.7.3.3 Typ IV-Zerlegung – Beispiel 6_9

Beispiel 6_9. Wir betrachten ein weiteres einfaches Beispiel einer zweifaktoriellen Kreuzklassifikation, wobei die beiden Faktoren A und B drei bzw. zwei Stufen besitzen, jedoch sei eine Zelle leer ($n_{32} = 0$).

6.7 Unbalancierte Daten

Beobachtungen		
	j=1	j=2
i=1	7 9	4
i=2	6	4 6
i=3	8	–

Erwartungswerte der Zellen		
	j=1	j=2
i=1	μ_{11}	μ_{12}
i=2	μ_{21}	μ_{22}
i=3	μ_{31}	–

(6.119)

Schätzbare Funktionen. Grundsätzlich gilt, daß der Erwartungswert jeder nicht leeren Zelle schätzbar ist. Hier ist also nur μ_{32} nicht schätzbar. Jede lineare Funktion schätzbarer Funktionen ist selbst wieder schätzbar. Die schätzbaren Funktionen (es gibt hier fünf linear unabhängige) haben im Beispiel 6_9 deshalb die Gestalt:

$$c_{11}\mu_{11} + c_{12}\mu_{12} + c_{21}\mu_{21} + c_{22}\mu_{22} + c_{31}\mu_{31}, \quad c_{ij} \in \mathbb{R}. \tag{6.120}$$

Verwendet man $\mu_{ij} = \mu+\alpha_i+\beta_j+\gamma_{ij}$ in (6.120), dann erhält man nach kurzer Zwischenrechnung

$(c_{11}+c_{12}+c_{21}+c_{22}+c_{31})\mu + (c_{11}+c_{12})\alpha_1 + (c_{21}+c_{22})\alpha_2 + c_{31}\alpha_3 + (c_{11}+c_{21}$

$+c_{31})\beta_1 + (c_{12}+c_{22})\beta_2 + c_{11}\gamma_{11} + c_{12}\gamma_{12} + c_{21}\gamma_{21} + c_{22}\gamma_{22} + c_{31}\gamma_{31}$.

Benutzt man die Koeffizienten $L_1 = c_{11}+c_{12}+c_{21}+c_{22}+c_{31}$, $L_2 = c_{11}+c_{12}$, $L_3 = c_{21}+c_{22}$, $L_5 = c_{11}+c_{21}+c_{31}$, $L_7 = c_{11}$, dann gilt beispielsweise $c_{31} = L_1 - L_2 - L_3$. Schreibt man auch die restlichen Konstanten c_{ij} in L-Werte um, dann erhält man folgende allgemeine Form der schätzbaren Funktionen:

$$\begin{aligned}&L_1\mu + L_2\alpha_1 + L_3\alpha_2 + (L_1 - L_2 - L_3)\alpha_3 + L_5\beta_1 + (L_1 - L_5)\beta_2 + \\&L_7\gamma_{11} + (L_2 - L_7)\gamma_{12} + (-L_1 + L_2 + L_3 + L_5 - L_7)\gamma_{21} + \\&(L_1 - L_2 - L_5 + L_7)\gamma_{22} + (L_1 - L_2 - L_3)\gamma_{31}.\end{aligned} \tag{6.121}$$

Dabei sind die 5 Koeffizienten $L_1, L_2, L_3, L_5, L_7 \in \mathbb{R}$ frei wählbar. Wir haben diese Notation gewählt, da mit Hilfe der Option E der MODEL-Anweisung von GLM genau diese Form im Output erscheint.

Soll beispielsweise der Kontrast zwischen α_1 und α_2 ohne Beeinflussung der Effekte μ, β_1 und β_2 geschätzt werden, sind $L_1 = L_5 = 0$ und $L_2 = 1$ sowie $L_3 = -1$ zu setzen. Somit erhält man die schätzbare Funktion

$$\alpha_1 - \alpha_2 + L_7\gamma_{11} + (1 - L_7)\gamma_{12} - L_7\gamma_{21} - (1 - L_7)\gamma_{22}. \tag{6.122}$$

Analog hierzu ergibt sich aus $L_1 = L_5 = 0$, $L_2 = 1$ sowie $L_3 = 0$ der lineare Kontrast zwischen α_1 und α_3 ohne Beeinflussung durch μ, β_1 und β_2 zu:

$$\alpha_1 - \alpha_3 + L_7\gamma_{11} + (1-L_7)(\gamma_{12} + \gamma_{21} - \gamma_{22}) - \gamma_{31}. \tag{6.123}$$

Der entsprechende Kontrast zwischen α_2 und α_3 hat die Gestalt

$$\alpha_2 - \alpha_3 + L_7(\gamma_{11} - \gamma_{12} + \gamma_{22}) + (1-L_7)\gamma_{21} - \gamma_{31}. \tag{6.124}$$

a) Typ IV-schätzbare Funktionen. Eine schätzbare Funktion etwa nach (6.122), (6.123) oder (6.124) heißt nun *Typ IV-schätzbare* Funktion für den Faktor A, wenn die Gewichte der γ_{ij} betragsmäßig gleich (balanciert) sind und nur solche Wechselwirkungen γ_{ij} auftreten, die zu den entsprechenden Stufen der α-Effekte gehören. Im Beispiel (6.122) führt dies auf die Forderung $L_7 = 0$, $L_7 = \frac{1}{2}$, $L_7 = 1$.

$$L_7 = 0 : \alpha_1 - \alpha_2 + \gamma_{12} - \gamma_{22} \tag{6.125}$$

$$L_7 = \tfrac{1}{2} : \alpha_1 - \alpha_2 + \tfrac{1}{2}\gamma_{11} + \tfrac{1}{2}\gamma_{12} - \tfrac{1}{2}\gamma_{21} - \tfrac{1}{2}\gamma_{22} \tag{6.126}$$

$$L_7 = 1 : \alpha_1 - \alpha_2 + \gamma_{11} - \gamma_{21} \tag{6.127}$$

Analog dazu führt dies in (6.123) und in (6.124) auf:

$$L_7 = 1 : \alpha_1 - \alpha_3 + \gamma_{11} - \gamma_{31} \tag{6.128}$$

$$L_7 = 0 : \alpha_2 - \alpha_3 + \gamma_{21} - \gamma_{31} \tag{6.129}$$

Auf diese Weise kommen in unserem Beispiel fünf mögliche Typ IV-schätzbare Funktionen für A zustande. Auf ähnliche Art lassen sich die Typ IV-schätzbaren Funktionen für den Faktor B ableiten.

b) Typ IV-Hypothesen. Setzt man eine Typ IV-schätzbare Funktion gleich 0, erhält man eine *Typ IV-Hypothese*.

Faktor A. Der Faktor A besitzt hier $a = 3$ Stufen. Die Freiheitsgrade DF_A der zugehörigen Quadratsumme SS_A sind $a-1 = 2$. Durch eine *Typ IV-Quadratsumme SS_A* wird eine zweidimensionale Typ IV-Hypothese geprüft, die aus folgender Menge von fünf Typ IV-Hypothesen zwei (linear unabhängige) auswählt.

$$H_0^1: \mu_{11} - \mu_{21} = 0, \quad H_0^2: \mu_{11} - \mu_{31} = 0, \quad H_0^3: \mu_{21} - \mu_{31} = 0,$$
$$H_0^4: \mu_{12} - \mu_{22} = 0, \quad H_0^5: \frac{\mu_{11}+\mu_{12}}{2} - \frac{\mu_{21}+\mu_{22}}{2} = 0. \tag{6.130}$$

Diese Hypothesen lassen sich gemäß $\mu_{ij} = \mu + \alpha_i + \beta_j + \gamma_{ij}$ auf Hypothesen über die Modellparameter $\mu, \alpha_i, \beta_j, \gamma_{ij}$ umschreiben und entsprechen (bis auf die Reihenfolge) den in (6.125) bis (6.129) entwickelten fünf Typ IV-schätzbaren Funktionen.

6.7 Unbalancierte Daten

Beispiele: H_0^1: $\alpha_1 - \alpha_2 + \gamma_{11} - \gamma_{21} = 0$, (siehe (6.127))

H_0^5: $\alpha_1 - \alpha_2 + \frac{1}{2}\gamma_{11} + \frac{1}{2}\gamma_{12} - \frac{1}{2}\gamma_{21} - \frac{1}{2}\gamma_{22} = 0$ (siehe (6.126)).

Die eventuell von der Sache her interessierende Hypothese

H_0^*: $\frac{\mu_{11} + \mu_{12}}{2} - \mu_{31} = 0$ bzw. H_0^*: $\alpha_1 - \alpha_3 + \frac{1}{2}\gamma_{11} + \frac{1}{2}\gamma_{12} - \gamma_{31} = 0$

ist keine Typ IV-Hypothese, da die γ_{ij} ungleiche Gewichte tragen.

Faktor B. Der Faktor B besitzt hier b = 2 Stufen. Die Freiheitsgrade DF_B der zugehörigen Quadratsumme SS_B sind b−1 = 1. Durch eine Typ IV-Zerlegung wird somit eine eindimensionale Hypothese geprüft, die aus folgender Menge von drei Hypothesen stammt. Die entsprechende Begründung erfolgt analog zu den Ausführungen bezüglich Faktor A.

$$H_0^6: \mu_{11} - \mu_{12} = 0, \quad H_0^7: \mu_{21} - \mu_{22} = 0,$$
$$H_0^8: \frac{\mu_{11} + \mu_{21}}{2} - \frac{\mu_{12} + \mu_{22}}{2} = 0. \tag{6.131}$$

Diese Hypothesen lassen sich ebenfalls auf die Modellparameter $\mu, \alpha_i, \beta_j, \gamma_{ij}$ umschreiben.

Beispiele: H_0^6: $\beta_1 - \beta_2 + \gamma_{11} - \gamma_{12} = 0$ und

H_0^8: $\beta_1 - \beta_2 + \frac{1}{2}\gamma_{11} + \frac{1}{2}\gamma_{21} - \frac{1}{2}\gamma_{12} - \frac{1}{2}\gamma_{22} = 0$.

Die eventuell von der Sache her interessierende Hypothese

H_0^+: $\frac{\mu_{11} + \mu_{21} + \mu_{31}}{3} - \frac{\mu_{12} + \mu_{22}}{2} = 0$ bzw.

H_0^+: $\beta_1 - \beta_2 + \frac{1}{3}\gamma_{11} + \frac{1}{3}\gamma_{21} + \frac{1}{3}\gamma_{31} - \frac{1}{2}\gamma_{12} - \frac{1}{2}\gamma_{22} = 0$

ist keine Typ IV-Hypothese, da die γ_{ij} ungleiche Gewichte tragen.

c) Typ IV-Quadratsummen. Wir wollen hier exemplarisch die Typ IV-Quadratsumme zur 2-dimensionalen Typ IV-Hypothese H_0^1: $\mu_{11} - \mu_{21} = 0$, H_0^2: $\mu_{11} - \mu_{31} = 0$ bezüglich des Faktors A berechnen. Diese Hypothese schreiben wir in der Form $\mathbf{K}\beta = \mathbf{0}$ mit geeigneter Matrix $\mathbf{K}$. Das lineare Modell $\mathbf{Y} = \mathbf{X}\beta + \varepsilon$ und die *Hypothesen-Matrix* $\mathbf{K}$ haben für das Beispiel 6_9 folgende spezielle Gestalt:

$\mathbf{y}' = [y_{111}, y_{112}, y_{121}, y_{211}, y_{221}, y_{222}, y_{311}] = [7,9,4,6,4,6,8]$

$\beta' = [\mu_{11}, \mu_{12}, \mu_{21}, \mu_{22}, \mu_{31}]$.

$\mathbf{K} = \begin{bmatrix} 1 & 0 & -1 & 0 & 0 \\ 1 & 0 & 0 & 0 & -1 \end{bmatrix} \quad \mathbf{K}\beta = \begin{bmatrix} \mu_{11} - \mu_{21} \\ \mu_{11} - \mu_{31} \end{bmatrix} \quad \mathbf{0} = \begin{bmatrix} 0 \\ 0 \end{bmatrix}$

Die (7×5)-Designmatrix $\mathbf{X}$ hat hier vollen Spaltenrang 5, die (5×5)-Matrix $\mathbf{X'X}$ ist eine Diagonalmatrix mit den Hauptdiagonalelementen 2,1,1,2 und 1. Da $\mathbf{X'X}$ hier vollen Rang hat, gilt $(\mathbf{X'X})^- = (\mathbf{X'X})^{-1}$.

$$\mathbf{X} = \begin{bmatrix} 1 & 0 & 0 & 0 & 0 \\ 1 & 0 & 0 & 0 & 0 \\ 0 & 1 & 0 & 0 & 0 \\ 0 & 0 & 1 & 0 & 0 \\ 0 & 0 & 0 & 1 & 0 \\ 0 & 0 & 0 & 1 & 0 \\ 0 & 0 & 0 & 0 & 1 \end{bmatrix} \quad (\mathbf{X'X})^- = \begin{bmatrix} .5 & 0 & 0 & 0 & 0 \\ 0 & 1 & 0 & 0 & 0 \\ 0 & 0 & 1 & 0 & 0 \\ 0 & 0 & 0 & .5 & 0 \\ 0 & 0 & 0 & 0 & 1 \end{bmatrix}$$

$$\mathbf{K(X'X)^-K'} = \begin{bmatrix} 1.5 & 0.5 \\ 0.5 & 1.5 \end{bmatrix} \quad \mathbf{K\hat{\beta}} = \begin{bmatrix} 2 \\ 0 \end{bmatrix}$$

Der Schätzvektor $\hat{\beta}'$ besteht aus den Zellmittelwerten $\bar{y}_{11.}, \bar{y}_{12.}, \cdots, \bar{y}_{31.}$. Somit erhält man hier speziell $\hat{\beta}' = (8,4,6,5,8)$.

Damit läßt sich leicht errechnen, daß die zu H_0: $\mathbf{K\beta} = 0$ gehörige Typ IV-Quadratsumme $(\mathbf{K\hat{\beta}})'(\mathbf{K(X'X)^-K'})^{-1}(\mathbf{K\hat{\beta}})$ den Wert 3.00 hat, vgl. hierzu Teil 5 des Output von 6.7.3.4.

6.7.3.4 Durchführung in SAS – Beispiel 6_9

Mit Hilfe der MODEL-Optionen E3, E4, SS3 und SS4 der Prozedur GLM erhält man die allgemeine Form der Typ III- und Typ IV-schätzbaren Funktionen sowie die Quadratsummen vom Typ III und IV.

Programm

```
DATA b6_9;                /* Unbalancierte Daten mit fehlendem */
  INPUT a b y @@;         /* Wert (.) in Zelle 3 2 (leere Zelle)  */
  CARDS;
  1 1 7   1 1 9   1 2 4   2 1 6   2 2 4   2 2 6   3 1 8   3 2 .
  RUN;
PROC GLM DATA = b6_9  ORDER = DATA;
  CLASS a b;
  MODEL y = a b a*b / E3 E4 SS3 SS4 ;
  LSMEANS a b / PDIFF=ALL  STDERR ADJUST=TUKEY;
  ESTIMATE 'lsa1-lsa2'      a 1 -1    a*b .5  .5 -.5 -.5  0;
  ESTIMATE 'b1-b2 bei a=1,2' b 1 -1   a*b .5 -.5  .5 -.5  0;
  CONTRAST 'a1-2, a1-3'     a 1 -1    a*b 1   0  -1  0   0,
                            a 1  0 -1 a*b 1   0   0  0  -1;
RUN; QUIT;
```

Output

		The GLM Procedure		1
		Type III Estimable Functions		
		----------Coefficients----------		
Effect		a	b	a*b
Intercept		0	0	0
a	1	L2	0	0
a	2	L3	0	0
a	3	-L2-L3	0	0
b	1	0	L5	0
b	2	0	-L5	0
a*b	1 1	0.75*L2+0.25*L3	0.5*L5	L7
a*b	1 2	0.25*L2-0.25*L3	-0.5*L5	-L7
a*b	2 1	0.25*L2+0.75*L3	0.5*L5	-L7
a*b	2 2	-0.25*L2+0.25*L3	-0.5*L5	L7
a*b	3 1	-L2-L3	0	0

Die Definition Typ III-schätzbarer Funktionen ist SAS/STAT User's Guide (1999), S. 171-173 zu entnehmen. Im Output 1 wird die allgemeine Form der Typ III-Schätzungen für die Effekte der Faktoren A, B und A*B in Abhängigkeit von allgemeinen Koeffizienten L2, L3, L5 und L7 wiedergegeben. Setzt man L2 = 1, L3 = 0 bzw. L2 = 1, L3 = -1, dann erhält man beispielsweise für den Faktor A die beiden linear unabhängigen Typ III - schätzbaren Funktionen

$$F1 = \alpha_1 - \alpha_3 + \tfrac{1}{4}(3\gamma_{11} + \gamma_{12} + \gamma_{21} - \gamma_{22} - 4\gamma_{31})$$
$$F2 = \alpha_1 - \alpha_2 + \tfrac{1}{2}(\gamma_{11} + \gamma_{12} - \gamma_{21} - \gamma_{22}).$$

Die daraus gebildete 2-dimensionale Hypothese H_0: $F1 = 0, F2 = 0$ hängt über F1 von der Struktur der leeren Zellen ab und ist damit in der Regel keine sachlich sinnvolle Hypothese.

Im folgenden Teil 2 des Output sind die Typ IV-Schätzungen (siehe SAS/STAT User's Guide (1999), S. 173-175) für die Effekte der Faktoren A, B und A*B aufgelistet.

Setzt man in Output 2 L2 = 1, L3 = -1 bzw. L2 = 1, L3 = 0, dann erhält man für den Faktor A die beiden linear unabhängigen Typ IV- schätzbaren Funktionen wie in (6.127) und (6.128):

$$G1 = \alpha_1 - \alpha_2 + (\gamma_{11} - \gamma_{21}), \quad G2 = \alpha_1 - \alpha_3 + (\gamma_{11} - \gamma_{31}),$$

Die entsprechenden Hypothesen in der Form von Zellmitteln lauten

H_0^1: $\mu_{11} - \mu_{21} = 0$, H_0^2: $\mu_{11} - \mu_{31} = 0$, siehe (6.130).

Somit wird mit Hilfe der Typ IV-Quadratsumme SS_A = 3.00, die im später folgenden Output 4 aufgeführt wird, die zweidimensionale Simultan-Hypothese H_0^1, H_0^2 getestet ($F\ Value$= 0.75, $Pr>F$= 0.5714). Diese Quadratsumme haben wir am Ende des letzten Abschnitts direkt berechnet.

		Type IV Estimable Functions		2
		------Coefficients------		
Effect		a	b	a∗b
Intercept		0	0	0
a	1	L2	0	0
a	2	L3	0	0
a	3	-L2-L3	0	0
b	1	0	L5	0
b	2	0	-L5	0
a∗b	1 1	L2	0.5∗L5	L7
a∗b	1 2	0	-0.5∗L5	-L7
a∗b	2 1	L3	0.5∗L5	-L7
a∗b	2 2	0	-0.5∗L5	L7
a∗b	3 1	-L2-L3	0	0

NOTE: Other Type IV estimable functions exist.

Aus Teil 2 des Output ist weiter ersichtlich, daß man durch Wahl von L5 = 1 für den Faktor B folgende Typ IV- schätzbare Funktion erhält:

$$G3 = \beta_1 - \beta_2 + (0.5\gamma_{11} - 0.5\gamma_{12} + 0.5\gamma_{21} - 0.5\gamma_{22}).$$

Die entsprechende Hypothese in der Form von Zellmitteln lautet

H_0^8: $\frac{\mu_{11}+\mu_{21}}{2} - \frac{\mu_{12}+\mu_{22}}{2} = 0$, siehe (6.131).

Mit Hilfe der Typ IV- Quadratsumme SS_B = 8.3333 aus Output 4 wird genau diese Hypothese getestet ($F\ Value = 4.17$, $Pr>F = 0.178$).

6.7 Unbalancierte Daten

Nichteindeutigkeit. Vertauscht man bei der Dateneingabe beispielsweise die Stufen 2 und 3 des Faktors A miteinander, dann werden für den Faktor A andere Typ IV-Hypothesen (mit anderer Typ IV-SS_A) getestet, die jedoch aus der Menge der in (6.130) angegebenen Hypothesen stammen. Welche dies sind, kann dann dem von der Option E4 erzeugten neuen Output entnommen werden, nämlich die zweidimensionale Hypothese der Form

$$H_0^3: \mu_{21} - \mu_{31} = 0, \quad H_0^5: \frac{\mu_{11}+\mu_{12}}{2} - \frac{\mu_{21}+\mu_{22}}{2} = 0.$$

Auf diese Nichteindeutigkeit der Typ IV-Schätzfunktionen wird mit der SAS-Note: *'Other Type IV estimable functions exist'* ausdrücklich hingewiesen.

Wir wollen es dem Leser überlassen, nachzuweisen, daß durch die Vertauschung der Stufen 2 und 3 bei der Dateneingabe im DATA step tatsächlich die Typ IV-Hypothese H_0^3, H_0^5 bezüglich des Faktors A geprüft wird und daß die Typ IV-Quadratsumme SS_A in diesem Falle den Wert 2.0000 hat. Da der Faktor B in unserem Beispiel nur zwei Stufen aufweist, ist unabhängig davon, in welcher Reihenfolge die Daten eingegeben werden, H_0^8 die getestete Typ IV-Hypothese mit der zugehörigen Quadratsumme SS_B =8.3333333.

```
                         The GLM Procedure                      3
Dependent Variable: y
                      Sum of       Mean
Source          DF    Squares      Square       F Value   Pr > F
Model            4    17.42857143  4.35714286   2.18      0.3385
Error            2     4.00000000  2.00000000
Corrected Total  6    21.42857143
         R-Square     Coeff Var    Root MSE     y Mean
         0.813333     22.49885     1.414214     6.28571429
```

Dieser vorläufigen Quadratsummenzerlegung entnehmen wir die Schätzung der Modellvarianz σ^2, nämlich $s^2 =$ MS_Error$= 2.00$ (DF =2).

Mit Hilfe der MODEL-Optionen SS3 und SS4 erhält man in folgendem Output 4 die Typ III- und Typ IV-Quadratsummen. In den Erläuterungen zu den Teilen 1 und 2 des Output sind die Hypothesen bezüglich der Faktoren A und B aufgeführt, welche durch die aufgelisteten F-Tests der Typ III- und IV-Zerlegungen (*F Values* und Überschreitungswahrscheinlichkeiten *Pr>F*) getestet werden.

Source	DF	Type III SS	Mean Square	F Value	Pr > F	4
a	2	0.95384615	0.47692308	0.24	0.8075	
b	1	8.33333333	8.33333333	4.17	0.1780	
a*b	1	3.00000000	3.00000000	1.50	0.3453	

Source	DF	Type IV SS	Mean Square	F Value	Pr > F
a	2*	3.00000000	1.50000000	0.75	0.5714
b	1*	8.33333333	8.33333333	4.17	0.1780
a*b	1	3.00000000	3.00000000	1.50	0.3453

* NOTE: Other Type IV Testable Hypotheses exist which may yield different SS.

Least Squares Means 5
Adjustment for Multiple Comparisons: Tukey-Kramer

a	y LSMEAN	Standard Error	Pr > |t|	LSMEAN Number
1	6.00000000	0.86602540	0.0202	1
2	5.50000000	0.86602540	0.0239	2
3	Non-est	.	.	3

Least Squares Means for effect a
Pr > |t| for H0: LSMean(i)=LSMean(j)

i/j	1	2	3
1	.	0.7226	.
2	0.7226	.	.
3	.	.	.

b	y LSMEAN	Standard Error	Pr > |t|	6
1	7.33333333	0.74535599	0.0102	
2	Non-est	.	.	

Die Angabe der LSMEANS-Anweisung mit den Optionen PDIFF=ALL und STDERR führt auf die Teile 5 und 6 des Output. Diese enthalten Schätzungen der adjustierten Erwartungswerte und deren Standardfehler sowie die Überschreitungswahrscheinlichkeiten *Pr>|t|* nach (6.112) bis (6.115), soweit diese Erwartungswerte überhaupt schätzbar sind und Paardifferenzbildung möglich ist (vgl. H_0^5 in (6.30)). *'Non-est'* bedeutet, daß der entsprechende adjustierte Erwartungswert nicht schätzbar ist.

6.7 Unbalancierte Daten

Da in unserem Beispiel nur der paarweise Vergleich der Stufen 1 und 2 des Faktors A möglich ist, wird durch die Option ADJUST=TUKEY ein Tukey-Test durchgeführt. Dieser stimmt jedoch mit dem t-Test überein, da nur *ein* Paarvergleich durchgeführt wird.

					7
Parameter	Estimate	Standard Error	t Value	Pr > |t|	
lsa1-lsa2	0.500000	1.22474487	0.41	0.7226	
b1-b2 bei a=1,2	2.500000	1.22474487	2.04	0.1780	

Mit Hilfe der ersten ESTIMATE-Anweisung reproduzieren wir den Test der adjustierten Erwartungswerte der ersten beiden Stufen von A (vgl. H_0^5 und Output 5). Die zweite ESTIMATE-Anweisung reproduziert den Test der Hypothese H_0^8, wie er auch in Output 4 durch die Typ IV-Quadratsumme SS_B aufgeführt worden ist.

The GLM Procedure					8
Dependent Variable: y					
Contrast	DF	Contrast SS	Mean Square	F Value	Pr > F
a1-2,a1-3	2	3.00000000	1.50000000	0.75	0.5714

In der CONTRAST-Anweisung haben wir den F-Test der simultanen Hypothese $H_0^2: \mu_{11} - \mu_{31} = 0$, $H_0^1: \mu_{11} - \mu_{21} = 0$ reproduziert, wie er auch in Output 4 durch die Quadratsumme SS_A aufgeführt worden ist.

Bemerkung. Die in (6.130) und (6.131) aufgelisteten theoretisch möglichen Typ IV-Hypothesen bilden im allgemeinen eine Obermenge der von GLM tatsächlich getesteten Typ IV-Hypothesen. Von den fünf Hypothesen bezüglich des Faktors A werden H_0^1, H_0^2, H_0^3 und H_0^5 benutzt. Außerdem wird von den drei Hypothesen bezüglich des Faktors B nur H_0^8 benutzt.

6.7.4 Auswertung mehrfaktorieller Modelle in SAS

Mehrfaktorielle Modelle mit fixen Effekten. Die SAS-Prozedur GLM liefert keine eindeutigen 'Varianzanalysen' zur Auswertung unbalancierter Daten, wie etwa die standardmäßige Durchführung von Tests und paarweisen Vergleichen. Der Anwender muß selbst entscheiden, welcher Typ von Quadratsummen zu wählen ist und sich darüber Klarheit verschaffen, welche Hypothesen damit getestet werden.

Mit den Anweisungen ESTIMATE und CONTRAST und deren Optionen hat man Instrumente an der Hand, selbst von der Sache her sinnvolle (ein- und mehrdimensionale) Hypothesen aufzustellen und zu testen. Hierzu muß man jedoch Kenntnisse darüber haben, wie man testbare Hypothesen zu formulieren hat. Unter Verwendung der Optionen E, E1, E2, E3 und E4 zur MODEL-Anweisung bekommt man Informationen über die verschiedenen Typen schätzbarer Funktionen und damit testbarer Hypothesen. Wird (irrtümlicherweise) versucht, eine nicht schätzbare Funktion mit Hilfe der Anweisung ESTIMATE zu schätzen, macht SAS mittels der Note: *non-est* darauf aufmerksam.

Mit Hilfe der LSMEANS-Anweisung und deren Optionen PDIFF und STDERR können paarweise Vergleiche adjustierter Mittelwerte durchgeführt werden. Die weiteren Optionen ADJUST=[BON | SIDAK | SCHEFFE | TUKEY | DUNNETT] bewirken, daß simultane Vergleiche nach (6.25), (6.27), (6.30) bzw. (6.32) durchgeführt werden. Mit Hilfe der zusätzlichen Option CL können entsprechende simultane Vertrauensintervalle nach (6.26), (6.28), (6.31) bzw. (6.33) ausgegeben werden.

Mehrfaktorielle Modelle mit fixen und zufälligen Effekten. Sind neben dem Fehlerterm noch weitere fixe und zufällige Größen im Modell, können unter Verwendung der RANDOM-Anweisung der Prozedur MIXED (zum Teil nur approximativ gültige) F-Tests zu Global-Hypothesen über die fixen Effekte durchgeführt werden. Ab der SAS-Version 8 stehen in der MODEL-Anweisung der Prozedur MIXED die Optionen DDFM = [SATTERTHWAITE | KENWARDROGER] zur Verfügung. Diese bewirken, daß bei nur approximativ gültigen t- und F-Tests die Nenner-Freiheitsgrade der entsprechenden Testverteilungen geeignet korrigiert werden, um eine bessere Approximationsgüte zu erreichen, näheres siehe SAS STAT User's Guide (1999), S. 2118-2119.

In der LSMEANS-Anweisung der Prozedur MIXED stehen z.B. die Optionen ADJUST= [BON | SIDAK | SCHEFFE | TUKEY], PDIFF, STDERR und CL zur Verfügung, mit deren Hilfe man Standardfehler und Tests über adjustierte Mittelwerte sowie paarweise Vergleiche in Form von simultanen Tests bzw. Vertrauensintervallen berechnen lassen kann. Mit Hilfe der Anweisung ESTIMATE und deren Option CL lassen sich z.B. Vertrauensintervalle von schätzbaren Funktionen ausgeben. Mittels der CONTRAST-Anweisung und deren Optionen besitzt man die Möglichkeit, selbst von der Fragestellung her sinnvolle (ein- und mehrdimensionale) Hypothesen aufzustellen und zu testen.

7 Lineare Regressionsanalyse

Die Regressionsrechnung dient dazu, Zusammenhänge zwischen quantitativen Variablen zu untersuchen. Soll beispielsweise die Abhängigkeit der Verkaufszahlen eines Produkts von seinem Verkaufspreis untersucht werden, dann wird man zur Beschreibung dieses Sachverhaltes keine exakte Funktionsbeziehung, sondern ein *statistisches Modell* verwenden. Das bedeutet, daß eine *abhängige* Variable als Funktion von einer oder mehreren *unabhängigen* Variablen dargestellt werden soll, wobei jedoch eine funktionale Beziehung noch durch *zufällige* Einflüsse überlagert wird.

Zur Beschreibung solcher Abhängigkeiten verwenden wir ein *Regressionsmodell* der Form $Y = g(x_1, x_2, ..., x_m) + \varepsilon$. Dabei bedeutet Y eine Zufallsvariable, $g(x_1, x_2, ..., x_m)$ die funktionale Beziehung zwischen dem Erwartungswert $E(Y)$ und den m unabhängigen Variablen $x_1, ..., x_m$ und ε eine additive Fehlerzufallsvariable mit Erwartungswert $E(\varepsilon) = 0$.

Bei der Aufstellung eines Regressionsmodells für die funktionale Abhängigkeit der auftretenden Variablen sollten vorrangig sachwissenschaftliche Überlegungen und Erfahrungen einfließen. Die allgemeine Form der Funktion g sollte festgelegt werden können bis auf noch dem speziellen Problem anzupassende unbekannte Modellparameter. Hat man keinerlei Vorkenntnisse, dann wird man versuchen, in erster Näherung eine zu den Daten 'passende' möglichst einfache Funktionenklasse vorzugeben.

Liegt die Regressionsfunktion $g(\beta_0, \beta_1, ..., \beta_q; x_1, x_2, ..., x_m)$ bis auf q+1 unbekannte Modellparameter fest, dann geht es zunächst darum, diese Parameter aufgrund vorliegender Beobachtungen zu schätzen. Als Schätzmethode wird hier durchgehend die Methode der kleinsten Quadrate (siehe 4.2.1.1) verwendet. Bereits in 3.2.3 wurden im Rahmen der beschreibenden Statistik lineare und nichtlineare Regressionsanalysen unter Verwendung der Methode der kleinsten Quadrate betrachtet.

In diesem Abschnitt wollen wir uns auf die Klasse der *linearen Modelle* der Form $Y = \beta_0 + \beta_1 x_1 + \beta_2 x_2 + ... + \beta_m x_m + \varepsilon$ beschränken. Wesentlich dabei ist, daß die Modellparameter $\beta_0, \beta_1, \beta_2, ..., \beta_m$ linear in die Regressionsfunktion eingehen, die unabhängigen Variablen können auch in nichtlinearer Form auftreten.

Im Abschnitt 7.1 werden für den Fall der einfachen linearen Regression zunächst die Modellparameter geschätzt. Daran anschließend gehen wir auf die Berechnung von Vertrauensintervallen (-bereichen) und die Durchführung von Tests über die Modellparameter der Regressionfunktion ein. In Abschnitt 7.2 behandeln wir im wesentlichen dieselben Problemstellungen wie in 7.1, jedoch für den Fall der *multiplen* linearen Regression. Die sogenannte *Kovarianzanalyse*, anschaulich gesehen eine Mischung aus Varianz- und Regressionsanalyse, wird im Abschnitt 7.3 behandelt.

Die statistische Auswertung linearer Regressionsmodelle wollen wir mit Hilfe der SAS-Prozedur REG vornehmen. Kovarianzanalytische Auswertungen hingegen müssen mit Hilfe der allgemeineren Prozedur GLM vorgenommen werden, da in der Prozedur REG keine CLASS-Anweisung zur Verfügung steht.

Aus der Vielzahl an Lehrbüchern erwähnen wir Bosch (1998), Draper und Smith (1998), Hartung et al. (1999), Neter et al. (1990), Rawlings (1988), Seber (1977) und Weisberg (1981). Details zur Residuenanalyse kann man Belsley et al. (1980) sowie Cook und Weisberg (1982) entnehmen. SAS-spezifische Einzelheiten findet man im SAS/STAT User's Guide (1999) sowie bei Freund und Littell (1991).

7.1 Einfache lineare Regression

Damit die nachfolgenden theoretischen Ausführungen zur Regressionsanalyse einen anschaulichen Hintergrund aufweisen, wollen wir ein einfaches Beispiel anführen.

Beispiel 7_1. Die Anzahl der Mannstunden y, die benötigt werden, um eine Ersatzteillieferung zu produzieren und zusammenzustellen, hängt von der Größe x der Lieferung ab. Es wurden n = 5 solcher Lieferungen betrachtet und dabei folgendes Datenmaterial erhalten. Die Daten sind so gewählt, daß die entsprechenden Berechnungen leicht nachvollzogen werden können:

x_i	5	10	15	20	25
y_i	22	28	40	48	62

Wir gehen davon aus, daß die benötigte Mannstundenzahl y sich zusammensetzt aus einer von der Größe der Lieferung unabhängigen 'Vorbereitungsstundenzahl' β_0 und einer proportional zur nachgefragten Menge x wachsenden Stundenzahl, wobei für jedes produzierte Ersatzteil β_1

7.1 Einfache lineare Regression

Stunden benötigt werden. Der Zusammenhang zwischen den beiden Variablen soll in geeigneter Weise dargestellt werden.

Fragestellungen wie die hier vorliegende können im Rahmen der folgenden allgemeinen Ausführungen gelöst werden.

Daten. Wir betrachten Experimente, bei denen zwei quantitative Variablen erfaßt werden. Die Beobachtungen der *unabhängigen* bzw. *abhängigen* Variablen erfassen wir durch die zweidimensionale Stichprobe $(x_1,y_1), (x_2,y_2),...,(x_n,y_n)$.

Modell. Es wird angenommen, daß

- die Beziehung zwischen abhängiger und unabhängiger Variabler in einem sinnvoll begrenzten *Gültigkeitsbereich* ($x \in G \subset \mathbb{R}$) der unabhängigen Variablen durch eine *lineare* Funktion $\tilde{y}(x) = \beta_0 + \beta_1 x$ dargestellt wird,
- die Beobachtungen $y_1, y_2, ..., y_n$ als Realisationen von *unkorrelierten* Zufallsvariablen $Y_1, Y_2, ..., Y_n$ aufgefaßt werden können,
- die Varianzen der Zufallsvariablen $Y_1, Y_2, ..., Y_n$ gleich groß sind.

Dann verwendet man folgendes Modell:

Einfaches lineares Regressionsmodell (7.1)

$Y_i = \beta_0 + \beta_1 x_i + \varepsilon_i$, $i = 1, 2, ..., n$.

$\beta_0, \beta_1 \in \mathbb{R}$: Unbekannte Regressionsparameter.

$\varepsilon_1, \varepsilon_2, ..., \varepsilon_n$: Zufallsvariablen mit den Eigenschaften

$E(\varepsilon_i) = 0$, $\text{cov}(\varepsilon_i, \varepsilon_k) = 0$ für alle $i \neq k$,

$\text{Var}(\varepsilon_i) = \sigma^2$ (Homoskedastizität), σ^2 unbekannt.

Bemerkungen. 1. Damit man die Realisationen y_i der Zufallsvariablen Y_i von den unbekannten Ordinaten $\beta_0 + \beta_1 x_i$ der Regressionsfunktion unterscheiden kann, verwenden wir die Bezeichnung $\tilde{y}_i = \beta_0 + \beta_1 x_i$. In einem kartesischen Koordinatensystem mit den Achsen x und y ist das Schaubild der Funktion $\tilde{y} = \beta_0 + \beta_1 x$ eine Gerade mit Achsenabschnitt β_0 und Steigung β_1.

2. Das Modell (7.1) enthält die unbekannten Modellparameter β_0, β_1 und σ^2, die in folgendem Abschnitt mittels der Methode der kleinsten Quadrate geschätzt werden.

7.1.1 Schätzung der Modellparameter

Zunächst sollen aufgrund einer zweidimensionalen Stichprobe mit den Beobachtungen (x_i, y_i), $i = 1,2,\ldots,n$, $n \geq 2$ die beiden Parameter β_0 und β_1 geschätzt werden.

Schätzung von β_0 und β_1. Die Methode der kleinsten Quadrate als Schätzverfahren besagt: Man bestimme die Schätzungen $\hat{\beta}_0$, $\hat{\beta}_1$ so, daß gilt (siehe auch Abschnitt 3.2.3.2):

$$\sum_{i=1}^{n} (y_i - \hat{\beta}_0 - \hat{\beta}_1 x_i)^2 \rightarrow \text{Minimum}.$$

Aus den Lösungen dieses Minimierungsproblems erhalten wir Schätzwerte für β_1 und β_0:

$$\hat{\beta}_1 = \frac{\sum (x_i - \bar{x})(y_i - \bar{y})}{\sum (x_i - \bar{x})^2}, \qquad \hat{\beta}_0 = \bar{y} - \hat{\beta}_1 \bar{x}. \tag{7.2}$$

Dabei bezeichnen $\bar{x} = \frac{1}{n}\sum x_i$ und $\bar{y} = \frac{1}{n}\sum y_i$ wie üblich die arithmetischen Mittelwerte der beiden Variablen.

Bemerkung. Im allgemeinen bezeichnen wir Zufallsvariable mit Großbuchstaben und deren Realisationen mit dem entsprechenden Kleinbuchstaben, eine Ausnahme machen wir bei $\hat{\beta}_0$ und $\hat{\beta}_1$ sowie bei ε.

Ersetzt man die Realisationen y_i durch ihre entsprechenden Zufallsvariablen Y_i, dann erhält man die Schätzfunktionen $\hat{\beta}_0$ und $\hat{\beta}_1$ mit folgenden Eigenschaften:

$$\begin{aligned}
E(\hat{\beta}_0) &= \beta_0, & \text{Var}(\hat{\beta}_0) &= \sigma^2\left(\frac{1}{n} + \frac{\bar{x}^2}{\sum (x_i - \bar{x})^2}\right) \\
E(\hat{\beta}_1) &= \beta_1, & \text{Var}(\hat{\beta}_1) &= \frac{\sigma^2}{\sum (x_i - \bar{x})^2} \\
& & \text{cov}(\hat{\beta}_0, \hat{\beta}_1) &= \frac{-\sigma^2 \cdot \bar{x}}{\sum (x_i - \bar{x})^2}.
\end{aligned} \tag{7.3}$$

$\hat{\beta}_0, \hat{\beta}_1$ sind erwartungstreue Schätzfunktionen, die nur im Fall $\bar{x} = 0$ unkorreliert sind. In diesem Fall gilt $\hat{\beta}_0 = \bar{Y}$ und $\text{Var}(\hat{\beta}_0)$ erreicht den minimal möglichen Wert σ^2/n. Soll $\text{Var}(\hat{\beta}_1)$ klein werden, sollten die x_i-Werte möglichst weit auseinander gelegt werden. Die Schätzer $\hat{\beta}_0$, $\hat{\beta}_1$ sind im Falle $\bar{x} > 0$ negativ, im Falle $\bar{x} < 0$ positiv korreliert.

Schätzung der Regressionsgeraden. Die Gleichung der geschätzten Regressionsgeraden erhält man dadurch, daß man die unbekannten Modellparameter durch ihre Schätzungen (7.2) ersetzt. Es ist

7.1 Einfache lineare Regression

$$\hat{y}(x) = \hat{\beta}_0 + \hat{\beta}_1 x = \bar{y} + \hat{\beta}_1(x-\bar{x}). \tag{7.4}$$

Mittels $\hat{y}(x)$ wird an jeder festen Abszissenstelle x der Funktionswert $\tilde{y}(x) = \beta_0 + \beta_1 x$ der Regressionsgeraden geschätzt. Der Schätzwert $\hat{y}(x)$ ist Realisierung des erwartungstreuen Schätzers $\hat{Y}(x) = \hat{\beta}_0 + \hat{\beta}_1 x$. Dessen Varianz wächst mit zunehmendem Abstand der Stelle x von $\bar{x}$, genauer gilt:

$$E\left(\hat{Y}(x)\right) = \beta_0 + \beta_1 x = \tilde{y}(x), \quad \operatorname{Var}\left(\hat{Y}(x)\right) = \sigma^2 \left(\frac{1}{n} + \frac{(x-\bar{x})^2}{\sum (x_i - \bar{x})^2}\right). \tag{7.5}$$

An den *beobachteten* Abszissenstellen x_r erhält man die Schätzer

$$\hat{Y}_r = \hat{Y}(x_r) \quad \text{für} \quad E(Y_r) = \beta_0 + \beta_1 x_r = \tilde{y}_r, \quad r = 1,2,\ldots,n.$$

Quadratsummenzerlegung und Schätzung der Restvarianz σ^2. In den Varianzen der Schätzfunktionen $\hat{\beta}_0$, $\hat{\beta}_1$ und $\hat{Y}(x)$ kommt der noch unbekannte Parameter σ^2 vor, wir benötigen eine erwartungstreue Schätzung für diese Modellvarianz σ^2. Wir erhalten eine solche Schätzung durch eine Zerlegung der *Totalquadratsumme* in die Quadratsummen *Modell* und *Rest*:

$$\text{SS\_CTotal} = \text{SS\_Model} + \text{SS\_Error},$$
$$\sum_{i=1}^{n}(y_i - \bar{y})^2 = \sum_{i=1}^{n}(\hat{y}_i - \bar{y})^2 + \sum_{i=1}^{n}(y_i - \hat{y}_i)^2.$$

Die Zerlegung geben wir in tabellarischer Form an, wie diese ähnlich auch im Output der SAS-Prozedur REG auftritt.

	Quadratsummenzerlegung			(7.6)
Quelle	Freiheitsgrade	Quadratsummen	Erwartete Mittelquadrate	
Source	Degrees of Freedom (DF)	Sum of Squares (SS)	Expected Mean Squares E(MS)	
Model	1	$\sum_{i=1}^{n}(\hat{y}_i - \bar{y})^2$	$\sigma^2 + \beta_1^2 \sum (x_i - \bar{x})^2$	
Error	n - 2	$\sum_{i=1}^{n}(y_i - \hat{y}_i)^2$	σ^2	
CTotal	n - 1	$\sum_{i=1}^{n}(y_i - \bar{y})^2$		
Dividiert man die Quadratsummen SS durch die Freiheitsgrade DF, dann erhält man die Mittelquadrate (Mean Squares) MS.				

Die y_i-Werte sind die beobachteten Ordinaten, die $\hat{y}_i$-Werte sind die entsprechenden Ordinaten auf der geschätzten Regressionsgeraden (7.4). Ersetzt man die Realisierungen y_i, $\hat{y}_i$ und $\bar{y}$ durch ihre entsprechenden Zufallsvariablen Y_i, $\hat{Y}_i$ und $\bar{Y}$, dann sind die in (7.6) auftretenden Quadratsummen SS und Mittelquadrate MS ebenfalls Zufallsvariable. Aus der letzten Spalte obiger Tabelle kann man die Erwartungswerte der Zufallsvariablen MS_Model und MS_Error entnehmen. Als Abkürzung für MS_Error wird auch MSE verwendet.

Eine erwartungstreue Schätzung der unbekannten Modellvarianz σ^2 ist somit
$$s^2 = \frac{1}{n-2} \sum_{i=1}^{n} (y_i - \hat{y}_i)^2 = \frac{1}{n-2} SS\_Error = MSE . \qquad (7.7)$$

Residuen und Bestimmtheitsmaß. Anstelle der nicht beobachtbaren Zufallsvariablen ε_i verwenden wir die *Residualvariablen* $E_i = Y_i - \hat{Y}_i$ beziehungsweise deren Realisationen, die sogenannten *Residuen*
$$e_i = y_i - \hat{y}_i , \qquad (7.8)$$
für die $\sum e_i = 0$ und $\sum x_i e_i = 0$ gilt. Die Zufallsvariablen E_i haben im Gegensatz zu den ε_i weder gleiche Varianz noch sind sie untereinander unkorreliert, genauer gilt:
$$\begin{aligned}
E(E_r) &= 0, \quad Var(E_r) = \sigma^2 \left(1 - \frac{1}{n} - \frac{(x_r - \bar{x})^2}{\sum_i (x_i - \bar{x})^2} \right), \; r = 1, 2, \ldots, n, \\
cov(E_r, E_t) &= \sigma^2 \left(-\frac{1}{n} - \frac{(x_r - \bar{x})(x_t - \bar{x})}{\sum_i (x_i - \bar{x})^2} \right) \text{ für } r \neq t.
\end{aligned} \qquad (7.9)$$

Mit Hilfe der Residuen können wir die Güte der Anpassung der Daten an das Modell (7.1) beurteilen sowie Modellvoraussetzungen (siehe Abschnitt 7.1.5) überprüfen.

Für das Bestimmtheitsmaß B (vergleiche auch Abschnitt 3.2.3) gilt im linearen Modell
$$B = \frac{SS\_Model}{SS\_CTotal} = \frac{\sum (\hat{y}_i - \bar{y})^2}{\sum (y_i - \bar{y})^2} = 1 - \frac{\sum e_i^2}{\sum (y_i - \bar{y})^2} . \qquad (7.10)$$

Das Bestimmtheitsmaß gibt anschaulich gesehen den Anteil an der quadratischen Abweichung der y_i-Werte von $\bar{y}$ an, der durch das Modell 'erklärt' wird. Ein Wert von B in der Nähe von 1 zeigt uns an, daß das Datenmaterial gut durch das Modell (7.1) beschrieben wird.

7.1 Einfache lineare Regression

Standardfehler. Ersetzt man in (7.3) und (7.5) die unbekannte Modellvarianz σ^2 durch die Schätzung s^2, dann erhält man die geschätzten Standardfehler (Standard Errors) der Schätzungen $\hat{\beta}_0, \hat{\beta}_1$ und $\hat{y}(x)$.

$$s_{\hat{\beta}_1} = s\sqrt{\frac{1}{\sum(x_i-\bar{x})^2}} \quad, \quad s_{\hat{\beta}_0} = s\sqrt{\frac{1}{n}+\frac{\bar{x}^2}{\sum(x_i-\bar{x})^2}} \quad, \tag{7.11}$$

$$s_{\hat{y}(x)} = s\sqrt{\frac{1}{n}+\frac{(x-\bar{x})^2}{\sum(x_i-\bar{x})^2}} \quad \text{für } x \in G.$$

Die entsprechenden Zufallsvariablen nennen wir S, $S_{\hat{\beta}_0}$, $S_{\hat{\beta}_1}$ und $S_{\hat{y}(x)}$.

7.1.2 Univariate Vertrauensintervalle und Tests

Wollen wir Vertrauensintervalle berechnen und Tests durchführen, dann ist es notwendig, über die Modellannahmen (7.1) hinaus noch zusätzlich vorauszusetzen:

Die Fehlerzufallsvariablen ε_i sind $N(0,\sigma^2)$-verteilt.

Unter dieser Voraussetzung gilt für jeweils festes x_r, daß die folgenden Zufallsvariablen t-verteilt sind mit n-2 Freiheitsgraden:

$$\frac{\hat{\beta}_0-\beta_0}{S_{\hat{\beta}_0}} \; , \; \frac{\hat{\beta}_1-\beta_1}{S_{\hat{\beta}_1}} \; , \; \frac{\hat{Y}(x_r)-\tilde{y}(x_r)}{S_{\hat{y}(x_r)}} \; . \tag{7.12}$$

Vertrauensintervalle. Folgende *Vertrauensintervalle* für β_0 und β_1 zur vorgegebenen Vertrauenswahrscheinlichkeit $(1-\alpha)$ können unter Verwendung von (7.12) und des $(1-\frac{\alpha}{2})$-Quantils der t_{n-2}-Verteilung berechnet werden:

$$\hat{\beta}_0 \mp t_{1-\frac{\alpha}{2},n-2} \cdot s_{\hat{\beta}_0}, \tag{7.13}$$

$$\hat{\beta}_1 \mp t_{1-\frac{\alpha}{2},n-2} \cdot s_{\hat{\beta}_1}. \tag{7.14}$$

Für *eine* beliebige Stelle $x \in G$ (Gültigkeitsbereich der Regressionsgeraden) gilt für das $(1-\alpha)$-Vertrauensintervall zu $\tilde{y}(x)$:

$$\hat{y}(x) \mp t_{1-\frac{\alpha}{2},n-2} \cdot s_{\hat{y}(x)}. \tag{7.15}$$

Tests. Es lassen sich *einzeln* Hypothesen zu vorgegebenem Niveau α darüber testen, ob der unbekannte Parameter β_j mit einem vorgegebenen Wert β_j^* übereinstimmt oder nicht:

a) $H_0: \beta_0 = \beta_0^*$, $H_A: \beta_0 \neq \beta_0^*$ oder b) $H_0: \beta_1 = \beta_1^*$, $H_A: \beta_1 \neq \beta_1^*$.

Die Entscheidungsvorschrift lautet:

$$\text{Gilt } \left| \frac{\hat{\beta}_j - \beta_j^*}{s_{\hat{\beta}_j}} \right| > t_{1-\frac{\alpha}{2}, n-2}, \text{ dann verwerfe } H_0 \text{ (j = 0 oder j = 1)}. \quad (7.16)$$

7.1.3 Simultane Vertrauensbereiche und Tests

Simultane Vertrauensintervalle nach Bonferroni. Ermittelt man gemäß (7.13) und (7.14) die Vertrauensintervalle für β_0 und β_1 jeweils zur Vertrauenswahrscheinlichkeit $(1-\alpha)$, dann kann für die *gemeinsame* Gültigkeit der beiden Vertrauensintervalle nur noch die multiple Vertrauenswahrscheinlichkeit $(1-2\alpha)$ garantiert werden, vgl. Abschnitt 6.2.3. Verwendet man die Bonferroni-Korrektur, dh. $\alpha/2$ anstelle von α in (7.13) und (7.14), dann erhält man einen *Rechtecksbereich*, der (β_0, β_1) mindestens mit der Vertrauenswahrscheinlichkeit $(1-\alpha)$ überdeckt.

Elliptischer Vertrauensbereich für (β_0, β_1). Man kann zeigen, daß die Zufallsvariable $\frac{1}{\sigma^2}Q = \frac{1}{\sigma^2}Q(\hat{\beta}_0 - \beta_0, \hat{\beta}_1 - \beta_1)$ mit

$$Q = n(\hat{\beta}_0 - \beta_0)^2 + 2(\sum x_i)(\hat{\beta}_0 - \beta_0)(\hat{\beta}_1 - \beta_1) + (\sum x_i^2)(\hat{\beta}_1 - \beta_1)^2 \quad (7.17)$$

einer χ^2-Verteilung mit 2 Freiheitsgraden folgt. Ersetzt man σ^2 durch die von Q stochastisch unabhängige Schätzfunktion S^2, dann gilt:

$$\frac{\frac{1}{2}Q(\hat{\beta}_0 - \beta_0, \hat{\beta}_1 - \beta_1)}{S^2} \quad (7.18)$$

ist F-verteilt mit $(2, n-2)$ Freiheitsgraden. Alle Punkte (u,v), welche die quadratische Ungleichung

$$Q(\hat{\beta}_0 - u, \hat{\beta}_1 - v) \leq 2s^2 \cdot F_{1-\alpha, 2, n-2} \quad (7.19)$$

erfüllen, bilden den $(1-\alpha)$-Vertrauensbereich für (β_0, β_1). Die Berandung dieses Bereichs wird graphisch durch eine Ellipse in der (u,v)-Ebene mit Mittelpunkt $(\hat{\beta}_0, \hat{\beta}_1)$ und, wenn $\bar{x} \neq 0$ ist, gegenüber der u- und v-Achse gedrehten Hauptachsen dargestellt.

Simultanes Vertrauensband für die Regressionsgerade. Simultan für *alle* $x \in G$ (Gültigkeitsbereich) der Regressionsgeraden $\tilde{y}(x) = \beta_0 + \beta_1 x$ erhält man das folgende $(1-\alpha)$-Vertrauensband (mit $s_{\hat{y}(x)}$ aus (7.11)):

7.1 Einfache lineare Regression

$$\hat{y}(x) \mp \sqrt{2F_{1-\alpha,\,2,\,n-2}} \cdot s_{\hat{y}(x)} \qquad (7.20)$$

Der wesentliche Unterschied zum Vertrauensintervall aus (7.15) besteht darin, daß man anstelle des Quantils der t-Verteilung das $(1-\alpha)$-Quantil der F-Verteilung verwenden muß. Als graphisches Bild von (7.20) erhält man zwei Hyperbeläste unter und über der geschätzten Regressionsgeraden $\hat{y}(x) = \hat{\beta}_0 + \hat{\beta}_1 x$ mit minimalem Abstand an der Stelle $x = \bar{x}$.

Simultane Hypothese $H_0: \beta_0 = \beta_0^*, \beta_1 = \beta_1^*$. Diese zweidimensionale Nullhypothese dient dazu, bei vorgegebenem Niveau α zu prüfen, ob die geschätzte Regressionsgerade mit einer hypothetischen Geraden der Form $y = \beta_0^* + \beta_1^* x$ übereinstimmt.

Die Entscheidungsvorschrift basiert auf (7.18) und lautet:

$$\text{Gilt } \frac{\tfrac{1}{2} Q(\hat{\beta}_0 - \beta_0^*, \hat{\beta}_1 - \beta_1^*)}{s^2} > F_{1-\alpha,\,2,\,n-2}, \text{ dann verwerfe } H_0. \qquad (7.21)$$

7.1.4 Durchführung in SAS – Beispiel 7_1

Die Auswertung linearer Regressionsmodelle wollen wir mit Hilfe der SAS-Prozedur REG (siehe SAS/STAT User's Guide (1999), S. 2873-3028) vornehmen. Man könnte auch mit der Prozedur GLM arbeiten, da Regressionsmodelle spezielle lineare Modelle sind. Die Prozedur REG ist jedoch für reine Regressionsmodelle effizienter und weist auch regressionsspezifische Anweisungen und Optionen auf, auf die wir im folgenden Bezug nehmen wollen. An Beispiel 7_1 wollen wir demonstrieren, wie mit Hilfe der Prozedur REG die Auswertung durchzuführen ist.

Programm

```
DATA b7_1;                        /* Einfache lineare Regression */
  INPUT x y @@;
  CARDS;
5 22   10 28   15 40   20 48   25 62
RUN;
PROC REG DATA = b7_1;
  MODEL y = x / CLB  ALPHA = 0.05;        /* Output 1-3 */
RUN; QUIT;
```

In der MODEL-Anweisung ist das Modell (7.1) anzugeben in der Form

Abhängige Variable = Unabhängige Variable

Hierbei wird der Achsenabschnitt (Intercept) standardmäßig erzeugt, vgl. Abschnitt 3.2.3.2.

Output

```
                    Model: MODEL1                              1
                  Dependent Variable: y
                  Analysis of Variance
                Sum of        Mean
  Source   DF   Squares       Square     F Value    Pr > F
  Model    1    1000.0000     1000.0000  187.500    0.0008
  Error    3    16.00000      5.33333
  C Total  4    1016.0000
```

In Teil 1 des Output wird notiert, daß die abhängige Variable (*Dependent Variable*) y heißt. Dann wird die Quadratsummenzerlegung nach (7.6) angegeben sowie ein F-Test zur Prüfung der Hypothese $H_0: \beta_1 = 0$ analog zu (6.5). In der SAS-Notation lautet die Entscheidungsvorschrift bei vorher festgelegtem Niveau α: Ist die Überschreitungswahrscheinlichkeit $Pr > F$ kleiner als α, dann verwerfe H_0. Hier hat $Pr > F$ einen Wert von 0.0008, damit ist auf dem 0.01-Niveau β_1 signifikant von 0 verschieden. Außerdem entnehmen wir Output 1 die Schätzung der Restvarianz $s^2 = \text{MSE} = 5.333$.

```
  Root MSE    2.30940       R-square    0.9843             2
  Dep Mean    40.00000      Adj R-sq    0.9790
  Coeff Var   5.77350
```

Aus Teil 2 entnehmen wir die Werte $RootMSE = s = 2.3094$ und das Bestimmtheitsmaß $B = R\text{-}square = 0.9843$ nach (7.10). Da dieser Wert in der Nähe von 1 liegt, wird das Datenmaterial gut durch das Modell (7.1) beschrieben. Den Wert *Adj R-sq* erläutern wir in 7.2.5.

```
                    Parameter Estimates                      3a
                  Parameter   Standard
  Variable   DF   Estimate    Error      t Value    Pr > |t|
  Intercept  1    10.00000    2.42212    4.13       0.0258
  x          1    2.000000    0.14605    13.69      0.0008
```

Im Output 3a werden zuerst die Parameterschätzungen samt deren Standardabweichungen gemäß (7.2) und (7.11) aufgelistet. Aus der Spalte

7.1 Einfache lineare Regression

Parameter Estimate entnehmen wir die beiden Schätzungen $\hat{\beta}_0 = 10$ und $\hat{\beta}_1 = 2$. Die geschätzte Regressionsgerade hat die Gleichung $\hat{y} = 10 + 2x$. Außerdem werden zwei t-Tests zur Prüfung von $H_0: \beta_0 = 0$, $H_0: \beta_1 = 0$ nach (7.16) aufgeführt sowie die Werte der t-Statistiken von 4.13 und 13.69 und die Überschreitungswahrscheinlichkeiten $Pr>|t|$ von 0.0258 und 0.0008.

		Parameter Estimates		3b
Variable	DF	95% Confidence Limits		
Intercept	1	2.29173	17.70827	
x	1	1.53517	2.26483	

Mit Hilfe der Optionen CLB und ALPHA = 0.05 des MODEL-Statements erhält man im Output 3b die univariaten 95%-Vertrauensintervalle für die Parameter β_0 und β_1. Mit Hilfe des 0.975-Quantils $t_{0.975,3} = 3.1824$ und unter Verwendung der Ergebnisse von Output 3a lassen sich die Ergebnisse von Output 3b verifizieren.

β_0: $10 \mp 3.182446 \cdot 2.4221 \quad \hat{=} \quad [2.29173, 17.70827]$,
β_1: $2 \mp 3.182446 \cdot 0.1461 \quad \hat{=} \quad [1.53517, 2.46483]$.

Erweiterte Regressionsanalyse. Detailliertere Information über die Auswertung erhalten wir beipielsweise durch Erweiterung der Prozedur REG um Optionen zur MODEL-Anweisung und um zusätzliche TEST-Anweisungen. Wir geben hier eine subjektive Auswahl an.

Programm

```
PROC REG DATA = b7_1;              /* SAS-Datei b7_1 zuvor bilden */
  MODEL y = x/ COVB R CLM ALPHA = 0.05;  /* Output 4, 5 */
  Steigung:  TEST x = 1.7;                /* Output 6 */
  Intercept: TEST INTERCEPT = 6;          /* Output 7 */
  Simultan:  TEST INTERCEPT = 6, x = 1.7; /* Output 8 */
RUN; QUIT;
```

Auf die Optionen COVB, R und CLM gehen wir in Output 4 und 5 ein. Die TEST-Anweisungen dienen dazu, spezielle Hypothesen zu testen. Zuerst kann ein bis zu 32 Zeichen langer SAS-Name, gefolgt von einem Doppelpunkt, aufgeführt werden. Soll $H_0: \beta_1 = 1.7$ geprüft werden, dann ist in die oben erwähnte erste TEST-Anweisung *x = 1.7* zu schreiben. Die Prüfung von $H_0: \beta_0 = 6$ wird durch die zweite TEST-Anweisung mittels *INTERCEPT = 6* realisiert - INTERCEPT ist das SAS-Schlüsselwort für den Achsenabschnitt. Soll eine simultane Hypothese wie etwa

$H_0: \beta_0 = 6, \beta_1 = 1.7$ geprüft werden, müssen wir in der dritten TEST-Anweisung die Teilhypothesen, durch Komma (-ta) getrennt, aufführen.

Output (zusätzlich)

	Covariance of Estimates		4
Variable	Intercept	x	
Intercept	5.8666666667	-0.32	
x	-0.32	0.0213333333	

In Teil 4 werden die Schätzwerte für die Varianzen und die Kovarianz von $\hat{\beta}_0$ und $\hat{\beta}_1$ gemäß (7.3) in der Kovarianzmatrix aufgeführt, dabei ist σ^2 durch $s^2 = $ MSE ersetzt. Als wesentlich neue Information erhält man mit -0.32 eine Schätzung für $\text{cov}(\hat{\beta}_0, \hat{\beta}_1)$.

Obs	DepVar y	Predict Value	Std Err Mean Predict	95% CL Mean		Residual	Std Err Res	5
1	22.0	20.0	1.7889	14.3071	25.6929	2.0000	1.461	
2	28.0	30.0	1.2649	25.9745	34.0255	-2.0000	1.932	
3	40.0	40.0	1.0328	36.7132	43.2868	0	2.066	
4	48.0	50.0	1.2649	45.9745	54.0255	-2.0000	1.932	
5	62.0	60.0	1.7889	54.3071	65.6929	2.0000	1.461	

Verwendet man die Option R der MODEL-Anweisung, dann werden in Output 5 folgende Variablen aufgeführt:

Unter *Obs* die Beobachtungsnummer, unter *Dep Var y* die beobachteten y_i-Werte, unter *Predicted Value* die geschätzten $\hat{y}_i$-Werte nach (7.4), unter *Std Error Mean Predict* die Standardabweichungen von $\hat{y}_i$ nach (7.11), unter *Residual* die Residuen $e_i = y_i - \hat{y}_i$ nach (7.8) sowie unter *Std Err Residual* die Standardfehler der Residuen e_i nach (7.9), wobei σ durch s zu ersetzen ist.

Die MODEL-Optionen CLM und ALPHA = 0.05 bewirken, daß unter *95% CL Mean* die unteren und oberen Grenzen der univariaten 0.95-Vertrauensintervalle für die Ordinaten $\tilde{y}_i$ nach (7.15) aufgeführt werden. Zum Output über *Student Residual* und *Cook's D* vgl. 7.2.5.

Test STEIGUNG Results for Dependent Variable y					6
Source	DF	Mean Square	F Value	Pr > F	
Numerator	1	22.5000	4.22	0.1323	
Denominator	3	5.3333			

7.1 Einfache lineare Regression

Test INTERCEPT Results for Dependent Variable y				7
Source	DF	Mean Square	F Value	Pr > F
Numerator	1	14.54545	2.73	0.1972
Denominator	3	5.3333		

In den Teilen 6 und 7 des Output werden die Hypothesen $\beta_1 = 1.7$ und $\beta_0 = 6$ jeweils mittels eines F-Tests, der äquivalent zum t-Test aus (7.16) ist, geprüft. Im Nenner der jeweiligen F-Statistik steht $s^2 = \text{MSE} = 5.333$, der Wert des Zählers wird analog zu (7.49) berechnet, vgl. 7.2.3. Beide Tests führen auf dem 0.05-Niveau nicht zur Ablehnung der jeweiligen Nullhypothese, da die beiden Überschreitungswahrscheinlichkeiten $Pr > F$ die Werte 0.1323 sowie 0.1972 aufweisen.

Test SIMULTAN Results for Dependent Variable y				8
Source	DF	Mean Square	F Value	Pr > F
Numerator	2	191.8750	35.98	0.0080
Denominator	3	5.3333		

In Teil 8 wird ein simultaner F-Test zur Hypothese $H_0: \beta_0 = 6, \beta_1 = 1.7$ nach (7.21) durchgeführt, dieser führt im Gegensatz zu den univariaten Tests auf dem 0.05-Niveau zur Ablehnung von H_0 ($Pr > F$ ist 0.0080).

Graphische Darstellung. Eine graphische Darstellung der Beobachtungspunkte mit geschätzter Regressionsgerade und Vertrauensintervallen nach (7.15) erfolgt mit Hilfe der Prozedur GPLOT, siehe SAS/GRAPH Guide (1999), S. 801-858.

Programm

```
GOPTIONS DEVICE = WIN;
SYMBOL1   I = RLCLM95  V=SQUARE
          CI = RED   CV = GREEN  CO = CYAN;
PROC GPLOT  DATA = b7_1;           /* b7_1 wird benötigt */
  PLOT y*x = 1 ;
RUN; QUIT;
```

Die oben aufgeführte Option I = RLCLM95 der SYMBOL-Anweisung läßt sich zur graphischen Darstellung der Beobachtungspunkte, der Regressionsgeraden sowie der 0.95-Vertrauensgrenzen nach (7.15) benutzen. Die Option CO = CYAN steuert die Farbe der Vertrauensbänder nach (7.15); zu den übrigen Optionen vgl. Abschnitt 3.2.3.2.

Graphische Darstellung des simultanen Vertrauensbereichs. Das folgende SAS-Programm ist für das Beispiel 7_1 geschrieben, um die simultanen 0.95-Vertrauensbänder gemäß (7.20) zu berechnen und graphisch darzustellen. Damit es allgemein verwendbar wird, muß es nur an den **fett** geschriebenen Stellen abgeändert werden.

Programm

```
DATA x1y1data;      /* Erzeugung der Schnittstellendatei x1y1dat */
  SET b7_1;         /* Eingabedatei b7_1 (Variablen x,y)         */
  x1=x; y1=y        /* Umbenennug von x,y in x1,y1               */
RUN;
PROC REG DATA=x1y1data NOPRINT OUTEST=param;
  MODEL y1=x1;      /* REG-Output in SAS-Datei param, u.a.:      */
RUN; QUIT;          /* _RMSE_=s, INTERCEPT=$\hat{\beta}_0$, x1=$\hat{\beta}_1$ */
PROC UNIVARIATE DATA=x1y1data NOPRINT;
  OUTPUT OUT=xdata
         N=n MEAN=xmean VAR=xvar MIN=xmin MAX=xmax;
  VAR x1;           /* Output nur in xdata: n,xmean, ... , xmax  */
RUN;
DATA konfband;
  MERGE param xdata;
  f=FINV(.95,2,n-2); d_x=(xmax-xmin)/100; /* ggf. 0.95 ändern */
  DO t=xmin TO xmax BY d_x;
    z=INTERCEPT+x1*t;      /* INTERCEPT=$\hat{\beta}_0$, x1=$\hat{\beta}_1$ */
    delta=_RMSE_*SQRT(2*F*(1/n+(t-xmean)**2/((n-1)*xvar)));
    z_u=z-delta; z_o=z+delta;
    OUTPUT;
  END; KEEP t z z_u z_o;
RUN;
DATA plot;
  MERGE konfband x1y1data;
RUN;
GOPTIONS DEVICE=WIN;
SYMBOL1 V=SQUARE C=GREEN;
SYMBOL2 V=NONE I=JOIN;
SYMBOL3 V=NONE I=JOIN C=RED;
PROC GPLOT DATA=plot;
  PLOT y1*x1=1 z_u*t=3 z*t=2 z_o*t=3 / OVERLAY;
RUN; QUIT;
```

7.1.5 Überprüfung der Modellannahmen

Die in (7.2) bis (7.21) dargestellten Resultate gelten exakt nur unter den Annahmen des Modells (7.1). Die Normalverteilungsannahme über die Zufallsvariablen ε_i benötigt man erst ab (7.12) bei der Angabe von Tests, Vertrauensintervallen und Vertrauensbereichen.

Folgende Abweichungen können bei der Anwendung auftreten:
1. Die Regressionfunktion ist nicht linear in x oder den Parametern,
2. Ausreißer sind vorhanden,
3. Die Fehlerzufallsvariablen
   – sind nicht normalverteilt
   – haben nicht dieselbe Varianz (Heteroskedastizität)
   – sind nicht stochastisch unabhängig.

Die Realisationen der Zufallsvariablen ε_i, die als unabhängig $N(0,\sigma^2)$-verteilt angenommen werden, sind nicht beobachtbar. Wir können nur die Realisationen $e_i = y_i - \hat{y}_i$ der Residualzufallsvariablen E_i beobachten. Die E_i sind jedoch weder stochastisch unabhängig noch haben sie konstante Varianz, vgl. (7.9).

Analyse der Residuen in SAS. Die oben angeführten Probleme können mit verschiedenen diagnostischen Plots über die Residuen e_i, die Abszissenstellen x_i und die geschätzten Werte $\hat{y}_i$ untersucht werden, etwa durch graphische Darstellung von (x_i, e_i) oder $(\hat{y}_i, e_i)$. In der SAS-Prozedur REG kann man solche Plots über eine PLOT-Anweisung erhalten, siehe SAS/STAT Users's Guide (1999), S. 2914-2926. Sollen die Residuen auf Normalverteilung überprüft werden, kann man sich über die OUTPUT-Anweisung der Prozedur REG eine SAS-Datei der Residuen beschaffen und darauf analog zu Abschnitt 6.1.5. den Normalverteilungstest der SAS-Prozedur UNIVARIATE anwenden. Man beachte die dort angesprochenen Vorbehalte.

Einflußstatistiken in SAS. Eine Reihe von Statistiken mißt den Einfluß der i-ten Beobachtung (x_i, y_i) auf die Schätzung der Modellparameter. Dieser Einfluß wird durch den Vergleich der Schätzungen, basierend auf dem vollen Datenmaterial, mit den Schätzungen, basierend auf den Daten ohne die i-te Beobachtung, gemessen. Beispielsweise mißt die Statistik *Cook's* D_i den Einfluß der i-ten Beobachtung auf den Schätzvektor $\hat{\beta}$, die Statistik *DFFITS* den Einfluß auf die geschätzte Ordinate $\hat{y}_i$. Eine gute Übersicht findet man in Rawlings (1988), Kapitel 9 und 10, außerdem erörtern wir in 7.2.5 nähere Einzelheiten.

7.1.6 Ergänzungen

7.1.6.1 Prognose-Intervall für eine Beobachtung

Soll eine Prognose über den Beobachtungswert y_p an der Stelle $x = x_p$ abgegeben werden, dann verwenden wir dafür natürlich die Schätzung der Ordinate $\hat{y}(x_p) = \hat{y}_p$ als Prognosewert an der Stelle x_p. Der Wert $\hat{y}_p$ ist eine Prognose für die Realisation, welche die Zufallsvariable Y_p an der Stelle x_p annimmt. Im Gegensatz zum Vertrauensintervall für einen festen Modellparameter macht ein Prognose-Intervall eine Aussage über eine Beobachtung einer von den $Y_1, Y_2, ..., Y_n$ (und damit von $\hat{Y}_p$) stochastisch unabhängigen Zufallsvariablen Y_p.

Prognose-Intervall. Die Standardabweichung der Zufallsvariablen $Y_p - \hat{Y}_p$ erhält man mit $Var(Y_p - \hat{Y}_p) = Var(Y_p) + Var(\hat{Y}_p)$ zu:

$$s_{\hat{y}_p - y_p} = s \sqrt{1 + \frac{1}{n} + \frac{(x_p - \bar{x})^2}{\sum_{i=1}^{n}(x_i - \bar{x})^2}} \ . \tag{7.22}$$

Die Zufallsvariable $\dfrac{Y_p - \hat{Y}_p}{S_{\hat{y}_p - y_p}}$ folgt einer t_{n-2}-Verteilung, somit gilt:

$$P\left(\hat{Y}_p - t_{1-\frac{\alpha}{2}, n-2} \cdot S_{\hat{y}_p - y_p} \leq Y_p \leq \hat{Y}_p + t_{1-\frac{\alpha}{2}, n-2} \cdot S_{\hat{y}_p - y_p}\right) = 1 - \alpha. \tag{7.23}$$

Man bezeichnet $\hat{y}_p \mp t_{1-\frac{\alpha}{2}, n-2} \cdot s_{\hat{y}_p - y_p}$ als das $(1-\alpha)$-*Prognoseintervall* für die Beobachtung y_p.

Durchführung in SAS. Ein 0.95-Prognose-Intervall erhält man durch Angabe der MODEL-Option CLI der Prozedur REG. Soll ein Prognoseintervall an einer Stelle x_p berechnet werden, dann muß in der betreffenden SAS-Datei die Beobachtung x_p . (. für missing value) hinzugefügt werden. Erweitern wir Beispiel 7_1 dahingehend, daß wir an der Stelle $x = 35$ eine Prognose über die Mannstundenzahl samt 0.95-Prognoseintervall haben wollen, dann verwenden wir das folgende

Programm

```
DATA b7_1mod;                  /* Fehlender y-Wert bei x_p = 35  */
  INPUT x y @@;
  CARDS;
5 22   10 28   15 40   20 48   25 62   35 .
RUN;
```

7.1 Einfache lineare Regression

```
PROC REG DATA=b7_1mod;          /* Progonoseintervalle */
MODEL y = x / CLI ALPHA=0.05;
RUN; QUIT;
```

Output

Obs	Dep Var y	Predict Value	Std Err Mean Predict	95% CL Predict		Residual
1	22.0000	20.0000	1.7889	10.7035	29.2965	2.0000
2	28.0000	30.0000	1.2649	21.6202	38.3798	-2.0000
3	40.0000	40.0000	1.0328	31.9490	48.0510	0
4	48.0000	50.0000	1.2649	41.6202	58.3798	-2.0000
5	62.0000	60.0000	1.7889	50.7035	69.2965	2.0000
6	.	80.0000	3.0984	67.7019	92.2981	.

Man vergleiche die erhaltenen Prognose-Intervalle (*95% CL Predict*) mit den entsprechenden Vertrauensintervallen aus Output 5 in 7.1.4. Zu beachten ist, daß unter *Std Err Mean Predict* die Werte jedoch nicht nach (7.22), sondern gemäß (7.11) ausgegeben werden.

7.1.6.2 Regression ohne Absolutglied

In gewissen Fällen kann ein lineares Modell in Frage kommen, bei dem aus sachlichen Gründen von vornherein das Absolutglied den Wert 0 annimmt. Aus graphischer Sicht bedeutet dies, daß man nur Geraden durch den Punkt (0,0) als Modellfunktionen zuläßt. Man verwendet an Stelle von (7.1) das modifizierte Modell

---

Regressionsmodell ohne Absolutglied (7.24)

$Y_i = \beta_1 x_i + \varepsilon_i$, $i = 1,2,...,n$

$\beta_1 \in \mathbb{R}$: Unbekannter Regressionsparameter.
$\varepsilon_1, \varepsilon_2, ..., \varepsilon_n$: Unabhängig $N(0,\sigma^2)$-verteilte Zufallsvariablen.

Die Angaben in (7.2), (7.7), (7.11) und (7.6) müssen folgendermaßen modifiziert werden:

$$\hat{\beta}_1 = \frac{\sum x_i y_i}{\sum_{i=1}^{n} x_i^2} \;,\; s^2 = \frac{1}{n-1}\sum_{i=1}^{n}(y_i - \hat{y}_i)^2 \;,\; s_{\hat{\beta}_1} = \frac{s}{\sqrt{\sum_{i=1}^{n} x_i^2}}. \qquad (7.25)$$

> Sum of Squares: SS_UTotal = SS_Model + SS_Error (7.26)
> $$\sum y_i^2 = \sum \hat{y}_i^2 + \sum (y_i - \hat{y}_i)^2$$
> DF (Freiheitsgrade):   n   =   1   +   n−1

Dividiert man die Quadratsummen (SS) durch die Freiheitsgrade (DF), erhält man die Mittelquadrate (MS). Mit *SS_ UTotal* wird die *unkorrigierte* Totalquadratsumme bezeichnet.

Die Teststatistik F = MS_Model/MS_Error ist unter der Hypothese $H_0: \beta_1 = 0$ zentral $F_{1,n-1}$-verteilt. Ist die berechnete F-Statistik größer als das Quantil $F_{1-\alpha,1,n-1}$, dann lehnt man die Hypothese H_0 ab.

Es wird das modifizierte Bestimmtheitsmaß $B^* = \dfrac{SS\_Model}{SS\_UTotal} = \dfrac{\sum \hat{y}_i^2}{\sum y_i^2}$

definiert. Man beachte, daß B^* nicht direkt mit dem in (7.10) betrachteten Bestimmtheitsmaß B verglichen werden kann. Dies gilt allgemein für Modelle mit und ohne Absolutglied.

Durchführung in SAS. In der Prozedur REG wird die Regression ohne Absolutglied realisiert durch die Option NOINT der MODEL-Anweisung. In Beispiel 7_1 wirkt sich diese Modifikation folgendermaßen aus.

Programm

> PROC REG DATA = b7_1mod;/* Regression ohne Absolutglied */
>   MODEL y = x/ NOINT CLI ALPHA=0.05;
> RUN; QUIT;

Output (gekürzt)

>   Model: MODEL1   1
>   Dependent Variable: y
>   NOTE: No intercept in model. R-square is redefined.
>   Analysis of Variance
>   Sum of   Mean
> Source DF   Squares   Square   F Value   Pr > F
> Model   1   8909.09091 8909.09091   333.333   <.0001
> Error   4   106.90909   26.72727
> U Total 5   9016.00000

7.1 Einfache lineare Regression

Hier wird die Quadratsummenzerlegung nach (7.26) und der oben erwähnte F-Test ausgegeben. Da $Pr > F$ hier einen Wert von (<.0001) annimmt, lehnt man $H_0: \beta_1 = 0$ auf dem Niveau $\alpha = 0.01$ ab.

Root MSE	5.16984	R-square	0.9881	2
Dep Mean	40.00000	Adj R-sq	0.9852	
Coeff Var	12.92461			

Output 2 entnehmen wir als Wert des angesprochenen modifizierten Bestimmtheitsmaßes $B^* = R\text{-}Square = 0.9881$, zu *Adj R-sq* vgl. 7.2.5.

		Parameter Estimates			3
		Parameter	Standard		
Variable	DF	Estimate	Error	t Value	Pr > |t|
x	1	2.54545	0.13942	18.257	<.0001

Teil 3 bringt (*Par. Estimate*) die Schätzung des Modellparameters β_1 samt Standardfehler (*Stand. Error*) nach (7.26). Die Funktionsgleichung der geschätzten Regressionsgeraden lautet $\hat{y} = 2.54545\,x$.

	DepVar	Predicted	Std Err			4
Obs	y	Value	Mean Predict	95% CL Predict		Residual
1	22.0000	12.7273	0.6971	-1.7564	27.2110	9.2727
2	28.0000	25.4545	1.3942	10.5880	40.3211	2.5455
3	40.0000	38.1818	2.0913	22.6981	53.6655	1.8182
4	48.0000	50.9091	2.7884	34.6006	67.2176	-2.9091
5	62.0000	63.6364	3.4855	46.3250	80.9477	-1.6364
6	.	89.0909	4.880	69.3532	108.8	.

Mittels der Optionen CLI und ALPHA=0.05 der MODEL-Anweisung werden in Teil 4 unter *95% CL Predict* Prognose-Intervalle analog zu (7.23) für das Modell (7.24) berechnet. Zu beachten ist die unterschiedliche Prognose in Teil 4 des Output mit deutlich breiterem 0.95-Prognoseintervall gegenüber der Prognose in Abschnitt 7.1.6.1. Unter *Predicted Value* werden hier die geschätzten $\hat{y}_i$-Werte gemäß $\hat{y}_i = \hat{\beta} x_i$ und unter *Std Error Mean Predict* die Standardabweichungen von $\hat{y}_i$ ausgegeben.

$$s_{\hat{y}_i} = s \sqrt{\frac{x_i^2}{\sum_{r=1}^{n} x_r^2}} \quad , \; i = 1,2,\ldots, n. \tag{7.27}$$

7.2 Multiple lineare Regressionsanalyse

Modelle der multiplen linearen Regression beruhen auf Experimenten, bei denen an jeder Beobachtungseinheit *mehrere* unabhängige Variable $x_1, x_2, ..., x_m$ und *eine abhängige* Variable y erfaßt werden. Es stehen insgesamt n Versuchseinheiten zur Verfügung.

Daten. Die Struktur des Beobachtungsmaterials wird wiedergegeben durch die Notation

$(x_{i1}, x_{i2}, ..., x_{im}; y_i)$, $i = 1,2,...,n$.

Dabei bedeuten die Werte x_{ij} die Beobachtungen der unabhängigen Variablen x_j ($j = 1,2,...,m$) und die Werte y_i die Beobachtungen der abhängigen Variablen an der i-ten Versuchseinheit, mit n wird der Stichprobenumfang bezeichnet. Mit $G \subset \mathbb{R}^m$ bezeichnen wir den Gültigkeitsbereich für die Werte der unabhängigen Variablen, d.h. $(x_1, x_2, ..., x_m) \in G$.

Modell

Multiples lineares Regressionsmodell (7.28)

$Y_i = \beta_0 + \beta_1 x_{i1} + \beta_2 x_{i2} + ... + \beta_m x_{im} + \varepsilon_i$, $i = 1,2,...,n$, $n > m$.

$\beta_0, \beta_1, \beta_2, ..., \beta_m \in \mathbb{R}$: Unbekannte Regressionsparameter.

$\varepsilon_1, \varepsilon_2, ..., \varepsilon_n$: Zufallsvariablen mit $E(\varepsilon_i) = 0$, $cov(\varepsilon_i, \varepsilon_k) = 0$, $i \neq k$,

$Var(\varepsilon_i) = \sigma^2$ (Homoskedastizität), σ^2 unbekannt.

Wir setzen in diesem Abschnitt Vertrautheit mit der Matrizenrechnung soweit voraus, daß man mit der Addition, Subtraktion, Multiplikation, Transponierung(') und Invertierung($^{-1}$) von Matrizen umgehen kann und weiß, was unter dem Rang einer Matrix zu verstehen ist.

In der Matrixnotation schreibt man ein solches lineares Modell kompakt in der Form

$$\mathbf{Y} = \mathbf{X}\boldsymbol{\beta} + \boldsymbol{\varepsilon} .\tag{7.29}$$

Dabei bedeutet

$$\mathbf{Y} = \begin{bmatrix} Y_1 \\ Y_2 \\ ... \\ Y_n \end{bmatrix} \quad \mathbf{X} = \begin{bmatrix} 1 & x_{11} & x_{12} & ... & x_{1m} \\ 1 & x_{21} & x_{22} & ... & x_{2m} \\ .... & .... & .... & .... & .... \\ 1 & x_{n1} & x_{n2} & ... & x_{nm} \end{bmatrix} \quad \boldsymbol{\beta} = \begin{bmatrix} \beta_0 \\ \beta_1 \\ ... \\ \beta_m \end{bmatrix} \quad \boldsymbol{\varepsilon} = \begin{bmatrix} \varepsilon_1 \\ \varepsilon_2 \\ ... \\ \varepsilon_n \end{bmatrix} .$$

7.2 Multiple lineare Regressionsanalyse

Y ist hierbei ein n-dimensionaler Zufallsvektor, dessen Realisation **y** die Beobachtungen der abhängigen Variablen enthält. Die *Designmatrix* **X** enthält in der i-ten Zeile die Beobachtungen der m unabhängigen Variablen am i-ten Objekt, in der ersten Spalte ergänzt durch den Wert 1. Die Matrix **X** hat n Zeilen und m+1 Spalten, ist also vom Typus n×(m+1). Der (m+1)-dimensionale Spaltenvektor β enthält die unbekannten Modellparameter. Der n-dimensionale Zufalls-Spaltenvektor ε enthält die unkorrelierten Fehlerzufallsvariablen. Die obige Beschreibung des Beobachtungsmaterials kann nun in der kompakten Matrizenform (**X**, **y**) erfolgen.

7.2.1 Schätzung der Modellparameter

Das Beobachtungsmaterial liege in der Form (**X**, **y**) vor. Wir nehmen an, daß die Designmatrix **X** vollen Spaltenrang (m+1) besitzt. Dann hat die quadratische (m+1)×(m+1)-Matrix **X'X** ebenfalls vollen Rang m+1, so daß eine eindeutige Inverse $(\mathbf{X'X})^{-1}$ existiert.

Schätzung des Parametervektors β. Die Methode der kleinsten Quadrate als Schätzverfahren besagt: Man bestimme den Schätzvektor $\hat{\beta}$ so, daß gilt (siehe auch Abschnitt 3.2.3.2):

$$(\mathbf{y}-\mathbf{X}\hat{\beta})'(\mathbf{y}-\mathbf{X}\hat{\beta}) \to \text{Minimum}.$$

Die Lösungen dieses Minimierungsproblems können aus einem System von linearen Gleichungen, den Normalgleichungen, ermittelt werden:

$$\mathbf{X'X}\hat{\beta} = \mathbf{X'y} \,. \tag{7.30}$$

Da die Matrix **X'X** vollen Rang besitzt, erhält man aus diesem Gleichungssystem als eindeutige Lösung den Schätzvektor

$$\hat{\beta} = (\mathbf{X'X})^{-1}\mathbf{X'y} \,. \tag{7.31}$$

Weil wir im folgenden darauf Bezug nehmen wollen, geben wir hier die Bezeichnung der Elemente der Matrix $(\mathbf{X'X})^{-1}$ im einzelnen an.

$$(\mathbf{X'X})^{-1} = \begin{bmatrix} c_{00} & c_{01} & c_{02} & \cdots & c_{0m} \\ c_{10} & c_{11} & c_{12} & \cdots & c_{1m} \\ \cdots & \cdots & \cdots & \cdots & \cdots \\ c_{m0} & c_{m1} & c_{m2} & \cdots & c_{mm} \end{bmatrix}$$

$(\mathbf{X'X})^{-1}$ ist eine symmetrische Matrix, d.h. es ist $c_{ij} = c_{ji}$ für $i,j=0,1,..,m$. Ersetzt man in (7.31) die Realisationen y_i durch ihre Zufallsvariablen

Y_j, dann erhält man den Schätzvektor $\hat{\beta} = [\hat{\beta}_0, \hat{\beta}_1, \hat{\beta}_2, ..., \hat{\beta}_m]$' mit den folgenden Eigenschaften:

$$E(\hat{\beta}) = \beta, \quad COV(\hat{\beta}) = \sigma^2 (X'X)^{-1}. \quad (7.32)$$

Somit ist $\hat{\beta}$ ein erwartungstreuer Schätzvektor für β. Die Kovarianzmatrix $COV(\hat{\beta})$ enthält in der Hauptdiagonalen die Varianzen der $\hat{\beta}_j$, an den übrigen Stellen stehen die Kovarianzen zwischen $\hat{\beta}_j$, $\hat{\beta}_k$:

$$\text{Var}(\hat{\beta}_j) = \sigma^2 c_{jj}, \; j = 0,1,2,...,m, \quad \text{cov}(\hat{\beta}_j, \hat{\beta}_k) = \sigma^2 c_{jk}, \; j \neq k. \quad (7.33)$$

Schätzung der Modellfunktion. Den geschätzten Ordinatenvektor $\hat{y} = [\hat{y}_1, \hat{y}_2, ..., \hat{y}_n]$' erhält man gemäß

$$\hat{y}_i = \hat{\beta}_0 + \hat{\beta}_1 x_{i1} + \hat{\beta}_2 x_{i2} + ... + \hat{\beta}_m x_{im}, \; i = 1,2,...,n. \quad (7.34)$$

In Matrizenschreibweise wird deutlich, daß $\hat{y}$ linear von y abhängt:

$$\hat{y} = X\hat{\beta} = Hy. \quad (7.35)$$

Dabei bezeichnet $H = X(X'X)^{-1}X'$ die *Hat-Matrix*. Es gilt $H' = H$ und $H^2 = H$. Die Bezeichnung Hat-Matrix stammt von Tukey, da mittels H der Vektor y in den Schätzvektor $\hat{y}$ (^ wird im Deutschen als 'Dach', im Englischen als 'Hat' angesprochen) übergeführt wird.

Der Schätzvektor $\hat{Y} = X\hat{\beta} = HY$ ist erwartungstreu:

$$E(\hat{Y}) = X\beta, \quad COV(\hat{Y}) = \sigma^2 H = \sigma^2 X(X'X)^{-1}X'. \quad (7.36)$$

Betrachten wir einen beliebigen Vektor $x = [1, x_1, x_2, ..., x_m]$' $\in \{1\} \times G$ der unabhängigen Variablen aus dem Gültigkeitsbereich G des Modells, dann erhalten wir die geschätzte Ordinate $\hat{y}(x) = x'\hat{\beta}$.

Die entsprechende Zufallsvariable $\hat{Y}(x)$ ist eine erwartungstreue Schätzfunktion für $\tilde{y}(x) = x'\beta$. Insbesondere erhält man für die Varianz dieses Schätzers:

$$\text{Var}\big(\hat{Y}(x)\big) = \sigma^2 \cdot x' (X'X)^{-1} x. \quad (7.37)$$

Quadratsummenzerlegung. In den Kovarianz-Matrizen der Schätzvektoren $\hat{\beta}$ und $\hat{Y}$ kommt noch der unbekannte Modellparameter σ^2 vor, für diesen benötigen wir eine erwartungstreue Schätzung. Wir erhalten genau wie im Falle der einfachen linearen Regression eine solche Schätzung durch die Zerlegung der *Totalquadratsumme* in die Quadratsummen *Modell* und *Rest*:

7.2 Multiple lineare Regressionsanalyse

$$SS\_CTotal = SS\_Model + SS\_Error \ .$$
$$\sum_{i=1}^{n}(y_i-\bar{y})^2 = \sum_{i=1}^{n}(\hat{y}_i-\bar{y})^2 + \sum_{i=1}^{n}(y_i-\hat{y}_i)^2 \ .$$

Da wir zur Auswertung der linearen Regression die SAS-Prozedur REG verwenden wollen, bringen wir an dieser Stelle die obige Zerlegung der Quadratsummen in einer Form, wie diese ähnlich auch im Output der Prozedur REG auftritt (siehe auch (6.1.3)). Dabei verwenden wir anstelle der Summennotation eine Matrizennotation der eben erwähnten Zerlegung.

Quadratsummenzerlegung (7.38)

Quelle Source	Freiheits- grade DF	Quadrat- summen Sum of Squares (SS)	Mittel- quadrate Mean Squares	Erwartete Mittelquadrate Expected Mean Squares
Model	m	$\hat{\beta}'X'y-n\bar{y}^2$	$\frac{1}{m}(\hat{\beta}'X'y-n\bar{y}^2)$	$\sigma^2 + \frac{1}{m}\tilde{\beta}'\tilde{X}'\tilde{X}\tilde{\beta}$
Error	n-m-1	$y'y-\hat{\beta}'X'y$	$\frac{1}{n-m-1}(y'y-\hat{\beta}'X'y)$	σ^2
CTotal	n-1	$y'y-n\bar{y}^2$		

Der Vektor $\tilde{\beta}$ entsteht aus β durch Weglassen der 1. Komponente β_0, die Matrix $\tilde{X}$ aus der Designmatrix X durch Streichen der 1. Spalte aus lauter Einsen und Ersetzen der Elemente x_{ij} durch $x_{ij}-\bar{x}_{.j}$.

Schätzung der Varianz. Eine erwartungstreue Schätzung der unbekannten Varianz σ^2 ergibt sich somit zu

$$s^2 = \frac{1}{n-m-1}\sum_{i=1}^{n}(y_i-\hat{y}_i)^2 = \frac{1}{n-m-1}(y'y-\hat{\beta}'X'y) \ . \tag{7.39}$$

Residuen und multiples Bestimmtheitsmaß. Die Realisierungen der Zufallsvariablen ε_i sind nicht beobachtbar, deshalb verwenden wir an deren Stelle den *Residualzufallsvektor* $E = Y - \hat{Y}$. Dessen Realisierung nennt man den *Residuenvektor* e.

$$e = y - \hat{y} = (I - H)y. \tag{7.40}$$

Es gilt $X'e = 0$, $E(E) = 0$ und $COV(E) = \sigma^2(I-H)$.

Mit Hilfe der Residuen können wir die Güte der Anpassung der Daten an das Modell (7.28) beurteilen, man beachte hierzu Beispiel 7.2.5. Für das Bestimmtheitsmaß B gilt im linearen Modell

$$B = \frac{SS\_Model}{SS\_CTotal} = 1 - \frac{SS\_Error}{SS\_CTotal} = 1 - \frac{\sum e_i^2}{\sum (y_i - \bar{y})^2} \ . \quad (7.41)$$

Das multiple Bestimmtheitsmaß B liegt immer zwischen 0 und 1, wobei der Grenzfall B = 1 dann auftritt, wenn die Beobachtungspunkte exakt auf einer Hyperebene des (m+1)-dimensionalen euklidischen Raumes $\mathbb{R}^{m+1}$ liegen. Ein B in der Nähe von 1 zeigt uns an, daß das Datenmaterial gut durch das Modell (7.28) beschrieben werden kann, siehe auch (7.10).

Standardfehler. Wird die unbekannte Modellvarianz σ^2 durch die Schätzung s^2 ersetzt, dann erhält man die geschätzten Standardfehler der Schätzungen $\hat{\beta}_j$ und $\hat{y}(\mathbf{x})$, $\mathbf{x} = [1, x_1, x_2, ..., x_m]' \in \{1\} \times G$.

$$s_{\hat{\beta}_j} = s\sqrt{c_{jj}} \ , \ j = 0, 1, ..., m, \quad s_{\hat{y}(\mathbf{x})} = s\sqrt{\mathbf{x}'(\mathbf{X}'\mathbf{X})^{-1}\mathbf{x}} \ . \quad (7.42)$$

Die entsprechenden Zufallsvariablen nennen wir S, $S_{\hat{\beta}_j}$ und $S_{\hat{y}(\mathbf{x})}$.

7.2.2 Univariate Vertrauensintervalle und Tests

Wollen wir Vertrauensintervalle berechnen und Tests durchführen, dann treffen wir über die Modellannahmen (7.28) hinaus noch die zusätzliche Voraussetzung, siehe Abschnitt 7.1.2:

Die Zufallsvariablen ε_i sind $N(0, \sigma^2)$-verteilt.

Unter dieser zusätzlichen Voraussetzung gilt für festes $\mathbf{x}_r$: Die Zufallsvariablen

$$\frac{\hat{Y}(\mathbf{x}_r) - \tilde{y}(\mathbf{x}_r)}{S_{\hat{y}(\mathbf{x}_r)}} \ , \ \frac{\hat{\beta}_j - \beta_j}{S_{\hat{\beta}_j}} \ , \ j = 0, 1, 2..., m \quad (7.43)$$

sind t-verteilt mit n-m-1 Freiheitsgraden.

Vertrauensintervalle. Damit können folgende *univariate Vertrauensintervalle* (für festes j) zur vorgegebenen Vertrauenswahrscheinlichkeit (1-α) für β_j angegeben werden.

$$\hat{\beta}_j \mp t_{1-\frac{\alpha}{2}, n-m-1} \cdot s_{\hat{\beta}_j} \ , \ j = 0, 1, ..., m \quad (7.44)$$

Ebenso ist für *einen* festen Vektor $\mathbf{x}_r = [1, x_{r1}, x_{r2}, ..., x_{rm}]'$ aus dem Gültigkeitsbereich $\{1\} \times G \subset \mathbb{R}^{m+1}$ der Modellfunktion

7.2 Multiple lineare Regressionsanalyse

$$\hat{y}(\mathbf{x_r}) \mp t_{1-\frac{\alpha}{2},\,n-m-1} \cdot s_{\hat{y}(\mathbf{x_r})} \tag{7.45}$$

ein $(1-\alpha)$-Vertrauensintervall für $\tilde{y}(\mathbf{x_r}) = \mathbf{x_r'}\beta$. Die dabei benutzte Standardabweichung ist (7.42) zu entnehmen.

Tests. Testet man $H_0: \beta_j = \beta_j^*$ (j fest) gegen $H_A: \beta_j \neq \beta_j^*$ zu vorgegebenem Niveau α, dann lautet die Entscheidungsvorschrift:

$$\text{Gilt } \left| \frac{\hat{\beta}_j - \beta_j^*}{s_{\hat{\beta}_j}} \right| > t_{1-\frac{\alpha}{2},\,n-m-1}, \text{ dann verwerfe } H_0. \tag{7.46}$$

7.2.3 Simultane Vertrauensbereiche und Tests

Wir wollen Vertrauensbereiche behandeln, die Aussagen nicht nur über einen, sondern gleichzeitig über mehrere Modellparameter machen.

Vertrauensintervalle nach Bonferroni. Ermittelt man wie im letzten Abschnitt die Vertrauensintervalle für $\beta_0, \beta_1, \ldots, \beta_m$ jeweils zum selben Niveau $(1-\alpha)$, dann kann für die *gemeinsame* Gültigkeit der (m+1) Vertrauensintervalle nur noch das Niveau $(1-(m+1)\alpha)$ garantiert werden. Verwendet man die Bonferroni-Korrektur, dh. $\alpha/(m+1)$ anstelle von α in (7.44), dann bekommt man einen Bereich, der $(\beta_0, \beta_1, \ldots, \beta_m)$ mindestens mit der multiplen Vertrauenswahrscheinlichkeit $(1-\alpha)$ überdeckt.

Elliptischer Vertrauensbereich. Alle Punkte $\mathbf{u} = (u_0, u_1, \ldots, u_m)'$, welche die Ungleichung

$$(\mathbf{u} - \hat{\beta})'(\mathbf{X'X})(\mathbf{u} - \hat{\beta}) \leq (m+1)s^2 \cdot F_{1-\alpha,\,m+1,\,n-m-1} \tag{7.47}$$

erfüllen, bilden den $(1-\alpha)$-Vertrauens*bereich* für $\beta = (\beta_0, \beta_1, \ldots, \beta_m)$. Die Berandung des Bereichs wird durch ein *Hyperellipsoid* im (m+1)-dimensionalen Raum gebildet.

Simultaner Vertrauensbereich der Regressionsfunktion. Es soll gleichzeitig für alle Vektoren $\mathbf{x} = [1, x_1, x_2, \ldots, x_m]'$ aus dem Gültigkeitsbereich der Modellfunktion $\tilde{y} = \mathbf{x'}\beta$ ein Vertrauensbereich angegeben werden. Die untere (obere) Begrenzung wird gegeben durch:

$$\hat{y}(\mathbf{x}) \mp s_{\hat{y}(\mathbf{x})} \sqrt{(m+1)F_{1-\alpha,\,m+1,\,n-m-1}} \,. \tag{7.48}$$

Der wesentliche Unterschied zur Formel (7.45) besteht darin, daß man anstelle des $(1-\frac{\alpha}{2})$-Quantils der t-Verteilung das $(1-\alpha)$-Quantil der F-Verteilung verwenden muß. Als graphisches Bild von (7.48) erhält man ein Hyperboloid im (m+1)-dimensionalen Raum um die geschätzte m-dimensionale Regressionshyperebene $\hat{y}(x) = x'\hat{\beta}$.

Simultane Tests. Es lassen sich auch allgemeine lineare Hypothesen über die Modellparameter formulieren und testen. Sei **K** eine $(k \times (m+1))$-Matrix vom Rang k ($\leq m+1$) und **t** ein Spaltenvektor von k vorgegebenen Konstanten, β der Spaltenvektor der unbekannten Regressionsparameter, dann lautet die allgemeine lineare Hypothese H_0: $K\beta = t$ und die Alternativ-Hypothese H_A: $K\beta \neq t$, vgl. auch Abschnitt 6.7.3.

Die Zufallsvariable $\frac{1}{\sigma^2} Q(K,t) = \frac{1}{\sigma^2}(K\hat{\beta}-t)'[K(X'X)^{-1}K']^{-1}(K\hat{\beta}-t)$ folgt unter H_0 einer χ^2-Verteilung mit den Freiheitsgraden Rang(**K**), siehe auch (7.17). Ersetzt man σ^2 noch durch die von Q stochastisch unabhängige Schätzfunktion S^2 nach (7.39), dann ist unter H_0 folgende Zufallsvariable F-verteilt mit den Freiheitsgraden Rang(**K**), n-m-1:

$$\frac{\frac{1}{\text{Rang}(K)} Q(K,t)}{S^2} \ . \tag{7.49}$$

Die Entscheidungsvorschrift des Tests von H_0: $K\beta = t$ lautet:

Ist $\dfrac{\frac{1}{\text{Rang}(K)} Q(K,t)}{S^2} > F_{1-\alpha, \text{Rang}(K),\ n-m-1}$, dann verwerfe H_0. (7.50)

Aus dieser allgemeinen Form lassen sich alle Tests über lineare Hypothesen und Vertrauensbereiche der Modellparameter wie (7.19), (7.21), (7.47) und (7.48) ableiten, vgl. Rawlings (1988), S. 101-122.

Beispiele. Sei m = 3, die unabhängigen Variablen heißen x1, x2, x3 und der Parametervektor $\beta = [\beta_0, \beta_1, \beta_2, \beta_3]'$.

1. Teste H_0: $\beta_j = \beta_j^*$ gegen H_A: $\beta_j \neq \beta_j^*$, beispielsweise H_0: $\beta_2 = 5$.

Die Matrix **K** hat die Gestalt

$K = [\,0\ \ 0\ \ 1\ \ 0\,]$, $t = [\,5\,]$,   Rang(K) = 1.

2. Teste die simultane Hypothese H_0: $\beta_0 = 4, \beta_1 = \beta_2$. Die Matrix **K** hat die Gestalt

$$K = \begin{bmatrix} 1 & 0 & 0 & 0 \\ 0 & 1 & -1 & 0 \end{bmatrix}, \quad t = \begin{bmatrix} 4 \\ 0 \end{bmatrix}, \quad \text{Rang }(K) = 2.$$

7.2.4 Überprüfung der Modellannahmen

Im Falle der einfachen linearen Regression haben wir in Abschnitt 7.1.5 bereits darauf hingewiesen, daß bei der Analyse gewisser Daten eine oder mehrere Modellannahmen verletzt sein können. Außerdem gingen wir dort auf Möglichkeiten ein, Verletzungen der Modellannahmen aufzudecken. Diese Ausführungen gelten auch im Falle der multiplen linearen Regression.

Zusätzliche Probleme können auftreten, wenn zwischen unabhängigen Variablen lineare Abhängigkeiten vorliegen, dann ist die Matrix $X'X$ singulär. Sind diese lineare Abhängigkeiten nur annähernd vorhanden, dann ist die Matrix $X'X$ 'nahezu' singulär und die Lösungen der Normalgleichungen (7.31) sind einerseits numerisch sehr unstabil. Außerdem können dadurch die Varianzen der Schätzungen von Modellparametern sehr groß werden. Dieser Sachverhalt wird als *Kollinearitätsproblem* bezeichnet (siehe Rawlings (1988), S. 273-278). Wir wollen uns nur mit einigen Aspekten der *Regressionsdiagnostik* befassen und verweisen auf umfassendere Darstellungen wie etwa Belsley et al. (1980), Cook und Weisberg (1982), Freund und Littell (1991) sowie Rawlings (1988).

Ausreißerproblematik. Die Residuen e_i aus (7.40) sollen dahingehend standardisiert werden, daß sie approximativ eine Varianz von 1 aufweisen. Man nennt

$$r_i = \frac{e_i}{s \cdot \sqrt{1-h_{ii}}}, \; i = 1,2,...,n \qquad (7.51)$$

die *studentisierten Residuen*. Dabei ist h_{ii} das i-te Hauptdiagonalelement der in (7.35) erwähnten Hat-Matrix $H = X(X'X)^{-1}X'$. Diese studentisierten Residuen sind untereinander korreliert, außerdem sind sie nur approximativ t_{n-m-1}-verteilt, da Zähler und Nenner nicht stochastisch unabhängig sind. Man kann in (7.51) an Stelle der Schätzung s für σ die Schätzung $s_{(i)}$ verwenden. Diese Schätzung entsteht dadurch, daß man die gesamte Anpassung der Modellparameter wiederholt, jedoch wird die i-te Beobachtung aus den Daten weggelassen. Man erhält dann die *extern studentisierten Residuen*

$$r_i^* = \frac{e_i}{s_{(i)} \cdot \sqrt{1-h_{ii}}}, \; i = 1,2,...,n. \qquad (7.52)$$

Unter den Modellannahmen sind die entsprechenden Zufallsvariablen R_i^* korreliert, folgen jedoch exakt einer t_{n-m-2}-Verteilung. Damit kann ein

Test auf *Ausreißer* (besser: *auffällige Beobachtung*), in der Regel auf dem Niveau $\alpha = 0.01$, formuliert werden:

Gilt $|r_i^*| > t_{1-\frac{\alpha}{2},n-m-2}$, dann ist i-te Beobachtung auffällig. (7.53)

Wird dieser Test für alle n Beobachtungen durchgeführt, liegt ein multiples Testproblem vor, wir verwenden dann die Bonferroni-Korrektur, das heißt wir ersetzen α durch $\frac{\alpha}{n}$, vgl. Cook und Weisberg (1982), S. 22.

Einflußstatistiken. Wir betrachten Cook's D_i-Wert, der die Verschiebung im geschätzten Parametervektor $\hat{\beta}$ nach $\hat{\beta}_{(i)}$ mißt. Der Schätzvektor $\hat{\beta}_{(i)}$ entsteht dadurch, daß man die gesamte Anpassung der Modellparameter wiederholt, jedoch wird die i-te Beobachtung aus den Daten weggelassen. Man definiert (siehe Cook und Weisberg (1982), S. 116):

$$D_i = \frac{(\hat{\beta}-\hat{\beta}_{(i)})'(X'X)(\hat{\beta}-\hat{\beta}_{(i)})}{(m+1)s^2} \quad , i = 1,2,...,n. \quad (7.54)$$

Rechentechnisch einfacher läßt sich Cook's D folgendermaßen schreiben:

$$D_i = \frac{r_i^2}{m+1}\left(\frac{h_{ii}}{1-h_{ii}}\right). \quad (7.55)$$

D_i ist nur approximativ $F_{m+1,n-m-1}$-verteilt. Ergibt Cook's D für die i-te Beobachtung einen *großen* Wert, dann nimmt man an, daß dies eine Beobachtung mit *starken Einfluß* auf die anzupassende Regressionsfunktion ist. Cook und Weisberg (1982), S. 118 geben folgende Faustregel an:

Ist $D_i \geq 1$, dann hat die i-te Beobachtung eine 'starken' Einfluß.

Eine Entscheidung dieser Art wollen wir mehr im Sinne der *explorativen Datenanalyse* verstanden wissen und nicht als statistischen Test der schließenden Statistik.

Es gibt weitere Einflußstatistiken wie etwa *DFFITS, DFBETAS* und *COVRATIO*, auf die wir hier nicht näher eingehen wollen. Wir verweisen auf Rawlings (1988) sowie Freund und Littell (1991).

7.2.5 Durchführung in SAS – Beispiel 7_2

Beispiel 7_2. Beobachtet wird der bei einer Bodentemperatur von $20^\circ C$ verfügbare Phosphorgehalt für Pflanzen y [ppm] in Abhängigkeit von drei verschiedenen Phosphorfraktionen x_1, x_2, x_3 [ppm] im Boden. Die 18

7.2 Multiple lineare Regressionsanalyse

Beobachtungen werden im folgenden Datenschritt aufgelistet. Quelle: Snedecor (1967), S. 405.

Wir unterstellen den folgenden Daten das lineare Modell (7.28) mit $m = 3$ unabhängigen Variablen: $y_i = \beta_0 + \beta_1 x_{i1} + \beta_2 x_{i2} + \beta_3 x_{i3} + \varepsilon_i$.

Programm

```
DATA b7_2;                    /* Multiple lineare Regression */
  INPUT x1 x2 x3 y  @@;
  CARDS;
  0.4    53    158    64      12.6    58    112    51
  0.4    23    163    60      10.9    37    111    76
  3.1    19     37    71      23.1    46    114    96
  0.6    34    157    61      23.1    50    134    77
  4.7    24     59    54      21.6    44     73    93
  1.7    65    123    77      23.1    56    168    95
  9.4    44     46    81       1.9    36    143    54
 10.1    31    117    93      26.8    58    202   168
 11.6    29    173    93      29.9    51    124    99
RUN;
PROC REG DATA = b7_2;
  MODEL y = x1 x2 x3;
RUN; QUIT;
```

Output

Model: MODEL1   1
Dependent Variable: y
Analysis of Variance

Source	DF	Sum of Squares	Mean Square	F Value	Pr > F
Model	3	6806.1115	2268.70382	5.69	0.0092
Error	14	5583.4997	398.82140		
C Total	17	12389.6111			

In Teil 1 des Output wird die Quadratsummenzerlegung nach (7.38) berechnet und ein F-Test zur Hypothese $H_0: \beta_1 = \beta_2 = \beta_3 = 0$ durchgeführt. Da die Überschreitungswahrscheinlichkeit $Pr > F$ von 0.0092 kleiner als das vorgegebene Niveau $\alpha = 0.01$ ist, wird H_0 abgelehnt. Auf dem Niveau $\alpha = 0.01$ haben also global die 3 unabhängigen Variablen einen signifikanten Einfluß auf die abhängige Variable. Außerdem entnehmen wir dem Teil 1 die Schätzung der Restvarianz $s^2 = 398.8214$.

Root MSE	19.97051	Rsquare	0.5493	2
Dep Mean	81.27778	Adj R-sq	0.4528	
Coeff Var	24.57069			

Teil 2 entnehmen wir die Werte $RootMSE = s = 19.971$ sowie das Bestimmtheitsmaß $Rsquare = 0.5493$ nach (7.41). Das (gewöhnliche) Bestimmtheitsmaß B wird größer, je mehr Variablen man ins Modell aufnimmt.

Dem trägt das *adjustierte Bestimmtheitsmaß* B_a Rechnung, wir verweisen hierzu auch auf Abschnitt 3.2.3. Falls ein Modell mit *Intercept* β_0 vorliegt, ist $B_a = $ Adj R-sq $= 1 - \frac{n-1}{n-m-1}(1 - Rsquare)$. Das adjustierte Bestimmtheitsmaß wird benutzt, wenn man Modelle mit unterschiedlich vielen unabhängigen Variablen vergleichen will.

Bei einem Modell ohne *Intercept* ist $Adj R\text{-}sq = 1 - \frac{n}{n-m}(1 - Rsquare)$, wobei jedoch für Rsquare nach Abschnitt 7.1.6.2 das modifizierte Bestimmtheitsmaß $B^* = 1 - SS\_Error/SS\_UTotal$ zu verwenden ist.

		Parameter Estimates				3
		Parameter	Standard			
Variable	DF	Estimate	Error	t Value	Pr > |t|	
Intercept	1	43.65220	18.01021	2.42	0.0295	
x1	1	1.78478	0.53770	3.32	0.0051	
x2	1	-0.08340	0.41771	-0.20	0.8446	
x3	1	0.16113	0.11167	1.44	0.1710	

In Teil 3 werden die Parameterschätzungen samt deren Standardabweichungen gemäß (7.31), (7.42) aufgelistet. Aus der Spalte *Parameter Estimate* entnehmen wir $\hat{\beta}_0 = 43.652$, $\hat{\beta}_1 = 1.785$, $\hat{\beta}_2 = -0.083$, $\hat{\beta}_3 = 0.161$. Außerdem werden nach (7.46) vier t-Tests zur Prüfung der Hypothesen $H_0: \beta_j = 0$, $j = 0,1,2,3$ aufgeführt. Die entsprechenden Überschreitungswahrscheinlichkeiten entnimmt man der Spalte $Pr > |t|$, nur die Hypothesen $H_0: \beta_0 = 0$ und $H_0: \beta_1 = 0$ sind auf dem 0.05-Niveau signifikant.

Erweiterte Regressionsanalyse. Soll zusätzliche Information gewonnen werden, kann man die Prozedur REG erweitern, zum Beispiel um Optionen zur MODEL-Anweisung und zusätzliche TEST-Anweisungen. Wir beschränken uns hier auf eine subjektive Auswahl.

7.2 Multiple lineare Regressionsanalyse

```
PROC REG  DATA = b7_2;
MODEL y = x1  x2  x3 /
                    XPX  I  COVB  R/*  Output 4 und 5 */
                    CLM ALPHA=0.05/*  Output 6 und 7 */
                    INFLUENCE;       /* Output 7 */
    TEST x2 = 0, x3 = 0 ;            /* Output 8 */
RUN; QUIT;
```

Output (gekürzt)

	Model: MODEL1				4
	Model Crossproducts X'X X'Y Y'Y				
Variable	Intercept	x1	x2	x3	y
Intercept	18	215	758	2214	1463
x1	215	4321.02	10139.5	27645	20706.2
x2	758	10139.5	35076	96598	63825
x3	2214	27645	96598	307894	187542
y	1463	20706.2	63825	187542	131299

Durch Angabe der MODEL-Option XPX werden die Matrizen **X'X** sowie **X'y** = (1463, 20706.2, 63825, 187542)' ergänzt durch **y'y** = 131299 aufgelistet.

	X'X Invers, ...			5
Variable	Intercept	x1	x2	x3
Intercept	0.8133156	0.0019185	-0.011398	-0.0024446
x1	0.0019185	0.0007249	-0.000248	-9.690816E-7
x2	-0.011398	-0.0002483	0.000437	-0.000032994
x3	-0.002444	-9.690816E-7	-0.000033	0.0000312649

Die Option I bewirkt die Ausgabe von $(\mathbf{X'X})^{-1} = [c_{ij}]$ (i, j = 0,1,2,3). Die Option COVB der MODEL-Anweisung veranlaßt die Ausgabe der Kovarianzmatrix gemäß (7.32), wobei anstelle von σ^2 die Schätzung s^2 verwendet wird, das heißt COVB = $s^2(\mathbf{X'X})^{-1}$. Auf die Angabe des entsprechenden Output wollen wir hier verzichten.

Verwendet man die Option R der MODEL-Anweisung, dann werden in Teil 6 des Output folgende Variablen aufgeführt: Unter *Obs* die Beobachtungsnummer, unter *Dep Var Y* die beobachteten y_i-Werte, unter *Predict Value* die geschätzten $\hat{y}_i$-Werte nach (7.34) und (7.35), unter *Std Error Predict* die Standardabweichungen von $\hat{y}_i$ nach (7.42). Außerdem werden aufgeführt: Unter *Residual* die Residuen $e_i = y_i - \hat{y}_i$ gemäß (7.40), unter *Std Err Residual* die Standardfehler der Residuen e_i, nämlich $s\sqrt{1-h_{ii}}$. Die Größen h_{ii} sind dabei die Hauptdiagonalelemente der Hat-Matrix $\mathbf{H} = \mathbf{X}(\mathbf{X'X})^{-1}\mathbf{X'}$, vgl. (7.35), (7.40).

Obs	Dep Var y	Predict Value	Std Err Mean Predict	95% CL Mean		Residual	Std Err 6 Residual
1	64.00	65.4050	10.575	42.7235	88.0865	-1.4050	16.941
2	51.00	79.3503	8.389	61.3571	97.3435	-28.3503	18.123
...	...					...	...
14	54.00	67.0830	7.351	51.3159	82.8500	-13.0830	18.568
15	93.00	77.9457	6.270	64.4989	91.3925	15.0543	18.961
16	*168.0*	*119.196*	*11.275*	*95.0132*	*143.379*	*48.8039*	*16.483*
17	93.00	89.8131	9.986	68.3944	111.232	3.1869	17.294
18	99.00	112.744	9.864	91.5878	133.901	-13.7443	17.364

Die MODEL-Optionen CLM und ALPHA = 0.05 bewirken, daß unter *95% CL Mean* die unteren und oberen Grenzen der einfachen 0.95-Vertrauensintervalle für die Ordinaten $\tilde{y}_i$ nach (7.45) aufgeführt werden.

Obs	Student Residual	-2 -1 -0 1 2	Cook's D	Rstudent	7
1	-0.083	| | |	0.001	-0.0799	
2	-1.564	| ***| |	0.131	-1.6594	
...	...		...	...	
14	-0.705	| *| |	0.019	-0.6913	
15	0.794	| |* |	0.017	0.7829	
16	2.961	| |*****|	1.026	4.6666	
17	0.184	| | |	0.003	0.1778	
18	-0.792	| *| |	0.051	-0.7804	

Sum of Residuals   0
Sum of Squared Residuals   5583.49966
Predicted Resid SS (Press)   10683

Die MODEL-Option R bewirkt in Teil 7 unter *Studentized Residual* die Ausgabe der studentisierten Residuen r_i nach (7.51), unter *Cook's D* die

7.2 Multiple lineare Regressionsanalyse

Einflußstatistik nach (7.54). Mit Hilfe der Option INFLUENCE werden unter *Rstudent* die extern studentisierten Residuen nach (7.52) ausgegeben. Die weiteren im Output erscheinenden Einflußstatistiken wie *DFFITS, DFBETAS, COVRATIO* haben wir hier weggelassen.

Führen wir einen Ausreißertest nach (7.53) auf dem multiplen Niveau $\alpha = 0.01$ unter Verwendung der Bonferroni-Korrektur durch, dann müssen gemäß (7.53) die Werte unter *Rstudent* dem Betrage nach mit dem Quantil $t_{1-\gamma,18-4-1} = 4.54$ ($\gamma = \frac{0.01}{2 \cdot 18}$) verglichen werden. Die Beobachtung Nr. 16 wird als Ausreißer betrachtet.

Nach der in Abschnitt 7.4 angegebenen Faustregel wird die Beobachtung Nr. 16 auch noch als einflußreiche Beobachtung bezeichnet, da Cook's $D_{16} = 1.026$ größer als 1 ist.

Aus den letzten 3 Zeilen von Output 7 entnehmen wir unter *Sum of Residuals* die Summe der Residuen e_i mit der Eigenschaft $\sum e_i = 0$. Unter *Sum of Squared Residuals* steht die Quadratsumme SS_Error, die bereits auch aus Output 1 zu entnehmen ist.

Unter *Predicted Resid SS (Press)* wird die sogenannte *Press*-Statistik aufgeführt, definiert durch $\sum (y_i - \hat{y}_{i(i)})^2$. Dabei bedeutet $\hat{y}_{i(i)}$ die Schätzung der Ordinate $\hat{y}_i$, jedoch aufgrund eines Modells, bei dem die i-te Beobachtung nicht in die Analyse einbezogen wurde. Weiterführendes zur PRESS-Statistik findet man bei Rawlings (1988), S. 189.

	Test 1 Results for Dependent Variable y			8
Source	DF	Mean Square	F Value	Pr > F
	2	424.54448	1.06	0.3712
	14	398.82140		

In Teil 8 wird die Hypothese $H_0: \beta_2 = 0, \beta_3 = 0$ mittels eines F-Tests geprüft. Nach (7.50) steht im Nenner der F-Statistik $s^2 = $ MSE, im Zähler eine quadratische Form

$$\tfrac{1}{2}Q = \frac{0.5}{c_{22}c_{33} - c_{23}^2}\left(c_{33}\hat{\beta}_2^2 - 2c_{23}\hat{\beta}_2\hat{\beta}_3 + c_{22}\hat{\beta}_3^2\right) = 424.54448.$$

Dieser Wert läßt sich leicht nachrechnen unter Verwendung der Ergebnisse aus Output 3 und 5, die c_{ij} sind Elemente von $(\mathbf{X'X})^{-1}$. Auf dem Niveau $\alpha = 0.05$ ergibt sich keine Signifikanz. Dies gibt Anlaß zur Überlegung, ob nicht ein lineares Modell mit der unabhängigen Variablen x_1 allein ausreichen würde.

7.2.6 Techniken zur Modellauswahl

Häufig stellt sich bei der Wahl eines einem Problem adäquaten Modells die Frage, welche unabhängigen Variablen in die Modellgleichung aufgenommen werden sollen. Dabei wird man, falls genügend Daten vorliegen, eher mehr unabhängige Variable in das Modell aufnehmen, als das Risiko einzugehen, eine wesentliche Variable nicht zu berücksichtigen.

Wir wollen hier Methoden der Auswahl der 'wesentlichen' unabhängigen Variablen besprechen. Die Vorgehensweise ist mehr der explorativen Datenanalyse zuzuordnen, da fortgesetzt Tests hintereinandergeschaltet werden und damit das multiple Niveau dieser Vorgehensweisen in der Regel nicht mehr kontrollierbar ist (siehe auch Bemerkungen in 4.5.1). Gängige Verfahren zur Modellauswahl sind die Methoden der *Vorwärtsauswahl* (FORWARD), *Rückwärtsauswahl* (BACKWARD) sowie eine Mischung aus diesen beiden (STEPWISE). In der SAS-Prozedur REG sind diese Verfahren und noch fünf weitere implementiert.

Durchführung in SAS. Mit Hilfe der Option SELECTION der MODEL-Anweisung der Prozedur REG (siehe SAS/STAT User's Guide (1999), S. 2947 ff.) kann zwischen acht Auswahlmethoden gewählt werden. Insbesondere steht unter BACKWARD die *Rückwärtselimination* zur Verfügung, die wir an Hand des Beispiels 7_2 näher besprechen wollen.

Programm

```
PROC REG DATA = b7_2;                    /* Rückwärtsauswahl */
  MODEL y=x1 x2 x3/SELECTION=BACKWARD  SLSTAY = 0.10;
RUN; QUIT;
```

Output (gekürzt)

Die in folgendem Output auftretenden Überschreitungswahrscheinlichkeiten $Pr>F$ kürzen wir durch Ü-W ab.

Backward Elimination : Step 0					
All Variables Entered: R-square = 0.5493 and C(p) = 4.000					
	DF	Sum of Squares	Mean Square	F Value	Pr > F
Model	3	6806.11145	2268.70582	5.69	0.0092
Error	14	5583.49966	398.82140		
Corr. Total	17	12390			

Variable	Parameter Estimate	Standard Error	Type II SS	F Value	Pr > F
Intercept	43.65220	18.01021	2342.89647	5.87	0.0295
x1	1.78478	0.53770	4394.14983	11.02	0.0051
x2	-0.08340	0.41771	15.89789	0.04	0.8446
x3	0.16113	0.11167	830.442921	2.08	0.1710

Bounds on condition number: 1.3806, 11.291

Backward Elimination : Step 1

Variable x2 Removed: R-square = 0.54806 and C(p) = 2.0399

	DF	Sum of Squares	Mean Square	F Value	Pr > F
Model	2	6790.21357	3395.10678	9.10	0.0026
Error	15	5599.39754	373.29317		
Corr. Total	17	12390			

Variable	Parameter Estimate	Standard Error	Type II SS	F Value	Pr > F
Intercept	41.47936	13.88337	3332.14840	8.93	0.0092
x1	1.73744	0.46689	5169.45429	13.85	0.0020
x3	0.15484	0.10364	833.19107	2.23	0.1559

Bounds on condition number: 1.0236, 4.0946

Backward Elimination : Step 2

Variable x3 Removed: R-square = 0.4808 and C(p) = 2.1290

	DF	Sum of Squares	Mean Square	F Value	Pr > F
Model	1	5957.02249	5957.02249	14.82	0.0014
Error	16	6432.58862	402.03679		
Corr. Total	17	12390			

Variable	Parameter Estimate	Standard Error	Type II SS	F Value	Pr > F
Intercept	59.25896	7.41999	25643	63.78	<.0001
x1	1.84344	0.47890	5957.02249	14.82	0.0014

Bounds on condition number: 1, 1

All variables left in the model are significant at the 0.1000 level.

Summary of Backward Elimination

Step	Variable Rem.	Number Vars In	Partial R-Square	Model R-Square	C(p)	F Value	Pr > F
1	x2	2	0.0013	0.5481	2.0399	0.0399	0.8446
2	x3	1	0.0672	0.4808	2.1290	2.2320	0.1559

Zu Beginn des Output (*Step 0*) wird das vollständige Modell mit allen m = 3 unabhängigen Variablen betrachtet. Dann wird eine Variable nach der anderen aus dem Modell entfernt, bis nur noch Variablen im Modell sind, deren Parameter auf dem 0.10-Niveau signifikant sind. Dieses Niveau läßt sich mit Hilfe der Option SLSTAY verändern.

Zuerst wird diejenige Variable mit dem *kleinsten Wert der F-Statistik*, deren Ü-W jedoch größer 0.1 ist, entfernt. In unserem Beispiel ist dies die Variable $x2$ mit $F\ Value = 0.04$ und einer Ü-W $Pr > F$ von 0.8446, wie aus obigem *Step 0* des Output ersichtlich ist. Nun wird im Rahmen des Modells, das nur noch die Variablen x1 und x3 enthält, als nächste Variable x3 entfernt, da $F\ Value = 2.23$ und $Pr > F$ den Wert 0.1559 hat, dies ist aus *Step 1* des Output zu entnehmen. Im nächsten Schritt (*Step 2*) kann x1 nicht auch noch entfernt werden, da $Pr > F$ von 0.0014 kleiner als 0.1 ist. Damit bricht das Verfahren ab.

Die letzten Zeilen des Output bringen eine Zusammenfassung der Resultate. Es wird aufgelistet, daß die Variablen X2 und X3 eliminiert worden sind, wobei die entsprechenden F-Statistiken und deren Ü-W nochmals aufgeführt werden. Unter *Partial R-Square* wird die Reduktion des (gewöhnlichen) Bestimmtheitsmaßes angegeben, wenn die entsprechende Variable aus dem Modell entfernt worden ist. Entfernt man x2 aus dem vollen Modell, geht das Bestimmtheitsmaß (*R-square* bzw. *Model R**2*) von 0.5493 um 0.013 auf 0.548 zurück. Eliminiert man aus dem Modell mit den Variablen x1 und x3 die letztere, dann vermindert sich das Bestimmtheitsmaß von 0.548 um 0.0672 auf 0.4808.

Bemerkung. Es läßt sich leicht nachvollziehen, daß das adjustierte Bestimmtheitsmaß des vollen Modells mit drei unabhängigen Variablen den Wert 0.4527, das Modell nur mit der Variablen x_1 einen Wert von 0.4484 besitzt.

Unter der Statistik *C(p)* wird *Mallow's C(p)*-Wert aufgelistet. Da wir diesen Wert hier nicht benötigen, verweisen wir zu näheren Einzelheiten auf SAS/ Stat User's Guide (1999), S. 2949.

Zur Bedeutung der Spalte *Type II Sum of Squares* verweisen wir auf Abschnitt 6.7. Dort werden 4 verschiedene Typen von Quadratsummen erörtert, insbesondere auch die Type II Sum of Squares in 6.7.1.4. Wir wollen an einem Beispiel zeigen, daß die aufgeführten F-Tests wegen des Zählerfreiheitsgrades 1 bezüglich der Modellparameter äquivalent zu den in (7.46) aufgeführten t-Tests sind.

Die F-Statistik zur Prüfung von H_0: $\beta_2 = 0$ im vollen Modell (*Step 0*) berechnet man nach (7.49):

$$F = \frac{\frac{1}{1}(\text{Type II Sum of Squares})}{\text{MSE}} = \frac{15.8979}{398.8214} = 0.04.$$

Dem letzten Output 3 entnehmen wir die t-Statistik zur Prüfung derselben Hypothese, $t = -0.20$ ($F = t^2$). Die Überschreitungswahrscheinlichkeiten $Pr > F$ und $Pr > |t|$ haben denselben Wert 0.8446.

Die Zeilen des Output *Bounds on condition number* benötigen wir hier nicht, wir verweisen auf Berk (1977).

7.3 Kovarianzanalyse

Die Kovarianzanalyse verbindet Methoden der Varianzanalyse und der Regressionsanalyse im Rahmen der linearen Modelle. Das Varianzanalysemodell (wie etwa in 6.1 beschrieben) wird dahingehend erweitert, daß eine oder mehrere quantitative *Kovariablen,* die mit der quantitativen Zielvariablen in Beziehung stehen, in das Modell aufgenommen werden. Kurz gesagt, werden ein Varianzanalysemodell und ein Regressionsmodell überlagert. Folgende Ziele sollen dadurch erreicht werden:

– Verringerung der Fehlervarianz gegenüber einem reinen Varianzanalysemodell.
– Eventuell bessere Interpretierbarkeit der Behandlungseffekte, wenn sie um den Kovariableneffekt *adjustiert* worden sind.

7.3.1 Einfache Kovarianzanalyse

Wir wollen durch ein einfaches Beispiel den anschaulichen Hintergrund für die folgenden allgemeinen Ausführungen schaffen.

Beispiel 7_3. Eine große Supermarktkette mit gleichartig gebauten Filialen verkaufte bisher das Produkt 'SALTY'(Salzstangengebäck) an einer bestimmten Stelle des Verkaufsraums. Die Verkaufszahlen solcher Produkte hängen häufig von der räumlichen Plazierung ab. Es soll die Wirkung von 3 neuen, von Experten als verkaufsfördernd angesehenen verschiedenen Plazierungen untersucht werden. Das Management stellt 15 Supermärkte für diese Studie zur Verfügung. Die Aufteilung in $k = 3$ Gruppen zu je $n = 5$ Supermärkten erfolgt 'zufällig' (siehe Abschnitt 6.6.1). Jeder Gruppe wird eine bestimmte räumliche Lage des Verkaufsstandes zugeordnet. Andere relevante Bedingungen wie Preis, Werbung, Verpackung werden nicht verändert. Beobachtet wird die Anzahl y verkaufter Packungen in einer gewissen Beobachtungsperiode, nachdem man das Produkt neu plaziert hat. Als Kovariable wird die Anzahl x der in der vorangehenden Periode verkauften Packungen, in der das Produkt in allen Supermärkten dieselbe Plazierung hatte, registriert. Dadurch wird berücksichtigt, daß die zukünftigen Verkaufszahlen von den bisherigen abhängig sein können.

Daten. Die Struktur der Daten erfassen wir durch die Notation

(y_{ij}, x_{ij}) , $i = 1,2,...,k$, $j = 1,2,...,n_i$.

Dabei bezeichnet y_{ij} bzw. x_{ij} die j-te Beobachtung der Zielvariablen bzw. Kovariablen in der i-ten Gruppe.

Die Daten des Beispiels 7_3 sind:

Gruppe	j = 1		j = 2		j = 3		j = 4		j = 5	
	y	x	y	x	y	x	y	x	y	x
i = 1	38	21	39	26	36	22	45	28	33	19
i = 2	43	34	38	26	38	29	27	18	34	25
i = 3	24	23	32	29	31	30	21	16	28	29

Beispielsweise wurden im 3. Supermarkt der Gruppe 2 vor Änderung der Plazierung 29, nachher 38 Packungen verkauft. In nahezu allen Supermärkten ist eine Zunahme der Verkaufszahlen zu beobachten. Das Management will wissen, ob die Stichprobenergebnisse verallgemeinerbar sind, ob es 'statistisch gesicherte' (signifikante) Unterschiede zwischen den drei Gruppen in den Steigerungsraten der Verkaufszahlen gibt.

Modell. Wir verwenden hier ein Modell, das aus der Verknüpfung der Varianzanalyse- und Regressionsmodelle (6.2) bzw. (7.1) entsteht.

Modell der einfachen Kovarianzanalyse (7.56)

$Y_{ij} = \mu_i + \beta x_{ij} + \varepsilon_{ij}$, $i = 1,2...,k$ $j = 1,2,...,n_i$, $N = \sum n_i$.

$\mu_1, \mu_2,..., \mu_k \in \mathbb{R}$: Feste unbekannte Parameter.

$\beta \in \mathbb{R}$: Unbekannter Regressionsparameter der Kovariablen x.

ε_{ij} : Zufallsvariablen, unabhängig und $N(0,\sigma^2)$- verteilt.

7.3 Kovarianzanalyse

Anschaulich gesehen passen wir den k Gruppen parallele Geraden derselben Steigung β mit unterschiedlichen Achsenabschnitten μ_i an.

Im Gegensatz zum Varianzanalysemodell haben die Beobachtungen der i-ten Gruppe nicht konstanten Erwartungswert μ_i, sondern es gilt $E(Y_{ij}) = \mu_i + \beta x_{ij}$. Der Erwartungswert einer Beobachtung hängt also noch vom Wert der Kovariablen ab. Die Beobachtungen y_{ij} werden als Realisationen unabhängiger $N(\mu_i + \beta x_{ij}, \sigma^2)$-verteilter Zufallsvariablen Y_{ij} angesehen. Eine wesentliche Modellvoraussetzung ist dabei die Homoskedastizität: $Var(Y_{ij}) = Var(\varepsilon_{ij}) = \sigma^2$.

Eine weitere Modellvoraussetzung ist die Postulierung der linearen Abhängigkeit der Zielvariablen von der Kovariablen.

Eine insbesondere auch für die spätere Interpretation entscheidende Annahme ist die Postulierung eines über die verschiedenen Gruppen hinweg konstanten Regressionsparameters β, vgl. 7.3.1.4.

Wir wollen neben dem Modell (7.56) eine modifizierte Form der Modellgleichung benutzen, wie sie auch standardmäßig in der SAS-Prozedur GLM verwendet wird:

$$Y_{ij} = \mu + \tau_i + \beta x_{ij} + \varepsilon_{ij}. \tag{7.57}$$

Dadurch wird das Modell überparametrisiert. Die Parameter μ und τ_i sind einzeln nicht mehr eindeutig schätzbar, sondern nur die (schätzbaren) Funktionen $\mu_i = \mu + \tau_i$. Wir verwenden im folgenden je nach Problemstellung das Modell in der Form (7.56) oder (7.57).

7.3.1.1 Schätzung der Modellparameter

Die Methode der kleinsten Quadrate als Schätzverfahren besagt: Man bestimme die Schätzungen $\hat{\mu}_i, \hat{\beta}$ so, daß gilt (siehe auch 3.2.3):

$$\sum_{i=1}^{k} \sum_{j=1}^{n_i} (y_{ij} - \hat{\mu}_i - \hat{\beta} x_{ij})^2 \rightarrow \text{Minimum}.$$

Aus den Lösungen dieses Minimierungsproblems erhalten wir die Schätzwerte $\hat{\beta}$ und $\hat{\mu}_i$ für β und μ_i, $i = 1, 2, ..., k$:

$$\hat{\beta} = \frac{\sum_{r=1}^{k} \sum_{t=1}^{n_r} (x_{rt} - \bar{x}_{r.})(y_{rt} - \bar{y}_{r.})}{\sum_{r=1}^{k} \sum_{t=1}^{n_r} (x_{rt} - \bar{x}_{r.})^2}, \quad \hat{\mu}_i = \bar{y}_{i.} - \hat{\beta} \bar{x}_{i.}. \tag{7.58}$$

Die Mittelwerte $\bar{y}_{i.}$, $\bar{y}_{..}$, $\bar{x}_{i.}$, $\bar{x}_{..}$ sind analog zu (6.1) definiert.

Ersetzt man die Realisationen y_i durch ihre Zufallsvariablen Y_i, dann erhält man die Schätzfunktionen $\hat{\mu}_i$ und $\hat{\beta}$ mit den Eigenschaften

$$E(\hat{\mu}_i) = \mu_i \;,\; \text{Var}(\hat{\mu}_i) = \sigma^2 \left(\frac{1}{n_i} + \frac{\bar{x}_{i.}^2}{\sum_r \sum_t (x_{rt} - \bar{x}_{r.})^2} \right),$$

$$E(\hat{\beta}) = \beta \;,\; \text{Var}(\hat{\beta}) = \frac{\sigma^2}{\sum_r \sum_t (x_{rt} - \bar{x}_{r.})^2}, \quad (7.59)$$

$$\text{cov}(\hat{\mu}_i, \hat{\mu}_{i'}) = \frac{\sigma^2 \bar{x}_{i.} \bar{x}_{i'.}}{\sum_r \sum_t (x_{rt} - \bar{x}_{r.})^2}, i \neq i', \; \text{cov}(\hat{\mu}_i, \hat{\beta}) = \frac{-\sigma^2 \bar{x}_{i.}}{\sum_r \sum_t (x_{rt} - \bar{x}_{r.})^2}.$$

Bedeutung der Gruppenmittel $\bar{y}_{i.}$. Die Gruppenmittelwerte $\bar{y}_{i.}$ schätzen nicht die Parameter μ_i, sondern es gilt nach (7.58):

$$E(\bar{Y}_{i.}) = \mu_i + \beta \bar{x}_{i.}. \quad (7.60)$$

Daraus ist ersichtlich, daß der Erwartungswert der Gruppenmittel durch die verschiedenen Gruppenmittel der Kovariablen beeinflußt wird.

Adjustierte Erwartungswerte. Wir verwenden deshalb die auf einen gemeinsamen Wert der Kovariablen *adjustierten Erwartungswerte*, in der Regel wird auf das Gesamtmittel $\bar{x}_{..}$ der Kovariablen adjustiert: $\mu_{i(\text{adj})} = \mu_i + \beta \bar{x}_{..}$. Dadurch wird der Einfluß der verschiedenen Mittelwerte $\bar{x}_{i.}$ ausgeschaltet. Die auf $\bar{x}_{..}$ adjustierten Erwartungswerte werden geschätzt durch

$$\hat{\mu}_{i(\text{adj})} = \bar{Y}_{i.} - \hat{\beta}(\bar{x}_{i.} - \bar{x}_{..}), \; i = 1, 2, \ldots, k. \quad (7.61)$$

Diese Schätzfunktion ist erwartungstreu, genauer gilt:

$$E(\hat{\mu}_{i(\text{adj})}) = \mu_{i(\text{adj})},$$
$$\text{Var}(\hat{\mu}_{i(\text{adj})}) = \sigma^2 \left(\frac{1}{n_i} + \frac{(\bar{x}_{i.} - \bar{x}_{..})^2}{\sum_{r=1}^{k} \sum_{t=1}^{n_r} (x_{rt} - \bar{x}_{r.})^2} \right). \quad (7.62)$$

Anschaulich bedeuten die Parameter $\mu_{i(\text{adj})}$ die Ordinaten der k parallelen Modellregressionsgeraden an der Stelle $x = \bar{x}_{..}$.

Restvarianz σ^2. Eine erwartungstreue Schätzung der Modellvarianz σ^2 ist

$$s^2 = \frac{1}{N-k-1} \left(\sum_{i=1}^{k} \sum_{j=1}^{n_i} (y_{ij} - \bar{y}_{i.})^2 - \hat{\beta}^2 \sum_{i=1}^{k} \sum_{j=1}^{n_i} (x_{ij} - \bar{x}_{i.})^2 \right). \quad (7.63)$$

7.3 Kovarianzanalyse

Damit erhält man den geschätzten Standardfehler von $\hat{\mu}_{i(adj)}$ zu

$$s_{\hat{\mu}_{i(adj)}} = s \cdot \sqrt{\frac{1}{n_i} + \frac{(\bar{x}_{i.} - \bar{x}_{..})^2}{\sum_r \sum_t (x_{rt} - \bar{x}_{r.})^2}} \quad , \; i = 1,...,n. \tag{7.64}$$

7.3.1.2 Tests und paarweise Vergleiche

Mit Hilfe einer Kovarianzanalyse soll in der Regel untersucht werden, ob es signifikante Unterschiede zwischen den adjustierten Erwartungswerten der k Gruppen gibt. Außerdem sollen paarweise Vergleiche zwischen den Gruppen durchgeführt werden.

Da wir hier nur Differenzen zwischen den adjustierten Erwartungswerten $\mu_{i(adj)}$ betrachten, können wir auch direkt mit den Achsenabschnitten μ_i arbeiten, da gilt: $\mu_{r(adj)} - \mu_{t(adj)} = \mu_r - \mu_t$, $1 \leq r < t \leq k$.

Globaler F-Test. Wir wollen $H_0: \mu_{1(adj)} = \mu_{2(adj)} = \ldots = \mu_{k(adj)}$ zum Niveau α testen. Verwendet man die *R-Notation* aus 6.7.1.2 und die Parametrisierung von Modell (7.57) mit $\mu_i = \mu + \tau_i$, dann folgt unter H_0

$$F = \frac{\frac{1}{k-1} R(\tau|\beta,\mu)}{S^2} \tag{7.65}$$

einer $F_{k-1,\, N-k-1}$-Verteilung. Dabei bedeutet $R(\tau|\beta,\mu)$ den Anstieg der Modellquadratsumme bei Anpassung des vollen Modells (7.57) gegenüber der Anpassung des reduzierten Modells $Y_{ij} = \mu + \beta x_{ij} + \varepsilon_{ij}$.

Eine explizite Berechnungsformel ist

$$R(\tau|\beta,\mu) = \sum_{i=1}^{k} n_i (\bar{y}_{i.} - \bar{y}_{..})^2 + C(x,y),$$

$$C(x,y) = \frac{[\sum \sum (x_{ij} - \bar{x}_{i.})(y_{ij} - \bar{y}_{i.})]^2}{\sum \sum (x_{ij} - \bar{x}_{i.})^2} - \frac{[\sum \sum (x_{ij} - \bar{x}_{..})(y_{ij} - \bar{y}_{..})]^2}{\sum \sum (x_{ij} - \bar{x}_{..})^2}.$$

Die obige Hypothese ist äquivalent zu $H_0^*: \mu_1 = \mu_2 = \ldots = \mu_k$. Die Testentscheidung lautet:

Ist $F > F_{1-\alpha,\, k-1,\, N-k-1}$, dann verwerfe H_0. (7.66)

Bemerkung. Verwendet man die SAS-Prozedur GLM, ist die Typ III-Quadratsummenzerlegung nach 6.7.1.5 zu verwenden.

Paarweise Vergleiche - Konservative Tests. Wir führen simultane Paarvergleiche zum multiplen Niveau α durch, indem wir die Hypothesen H_0^{rt}: $\mu_{r(adj)} - \mu_{t(adj)} = 0$ testen.

Die Schätzungen der Paardifferenzen und deren Standardfehler ergeben sich zu

$$\hat{\mu}_{r(adj)} - \hat{\mu}_{t(adj)} = \hat{\mu}_r - \hat{\mu}_t = \bar{y}_{r.} - \bar{y}_{t.} - \hat{\beta}(\bar{x}_{r.} - \bar{x}_{t.}) \, , \tag{7.67}$$

$$s_{\hat{\mu}_{r(adj)} - \hat{\mu}_{t(adj)}} = s_{rt} = s \sqrt{\frac{1}{n_r} + \frac{1}{n_t} + \frac{(\bar{x}_{r.} - \bar{x}_{t.})^2}{\sum_i \sum_j (x_{ij} - \bar{x}_{i.})^2}} \, . \tag{7.68}$$

Die Entscheidungvorschrift von Simultantests zum multiplen Niveau α lautet für $1 \leq r < t \leq k$:

Ist $|\hat{\mu}_r - \hat{\mu}_t| > K_\alpha \cdot s_{\hat{\mu}_r - \hat{\mu}_t}$, dann verwerfe H_0^{rt}. \quad (7.69)

Die Verwendung des Tukey-Kramer-Tests ist im Falle von $k = 3$ Gruppen stets möglich. Liegen mehr als drei Gruppen vor, dann muß s_{rt}^2 aus (7.68) der Bedingung $s_{rt}^2 = a_r + a_t$ für alle $(r < t)$ mit geeigneten positiven a_r, a_t genügen. Dann hält der Tukey-Kramer-Test das multiple Niveau ebenfalls ein, siehe Hochberg und Tamhane (1987), S. 93.

Wir können, falls mehr als drei Gruppen vorliegen, den Scheffe-, den Bonferroni- oder den Sidak-Test anwenden, siehe auch Abschnitt 6.2.3.

Bonferroni- und Sidak-Tests werden durchgeführt, indem man für die Schranke $K_\alpha = t_{1-\gamma, N-k-1}$ verwendet, wobei γ (6.25) zu entnehmen ist. Den Scheffe-Test erhält man, wenn K_α gemäß (6.27) gewählt wird.

Alle diese Tests können mittels des LSMEANS-Statements der SAS-Prozedur GLM unter Verwendung der Optionen PDIFF = ALL sowie ADJUST = TUKEY | SCHEFFE | BON | SIDAK   ALPHA = α durchgeführt werden. Jeder der vier genannten Tests ist jedoch in der Regel nicht so trennscharf wie der folgende multiple Test, der auf computerintensiven Simulationen beruht.

Paarweise Vergleiche - Multiple Tests mittels Simulation. Sollen Hypothesen der Form H_0^{rt}: $\mu_{r(adj)} - \mu_{t(adj)} = 0$, $1 \leq r < t \leq k$ getestet werden, dann ist zu beachten, dass die Schätzungen der adjustierten Erwartungswerte in aller Regel korreliert sind. Die gemeinsame Verteilung der Schätzungen (LSMEANS) dieser adjustierten Erwartungswerte ist eine multivariate t-Verteilung, welche von der Korrelationsmatrix der LSMEANS abhängt, näheres siehe Westfall et al. (1999), S. 88-105

7.3 Kovarianzanalyse

sowie Hsu (1996), S. 215-218. Für die in (7.69) erwähnte Schranke K_α wird das $(1-\alpha)$-Quantil $h_{1-\alpha}$ der Teststatistik

$$D = \max_{1 \leq r < t \leq k} \left(|\hat{\mu}_{r(adj)} - \hat{\mu}_{t(adj)}| \, / \, s_{\hat{\mu}_{r(adj)} - \hat{\mu}_{t(adj)}} \right)$$

verwendet, wobei das exakte Quantil $h_{1-\alpha}$ mittels Simulation durch $\hat{h}_{1-\alpha}$ so genau wie benötigt approximiert werden kann, siehe Edwards und Berry (1987). Die Anzahl der Simulationsschritte wird so bestimmt, daß bei vorgegeben γ und ϵ die Gleichung gilt:

$$P(|F(\hat{h}_{1-\alpha}) - (1-\alpha)| \leq \gamma) = 1 - \epsilon$$

Hierbei bezeichnet F die wahre Verteilungsfunktion der Teststatistik D. Der Test kann mittels des LSMEANS-Statements der SAS-Prozedur GLM unter Verwendung der Optionen PDIFF = ALL sowie ADJUST = SIMULATE ALPHA = α durchgeführt werden, hierbei wird standardmäßig $\gamma = 0.005$ und $\epsilon = 0.01$ verwendet. Verwendet man die Option ADJUST = SIMULATE(ACC = γ EPS = ϵ SEED = ... REPORT CVADJUST), dann wird durch ACC = γ die Genauigkeit γ, durch EPS = ϵ die Vertrauenswahrscheinlichkeit $1 - \epsilon$ gesteuert. Die Angabe SEED = ... legt die Anfangszahl der Simulation fest und bewirkt, daß die Ergebnisse des Output reproduzierbar sind. Die Option REPORT bewirkt, daß im Output neben dem SIMULATE-Test eine Auflistung von mehreren multiplen Testprozeduren erscheint, unter anderen der Tukey-Kramer, Bonferroni, Sidak und Scheffe Test. Nach Hsu (1996), S. 210 wird durch die zusätzliche Option CVADJUST eine deutliche Verbesserung der Genauigkeit ϵ der Simulation erreicht (in der Regel um eine bis zwei Zehnerpotenzen).

Bemerkung. Der eben erwähnte SIMULATE-Test ist in der Regel trennschärfer als der Tukey-Kramer-Test, der bei unbalancierten Daten das nominelle multiple Niveau α nicht voll ausschöpft.

Test über unbereinigte Erwartungswerte. In manchen Fällen kann auch der Test der Nullhypothese $H_0: E(\bar{Y}_{1.}) = E(\bar{Y}_{2.}) = \ldots = E(\bar{Y}_{k.})$ bzw. $H_0: \mu_1 + \beta \bar{x}_{1.} = \mu_2 + \beta \bar{x}_{2.} = \ldots = \mu_k + \beta \bar{x}_{k.}$ sachlich relevant sein.

Die folgende Zufallsvariable besitzt unter H_0 eine $F_{k-1, N-k-1}$-Verteilung:

$$F = \frac{\frac{1}{k-1} \sum_{i=1}^{k} n_i (\bar{Y}_{i.} - \bar{Y}_{..})^2}{S^2} \, . \tag{7.70}$$

Entscheidung: Ist $F > F_{1-\alpha, k-1, N-k-1}$, verwerfe H_0 auf dem Niveau α.

Test der Hypothese H_0: $\beta = 0$. Eine Schätzung $\hat{\beta}$ für den Regressionsparameter β haben wir in (7.58) angegeben. Unter H_0 gilt, daß die folgende Teststatistik $F_{1,N-k-1}$-verteilt ist:

$$F = \frac{\hat{\beta}^2}{S^2} \sum_{i=1}^{k} \sum_{j=1}^{n_i} (x_{ij} - \bar{x}_{i.})^2 \qquad (7.71)$$

Die entsprechende Entscheidungsvorschrift lautet somit:

Ist $F > F_{1-\alpha, 1, N-k-1}$, verwerfe H_0 auf dem Niveau α.

7.3.1.3 Durchführung in SAS – Beispiel 7_3

Eine Kovarianzanalyse muß mit Hilfe der Prozedur GLM vorgenommen werden. Weder die Prozedur ANOVA noch REG können verwendet werden, da in ANOVA nur Klassifizierungsvariable, in REG nur quantitative Variable als unabhängige Variable in der MODEL-Anweisung zugelassen sind.

Wir führen die Kovarianzanalyse am eingangs erwähnten Beispiel 7_3 durch. Die Studie über den Einfluß dreier verschiedener Plazierungen der Verkaufsstände im Supermarkt soll folgende Fragen beantworten:

(1) Wie wirken sich die 3 verschiedenen Plazierungen auf die um den Kovariableneinfluß bereinigten mittleren Verkaufszahlen aus? Zur Beantwortung dieser Frage führen wir einen F-Test der Globalhypothese H_0: $\mu_{1(adj)} = \mu_{2(adj)} = \mu_{3(adj)}$ zum Niveau $\alpha = 0.01$ gemäß (7.66) durch.

(2) Welche Gruppen sind verschieden? Um näheren Aufschluß über etwaige Gruppenunterschiede zu bekommen, führen wir paarweise Vergleiche nach (7.69) auf dem multiplen Niveau $\alpha = 0.05$ durch.

(3) Wie stark ist der Einfluß der Kovariablen auf die Zielgröße? Dazu ermitteln wir nach (7.58) eine Schätzung $\hat{\beta}$ von β und prüfen gemäß (7.71), ob β auf dem 0.01-Niveau signifikant von 0 verschieden ist.

Zunächst wird in folgendem Programm die SAS-Datei b7_3 erzeugt und darauf die Prozedur GLM angewendet. Die Angabe der CLASS- und MODEL-Anweisung in dieser Reihenfolge ist zwingend, die restlichen Anweisungen sind optional und werden bei der Erläuterung des entsprechenden Output erklärt. Man beachte die Modellschreibweise in der MODEL-Anweisung:

Zielvariable = Klassifizierungsvariable   Kovariable.

7.3 Kovarianzanalyse

Programm

```
DATA b7_3;                        /* Einfache Kovarianzanalyse  */
  DO gruppe = 1 to 3;             /* Klassifizierungsvariable   */
    DO rep = 1 to 5;              /* Wiederholungen             */
      INPUT y x @@; OUTPUT;       /* Zielvariable y, Kovariable x */
    END; END;
  CARDS;
38 21 39 26 36 22 45 28 33 19
43 34 38 26 38 29 27 18 34 25
24 23 32 29 31 30 21 16 28 29
RUN;
PROC GLM DATA = b7_3;
  CLASS gruppe;
  MODEL y = gruppe x / SOLUTION;              /* Output 1,2,3  */
  MEANS gruppe;                               /* Output 4      */
  LSMEANS gruppe / STDERR  PDIFF= ALL  ALPHA = 0.05  CL
     ADJUST = SIMULATE (ACC = 0.002  EPS = 0.01
       CVADJUST  SEED = 44423  REPORT) ;      /* Output 5      */
  ESTIMATE 't1-t2' gruppe 1 -1 0 ;            /* Output 6      */
  ESTIMATE 't1-t3' gruppe 1 0 -1 ;            /* $\hat{\mu}_{r(adj)} - \hat{\mu}_{t(adj)}$ */
  ESTIMATE 't2-t3' gruppe 0 1 -1 ;
  ESTIMATE 'm1' INTERCEPT 1 gruppe 1 ;        /* $\hat{\mu}_r$ */
  OUTPUT OUT=res RESIDUAL=r;    /* Residuen werden in der      */
RUN;  /* Output-Datei res unter der Variablen r gespeichert    */
QUIT;
```

Output (gekürzt)

	The GLM Procedure				1a
	Class Level Information				
	Class	Levels	Values		
	gruppe	3	1 2 3		
	Number of observations		15		
Dependent Variable: y					
		Sum of	Mean		
Source	DF	Squares	Square	F Value	Pr > F
Model	3	607.8286915	202.6095638	57.78	<.0001
Error	11	38.5713085	3.5064826		
Corrected Total	14	646.4000000			

R-Square	Coeff Var	Root MSE	y Mean	1b
0.940329	5.540120	1.872560	33.8000000	

Die Teile 1a und b des Output bringen die übliche Information über die Klassifizierung der Beobachtungen und eine vorläufige Quadratsummenzerlegung, der wir die Schätzung $s^2 = 3.5064826$ der Modellvarianz σ^2 und das Bestimmtheitsmaß $R\text{-}Square = 0.940329$ entnehmen.

Source	DF	Type I SS	Mean Square	F Value	Pr > F	2
gruppe	2	338.8000	169.4000000	48.31	<.0001	
x	1	269.02869	269.0286915	76.72	<.0001	
Source	DF	Type III SS	Mean Square	F Value	Pr > F	
gruppe	2	417.15091	208.5754568	59.48	<.0001	
x	1	269.02869	269.0286915	76.72	<.0001	

Teil 2 des Output enthält die weitergehende Aufspaltung der Modellquadratsumme. Aus der angebotenen Type III - Zerlegung entnehmen wir aus der Zeile 5 (*gruppe*) den korrekten F-Test mit einem *F Value* von 59.48 nach (7.65) zur Prüfung von H_0: $\mu_{1(adj)} = \mu_{2(adj)} = \mu_{3(adj)}$.

Zur Prüfung von H_0: $\beta = 0$ nach (7.71) entnehmen wir aus der Zeile 6 den F-Test mit $F = 76.72$. Beide Überschreitungswahrscheinlichkeiten $Pr > F$ liegen in der Größenordnung von 0.0001, beide Nullhypothesen werden auf dem Niveau $\alpha = 0.01$ abgelehnt. Es liegen somit signifikante Unterschiede zwischen den um den Kovariableneinfluß bereinigten mittleren Verkaufszahlen vor. Außerdem hat die Kovariable einen signifikanten Einfluß. Damit ist Teil (1) sowie partiell auch Teil (3) unserer Fragestellungen beantwortet.

In der Quadratsumme Type I SS_Gruppe = 338.8 werden die unbereinigten Gruppenmittelwerte nach (7.70) verwendet. Der aufgeführte Wert der F-Statistik (*F Value*) von 48.31 dient zur Überprüfung von

$$H_0: \mu_1 + \beta\bar{x}_{1.} = \mu_2 + \beta\bar{x}_{2.} = \mu_3 + \beta\bar{x}_{3.}.$$

Der folgende Teil 3 wird durch die Option SOLUTION bewirkt. Durch ein *B* wird angezeigt, daß die Parameter μ, τ_1, τ_2 und τ_3 des Modells (7.57) keine schätzbaren Funktionen sind, sondern daß deren Schätzungen von der Restriktion $\tau_3 = 0$ abhängen. Die Parameter μ_i des Modells (7.56) hingegen sind eindeutig schätzbar.

7.3 Kovarianzanalyse

```
                           Standard                             3
Parameter     Estimate     Error          t Value    Pr > |t|
Intercept    4.37659064 B  2.73692149      1.60      0.1381
gruppe   1  12.97683073 B  1.20562330     10.76      <.0001
gruppe   2   7.90144058 B  1.18874585      6.65      <.0001
gruppe   3   0.00000000 B       .             .          .
x            0.89855942     0.10258488      8.76      <.0001
NOTE: The X'X matrix has been found to be singular and a
generalized inverse was used to solve the normal equations. Terms
whose estimates are followed by the letter 'B' are not uniquely
estimable.
```

Mit Hilfe der Beziehung $\mu_i = \mu + \tau_i$ erhält man die Schätzungen:

$\hat{\mu}_1 = 4.377 + 12.977 = 17.354$, $\hat{\mu}_2 = 4.377 + 7.901 = 12.278$, $\hat{\mu}_3 = 4.377$.

Wesentlich für uns ist die Schätzung $\hat{\beta} = 0.89856$ für den globalen Regressionsparameter β samt Standardfehler $s_{\hat{\beta}} = 0.1026$. Dies beantwortet vollends den Teil (3) der Fragestellung. Der aufgeführte t-Test für $H_0: \beta = 0$ mit einer Überschreitungswahrscheinlichkeit $Pr>|T|$ von (<.0001) ist äquivalent zu dem entsprechenden F-Test aus Output 2.

```
                         The GLM Procedure                       4
Level of       ---------------y-------------    -----------x---------
gruppe     N    Mean        Std Dev            Mean       Std Dev
1          5   38.2000     4.43846820         23.20000    3.70135110
2          5   36.0000     5.95818764         26.40000    5.85662019
3          5   27.2000     4.65832588         25.40000    5.94138031
```

Die MEANS-Anweisung bewirkt in Output 4, daß hier die unbereinigten Gruppenmittel (*Mean*) und die empirischen Standardabweichungen (*Std Dev*) analog zu (6.9) von y als auch von x aufgelistet werden.

Mittels der SAS-Anweisung LSMEANS gruppe/STDERR PDIFF=ALL ALPHA=*0.05* CL ADJUST=SIMULATE (ACC=*0.0002* EPS=*0.01* CVADJUST SEED=*44423* REPORT) ;
werden die Outputs 5a bis 5c erzeugt. Im Output 5a wird neben der Wiederholung der Optionsangaben noch aufgelistet, daß *7 878 890* Simulationsschritte durchgeführt worden sind, welche auf einem 1 GHz-getakteten PC weniger als 1 Minute Rechenzeit benötigen.

Die Option CVADJUST bewirkt, daß das *0.99*-Vertrauensintervall für $\alpha = 0.05$ nicht die vorgegebene halbe Länge *0.0002*, sondern die tatsächliche halbe Länge *0.0000339* hat, näheres siehe SAS STAT User's Guide (1999), S. 1546-1548.

		5a
Least Squares Means		
Details for Quantile Simulation		
Random number seed	44423	
Comparison type	All	
Sample size	7878890	
Target alpha	0.05	
Accuracy radius (target)	0.0002	
Accuracy radius (actual)	339E-7	
Accuracy confidence	99%	

Die REPORT-Option bewirkt im Output 5b eine Liste, in der die 95%-Quantile, die approximative Überschreitungswahrscheinlichkeit samt 99%-Vertrauensintervallen von sieben multiplen Testprozeduren aufgeführt werden. Die Tests *Simulated* und *Tukey-Kramer* halten das nominelle 5%-Niveau genau ein, während die Tests nach *Sidak* (0.0414), *Bonferroni* (0.0408) und *Scheffe* (0.0406) das nominelle 5%-Niveau immer schlechter ausschöpfen. Auf die multiple Testprozedur GT-2 gehen wir hier nicht näher ein. Der Test T ist ein gewöhnlicher (nichtadjustierter) t-Test, dessen effektives Niveau 0.1149 beträgt und damit weitaus höher als das nominelle multiple 5%-Niveau ist.

| | Simulation Results | | 5b | |
| | Estimated | | 99% Confidence | |
Method	95% Quantile	Alpha	Limits	
Simulated	2.700534	0.0500	0.0500	0.0500
Tukey-Kramer	2.700806	0.0500	0.0499	0.0500
Bonferroni	2.820034	0.0408	0.0408	0.0408
Sidak	2.810530	0.0414	0.0414	0.0415
GT-2	2.783942	0.0434	0.0434	0.0434
Scheffe	2.822162	0.0406	0.0406	0.0407
T	2.200985	0.1149	0.1149	0.1150

Die LSMEANS-Anweisung veranlaßt im folgenden Output 5c die Ausgabe der adjustierten Gruppenmittelwerte $yLSMEAN$ nach (7.61). Mit Hilfe der Option STDERR erhält man die gegenüber den Standardabweichungen der unbereinigten Gruppenmittel $\bar{y}_{i\cdot}$ deutlich kleineren

7.3 Kovarianzanalyse

Standardabweichungen *Standard Error*. Außerdem werden die Überschreitungswahrscheinlichkeiten gewöhnlicher t-Tests der Nullhypothesen H0: LSMEAN(i) = 0 ausgegeben.

	Adjustment for multiple Comparisons: Simulated				5c
gruppe	yLSMEAN	Standard Error	Pr > |t|	LSMEAN Number	
1	39.8174070	0.8575507	<.0001	1	
2	34.7420168	0.8496605	<.0001	2	
3	26.8405762	0.8384392	<.0001	3	
	Least Squares Means for effect gruppe				
	Pr > |t| for H0: LSMean(i) = LSMean(j)				
	Dependent Variable: y				
i/j		1	2	3	
1		.	0.0044	<.0001	
2		0.0044	.	<.0001	
3		<.0001	<.0001	.	
i	j	Difference Between Means	Simultaneous 95% Confidence Limits for LSMean(i) − LSMean(j)		
1	2	5.075390	1.755890	8.394891	
1	3	12.976831	9.720378	16.233284	
2	3	7.901441	4.690574	11.112307	

Im zweiten Drittel des Output werden die Überschreitungswahrscheinlichkeiten der multiplen Paarvergleiche des SIMULATE-Tests aufgelistet. Mehr Information liefern die simultanen 95%-Vertrauensintervalle für die drei Paarvergleiche 1-2, 1-3 und 2-3.

	Dependent Variable: y				6
Parameter	Estimate	Standard Error	t Value	Pr > |t|	
t1-t2	5.0753902	1.22896513	4.13	0.0017	
t1-t3	12.9768307	1.20562330	10.76	0.0001	
t2-t3	7.9014406	1.18874585	6.65	0.0001	
m1	17.3534214	2.52300412	6.88	0.0001	

Mit Hilfe der ersten drei ESTIMATE-Anweisungen des Programms erhält man noch weitergehende Information über die Paarvergleiche.

Die geschätzten Differenzen der adjustierten Mittelwerte gemäß (7.61) samt deren Standardabweichungen gemäß (7.62) werden in Output 6 aufgelistet. Diese Werte lassen sich aus den Modellparametern auch über die Differenzen $\hat{\mu}_r - \hat{\mu}_t$ (Output 3) direkt leicht ermitteln. Bei der Berechnung der Standardabweichungen der Differenzen ist zu beachten, daß die adjustierten Mittelwerte korreliert sind. Die Berechnung von $\text{cov}(\hat{\mu}_{r(adj)}, \hat{\mu}_{t(adj)})$ erfolgt analog zu (7.59), wobei jedoch im Zähler von $\text{cov}(\hat{\mu}_r, \hat{\mu}_t)$ der Wert $\sigma^2 \bar{x}_{r.} \bar{x}_{t.}$ durch $\sigma^2 (\bar{x}_{r.} - \bar{x}_{..})(\bar{x}_{t.} - \bar{x}_{..})$ zu ersetzen ist.

Mittels der letzten ESTIMATE-Anweisung erhält man nochmals die Schätzung $\hat{\mu}_1$ des Modellparameters μ_1.

7.3.1.4 Überprüfung von Modellannahmen

Bei Anwendung des Modells (7.56) sollten die Modellvoraussetzungen zumindest approximativ Gültigkeit haben. Deshalb wollen wir uns jetzt Fragen der Überprüfung der Modellvoraussetzungen zuwenden. Dies geschieht an Hand des Beispiels 7_3.

Normalverteilung der Residuen. Mit Hilfe der OUTPUT-Anweisung in der verwendeten Prozedur GLM haben wir die SAS-Datei *res* erzeugt, welche unter *r* die Residuen enthält. Mit Hilfe des Shapiro-Wilk-Tests der Prozedur UNIVARIATE kann dann nach 6.1.5 unter Beachtung der dort erwähnten Einschränkungen die Normalität der Residuen geprüft werden.

Programm

```
PROC UNIVARIATE DATA=res NORMAL;/* res:Output-Datei */
  VAR r;                        /* von GLM in 7.3.1.3*/
RUN;
```

Output (gekürzt)

```
                The UNIVARIATE Procedure                 1
                     Variable: r
                  Tests for Normality
                         ...
       Test           --Statistic---    ----p Value----
       Shapiro-Wilk    W    0.900841     Pr < W   0.0980
                         ...
```

7.3 Kovarianzanalyse

Output 1 bringt den Shapiro-Wilk-Test zur Prüfung der Normalverteilung der Residuen. Die Daten sind mit der Normalverteilungsannahme nahezu verträglich, da $Pr < W$ mit einem Wert von 0.098 nur knapp kleiner als das bei Anpassungstests gebräuchliche Niveau $\alpha = 0.10$ ist. Die Güte des Tests ist aufgrund der kleinen Stichprobenumfänge gering. Man beachte die einschränkenden Ausführungen in Abschnitt 6.1.5.

Homoskedastizität der Residuen. Die Überprüfung der Nullhypothese $H_0: \sigma_1^2 = \sigma_2^2 = \sigma_3^2$ mittels eines modifizierten Levene-Tests nach 6.1.5 ergibt eine Überschreitungswahrscheinlichkeit $Pr>F$ von 0.7629. Diese ist weitaus größer als das bei Anpassungstests übliche Niveau von $\alpha = 0.10$, deshalb kann die Homoskedastizitätsannahme nicht abgelehnt werden. Man beachte die Bemerkungen in Abschnitt 6.1.5.

Gleichheit der Regressionsparameter. Wollen wir überprüfen, ob ein globaler Regressionsparameter β, wie in Modell (7.56) postuliert wird, ausreicht, oder ob man für jede der 3 Gruppen einen eigenen Regressionsparameter anzusetzen hat, dann geht man von folgendem gegenüber (7.57) allgemeineren Modell aus:

$$Y_{ij} = \mu + \tau_i + \beta x_{ij} + \gamma_i x_{ij} + \varepsilon_{ij} , \quad i = 1,2...,k, \; j = 1,2,...,n_i. \quad (7.73)$$

Wir richten hier unser Augenmerk nur auf die Modellparameter β und $\gamma_1, \gamma_2,...,\gamma_k$. Die Parameter γ_i lassen sich als k Wechselwirkungen zwischen dem k Stufen annehmenden qualitativen Hauptfaktor 'Gruppe' und dem quantitativen Hauptfaktor 'Steigung' auffassen, siehe auch Freund et al. (1991), S. 243 ff.

Verwendet man die Option SOLUTION der MODEL-Anweisung der SAS-Prozedur GLM, dann wird mit der Restriktion $\gamma_k = 0$ gearbeitet. Somit mißt γ_i den Steigungsunterschied der i-ten zur k-ten Gruppe.

Die Hypothese H_0:'Alle Steigungen gleich' ist demnach äquivalent zu der Hypothese $H_0: \gamma_1 = \gamma_2 = ... = \gamma_k = 0$. Diesen Sachverhalt benutzen wir in folgender Auswertung.

Programm

```
PROC GLM DATA=b7_3;        /* Test auf konstante Steigungen */
  CLASS gruppe;
  MODEL y=gruppe x gruppe*x / SOLUTION;
RUN; QUIT;
```

Output (gekürzt)

```
                    The GLM Procedure                    1
                  Class Level Information
                  Class    Levels   Values
                  gruppe      3      1 2 3
                Number of observations  15
Dependent Variable: y
                       Sum of         Mean
Source          DF     Squares        Square       F Value   Pr > F
Model            5   614.8791646   122.9758329      35.11    <.0001
Error            9    31.5208354     3.5023150
Corrected Total 14   646.4000000
                            ...
Source          DF   Type III SS   Mean Square   F Value   Pr > F
gruppe           2      1.26328      0.6316416     0.18    0.8379
x                1    243.14124    243.14124     69.42    <.0001
x*gruppe         2      7.05047      3.5252366     1.01    0.4032
```

Aus der Zeile *x∗gruppe* entnehmen wir die F-Statistik (*F Value*) mit einem Wert von 1.01, sowie die Überschreitungswahrscheinlichkeit $Pr > F$ von 0.4032. Somit wird H_0: $\gamma_1 = \gamma_2 = \gamma_3 = 0$ auf dem für Anpassungstests üblichen Niveau $\alpha = 0.10$ nicht abgelehnt. Wir können das Modell mit einem globalen Steigungsparameter β beibehalten.

```
                                    Standard                          2
Parameter          Estimate          Error      t Value   Pr > |t|
Intercept         8.5637394 B      4.08692636    2.10     0.0656
gruppe     1      4.3194723 B      7.19741694    0.60     0.5632
gruppe     2      1.2671644 B      5.93251903    0.21     0.8356
gruppe     3      0.0000000 B          .            .        .
x                 0.73371105 B     0.15749264    4.66     0.0012
x*gruppe   1      0.35752983 B     0.29785028    1.20     0.2606
x*gruppe   2      0.25754260 B     0.22434573    1.15     0.2806
x*gruppe   3      0.00000000 B         .            .        .
NOTE: The X'X matrix has been found to be singular and a
generalized inverse was used to solve the normal equations.
Terms whose estimates are followed by the letter 'B' are not
uniquely estimable.
```

7.3 Kovarianzanalyse

Mit Hilfe der MODEL-Option SOLUTION erhalten wir in Output 2 von Restriktionen abhängige und damit nicht eindeutige Parameterschätzungen. Die eindeutigen Schätzungen für die drei individuellen Steigungen lassen sich daraus ermitteln:

$\hat{\beta}_1 = 0.7337 + 0.3575 = 1.0912, \quad \hat{\beta}_2 = 0.7337 + 0.2575 = 0.9912,$

$\hat{\beta}_3 = 0.7337 + 0 = 0.7337.$

Genau diese Steigungen würde man auch erhalten, wenn man den drei Gruppen jeweils einzeln eine Regressionsgerade angepaßt hätte.

7.3.2 Erweiterungen des Kovarianzanalysemodells

Grundsätzlich lassen sich jedem höher strukturierten Varianzanalysemodell eine oder auch mehrere Kovariable hinzufügen und mit Hilfe der SAS-Prozedur GLM analysieren. Wir stellen hier exemplarisch eine einfaktorielle randomisierte vollständige Blockanlage mit der Zielvariablen y und zwei Kovariablen x_1 und x_2 vor.

Modell mit zwei Kovariablen

$Y_{ij} = \mu + \tau_i + \rho_j + \beta_1 x_{1ij} + \beta_2 x_{2ij} + \varepsilon_{ij}$, $i = 1,2,...,k \quad j = 1,2,...,b.$

$\mu \in \mathbb{R}$: Allgemeinmittel,
$\tau_i \in \mathbb{R}$: feste Modellparameter, die Effekte der i-ten Gruppe,
$\rho_j \in \mathbb{R}$: feste Modellparameter, die Effekte des j-ten Blocks,
$\beta_1, \beta_2 \in \mathbb{R}$: feste Regressionsparameter der beiden Kovariablen
ε_{ij} : unabhängig $N(0,\sigma^2)$-verteilte Zufallsvariablen.

Programmschema.

```
PROC GLM DATA = .... ;           /* Blockanlage, 2 Kovariable */
  CLASS gruppe block;
  MODEL y = gruppe block x1 x2;
  LSMEANS gruppe / STDERR PDIFF=... ADJUST=... CL ;
RUN; QUIT;
```

Die CL-Option des LSMEANS-Statements bewirkt die Ausgabe von simultanen Vertrauensintervallen nach dem in der ADJUST-Option festgelegten multiplen Testverfahren.

Literaturverzeichnis

Andrews, D. F., Herzberg, A. M. (1986): Data. Springer, Berlin.
Bamberg, G., Baur, F. (1998): Statistik. 6. Aufl., Oldenbourg, München.
Basler, H. (1989): Grundbegriffe der Wahrscheinlichkeitsrechnung und Statistischen Methodenlehre. 10. Aufl., Physica, Heidelberg.
Bates, D. M., Watts, D. G. (1988): Nonlinear Regression Analysis. J. Wiley, New York.
Bauer, H. (1990): Maß- und Integrationstheorie. De Gruyter, Berlin.
Bauer, H. (1991): Wahrscheinlichkeitstheorie. 4. Aufl., De Gruyter, Berlin.
Bauer, P., Hommel, G., Sonnemann, E. (Hrsg.) (1987): Multiple Hypothesenprüfung, Symposium Gerolstein. Medizinische Informatik und Statistik, Band 70.
Belsley, D. A., Kuh, E., Welsch, R. E. (1980): Regression Diagnostics. J. Wiley, New York.
Behnen, K., Neuhaus, G. (1995): Grundkurs Stochastik: Eine integrierte Einführung in Wahrscheinlichkeitstheorie und Mathematische Statistik. 3. Auflage. Teubner, Stuttgart.
Berk, K. N. (1977): Tolerance and Condition in Regression Computations. J. Americ. Statist. Assoc., 72, 863-866.
Beyer, O., Hackel, H., Pieper, V., Tiedge, J. (1991): Wahrscheinlichkeitsrechnung und mathematische Statistik. 6. Aufl., Teubner, Leipzig.
Bloomfield, P., Steiger, W. L. (1983): Least Absolute Deviations. Birkhäuser, Boston.
Bortz, J. (1999): Statistik für Sozialwissenschaftler. 5. Aufl., Springer, Heidelberg, Berlin.
Bosch, K. (2000): Elementare Einführung in die angewandte Statistik. 7. Aufl., Vieweg, Braunschweig.
Bosch, K. (1999): Elementare Einführung in die Wahrscheinlichkeitsrechnung. 7. Aufl., Vieweg, Braunschweig.
Bosch, K. (1998): Statistik-Taschenbuch. 3. Aufl., Oldenbourg, München.
Brown, M. B., Forsythe, A. B. (1974): Robust Tests for the Equality of Variances. J. Americ. Statist. Assoc., 69, 364-367.
Büning, H., Trenkler, G. (1994): Nichtparametrische statistische Methoden. 2. Aufl., DeGruyter, Berlin.
Chernoff, H., Lehmann, E. L. (1954): Ann. Math. Stat., 25, 579-586.
Cochran, W. G., Cox, G. M. (1957): Experimental Design. J. Wiley, New York.

Conover, W. J., Johnson M. E., Johnson, M. M. (1981): A Comparative Study of Tests for Homogeneity of Variances, with Applications to the Outer Continental Shelf Bidding Data. Technometrics, 23, 351-361.
Cook, R. D. Weisberg, S. (1982): Residuals and Influence in Regression. Chapman and Hall, New York.
D'Agostino, R. B., Stephens, M. A. (1986): Goodness-of-fit-Techniques. Dekker, New York.
Delwich, L. D., Slaughter, S. J.(1999): The little SAS Book. SAS Institute Inc., Cary, NC, USA.
Dinges, H., Rost, H. (1982): Prinzipien der Stochastik. Teubner, Stuttgart.
Draper, N., Smith, H. (1998): Applied Regression Analysis. 3rd ed., J. Wiley, New York.
Dunnett, C. W. (1964): New tables for multiple comparisons with a control. Biometrics, 20, 482-491.
Edwards, D. , Berry, J. J. (1987): The efficiency of simulation based multiple comparisons. Biometrics 43, 913-928.
Einot, I., Gabriel, K. R. (1975): A Study of the Powers of Several Methods of Multiple Comparisons. J. Amer. Statist. Ass., 70, 574-583.
Falk, M., Becker, R., Mahron, F. (1995): Angewandte Statistik mit SAS. Eine Einführung. Springer Lehrbuch.
Fisher, R. A. (1972): Statistical methods of research workers. 1st ed. 1925, 17th ed. 1972, Oliver and Boyd, London.
Freund, R. J., Littell R. C. (2000): SAS System for Regression. 3rd ed., SAS Institute Inc., Cary, NC, USA.
Gabriel, K. R. (1978): A Simple Method of Multiple Comparisons of Means. J. Americ. Statist. Assoc., 73, 724-729.
Gänssler, P., Stute, W. (1977): Wahrscheinlichkeitstheorie. Springer, Berlin.
Gallant, A. R. (1987): Nonlinear Statistical Models. J. Wiley, New York.
Göttsche, T. (1990): Einführung in das SAS-System für den PC. Fischer, Stuttgart.
Göttsche, T. (1992): SAS Referenz. Fischer, Stuttgart.
Gogolok, J., Schuemer, R., Ströhlein, G. (1992): Datenverarbeitung und statistische Auswertung mit SAS, Band 1.; SAS-Version 6 (Großrechner: Version 6.06; PC: Versionen 6.3 und 6.04). Fischer, Stuttgart.
Graf, A., Ortseifen, C. (1995): Statistische und grafische Datenanalyse mit SAS. Spektrum Akademischer Verlag.
Graybill, F. A. (1976): Theory and Applications of the Linear Model. Duxbury, North Scituate, Massachusetts.

Hald, A. (1952): Statistical Theory with Engineering Applications. J. Wiley, New York.
Hartung, J., Elpelt, B., Klösener, K.-H. (1999): Statistik: Lehr- und Handbuch der angewandten Statistik, 12. Aufl., Oldenbourg, München.
Hayter, A. C. (1984): A proof of the conjecture, that the Tukey-Kramer multiple comparisons procedure is conservative. Ann. Stat.,12, 61-75.
Heinhold, J., Gaede, K.-W. (1972): Ingenieur-Statistik. Oldenbourg, München.
Heuser, H. (1983): Lehrbuch der Analysis, Teil 2, Teubner, Stuttgart.
Hinderer, K. (1985): Grundbegriffe der Wahrscheinlichkeitstheorie. 2. Aufl., Springer, Berlin.
Hochberg, Y., Tamhane, A. C. (1987): Multiple Comparisons Procedures. J. Wiley, New York.
Horn, M., Vollandt, R. (1995): Multiple Tests und Auswahlverfahren. Fischer, Stuttgart.
Hsu, J. C. (1996): Multiple Comparisons. Theory and methods. Chapman and Hall.
Huntsberger, D. V., Billingsley, P. (1977): Elements of Statistical Inference, 4th ed., Allyn and Bacon, Inc., Boston.
Jaffe, J. A. (1989): Mastering the SAS System. Van Nostrand Reinhold, New York.
Jellineck, G. (1981): Sensorische Lebensmittelprüfung. Verlag D. und P. Siegfried, Pattensen.
Jennrich, R. I. (1969): Asymptotic Properties of Nonlinear Least Squares Estimators. Ann. Math. Statist., 40, 633-643.
John, P. W. M. (1971): Statistical Design and Analysis of Experiments. The MacMillan Company, New York.
Johnson, N. L., Kotz, S. (1994): Vol 3: Continuous univariate distributions-2. Houghton Mifflin, Boston.
Kendall, M. G., Stuart, A. (1973): The Advanced Theory of Statistics. Vol. 2. Charles Griffin, London.
Köhler, W., Schachtel, G., Voleske, P. (1996): Biometrie. Einführung in die Statistik für Biologen und Agrarwissenschaftler, 2. Auflage. Springer, Berlin.
Kotz, S., Johnson, N. L., Read, C. B., (eds.) (1982-1999): Encyclopedia of Statistical Sciences, Vol. 1-9. J. Wiley, New York.
Kotz, S., Johnson, N. L., Read, C. B., (eds.) (1989): Encyclopedia of Statistical Sciences, Supplement Volume. J. Wiley, New York.

Krengel, U. (2000): Einführung in die Wahrscheinlichkeitstheorie und Statistik. 5. Aufl., Vieweg, Braunschweig.
Krickeberg, K., Ziezold, H. (1995): Stochastische Methoden. 4. Aufl., Springer, Berlin.
Krishnaiah, P. R., Ito, P. K. (eds.) (1980): Handbook of Statistics, Vol. 1. Robustness of ANOVA and MANOVA Test Procedures. North-Holland, Amsterdam.
Lehmann, E. L. (1999): Elements of Large-Sample Theory. Springer, New York.
Lehn, J., Wegmann, H. (2000): Einführung in die Statistik. 3. Aufl., Teubner, Stuttgart.
Lettau, H. H., Davidson, B. (eds.) (1957): Exploring the Atmosphere's First Mile, Vol. 1. Pergamon Press, New York.
Levene, H. (1960): Robust Tests for Equality of Variances. In: Olkin, I. et al. (eds.): Contributions to Probability and Statistics: Essays in Honor of H. Hotelling. Stanford University Press, 278-292.
Linder, A. (1969): Planen und Auswerten von Versuchen. 3. Aufl., Birkhäuser, Basel.
Linder, A., Berchtold, W. (1982): Statistische Methoden II. UTB Birkhäuser, Basel.
Littell, R. C., Freund, R. J., Spector, P. C. (1991): SAS System for Linear Models, 3rd ed., SAS Institute Inc., Cary, NC, USA.
Littell R. C., Milliken, G.A., Stroup, W.W., Wolfinger, R.D. (1996): SAS System for Mixed Models. SAS Institute Inc., Cary, NC, USA.
Madansky, A. (1988): Prescriptions for Working Statisticians. Springer, New York.
Mathar, R., Pfeifer, D. (1990): Stochastik für Informatiker. Teubner, Stuttgart.
Matheron, G. (1989): Estimating and Choosing. Springer, Berlin.
Mendenhall, W., Beaver, R. J. (1991): Introduction to Probability and Statistics. 8th ed., PWS-KENT Publishing Company, Boston.
Miller, R. G. (1981): Simultaneous Statistical Inference, 2nd Edition. Springer, New York.
Milliken, G.A., Johnson, D.E. (1992): Analysis of messy Data, Volume I: Designed Experiments. Van Nostrand Reinhold, New York.
Milliken, G.A., Johnson, D.E. (1989): Analysis of messy Data, Volume II: Nonreplicated Experiments. Van Nostrand Reinhold, New York.
Müller, P. H. (1991): Lexikon der Stochastik. Wahrscheinlichkeitsrechnung und mathematische Statistik. 5. Aufl., Akademie-Verlag, Berlin.
Nagl, W. (1992): Statistische Datenanalyse mit SAS. Campus, Frankfurt.

Muche, R., Habel, A., Rohlmann, F. (2000): Medizinische Statistik mit SAS Analyst. Springer Verlag Berlin, Heidelberg, New York.
Neter, J., Wasserman, W., Kutner, M. H. (1990): Applied Linear Statistical Models: Regression, Analysis of Variance, and Experimental Design. 3rd ed., Richard D. Irwin, Homewood, Illinois.
Olejnik, S. F., Algina, J. (1987): Type I Error Rates and Power Estimates of Selected Parametric and Non-Parametric Tests of Scale. Journal of Educational Statistics.
Ortseifen, C. (1997): Der SAS-Kurs. Eine leicht verständliche Einführung. Thomson Publishing.
Pfanzagl, J. (1978): Allgemeine Methodenlehre der Statistik II. 5. Auflage. De Gruyter, Berlin.
Pfanzagl, J. (1991): Elementare Wahrscheinlichkeitsrechnung. 2. Aufl., De Gruyter, Berlin.
Precht, M. (1993): Bio-Statistik 2. Eine Einführung für Studierende der biologischen Wissenschaften. 5. Aufl., Oldenbourg, München.
Pruscha, H. (1996): Angewandte Methoden der Mathematischen Statistik. Teubner, Stuttgart.
Ralston, M. L., Jennrich, R. I. (1978): DUD, a Derivative-Free Algorithm for Nonlinear Least Squares. Technometrics, 20, 7-14.
Rasch, D. (1976a): Einführung in die mathematische Statistik I: Wahrscheinlichkeitsrechnung und Grundlagen der mathematischen Statistik. VEB Deutscher Verlag der Wissenschaften, Berlin.
Rasch, D. (1976b): Einführung in die mathematische Statistik II: Anwendungen. VEB Deutscher Verlag der Wissenschaften, Berlin.
Rasch, D., Herrendörfer, B. (1982): Statistische Versuchsplanung. VEB Deutscher Verlag der Wissenschaften, Berlin.
Rawlings, J. O. (1988): Applied Regression Analysis: A Research Tool. Wadsworth & Brooks/Cole, Pacific Grove, California.
Royston, J. P. (1982): An Extension of Shapiro and Wilk's Test for normality to large samples. Appl. Statist., 31, 115-124.
Royston, J. P. (1992): Approximating the Shapiro-Wilk's W Test for non-normality. Statistics and Computing, 2, 117-119.
Rüger, B. (1985): Induktive Statistik: Einführung für Wirtschafts- und Sozialwissenschaftler. Oldenbourg, München.
Ryan, T. A. (1959): Multiple Comparisons in Psychological Research. Psychological Bulletin, 56, 26-47.
Ryan, T. A. (1960): Significance Tests for Multiple Comparisons of Proportions, Variances, and other Statistics. Psychological Bulletin, 57, 318-328.

Satterthwaite, F. E. (1946): An approximate distribution of estimates of variance components. Biometrics, 2, S. 110-114.
Schach, S., Schäfer, Th. (1978): Regressions- und Varianzanalyse. Springer, Berlin.
Schaich, E., Hamerle, A. (1984): Verteilungsfreie statistische Prüfverfahren. Springer, Berlin.
Scheffe, H. (1999): The Analysis of Variance. J. Wiley, New York.
Schlotzhauer, S. D., Littell, R. C. (1987): SAS System for Elementary Statistical Analysis. SAS Institute Inc., Cary, NC, USA.
Schuemer, R., Ströhlein, G., Gogolok, J. (1990): Datenverarbeitung und statistische Auswertung mit SAS, SAS Versionen 5 (Großrechner) und 6 (PC), Band 2: Komplexe statistische Analyseverfahren. Fischer, Stuttgart.
Schwarze, J. (1991): Grundlagen der Statistik: Wahrscheinlichkeitsrechnung und induktive Statistik. 4. Aufl., Neue Wirtschaftsbriefe, Herne.
Searle, S. R. (1971): Linear Models. J. Wiley, New York.
Searle, S. R. (1987): Linear Models for unbalanced Data. J. Wiley, New York.
Searle, S. R., Casella, G., McCulloch, C. E. (1992): Variance Components. J. Wiley, NewYork.
Seber, G. A. F. (1977): Linear Regression Analysis. J. Wiley, New York.
Seber, G. A. F., Wild, C. J. (1989): Nonlinear Regression. J. Wiley, New York.
Shapiro, S. S., Wilk, M. B. (1965): An analysis of variance test for normality (complete samples). Biometrika, 52, 591-611.
Smirnow, N. W., Dunin-Barkowski, I. W. (1973): Mathematische Statistik in der Technik. VEB, Berlin.
Snedecor, G. W., Cochran, W. G. (1980): Statistical Methods. 7th ed., Iowa State University Press, Ames.
Sokal, R. R., Rohlf, F. J. (1973): Introduction to Biostatistics. Freeman, San Francisco.
Sonnemann, E. (1982): Allgemeine Lösungen multipler Testprobleme. EDV in Medizin und Biologie, 13, 120-128.
Stange, Kurt (1970), (1971): Angewandte Statistik. Bd. I, II. Springer, Berlin.
Statistisches Bundesamt (Hrsg.) (1990): Statistisches Jahrbuch 1990 für die Bundesrepublik Deutschland. Metzler-Poeschel, Stuttgart.
Steel, R. G. D., Torrie, J. H. (1980): Principles and Procedures of Statistics: A Biometrical Approach. 2nd ed., McGraw-Hill Kogakusha, Tokyo.

Stephens, M. A. (1975): Asymptotic properties for covariance matrices of order statistics. Biometrika, 62, 23-28.
Storm, R. (1976): Wahrscheinlichkeitsrechnung, mathematische Statistik und statistische Qualitätskontrolle. 6. Aufl., VEB Fachbuchv., Leipzig.
Thöni, H. (1963): Wachstumskinetische Untersuchungen an einer Mucorinee (Rhizopus ory. W. et Pr. G.). Arch. f. Mikrobiol., 46, 338-368.
Thöni, H. (1967): Transformations of Variables Used in the Analysis of Experimental and Observational Data. A Review. Technical Report No. 7, Statistical Laboratory, Iowa State University, Ames, Iowa.
Thöni, H. (1985): Zur Interpretation des multiplen Scheffé-Tests für paarweise Mittelwertsvergleiche. EDV in Medizin und Biologie, 16, 121-127.
Timischl, W. (1990): Biostatistik - Eine Einführung für Biologen. Springer, Wien.
Toothaker, L. E. (1991): Multiple Comparisons for Researchers. SAGE Publications, Newbury Park.
Welsch, R. E. (1977): Stepwise Multiple Comparison Procedures. J. Americ. Statist. Assoc., 72, 566-575.
Weisberg, S. (1985): Applied Linear Regression. 2nd ed., J. Wiley, New York.
Weitkunat, R. (1994): Deskriptive Statistik in SAS. Fischer, Stuttgart.
Westfall, P. H., Young, S. S. (1993): Resampling-Based Multiple Testing. J. Wiley.
Westfall, P. H., Randall, D., Dror, R., Wolfinger, R., Hochberg, Y. (1999): Multiple Comparisons and Multiple Tests Using the SAS-System. SAS Institute Inc., Cary, NC, USA.
Winkler, W. (1983): Vorlesungen zur Mathematischen Statistik. Teubner, Stuttgart.
Witting, H. (1985): Mathematische Statistik I. Teubner, Stuttgart.
Yates, F. (1934): The analysis of multiple classifications with unequal numbers in the different classes. J. Amer. Stat. Assoc., 29, 51-56.

Tabellen

Pearson, E. S., Hartley, H. O. (1970): Biometrica Tables for Statisticians. Vol. I and II. 3rd ed., Cambridge University Press, London.

SAS-Handbücher von SAS Institute Inc.

Getting Started with the SAS System, Version 8, 1st Printing 1999.
SAS Institute Inc., Cary, NC, USA.

SAS/ACCESS Software: Reference, Version 8, Vol. 1 and 2, 1st Printing 1999. SAS Institute Inc., Cary, NC, USA.

SAS/ACCESS Software for PC File Formats: Reference. Version 8, 2000. SAS Institute Inc., Cary, NC, USA.

SAS/ETS User's Guide, Version 8, Volume 1 and 2, 1st Printing 1999.
SAS Institute Inc., Cary, NC, USA.

SAS/GRAPH Software: Reference, Version 8, Vol. 1 and 2, 1st Printing 1999. SAS Institute Inc., Cary, NC, USA.

SAS/IML User's Guide, Version 8. 1st Printing 1999.
SAS Institute Inc., Cary, NC, USA.

SAS/IML Software: Changes and Enhancements, Release 8.1., 2001.
SAS Institute Inc., Cary, NC, USA.

SAS Insight User's Guide, Version 8, 1st Printing 1999.
SAS Institute Inc., Cary, NC, USA.

SAS/LAB Software: User's Guide, Version 6, 1st ed., 1992.
SAS Institute Inc., Cary, NC, USA.

SAS Language Reference: Concepts, Version 8, 1st Printing 1999.
SAS Institute Inc., Cary, NC, USA.

SAS Language Reference: Dictionary, Version 8, Vol. 1 and 2, 1st Printing 1999. SAS Institute Inc., Cary, NC, USA.

SAS Macro Language: Reference, Version 8, 1st Printing 1999.
SAS Institute Inc., Cary, NC, USA.

SAS Procedures Guide, Version 8, Volume 1 and 2, 1st Printing 1999.
SAS Institute Inc., Cary, NC, USA.

SAS/STAT User's Guide, Version 8, Vol. 1,2,3. 1st Printing 1999.
SAS Institute Inc., Cary, NC, USA.

SAS/STAT Software (2000): Changes and Enhancements, Release 8.1.
SAS Institute Inc., Cary, NC, USA.

The Analyst Application User's Guide, Version 8, 1st Printing 1999.
SAS Institute Inc., Cary, NC, USA.

What's New in SAS Software for Version 8, 1st Printing 1999.
SAS Institute Inc., Cary, NC, USA.

Hinweise zur Literatur

Lehrbücher zur Wahrscheinlichkeitstheorie und Statistik

a) Elementare, einführende Darstellungen
Basler (1989)
Beyer et al. (1991)
Bosch (1999), (2000)
Huntsberger, Billingsley (1977)
Lehn, Wegmann (2000)
Mendenhall, Beaver (1991)
Pfanzagl (1978)

b) Mathematisch anspruchsvollere Werke
Bauer (1991)
Behnen, Neuhaus (1995)
Dinges, Rost (1982)
Gänssler, Stute (1977)
Hinderer (1980)
Krengel (2000)
Krickeberg, Ziezold (1995)
Mathar, Pfeifer (1990)
Rasch (1976)
Winkler (1983)
Witting (1985)

c) Werke mit Beispielen für Naturwissenschaftler
Fisher (1972)
Köhler et al. (1996)
Linder, Berchthold (1982)
Precht (1993)
Snedecor, Cochran (1967), (1980)
Sokal, Rohlf (1973)
Timischl (1990)

d) Werke mit Beispielen für Wirtschafts- und Sozialwissenschaftler
Bamberg, Baur (1998)
Bortz (1999)
Rüger (1985)
Schwarze (1991)

e) Werke mit Beispielen für Ingenieurwissenschaftler
Hald (1952)
Heinhold, Gaede (1972)
Smirnow, Dunin-Barkowski (1973)
Stange (1970), (1971)
Storm (1976)

Versuchsplanung
Cochran, Cox (1957)
John (1971)
Linder (1969)
Rasch, Herrendörfer (1982)

Lineare Modelle

Graybill (1976)
Neter et al. (1990)
Milliken, Johnson (1992), (1989)
Pruscha (1996)

Rasch (1976 a)
Schach, Schäfer (1978)
Steel, Torrie (1980)
Searle et al. (1992)

a) Lineare Regression

Belsley et al. (1980)
Cook, Weisberg (1982)
Draper, Smith (1998)

Rawlings (1988)
Seber (1977)
Weisberg (1985)

b) Varianzanalyse

Rasch (1976 b)
Scheffe (1999)

Searle (1971), (1987)

Nichtlineare Regression

Bates, Watts (1988)
Gallant (1987)

Seber, Wild (1989)

Nachschlagewerke

Bosch (1998)
Hartung et al. (1999)
Kotz et al. (1982-1999), (1989)

Krishnaiah (1980)
Müller (1991)

Literatur zu SAS

Falk et al. (1995)
Freund et al. (1991)
Freund, Littell (1991)
Littell et al. (1996)
Graf, Ortseifen (1995)
Göttsche (1990)
Göttsche (1992)
Gogolok et al. (1992)
Jaffe (1989)

Muche (2000)
Nagl (1992)
Ortseifen (1997)
Schlotzhauer (1987)
Schümer et al. (1990)
Weitkunat (1994)
Westfall, Young (1993)
Westfall et al. (1999)

Sachverzeichnis

α-Quantil 62, 109
  empirisches 62
Ablehnungsbereich 130
adjustierte Erwartungswerte 303,
  360 siehe auch LSMEANS
aktives Fenster 18
Alternativhypothese 130
Anpassung
  lineare 76, 77
  nichtlineare 76, 86
Anpassungstests 148
ASCII-Datei 37
Ausgleichsgerade 77
Ausprägung 48
Ausreißer 62-63, 347, 348

balancierte Versuche 192
Beobachtung 24, 68
Beobachtungseinheit 48
Bernoulli-Experiment 112
Bestimmtheitsmaß 76, 220, 225,
  326
  adjustiertes 80, 350
  modifiziertes 81, 338
  multiples 343
Betriebsart 15
Bindungen (Ties) 167
Binomialverteilung 112
  negative 114
Binomialtest 159
Blockanlage 266
  2-faktorielle 272
  vollständige 266
  unvollständige 273
Blöcke 267
Bonferroni-Test 212, 228, 278,
  280, 285, 305, 368

CDF 113, 116
Chi-Quadrat(χ^2)-
  Verteilung 121
  Anpassungstest 151
CGM - Datei 55
Cook's D 348
CRDesign 266, 221, 240

DATA step 24, 26, 42, 102
Datei 23
Datensatz 23
Designmatrix 293, 308, 341
DUD-Verfahren 88
Dunnett-Test 215, 216, 227
Duo-Test 161

EDITOR-Fenster 17
Effekt
  Block- 268, 272
  fixer 208, 236, 260
  Haupt- 235, 236
  zufälliger 244
einfache lineare Regression 322
Einflußstatistiken 335, 348
Ereignis 106
Erlang-Verteilung 116
Erwartungswert 109
erwartungstreu 127
exakter Test von Fisher 184
Exponentialverteilung 115

F-Test 195, 229, 234, 240, 246,
  253, 260, 268, 277, 291, 329, 330,
  361, 346, 362
  Typ I 295
  Typ II 297
  Typ III 299
  Typ IV 318

Sachverzeichnis

Vergleich der Varianzen 142
Faktor 190, 191, 232
Faktorkombination 235, 236, 237
Faktorstufen 190, 191
fehlender Wert 31, 43
Fehlerarten 130
Fehlerquadratsumme 76, 87, 195
Fehlervarianz
 siehe Modellvarianz
Fehlstellen 288
Fenster 15, 16
Fisher's LSD-Test 231
F(isher)-Verteilung 123
Fisher-Behrens-Problem 146
Formmaße 61, 63
Freiheitsgrad 121
Friedman Test 176

Gamma-Verteilung 116
Gauß'sche Glockenkurve 118
Gauss-Newton-Verfahren 88
Gemischtes Modell 248
geometrische Verteilung 115
Gerätetreiber 51, 55
Gitter von Startwerten 94
Gleichverteilung 115
GOPTIONS-Anweisung 51, 52
Graphikprozeduren 51
Grenzdifferenz 225
Gültigkeitsbereich 81, 323, 340
Gütefunktion 130, 134, 139, 196

Hat-Matrix 342
Hierarchische Klassifikation 257
 2-faktorielle 257
 3-faktorielle 264
Histogramm 50
Homogenitätstest 188
Homoskedastizität 193, 202, 205
 Test auf... 205

Hypothesen
 allgemeine lineare 309, 346
 k-dimensionale 309, 310
 testbare 309
 Typ IV- 312

interaktiv 16, 53
intercept 78
Intervallschätzung 128
Intervallskala 49
Irrtumswahrscheinlichkeit 130
Iterationen 163
Iterationsverfahren 87

KEYS-Fenster 20
Klasseneinteilung 50
Klassenhäufigkeit 50
kleinste Quadrate 75, 126, 324,
 341, 358
Kolmogorov-Smirnov-Test 152
Kommandofeld 17
Kommentarklammern 32, 47
Konfidenzintervall 128
 s. auch Vertrauensintervall
konsistent 127
Kontingenztafel 180
Korrelation 111
Korrelationskoeffizient
 empirischer Pearsonscher 70
 zweier Zufallsvariablen 73, 111
Kovariable 357, 358, 359, 373
Kovarianz 111
 empirische 70
Kovarianzanalyse 357
 einfache 357
Kovarianzmatrix 342, 343
Kreisdiagramm 60
Kreuzklassifikation 235
 2-faktorielle, fixe Effekte 236
 2-faktorielle, zufällige Effekte 244

2-faktorielle, gemischte Eff. 248
2-faktoriell, n=1 251
3-faktorielle, fixe Effekte 255
r-faktorielle 256
Kruskal-Wallis Test 173
Kurtosis 153
   empirische 64-65

Lagemaße 61, 62
Least Squares 126
Levene-Test 205
   modifizierter 205, 206
Likelihood-Funktion 126
Lineare Kontraste 210, 214, 218
Lineares Modell
   siehe auch Modell
Listen-Input (list input) 43
LOG-Fenster 17, 18
Logistische Funktion 75
LSD 231
LSMEANS 303, 305

Many One t-Verteilung 215
   Quantil der ... 215, 216
Maximum-Likelihood-Schätzung 125
Median 62, 110
Merkmal 24, 48
   dichotomes 159, 162
   diskretes 49
   metrisches 48
   nominales 49
   ordinales 48
   qualitatives 49
   quantitatives 49
   stetiges 49
Merkmalsausprägung 48
metrische Skala 48
missing value 31, 43

Mittelwert
   empirischer 62
Modalwert 62
Modell
   s. auch Varianzanalyse
   allgemeines lineares 293, 308
   mit leeren Zellen 307
   einfaches Regressions- 323
   Kovarianzanalyse- 358
   multiples Regressions- 340
   ohne Absolutglied 337
   Split Plot- 275
Modellgleichung 76
Modellquadratsumme 78, 194
Modellvarianz 195, 239, 253, 264, 268, 276, 326, 343, 360
   Großparzellen- 276, 283
   Kleinparzellen- 276, 283
Modus 15
multiple lineare Regression 340
multiple Vergleiche 120-232
   Bonferroni-Test 212
   Dunnett-Test 215
   Fisher's LSD-Test 231
   Tukey-Test 214
   Tukey-Kramer Test 214
   REGWQ 231
   Scheffe-Test 213
   Sequentielle Tests 230
   Sidak-Test 212, 304

Newton-Verfahren 87
Nichtparametrische Methoden 159
Nichtzentralitätsparameter 121, 196
Nominalskala 49
Normalgleichungen 75, 309, 341
Normalverteilung 116
   Test auf... 148, 155, 201, 203, 204, 227, 370
Nullanweisung 40

Sachverzeichnis

Nullhypothese 129
numerische Variable 42

Observation 24
Operationscharakteristik 130
Option 41
Ordinalskala 48
Output 15
OUTPUT-Fenster 17, 18

Paarweise Vergleiche 209, 210, 211, 212, 269, 362
  siehe auch multiple Vergleiche
Parameterschätzung 124
PDF 113, 116
permanente SAS-Datei 36
Perzentil 62
Poisson-Verteilung 114
Press-Statistik 353
PROBIT 117
Probit-Transformation 150
PROC
  CORR 71-73
  FREQ 178, 182
  GCHART 51-61
  GLM 198, 217, 241, 246, 250, 254, 261, 270, 282, 301, 314, 364, 371, 373
  GPLOT 69, 81, 96, 113
  MEANS 25, 32, 46
  MIXED 256, 281, 282, 320
  NLIN 76, 87, 89, 99
  NPAR1WAY 172
  PLAN 221, 241, 280
  PRINT 25, 45
  REG 78, 329, 331, 337, 338, 349, 351
  SORT 32, 45
  TTEST 133, 138, 141, 144
  UNIVARIATE 65, 203, 224, 370
  VARCOMP 234, 263

PROCEDURE (PROC) step 24, 45
Prognoseintervall 336, 337
program data vector 104
Programmspeicher 28
Prozedur 13
  interaktive 53
Prüfgröße 130
Pseudo-Zufallszahlen 149
Punktediagramm 69
Punktschätzung 124

Quadratsummen
  Total- 325, 338
  Typ I 295, 296
  Typ II 297, 298
  Typ III 299, 300, 301
  Typ IV 307
Quadratsummenzerlegung 194, 239, 253, 259, 276, 290, 325, 343
Quantil 62, 109
Quartil 62
Quartilsabstand 63

Randomisation 221, 265, 269, 280
Rang 159
Realisierung, Realisation 107
Regression
  einfache lineare 77, 322
  multiple lineare 340
  ohne Absolutglied 337
Regressionsfunktion 74
Regressionsgerade 74, 77
Regressionskoeffizient
  empirischer 77
Regressionsparabel 75, 83
Regressionspolynom 83
Reparametrisierung 208, 209, 238, 249, 252, 268, 275, 289, 299, 308
Residualvariable 326

Residuen 203, 326
  extern studentisierte 347
  studentisierte 347
  Test auf Normalverteilung 204, 227, 370
  unkorrelierte 205
  -vektor 343
Restquadratsumme 76
Restriktion
  Σ-Restriktion 289, 299, 308
  siehe Reparametrisierung
Restvarianz
  siehe Modellvarianz
R-Notation 293, 294
R_Σ-Notation 299
Robustheit 202, 206
Rohdatei 24
Rückwärtsauswahl 354
Run-Test von Wald und Wolfowitz 169
Runs 163

σ-Algebra 106
SAS-ACCESS 39
SAS-Anweisung 25, 40
SAS/BASE 13
SAS data library 29
SAS data set 24, 40
SAS-Datei 24, 40
SAS/GRAPH 13
SAS-Log 18
SAS-Namen 40
SAS-Online Doc 14
SAS-Output 18
SAS-Programm 24, 40
SAS/STAT 13
SAS statement 29, 40
Satterthwaite-Korrektur 279, 285
Schätzbare Funktionen 309
  Typ IV-schätzbar 312

Schätzfunktion 124
Scheffe-Test 213, 216, 228, 304, 362
Schiefe 153
  empirische 63
Schlüsselwort 25, 40
Schrittweite 88, 93
schwaches Gesetz
  der großen Zahlen 120
Segmented Model 99
Sensorische Tests 161
Shapiro-Wilk Test 155, 204, 227, 370
Sidak-Test 212, 216, 228, 304
Signifikanzniveau 131
SIMULATE-Option 365, 367
Skala 48
Skalenniveau 48
Spannweite 63
Spearmanscher Rangkorrelationskoeffizient 73
Split-Plot Anlage 274-287
Stabdiagramm 56, 113
Standardabweichung 110
  empirische 63
Standardfehler 304, 327, 344, 361
  empirischer 201, 222, 225, 243
Startwert 87
Stetigkeitskorrektur 171, 181
Stichprobe 49
  eindimensionale 49
  einfache 124
  geordnete 61
  k-dimensionale 69
  unverbundene 169
  verbundene, gepaarte 141
  zweidimensionale 69
Stichproben-
  funktion 124
  raum 106

Stichprobenumfang
  optimaler 216
  Planen des ... 196
Stichprobenwerte 49
Streuungsmaße 62
Strukturbruch 99
Studentisierte Spannweite 214
  Quantil der ... 214
Student'sche t-Verteilung 122
SUBMIT-Kommando 20
Sum of Squares
  s. auch Quadratsummen
  Corrected Total 76, 194
  Error 76, 194
  Model 78, 194
  Syntax 40

t-Test 141, 211, 328, 345
  Einstichproben ... 132
  Zweistichproben ... 141, 145
t-Verteilung 122
temporäre SAS-Datei 29
Test auf Zufälligkeit 162
Test-
  größe 130
  statistik 124, 130
  verteilungen 121
Textmodus 51
Totalquadratsumme 194
  korrigierte 76, 194, 325
  unkorrigierte 81, 338
Transformation 202
  logarithmische 223
Treiber 51, 55
Triangel-Test 162
Tukey-Test 214, 220, 228, 240,
  269, 277, 278, 286, 287
Tukey-Kramer-Test 214, 278, 286,
  287, 305, 307, 362

Überparametrisierung 208, 237, 289
Überschreitungswahrscheinlichkeit
  110
Unabhängigkeit 111
Unabhängigkeitstest 180
unbalancierte Versuche 288
Untersuchungseinheit 48

Variabilität 233
Variable 24, 50
Varianz 110
  empirische 63, 201
  Großparzellen- 276, 283
  Kleinparzellen- 276, 283
  Test der ... 138
  siehe auch Modellvarianz
Varianzanalyse 190
  1-faktorielle, fixe Effekte 191
  1-faktorielle, zufällige Effekte 232
  2-faktorielle, fixe Effekte 236
  2-faktorielle, zufällige Effekte 244
  2-faktorielle, gemischte Eff. 248
  2-faktoriell, n=1 251
  2-faktorielle, hierarchische 257
  2-faktorielle in Blöcken 272
  2-faktorielle, Split Plot 274
  3-faktorielle, fixe Effekte 255
  3-faktorielle, hierarchische 264
  in Blöcken 267
Varianzkomponenten 233, 245, 260
Variationskoeffizient 63
verfälschter Test 141
Verhältnisskala 49
Versuchsplanung 265
Verteilungs-
  funktion 108
  funktion, empirische 148
  dichte 108
verteilungsfreie Verfahren 159

Vertrauensband
 simultanes 328
Vertrauensbereich
 elliptischer 328, 345
 simultaner 345
Vertrauensintervalle 128, 175, 211, 327, 331
 simultane 212, 213, 215, 216, 328, 368, 369
Vertrauensniveau 128
Vierfeldertafeln 184
vollständig zufällige Zuteilung siehe CRDesign
Vorzeichentest 166
Vorzeichen-Rang-Test von Wilcoxon 166

Wahrscheinlichkeit 107
 bedingte 111
Wahrscheinlichkeits-
 verteilung 107
 papier 150
Wechselwirkung 237, 245, 249
Wilcoxon-Rangsummentest 170
Wölbung 153
 empirische 64-65
WORK-Verzeichnis 30, 42

Zeichenkettenvariable 42
zentraler Grenzwertsatz 120
Zielvariable 191, 193
zufällige Effekte 233, 244
Zufall 105
Zufallsexperiment 105
Zufallsvariable 107
Zusammenhangsmaße 70

Weitere Titel bei Teubner

Lehn/Wegmann **Einführung in die Statistik**	3. Aufl. 2000. II, 206 S. Br. € 19,00 ISBN 3-519-22071-7
Lehn/Wegmann/Rettig **Aufgabensammlung zur Einführung in die Statistik**	3., überarb. Aufl. 2001. II, 258 S. Br. € 28,00 ISBN 3-519-22075-X Inhalt: Glossar - Aufgaben: Beschreibende Statistik - Laplace-Wahrscheinlichkeit - Bedingte Wahrscheinlichkeit und Unabhängigkeit - Zufallsvariablen und ihre Verteilungen - Erwartungswert und Varianz - Mehrdimensionale Zufallsvariablen - Normalverteilung und ihre Anwendungen - Grenzwertsätze - Schätzer und ihre Eigenschaften - Maximum-Likelihood-Methode - Konfidenzintervalle - Tests bei Normalverteilungsannahmen - Anpassungstests - Unabhängigkeitstests - Verteilungsunabhängige Tests - Einfache Varianzanalyse - Einfache lineare Regression - Lösungen - Tabellen
Lehn/Müller-Gronbach/ Rettig **Einführung in die Deskriptive Statistik**	2000. 135 S. Br. € 16,00 ISBN 3-519-02392-X

Stand 1.10.2001. Änderungen vorbehalten.
Erhältlich im Buchhandel oder im Verlag.

B. G. Teubner
Abraham-Lincoln-Straße 46
65189 Wiesbaden
Fax 0611.7878-400
www.teubner.de

Teubner